亚欧美汽车维护与保养资料全书

（2000~2015年款）

YAOUMEI QICHE WEIHU
YU BAOYANG ZILIAO QUANSHU

文恺 主编

化学工业出版社
·北京·

图书在版编目（CIP）数据

亚欧美汽车维护与保养资料全书（2000～2015 年款）/文恺主编. —北京：化学工业出版社，2015.3
ISBN 978-7-122-22948-9

Ⅰ.①亚… Ⅱ.①文… Ⅲ.①汽车-车辆修理②汽车-车辆保养 Ⅳ.①U472

中国版本图书馆 CIP 数据核字（2015）第 026405 号

责任编辑：周 红　　文字编辑：陈 喆
责任校对：吴 静　　装帧设计：王晓宇

出版发行：化学工业出版社（北京市东城区青年湖南街 13 号 邮政编码 100011）
印 装：三河市延风印装厂
787mm×1092mm 1/16 印张 31¾ 字数 803 千字 2015 年 5 月北京第 1 版第 1 次印刷

购书咨询：010-64518888（传真：010-64519686） 售后服务：010-64518899
网 址：http://www.cip.com.cn
凡购买本书，如有缺损质量问题，本社销售中心负责调换。

定 价：128.00 元

前言

Foreword

随着人们生活水平的不断提高，汽车已经成为不少人出行代步的必备工具，人们对汽车的依赖就如同随身携带的手机一样。这种需求给汽车行业带来了很大的影响，从前端的汽车制造销售到后面的汽车维护保养等后市场服务，整个汽车行业前景一片大好。

前面提到了后市场服务，这个后市场是怎么定义的呢？汽车后市场有不同的定义，归纳起来主要有三种，一是指消费者在使用汽车的过程中所发生的与汽车有关的费用，如维修、保养、零配件、美容、改装、油品等；二是指整车落地销售后，车主所需的一切服务；三是指汽车产业链的有机组成部分，包括汽车销售领域的金融服务、汽车租赁、保险、广告、装潢、维护、维修与保养，日常运行的油品，驾校、停车场、车友俱乐部、救援系统、交通信息服务、二手车，整车与零部件物流等。

汽车后市场是产业链中最稳定的利润来源，占总利润的 60% ~ 70%；2005 年，我国汽车用品行业产值达到 420 亿元，维修行业产值 410 亿元；到 2010 年，汽车后市场总规模超过 1900 亿元。目前国内正式注册的汽车美容装饰维修厂家 30 余万家，其中经营汽车美容的有 9000 多家(不包括路边店)，并且汽车销售市场每年以 30% 的速度递增；每台车售后服务金额约为车价的 2 倍，约 10 年报废；加上私家车主的整体汽车售后保养服务意识增强，因此中国的汽车后市场迎来了前所未有的发展机遇。

与单一汽车维修服务相比，汽车维护保养服务的项目与需求更多，而不同品牌不同车型的维护保养，都需要使用不同的参考数据，如油品规格、保养复位、各种系统设置与初始化、轮胎信息、车轮动平衡与定位数据、保险丝与继电器信息等。有没有一本全面综合的工具书，可以满足以上查询需要呢？本书将为您提供这些帮助。

本书涵盖了亚欧美三区域知名品牌所有主流车型的维护保养数据，共计 44 个品牌 309 款车型近千条维护保养常用查询数据信息。从国产自主品牌如奇瑞、吉利、比亚迪、长城、长安等，到进口高档豪车兰博基尼、宾利、捷豹、路虎与保时捷等，内容全面实用。

本书绝大部分车型资料有年款标注，但相关操作步骤和方法不一定仅适用于该年款的车型，没能列出来的过往车型，或未来年款车型，读者朋友可以举一反三地大胆尝试。

本书由文恺主编，参加编写的人员还有朱其谦、杨刚伟、吴龙、张祖良、汤耀宗、赵炎、陈金国、刘艳春、徐红玮、张志华、冯宇、赵太贵、宋兆杰、陈学清、邱晓龙、朱如盛、周金洪、刘滨、陈棋、孙丽佳、周方、彭斌、王坤、章军旗、满亚林、彭启凤、李丽娟、徐银泉。在编写过程中，参考了国内外相关文献和资料，在此，一并表示由衷的感谢！

本书资料数据繁多，虽经数度编辑整理，囿于笔者水平，内容之中的不足仍不可避免，尚请广大读者朋友不吝指正。本书再版时，我们将更正补充，加入更多实用更为全面的资料，使其更加完善，满足汽车维修工作者的真正需求。

编者

目录

CONTENTS

上篇　亚洲车系

第 2 章 本田-讴歌汽车 / 045

第5章 马自达汽车 / 096

第6章 斯巴鲁汽车 / 104

第7章 铃木汽车 / 109

第 8 章 现代-起亚汽车 / 117

第 9 章 双龙汽车 / 141

第10章 奇瑞汽车 ／145

第12章 比亚迪汽车 ／166

第13章 长城汽车 ／175

第14章 长安汽车 ／181

第 2 章 奥迪汽车 / 219

第 3 章 斯柯达汽车 / 239

第 4 章　奔驰-迈巴赫-smart 汽车 ／249

第5章 宝马-劳斯莱斯-MINI 汽车 / 281

第6章 保时捷汽车 / 299

第7章 标致汽车 ／310

第10章 宾利汽车 ／361

第11章 兰博基尼汽车 ／371

下篇 美洲车系

第 1 章 别克汽车 ／380

第2章 雪佛兰汽车 /392

第 3 章 凯迪拉克汽车 / 404

第 4 章 克莱斯勒汽车 / 413

第 5 章 吉普汽车 / 419

第 6 章 道奇汽车 / 425

第 7 章 福特汽车 / 428

亚洲车系

第1章 丰田-雷克萨斯汽车

Chapter 1

1.1 丰田皇冠

1.1.1 2009款起皇冠电动天窗初始化

当天窗无法正常关闭时执行如下程序。

（1）如果天窗关闭但随后又稍微打开

① 停车。

② 按住“CLOSE”开关，天窗将会关闭、重新打开并暂停约10s。然后将再次关闭、上倾并暂停约1s。最后，天窗将下倾、打开然后关闭。

③ 检查并确保天窗已完全关闭，然后松开开关。

（2）如果天窗下倾但随后又上倾

① 停车。

② 按住“UP”开关直至天窗移动至上倾位置并停止。

③ 松开“UP”开关一次，然后再次按住“UP”开关。天窗将会在上倾位置暂停约10s。然后将略微调节并暂停约1s。最后，天窗将下倾、打开然后关闭。

④ 检查并确保天窗已完全关闭，然后松开开关。

注意：如果在不恰当的时间松开开关，则须再次从头执行程序。

如果在上面提及的 10s 暂停后松开开关，则将禁用自动操作。在此情况下，按住“CLOSE”或“UP”开关，天窗将会上倾并暂停约 1s。然后，天窗将下倾、打开然后关闭。检查并确保天窗已完全关闭，然后松开开关。

1.1.2 2009 款起皇冠电动车窗初始化

当电动车窗无法正常关闭时，如果防夹功能工作异常且车窗无法关闭，则使用相应车门上的电动车窗开关执行下列操作。

① 车辆停止后，“ENGINE START STOP”开关切换至 IGNITION ON 模式时，通过使电动车窗开关保持在单触式关闭位置可关闭车窗。

② 如果执行上述操作后车窗仍无法关闭，则执行下列步骤以初始化此功能。

a. 将电动车窗开关保持在单触式关闭位置。车窗关闭后，持续按住开关 6s。

b. 将电动车窗开关保持在单触式打开位置。车窗完全打开后，持续按住开关 2s。

c. 再次将电动车窗开关保持在单触式关闭位置。车窗关闭后，持续按住开关 2s。

如果车窗移动期间松开开关，则从头开始执行步骤。

1.1.3 2004 款前皇冠 3. 0 保养灯归零

（1）保养信息归零

① 按下“INFO”按键显示“信息”屏幕，触摸“保养”开关显示“保养”屏幕。信息项目如下：机油更换、更换发动机冷却液、更换机油滤清器、更换制动液、轮胎换位、更换 ATF（自动变速器油）、更换轮胎、定期保养、更换蓄电池、更换空气滤清器、更换制动衬片、更换雨刮器片、个人事件（最多可设定 3 个其他项目）。

注意：无设定时的项目呈灰色，有设定时则变成绿色，当保养期接近时则变成橙色。

② 在“保养”屏幕上触按要消除设定的项目。若触按“消除全部设定”开关，则消除全部保养项目的设定。

③ 若触按“更换发动机机油”，则屏幕进入更换发动机油的界面。触按“消除设定”开关，根据屏幕提示，触按“是”开关，发动机机油保养归零成功。触按“否”开关，以返回上一个屏幕。

（2）开启或关闭保养指南

当开启保养指南时，如果预设时间或距离接近，则通知预设项目。

① 触按“保养”屏幕上“自动通知确定”开关。

② 触按该屏幕上的“取消”开关，以关闭保养指南。

（3）设定保养日期或里程

① 触按要在“保养”屏幕上设定的项目或触按“个人项目”开关以设定显示项目之外的项目。当触按已设定完毕的个人项目或个人项目之外的其他项目时，显示屏幕将会显示设定界面。

② 触按屏幕上的“个人项目”开关，以显示字母键，输入项目名称。

③ 触按“通知日期”或“通知距离”开关，可设定日期和距离中的一种或两种。

④ 触按数字键，以输入日期和距离。触按“修正”开关，以逐个消除数字。

⑤ 触按“结束”开关。

⑥ 触按“设定结束”开关。

⑦ 重复以上程序，以设定两个或多个项目。

1.1.4 2004 款起皇冠副驾驶安全带警告音解除设定

① 打开点火开关到“ON”位（不启动发动机），按仪表上的 ODO/TRIP 按钮，直到显

示 ODO 公里数，然后关闭点火开关到 OFF 状态。

② 按住 ODO/TRIP 按钮不放（见图 1-1），同时打开点火开关到“ON”位，等待 10s 以上，然后扣上司机位安全带，此时仪表上的 ODO 公里数将显示“B-ON”。（注意在此期间不能松开 ODO/TRIP 按钮！）

③ 松开 ODO/TRIP 按钮，“B-ON”显示就会变为“B-OFF”，关闭点火开关结束设定。

④ 若想重新恢复警告设置，可重复以上步骤，只是显示顺序从“B-OFF”到“B-ON”。

图 1-1　皇冠车型 ODO/TRIP 按键位置

1.2 丰田锐志

1.2.1　2005 款起锐志电动车窗初始化

方法一：重置（初始化）电动车窗升降器电动机。

① 点火开关打开（IG）。

② 按下电动车窗开关，将电动车窗半开。

③ 完全抬起开关直至电动车窗完全关闭，在电动车窗完全关闭后持续握住开关约 1s。

④ 检查 AUTO UP/DOWN 功能是否正常。如果 AUTO UP/DOWN 功能正常，这时便已完成重置工作；如果不正常，执行以下步骤。

a. 断开蓄电池负极端子 10s。

b. 连接蓄电池端子。

c. 点火开关打开（IG）。

d. 按下电动车窗开关，将电动窗半开。

e. 如果 AUTO UP/DOWN 功能正常，这时便已完成重置工作。如果仍不正常，继续执行以下步骤。

f. 点火开关打开（IG）。

g. 按下电动车窗开关，将电动窗半开。

h. 完全抬起开关直至电动车窗完全关闭，在电动车窗完全关闭后持续握住开关约 12s。

i. 检查 AUTO UP/DOWN 功能是否正常。

方法二：初始设定把三个控制不了的玻璃窗放下一半，升到顶后按住开关 1s 不放即可。

1.2.2　2005 款起锐志滑动天窗初始化

断电或更换 ECU 之后需要初始化。推动控制开关 TILT UP 直到天窗完成四个过程：升起、落下、全开、全关位置。

1.2.3　2005 款起锐志安全带蜂鸣器 ON/OFF 设定

① 将点火开关至于 ON（IG）位置。

② 按下 ODO/TRIP 开关直至里程表出现“B-ON”或“B-OFF”。开关位置如图 1-2、图 1-3 所示。

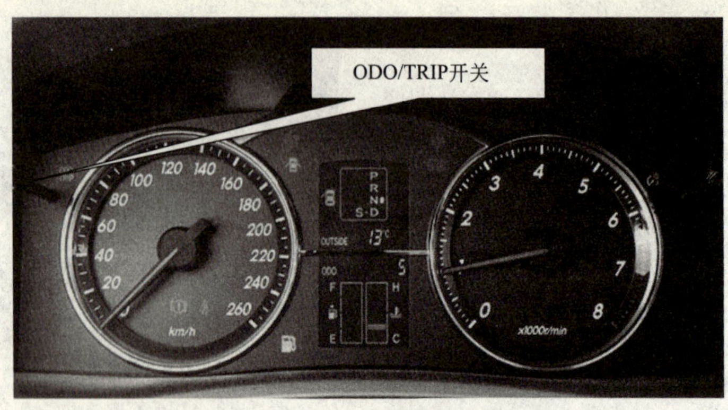

图 1-2　2005 款起锐志仪表

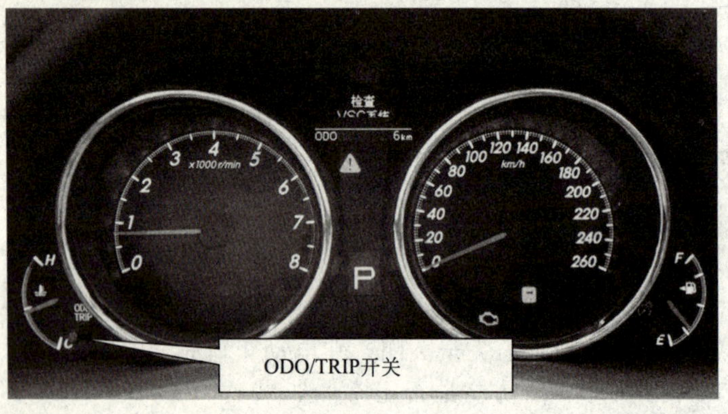

图 1-3　2010 款起新锐志仪表

③ 关闭点火开关。

④ 将点火开关至于 ON（IG）位置。

⑤ 坐在驾驶位（前乘客侧）上并系上安全带，立即（在 6s 内）按下 ODO/TRIP 开关并保持 10s 以上。

⑥ 检查并确认里程表显示“B-ON”或“B-OFF”。

⑦ 按下 ODO/TRIP 开关使显示变为“B-OFF”。

⑧ 关闭点火开关，检查并确认蜂鸣器没有鸣响，完成设定。

1.2.4　2005 款起锐志应急启动方法

（1）遥控器可能不能正常工作的情况

在一些特殊条件下，锐志的智能进入和启动系统有可能不能正常工作。

① 当附近有释放强电磁波的设施，例如电视塔、发电站、广播站时。

② 装有自动刷卡设施的地方（例如加油站）。

③ 将电子钥匙与移动通信系统一同携带时（比如双向无线电通信设备或蜂窝电话）。

④ 当电子钥匙与金属物体接触或被覆盖时。

⑤ 当他人在附近的另一辆车上操纵无线遥控功能时。

⑥ 当电池电量耗尽时。要更换电池。

⑦ 当电子钥匙在高压或发出噪声的设备附近时。

⑧ 将其他设备（有智能进入和启动系统得车辆的钥匙）或其他能释放无线电波的仪器

同电子钥匙一同携带时。

⑨ 即使在有效区域内，由于钥匙位置或车身形状的原因，钥匙也可能不会正常工作。

⑩ 当钥匙表面沾附有黏着剂等会切断电磁波的物质时。

(2) 当遥控钥匙电池电量耗尽时，可以应急启动的方法

① 踩下制动踏板时，使电子钥匙有 TOYOTA 标记的一侧与“ENGINE START STOP”开关接触。

②“ENGINE START STOP”开关上的绿色指示灯点亮且蜂鸣器鸣叫，发动机将在 5s 内启动。

1.3 丰田卡罗拉

1.3.1 2007 款起卡罗拉行车电脑（ECU）初始化方法

① 关闭钥匙开关（关闭电源）。

② 将电瓶线摘掉（摘负极即可）。

③ 2min 后装上电瓶线。

④ 打开钥匙开关，不要启动（只接通电源），等候 15s。

⑤ 所有的传感器检测完毕后，关闭钥匙开关，等候 10s。

⑥ 再次打开钥匙开关，等所有传感器检测完毕后启动发动机。初始化结束。

1.3.2 2007 款起卡罗拉节气门初始化方法

方法一：

① 开钥匙第二挡，就是仪表指示全亮的那一挡。

② 等待 20s 后，踩油门到底。

③ 保持 10s 左右后，松油门。

④ 关闭点火开关，拔出钥匙，初始化完成。

方法二：

① 开钥匙第二挡，保持 30s。

② 然后关闭点火开关，拔出钥匙。注意，做完后要等待 15～20s 再打火。

③ 然后打火，看看加油是否正常，发动机故障灯是否熄灭。如果不成功再重复前面的步骤。

方法三：

拔掉电子节气门控制系统（10A）与电子燃油喷射器（20A）两个保险丝，过 30s 后插回原位置，节气门复位完成，保险丝位置如图 1-4 所示。

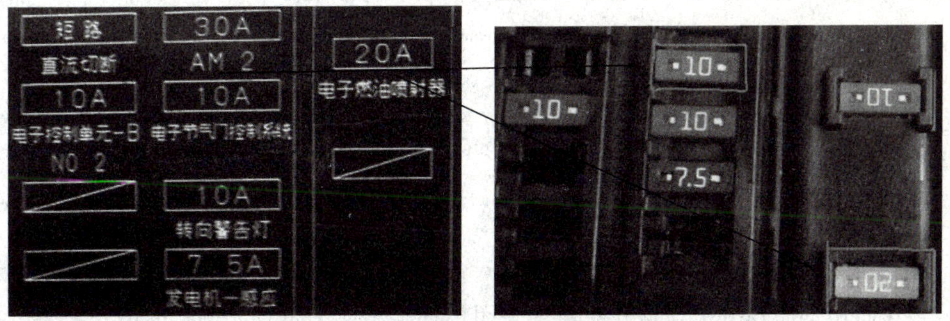

图 1-4 卡罗拉节气门初始化保险丝位置

1.3.3 2007款起卡罗拉天窗复位

持续按住开窗键（见图1-5）超过3s，电脑开窗功能自动复位，复位后一切功能恢复初始状态。

图1-5 卡罗拉天窗开关

1.4 丰田花冠EX

1.4.1 2013款起花冠天窗初始化方法

天窗无法正常关闭时执行如下程序。

(1) 如果天窗关闭但随后又稍微打开

① 停车。

② 按住“CLOSE”开关。天窗将关闭、重新打开并暂停约10s。然后将再次关闭、上倾并暂停约1s。

③ 检查并确认天窗在上倾位置停止后，松开开关。

(2) 如果天窗下倾但随后又上倾

① 停车。

② 按住“TILTUP”开关。

③ 检查并确认天窗在上倾位置停止后，松开开关。

注意：如果在不恰当的时间松开开关，则须再次从头执行程序。

1.4.2 2013款起花冠电动车窗初始化方法

如果防夹功能工作异常且车窗无法关闭，则使用驾驶员车门上的电动车窗开关执行下列操作。

① 停车后，发动机开关切换至“ON”位置时，可通过使电动车窗开关保持在单触式关闭位置来关闭车窗。

② 如果执行上述操作后车窗仍无法关闭，则执行下列步骤以初始化此功能。

a. 将电动车窗开关保持在单触式关闭位置。车窗关闭后，持续按住开关6s。

b. 将电动车窗开关保持在单触式打开位置。车窗完全打开后，持续按住开关2s。

c. 再次将电动车窗开关保持在单触式关闭位置。车窗关闭后，持续按住开关2s。

如果车窗移动期间松开开关，则从头开始执行步骤。

1.4.3 2013款起花冠轮胎信息与车轮定位数据

（1）车轮信息

项　目	数　据	项　目	数　据
轮胎规格	195/60R1588V	车轮螺母转矩	103N·m(10.5kgf·m)
轮胎气压(推荐冷轮胎气压)	210kPa(2.1kgf/cm²)	车轮动平衡要求	最大8.0g
车轮尺寸	15×6J		

（2）定位数据

项　目		数　据
前轮	前轮外倾角	−0.28°±0.75°
	主销后倾角	2.6°±0.75°
	主销内倾角	10.92°±0.75°
	前轮前束	(0±2)mm
	轮最大转向角	内侧:39°外侧:33°
	车辆高度($A^{①}-B^{②}$)	67mm
后轮	后轮外倾角	−1.43°±0.5°
	后轮前束	(1.1±2.5)mm
	车辆高度($A^{③}-B^{④}$)	21mm

① 前轮中心离地间隙。

② 前悬架1号下臂装配螺栓中心离地间隙。

③ 后轮中心离地间隙。

④ 后纵臂衬套螺栓头中心离地间隙。

1.4.4 2013款起花冠制动器与制动片检测数据

项　目		数　据
常规	踏板间隙[①]	最小60mm
	踏板自由行程	1.0～6.0mm
	驻车制动杆行程[②]	6～9声咔嗒声
	制动液类型	SAE J1703或FMVSS No.116DOT 3
前制动器	衬块厚度	标准厚度:11.5mm
		最小厚度:1.0mm
	制动盘厚度	标准厚度:25.0mm
		最小厚度:23.0mm
后制动器	衬块厚度	标准厚度:10.0mm
		最小厚度:1.0mm
	制动盘厚度	标准厚度:9.0mm
		最小厚度:7.5mm
驻车制动器	制动蹄片厚度	标准厚度:3.5mm
		最小厚度:1.0mm
	制动鼓内径	标准内径:173mm
		最大内径:174mm

① 发动机运转时，以490N（50kgf）的力踩下踏板时的最小踏板间隙。

② 以196N（20kgf）的力拉起时的驻车制动杆行程。

1.5 丰田威驰

1.5.1 2013款起威驰车轮信息与定位数据

（1）车轮信息

轮胎规格	185/60R1584H	
轮胎气压(推荐冷轮胎气压)	2NZ 发动机前轮胎：220kPa (2.2kgf/cm²) 后轮胎：220kPa(2.2kgf/cm²)	1ZR 发动机前轮胎：240kPa(2.4kgf/cm²) 后轮胎：240kPa(2.4kgf/cm²)
车轮尺寸	15×5 1/2J	
车轮螺母转矩	103N·m(10.5kgf·m)	
车轮动平衡要求	最大 8.0g	

（2）定位数据

项目		数据
前轮定位	前轮外倾角	0.083°±0.75°
	主销后倾角	4.43°±0.75°
	主销内倾角	10.8°
	前轮前束	1.5mm±2mm
	轮最大转向角	内侧 41°22′±2°
		外侧 35°44′
	车辆高度(A①−B②)	68mm
后轮定位	后轮外倾角	−0.9°±0.5°
	后轮前束	2.2mm±3mm
	车辆高度(A③−B④)	0mm

① 前轮中心离地高度。

② 前1号下臂衬套紧固螺栓头中心离地间隙。

③ 后轮中心离地高度。

④ 后拖曳臂衬套紧固螺栓头中心离地间隙。

1.5.2 2013款起威驰制动器与制动片检测数据

项目		数据
常规参数	踏板间隙①	最小 75mm
	踏板自由行程	0.1～5mm
	驻车制动杆行程②	6～9声咔嗒声
	油液类型	SAE J1703 或 FMVSS No. 116 DOT 3
前制动器	制动衬块衬片厚度	标准厚度 12.0mm
		最小厚度 1.0mm
	制动盘厚度	标准厚度 22.0mm
		最小厚度 19.0mm
后制动器	制动蹄衬片厚度	标准厚度 4.0mm
		最小厚度 1.0mm
	制动鼓内径	标准内径 200mm
		最大内径 201mm

① 发动机运转时，以490N（50kgf）的力踩下踏板时的最小踏板间隙。

② 以196N（20kgf）的力拉起时的驻车制动杆行程。

1.6 丰田 RAV4

1.6.1 2013 款起 RAV4 车窗初始化设置

如果防夹保护功能工作异常且车窗不能关闭，则使用驾驶员车门上的电动车窗开关执行下列操作。

① 不带智能进入和启动系统的车辆：停止车辆后，在发动机开关切换至“ON”位置的情况下，将电动车窗开关保持在单触式关闭位置可关闭车窗。

② 带智能进入和启动系统的车辆：停止车辆后，在发动机开关切换至 IGNITION ON 模式的情况下，将电动车窗开关保持在单触式关闭位置可关闭车窗。

③ 如果采取上述操作后仍不能关闭车窗，则执行下列步骤以初始化防夹保护功能。

a. 按住电动车窗开关。车窗完全打开后将开关继续保持在该位置 1s 或更长时间。

b. 将电动车窗开关保持在单触式关闭位置。车窗完全关闭后将开关继续保持在该位置 1s 或更长时间。

说明：在车窗移动时如果松开开关，则重新开始执行操作。

1.6.2 2013 款起 RAV4 天窗初始化设置

蓄电池断开或天窗不能正常关闭时天窗必须初始化，以确保正常操作。

（1）带 6ZR 发动机的车辆

① 将发动机开关切换至“ON”位置（不带智能进入和启动系统的车辆）或 IGNITION ON 模式（带智能进入和启动系统的车辆）。

② 按住“CLOSE”或“UP”开关，直至以下移动结束。天窗将上倾并暂停 1s 或更长时间。然后天窗将下倾、打开并完全关闭。

③ 松开开关，然后按下开关以确保正常操作。

（2）带 5AR 发动机的车辆

① 将发动机开关切换至 IGNITION ON 模式。

② 按住“UP”开关，直至以下移动结束。

天窗将上倾并暂停 1s 或更长时间。然后天窗将完全下倾。

③ 松开开关，然后按下开关以确保正常操作。

如果天窗无法自动移动，则重新开始执行步骤。

1.6.3 2013 款起 RAV4 制动器与制动片检测数据

系统	项　目	数　据
制动器	踏板间隙①	最小 95mm
	踏板自由行程	1～6mm
	驻车制动打行程②	6～8 声咔嗒声
	油液类型	SAEJ 1703 或 FMVSS No. 116 DOT 3
前制动器	制动衬块衬片厚度	标准厚度 12.0mm
		最小厚度 1.0mm
	制动盘厚度	标准厚度 28.0mm
		最小厚度 25.0mm

续表

系统	项目	数据
后制动器	制动衬块衬片厚度	标准厚度 10.5mm
		最小厚度 1.0mm
	制动盘厚度	标准厚度 12.0mm
		最小厚度 10.5mm
驻车制动器	制动衬块衬片厚度	标准厚度 3.5mm
		最小厚度 1.0mm
	制动鼓内径	标准内径 173.0mm
		最大内径 174.0mm

① 在发动机运转的状态下，用 490N（50kgf）的力踩下时的最小踏板间隙。

② 用 196N（20kgf）的力拉起时的驻车制动杆行程。

1.6.4 2013 款起 RAV4 车轮信息与定位数据

（1）车轮信息

项目	17in	18in
轮胎规格	225/65R17 102H	235/55R18 100V
轮胎气压(推荐冷轮胎气压)	前:220kPa(2.2kgf/cm²)	前:220kPa(2.2kgf/cm²)
	后:220kPa(2.2kgf/cm²)	后:220kPa(2.2kgf/cm²)
车轮尺寸	17×7 J	18×7 1/2J
车轮螺母转矩	103N·m(10.5kgf·m)	103N·m(10.5kgf·m)
车轮动平衡要求	最大 8.0g	最大 8.0g

（2）定位数据

系统	项目	数据	
前轮	型号	6ZR 发动机	5AR 发动机
	前轮外倾角	−0°09′±45′	
	主销后倾角	5°43′±45′	5°47′±45′
	主销内倾角	11°21′	11°20′
	前轮前束	1.0mm	
	轮内侧最大转向角	38°44′±2°	(38°46′±2°)①(35°52′)②
	轮外侧最大转向角	32°21′±2°	(32°23′±2°)①(30°40′)②
	车辆高度③(*A*−*B*)	93mm	92mm
后轮	后轮外倾角	−1°04′±45′	−1°05′±45′
	后轮前束	2.3mm	
	车辆高度④(*C*−*D*)	58mm	61mm

① 带 17in 轮胎的车辆。

② 带 18in 轮胎的车辆。

③ 车辆高度＝(*A*：前轮中心离地间隙)−(*B*：前 1 号下臂衬套车身安装螺栓中心离地间隙)。

④ 车辆高度＝(*C*：后轮中心离地间隙)−(*D*：后悬架臂 2 号衬套车身安装螺栓中心离地间隙)。

1.7 丰田普拉多-霸道

1.7.1 2004 款起普拉多指南针设定

① 找一宽敞平坦的场地将车停稳。

② 将指南针显示屏下方向键“↑”和“↓”同时按下后放开，此时显示屏会变亮。

③ 再按“MODE”键一下后按方向键“↑”一下，按钮位置如图 1-6 所示，1s 后驾车

旋转至少 360°（一圈）。

④ 然后停稳（最好南北向停），看指南针是否恢复正常，否则需要重复以上操作。

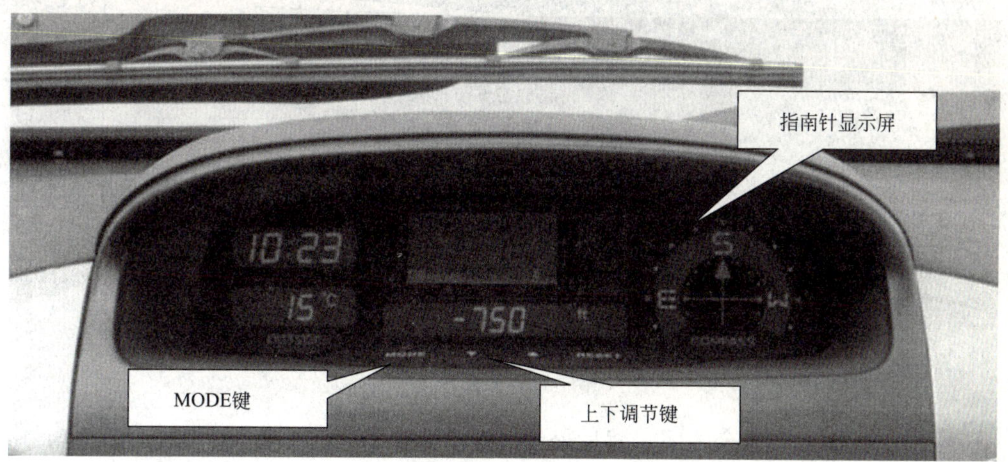

图 1-6 普拉多中控台仪表信息

1.7.2 2013 款起普拉多电动车窗初始化设定

如果防夹保护功能工作异常且车窗不能关闭，则使用相应车门上的电动车窗开关执行下列操作。

① 停止车辆后，在发动机开关置于“ON”位置的情况下，将电动车窗开关保持在单触式关闭位置可关闭车窗。

② 如果采取上述操作后仍不能关闭车窗，则执行下列步骤以初始化防夹保护功能。

a. 将电动车窗开关保持在单触式关闭位置。车窗关闭后将开关继续保持在该位置 6s。

b. 将电动车窗开关保持在单触式打开位置。车窗完全打开后将开关继续保持在该位置 2s。

c. 再次将电动车窗开关保持在单触式关闭位置。车窗关闭后将开关继续保持在该位置 2s。

注意：当车窗移动时如果松开开关，则重新开始执行操作。

1.7.3 2013 款起普拉多电动天窗初始化设定

当天窗不能正常关闭时执行以下步骤。

(1) 如果天窗关闭后再次稍微打开

① 停止车辆。

② 按住右侧开关上的“V”，见图 1-7。天窗将关闭、再次打开并暂停约 10s。然后将再次关闭、上倾并暂停约 1s。最后将下倾、打开并关闭。

③ 检查以确保天窗完全关闭，然后松开开关。

(2) 如果天窗下倾后向上返回

① 停止车辆。

② 按住右侧开关上的“∧”直至天窗移至上倾位置并停止。

③ 松开开关上的“∧”，然后再次按住开关上的“∧”*1。

天窗将在上倾位置暂停约 10s*2。然后稍微调节并暂停约 1s。最后将下倾、打开并关闭。

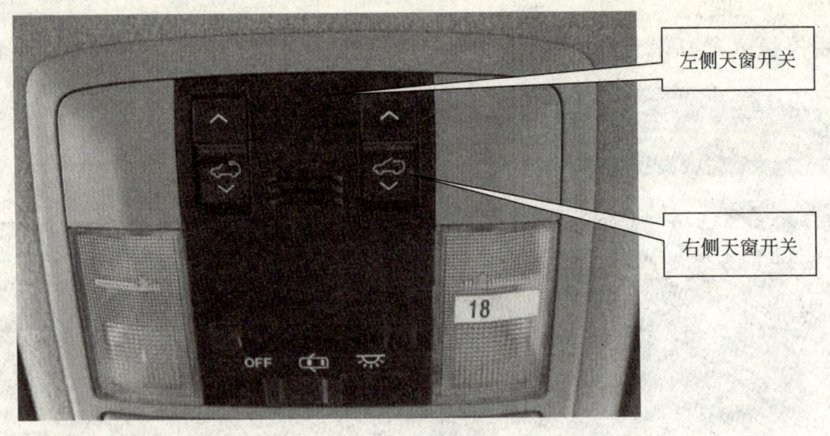

图 1-7 天窗开关

④ 检查以确保天窗完全关闭，然后松开开关。

*1：如果未在正确时间松开开关，则需重新执行该步骤。

*2：如果在上述 10s 暂停后松开开关，则自动操作将被禁用。在此情况下，按住左侧开关上的“∨”（见图 1-7）或开关上的“∧”，天窗将上倾并暂停约 1s。然后将下倾、打开并关闭。检查以确保天窗完全关闭，然后松开开关。

1.8 丰田兰德酷路泽-陆地巡洋舰

1.8.1 2003 款起陆地巡洋舰正时皮带灯归零

① 按住里程归零按钮不放。

② 打开点火开关。

③ 出现 0 或者 1 之后，用按钮将其调到 8。

④ 再按下不放，等待屏幕显示公里数后，关闭点火开关。

里程表显示 ODO 总里程时关闭点火开关；按下短里程杆后打开点火开关；保持 5s 后里程显示 15 后再按下短里程杆；显示 ODO 重新启动灯就灭了。

1.8.2 2003 款起陆地巡洋舰 4700 保养灯归零

丰田陆地巡洋舰 4700 轿车有正时带警告灯，每行驶 50000km 会亮起。这表示正时带到了该换的时候，更换正时带后保养灯要归零。

（1）第一种保养灯归零方法

① 在里程表显示“ODO”总里程时关闭点火开关。

② 按下短程里程按钮“TRIP”，打开点火开关，并保持 5s。

③ 松开短程里程按钮“TRIP”，在 5s 内再按下短程里程按钮，仪表显示“ODO ××××”。

④ 按下短程里程按钮，并保持 5s 以上。

⑤ 检查显示变为“ODO”时警告灯熄灭。

⑥ 如果警告灯熄灭，重新启动发动机警告灯应熄灭。

⑦ 如果不成功，重新再操作一次。

（2）第二种保养灯归零方法

按下里程归零按钮不放，再打开点火开关。出现0或者1之后，用按钮将其调整到8，再次按下按钮不放，等待屏幕显示千米数后，关闭点火开关。

归零时，需将仪表板下方的橡胶塞拆下，用一根细小的工具穿过仪表板的孔，将仪表板的归零键压下，重新设定后，再检查警告灯是否还亮着。

1.9 丰田普锐斯

1.9.1 2013款起普锐斯电动车窗初始化操作

如果防夹保护功能工作异常且车窗不能关闭，则使用相应车门上的电动车窗开关执行下列操作。

① 停止车辆后，在“POWER”开关切换至ON模式的情况下，将电动车窗开关保持在单触式关闭位置可关闭车窗。

② 如果采取上述操作后仍不能关闭车窗，则执行下列步骤以初始化防夹保护功能。

a. 将电动车窗开关保持在单触式关闭位置。车窗关闭后将开关继续保持在该位置6s。

b. 将电动车窗开关保持在单触式打开位置。车窗完全打开后将开关继续保持在该位置2s。

c. 再次将电动车窗开关保持在单触式关闭位置。车窗关闭后将开关继续保持在该位置2s。

车窗移动时如果松开开关，则重新开始执行操作。

1.9.2 2013款起普锐斯电动天窗初始化

如果天窗不能关闭，如因故障导致防夹保护功能意外激活，则按住“CLOSE”开关可关闭天窗。

此后，要再次启用自动打开功能和防夹保护功能，按住“OPEN”开关直至天窗完全打开之后稍微关闭。

1.9.3 2013款起普锐斯制动器与制动片检修数据

系统	项　　目	数　　据
常规	踏板间隙①	最小77mm
	踏板自由行程	1.0～6.0mm
	驻车制动踏板行程②	8～11声咔嗒声
	油液类型	SAE J1703或FMVSS No.116 DOT 3
前制动器	制动衬块衬片厚度	标准厚度10.0mm
		最小厚度1.0mm
	制动盘厚度	标准厚度25.0mm
		最小厚度22.0mm
后制动器	制动衬块衬片厚度	标准厚度9.5mm
		最小厚度1.5mm
	制动盘厚度	标准厚度9.0mm
		最小厚度7.5mm

① 在混合动力系统工作状态下，用196N（20.0kgf）的力踩下时的最小踏板间隙。

② 用300N（30.6kgf）的力踩下时的驻车制动踏板行程。

1.9.4 2013款起普锐斯车轮信息与定位数据

（1）车轮信息

项　　目	规　　格
轮胎规格	195/65R15 91H
轮胎气压(推荐冷轮胎气压)	220kPa(2.2kgf/cm²)
车轮尺寸	15×6J
车轮螺母转矩	103N·m(10.5kgf·m)
车轮动平衡要求	最大 8.0g

（2）定位数据

系统	项　　目	数　　据
前车轮	前轮外倾角	−0°6′±45′
	主销后倾角	5°37′±45′
	主销内倾角	11°48′
	前轮前束	(3.0±2.0)mm
	轮内侧最大转向角	41°24′±2°
	轮外侧最大转向角	34°20′
	车辆高度[①](*A*−*B*)	87mm
后车轮	后轮外倾角	−1°29′±30′
	后轮前束	(1.0±3.0)mm
	车辆高度[②](*C*−*D*)	6mm

① 车辆高度=(*A*：前轮中心离地间隙)−(*B*：前1号下臂衬套固定螺栓中心离地间隙)。

② 车辆高度=(*C*：后轮中心离地间隙)−(*D*：扭杆梁衬套固定螺栓中心离地间隙)。

1.10 丰田凯美瑞

1.10.1 2006款起凯美瑞人工获取横摆率和加减速度传感器零点的方法

（1）清除零点校准数据

① 将点火开关置于ON位置。

② 检查并确认方向盘处于正前方位置。

③ 检查并确认换挡杆在P挡。

④ 点火开关置于ON（IG）位置。

⑤ 警告灯和指示灯亮起3s，指示初始检查完成。

⑥ 使用连接线，在8s内连接DLC3（故障诊断座）TS（4脚）和CG（12脚）4次以上，如图1-8所示。

⑦ 检查并确认VSC/OFF指示灯亮起。

说明：如果清除横摆率和加减速度传感器零点后，在换挡杆处于P挡时将点火开关置于ON位置15s以上，将仅存储横摆率的零点。如果在此条件下行驶车辆，防滑控制ECU会将加减速度传感器的零点校准状态记录为未完成。然后防滑控制模块会通过指示灯将此指示为VSC故障。

（2）执行横摆率和加减速度传感器的零点校准

① 点火开关置于OFF位置。

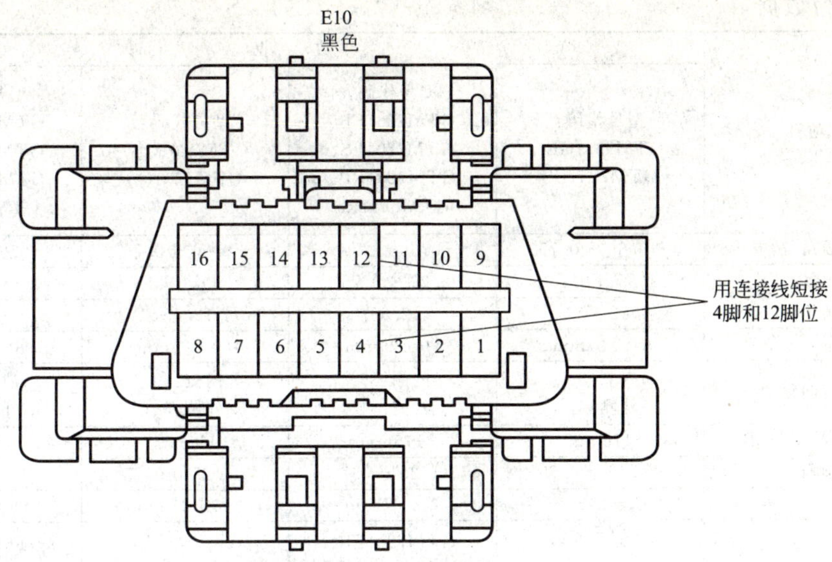

图 1-8　2006 款凯美瑞 DLC3 端子

② 检查并确认方向盘处于正前方，换挡杆位于 P 挡。

③ 使用连接线连接诊断端子 TS 和 CG。

④ 点火开关位于 ON（IG）位置。

⑤ 进入测试模式后，使车辆在水平位置保持静止状态 2s 以上。

⑥ 检查并确认在测试模式下的 VSC/OFF 指示灯亮起数秒后闪烁，如果指示灯没有闪烁需再次执行零点校准。清除数据后才可以执行。VSC 指示灯位置如图 1-9 所示。

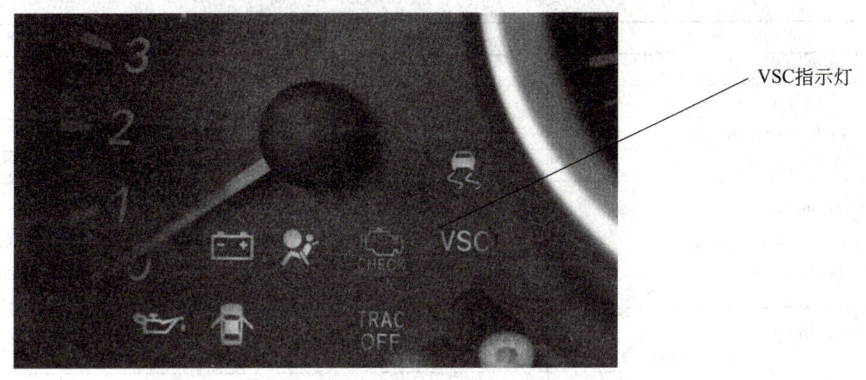

图 1-9　凯美瑞仪表

⑦ 将点火开关置于 OFF，并将连接线断开。

1.10.2　2011 款起凯美瑞车轮信息与定位数据

（1）车轮信息

项　　目	规　　格
轮胎规格	215/60R16 95V、215/55R17 94V
轮胎气压(推荐冷轮胎气压)	240kPa(2.4kgf/cm^2)
车轮尺寸	16×6 1/2J、17×7J
车轮螺母转矩	103N·m(10.5kgf·m)
车轮动平衡要求	最大 8.0g

（2）定位数据

系统	项目	数据			
		型号代码：GTM7251GB、GTM7251GS	型号代码：GTM7201EB、GTM7201ES、GTM7251RB、GTM7251RS	型号代码：GTM7201GB、GTM7201GS	型号代码：GTM7201RB、GTM7201RS、GTM7251VB、GTM7251VS
前轮	前轮外倾角	−0.60°±0.75°	−0.60°±0.75°	−0.60°±0.75°	−0.60°±0.75°
	主销后倾角	2.85°±0.75°	2.90°±0.75°	2.90°±0.75°	2.90°±0.75°
	主销内倾角	12.00°	12.05°	12.05°	12.05°
	前轮前束	(0±2)mm	(0±2)mm	(0±2)mm	(0±2)mm
	轮最大转向角	内侧:39° 外侧:34°	内侧:39° 外侧:34°	内侧:39° 外侧:34°	内侧:39° 外侧:34°
	车辆高度(A①−B②)	115mm	115mm	119mm	118mm
后轮	后轮外倾角	−1.15°±0.75°	−1.25°±0.75°	−1.25°±0.75°	−1.25°±0.75°
	后轮前束	(4±2)mm	(4±2)mm	(4±2)mm	(4±2)mm
	车辆高度(A③−B④)	42mm	GTM7201EB、GTM7201ES:45mm; GTM7251RB、GTM7251RS:43mm	48mm	GTM7201RB、GTM7201RS:49mm GTM7251VB、GTM7251VS:47mm

① 前轮中心离地高度。
② 前1号下臂衬套紧固螺栓头中心的离地间隙。
③ 后轮中心离地高度。
④ 后纵臂衬套紧固螺栓头中心的离地间隙。

1.10.3 2011款起凯美瑞制动器与制动片检测数据

系统	项目	数据
常规	踏板间隙①	1AZ发动机最小98mm;5AR发动机最小96mm
	踏板自由行程	1～6mm
	驻车制动踏板行程②	7～10声咔嗒声
	制动液类型	SAE J1703或FMVSS No.116 DOT 3
前制动器	衬块厚度	标准厚度12.0mm
		最小厚度1.0mm
	制动盘厚度	标准厚度28.0mm
		最小厚度25.0mm
后制动器	衬块厚度	标准厚度10.5mm
		最小厚度1.0mm
	制动盘厚度	标准厚度10.0mm
		最小厚度8.5mm

① 发动机运转过程中以500N（51kgf）的力踩下踏板时的最小踏板间隙。
② 以300N（31kgf）的力踩下踏板时的驻车制动踏板行程。

1.10.4 2011款起凯美瑞电动车窗初始化

如果防夹功能工作异常且车窗无法关闭（仅驾驶员车窗），则使用相应车门上的电动车窗开关执行下列操作。

① 车辆停止后，发动机开关切换至“ON”位置（不带智能进入和启动系统的车辆）或“ENGINE START STOP”开关切换至IGNITION ON模式（带智能进入和启动系统的车辆）时，通过使电动车窗开关保持在单触式关闭位置可关闭车窗。

② 如果执行上述操作后车窗仍无法关闭，则执行下列步骤以初始化此功能。

a. 将电动车窗开关保持在单触式关闭位置。车窗关闭后，持续按住开关 6s。

b. 将电动车窗开关保持在单触式打开位置。车窗完全打开后，持续按住开关 2s。

c. 再次将电动车窗开关保持在单触式关闭位置。车窗关闭后，持续按住开关 2s。

如果车窗移动期间松开开关，则从头开始执行步骤。

1.10.5 2011 款起凯美瑞电动天窗初始化

与皇冠车型相同，相关内容参考本章 1.1.1 小节。

1.11 丰田逸致

1.11.1 2011 款起逸致电动天窗初始化

天窗无法正常关闭时执行以下步骤。

(1) 如果天窗关闭后又稍微打开

① 停车。

② 按住开关*1。天窗将关闭、重新打开并暂停约 10s*2。然后，天窗将再次关闭、上倾并暂停约 1s。最后，天窗将下倾、打开然后关闭。

③ 检查并确保天窗已完全关闭，然后松开开关。

(2) 如果天窗下倾后又上倾

① 停车。

② 按住开关*1直至天窗移动至上倾位置并停止。

③ 松开开关一次，然后再次按住开关*1。天窗将在上倾位置暂停约 10s*2。然后，天窗进行稍微调节并暂停约 1s。最后，天窗将下倾、打开然后关闭。

④ 检查并确保天窗已完全关闭，然后松开开关。

*1：如果在不恰当的时间松开开关，则需再次从头执行步骤。

*2：如果在上面提及的 10s 暂停后松开开关，则将禁用自动操作。在此情况下，按住或开关，天窗将会上倾并暂停约 1s。然后，天窗将下倾、打开然后关闭。检查并确保天窗已完全关闭，然后松开开关。

1.11.2 2011 款起逸致车窗初始化

如果防夹功能工作异常且车窗无法关闭，则使用相应车门上的电动车窗开关执行下列操作。

① 车辆停止后，发动机开关切换至“ON”位置（不带智能进入和启动系统的车辆）或“ENGINE START STOP”开关切换至 IGNITION ON 模式（带智能进入和启动系统的车辆）时，通过使电动车窗开关保持在单触式关闭位置可关闭车窗。

② 执行上述操作后，如果车窗仍无法关闭，则执行下列步骤以初始化此功能。

a. 使电动车窗开关保持在单触式关闭位置。车窗关闭后，持续按住开关 6s。

b. 使电动车窗开关保持在单触式打开位置。车窗完全打开后，持续按住开关 2s。

c. 再次使电动车窗开关保持在单触式关闭位置。车窗关闭后，持续按住开关 2s。

如果车窗移动期间松开开关，则重新从头开始执行步骤。

1.11.3 2011款起逸致车轮信息与定位数据

（1）车轮信息

项目	数据	
轮胎规格	205/60R16 92V、T145/70D17 106M(小型备胎)	
轮胎气压(推荐冷轮胎气压)	前轮 240kPa(2.4kgf/cm^2)	后轮 230kPa(2.3kgf/cm^2)
轮胎气压(小型备胎)(推荐冷轮胎气压)	420kPa(4.2kgf/cm^2)	
车轮尺寸	16×6 1/2J、17×4T(小型备胎)	
车轮螺母转矩	103N·m(10.5kgf·m)	
车轮动平衡要求	最大 8.0g	

（2）定位数据

系统	项目	数据
前轮	前轮外倾角	−0.05°±0.75°
	主销后倾角	5.5°±0.75°
	主销内倾角	11.65°
	前轮前束	(1.2±2)mm
	轮最大转向角	内侧 40°、外侧 33°
	车辆高度($A^{①}-B^{②}$)	83mm
后轮	后轮外倾角	−1.35°±0.5°
	后轮前束	(1±3)mm
	车辆高度($A^{③}-B^{④}$)	−1mm

① 前轮中心离地间隙。

② 前下悬架臂衬套固定螺栓中心的离地间隙。

③ 后轮中心离地间隙。

④ 后纵臂衬套固定螺栓中心的离地间隙。

1.11.4 2011款起逸致制动器与制动片检测数据

系统	项目	数据
常规	踏板间隙①	最小 89mm
	踏板自由行程	1～6mm
	驻车制动杆行程②	6～9 声咔嗒声
	油液类型	SAE J1703 或 FMVSS No. 116 DOT 3
前制动器	衬块厚度	标准厚度 12.0mm
		最小厚度 1.0mm
	制动盘厚度	标准厚度 28.0mm
		最小厚度 25.0mm
后制动器	衬块厚度	标准厚度 10.0mm
		最小厚度 1.0mm
	制动盘厚度	标准厚度 12.0mm
		最小厚度 10.5mm
驻车制动器	制动蹄片厚度	标准厚度 3.2mm
		最小厚度 1.0mm
	制动鼓内径	标准内径 180mm
		最大内径 181mm

① 发动机运转过程中以 294N（30kgf）的力踩下踏板时的最小踏板间隙。

② 以 200N（20kgf）的力拉起时的驻车制动杆行程。

1.12 丰田雅力士-致炫

1.12.1 2013款致炫车轮定位数据

前轮定位		
前轮外倾角		0.15°±0.75°
主销后倾角		4.40°±0.75°
主销内倾角		10.55°
前轮前束		(1.1±2)mm
轮最大转向角	内侧	38.8°
	外侧	33.6°
车辆高度(A①$-B$②)		67mm
后轮定位		
后轮外倾角		−0.90±0.75°
后轮前束		(2.5±3)mm③
		(2.7±3)mm④
车辆高度(A⑤$-B$⑥)		−4mm

① 前轮中心离地间隙。

② 前1号下臂衬套紧固螺栓头中心离地间隙。

③ 175/65R14轮胎。

④ 185/60R15轮胎。

⑤ 后轮中心离地间隙。

⑥ 后拖曳臂衬套紧固螺栓头中心离地间隙。

1.12.2 2013款起致炫制动器与制动片检测数据

系统	项目	数据
常规	踏板间隙①	87mm
	踏板自由行程	1～6mm
	驻车制动杆行程②	8～11声咔嗒声
	油液类型	SAE J1703或FMVSS No.116 DOT 3
前制动器	制动衬块衬片厚度	标准厚度12.0mm
		最小厚度1.0mm
	制动盘厚度	标准厚度22.0mm
		最小厚度19.0mm
后制动器	制动蹄衬片厚度	标准厚度4.0mm
		最小厚度1.0mm
	制动鼓内径	标准内径200mm
		最大内径201mm

① 在发动机运转的状态下，用300N（31kgf）的力踩下时的最小踏板间隙。

② 用200N（20kgf）的力拉起时的驻车制动杆行程。

1.13 丰田汉兰达

1.13.1 2009款起汉兰达电动天窗初始化

内容与皇冠车型相同，请参考本章1.1.1小节。

1.13.2　2009款起汉兰达电动车窗初始化

内容与皇冠车型相同，请参考本章1.1.2小节。

1.13.3　2009款起汉兰达胎压监测系统复位和初始化

（1）复位方法

① 打开钥匙开关。

② TPMS指示灯亮时，按下TPMS“SET”键1～2s。

③ TPMS指示灯熄灭之后松开“SET”键，如图1-10所示。

图1-10　汉兰达TPMS操作键位置

（2）初始化方法

① 打开钥匙开关。

② 按住轮胎“SE”键直到指示灯以3次/s的频率闪烁。

③ 在轮胎气压指示灯闪过3次之后，松开按钮。

④ 驾驶车辆行驶一段时间，完成轮胎压力初始化设定。

1.13.4　2007款起汉兰达人工获取横摆率和加减速度传感器零点的方法

内容与凯美瑞车型相同，请参考本章1.10.1小节。

1.13.5　2009款起汉兰达制动器检测数据

系统	项目	数据
常规	踏板间隙①	最小84.4mm
	踏板自由行程	2～3mm
	驻车制动踏板行程②	8～10声咔嗒声
	制动液类型	SAE J1703或FMVSS No. 116 DOT 3
前制动器	衬块厚度	标准厚度:12.0mm
		最小厚度:1.0mm
	制动盘厚度	标准厚度:28.0mm
		最小厚度:25.0mm
后制动器	衬块厚度	标准厚度:10.0mm
		最小厚度:1.0mm
	制动盘厚度	标准厚度:10.0mm
		最小厚度:8.5mm

续表

系统	项目	数据
驻车制动器	制动蹄片厚度	标准厚度:2.5mm
		最小厚度:1.0mm
	制动鼓内径	标准内径:190mm
		最大内径:191mm

① 发动机运转过程中以490N(50kgf)的力踩下踏板时的最小踏板间隙。
② 以300N(31kgf)的力踩下踏板时的驻车制动踏板行程。

1.13.6 2009款起汉兰达车轮信息与定位数据

(1) 轮胎信息

轮胎规格	245/65R17 107S、245/55R19 103S		
轮胎气压(推荐冷轮胎气压)	车速	前轮/kPa(kgf/cm²)	后轮/kPa(kgf/cm²)
	高于160km/h	220(2.2)	220(2.2)① 240(2.4)②
	160km/h或更低	210(2.1)	210(2.1)① 230(2.3)②
车轮尺寸	17×7 1/2J、19×7 1/2J		
车轮螺母转矩	103N·m(10.5kgf·m)		
车轮动平衡要求	最大8.0g		

① 最多4个乘员。
② 多于4个乘员。

(2) 定位数据

系统	项目	车型代码		
		GTM6481AD GTM6481ADS GTM6481ADL GTM6481ADLS	GTM6481AS GTM6481ASS GTM6481ASL GTM6481ASLS	GTM6481AL GTM6481ALS
前轮	前轮外倾角	−0.64°±0.75°	−0.64°±0.75°	−0.64°±0.75°
	主销后倾角	2.60°±0.75°	2.60°±0.75°	2.60°±0.75°
	主销内倾角	11.05°±0.75°	11.05°±0.75°	11.05°±0.75°
	前轮前束	(0.85±2.0)mm	(0.85±2.0)mm	(0.85±2.0)mm
	轮最大转向角 内侧车轮: 外侧车轮:	 35.09° 31.32°	 35.09° 31.32°	 35.09° 31.32°
	车辆高度(A①−B②)	120.3mm	120.3mm	120.3mm
后轮	后轮外倾角	−1.25°±0.75°	−1.25°±0.75°	−1.25°±0.75°
	后轮前束	(3±2)mm	(3±2)mm	(3±2)mm
	车辆高度(A①−B②)	37.0mm	37.0mm	37.0mm

系统	项目	车型代码		
		GTM6480GDL GTM6480GDLS	GTM6480GSL GTM6480GSLS	GTM6480GL GTM6480GLS
前轮	前轮外倾角 主销后倾角 主销内倾角 前轮前束	−0.64°±0.75° 2.60°±0.75° 11.05°±0.75° (0.85±2.0)mm	−0.64°±0.75° 2.60°±0.75° 11.05°±0.75° (0.85±2.0)mm	−0.64°±0.75° 2.60°±0.75° 11.05°±0.75° (0.85±2.0)mm
	轮最大转向角 内侧车轮: 外侧车轮:	 35.09° 31.32°	 35.09° 31.32°	 35.09° 31.32°
	车辆高度(A①−B②)	119.3mm	119.3mm	119.3mm
后轮	后轮外倾角	−0.80°±0.75°	−0.80°±0.75°	−0.80°±0.75°
	后轮前束	(3±2)mm	(3±2)mm	(3±2)mm
	车辆高度(A①−B②)	35.1mm	35.1mm	35.1mm

① 前轮或后轮中心高度。
② 前轮定位将下臂的2号衬套安装至车身时的螺栓头中心或后轮定位将支柱杆安装至车身时的螺栓中心离地高度。

1.14 丰田酷路泽（FJ CRUISER）

1.14.1 2007款起FJ酷路泽LC200正时皮带保养归零

① 将里程表选择为短里程B。

② 按住里程选择键同时打开点火开关ON并保持。

③ 里程显示会为15。

④ 在显示为15时再按住里程选择键并保持。

⑤ 正时皮带保养提示消失。

⑥ 关闭点火开关。

1.14.2 2007款起FJ酷路泽仪表罗盘校准

当车辆断开蓄电池后，罗盘需要校准，其操作方法如下。

① 启动发动机，然后按下并按住“SET”关1.7s以上。

② 按下“E/M”开关数次，直至区域代码与车辆所处位置相符；区域代码范围为1～15（默认代码为9）；设置的区域代码在断开蓄电池后将会清除。

③ 按下“SET”关，沿圆周缓慢驾驶车辆，直至“COMPASS”指示灯亮起。

④ 罗盘校准完成后，校准模式自动结束，“COMPASS”指示灯亮起，且罗盘指示正确方向。

⑤ 如果在2min内未完成罗盘校准，校准数据将作废，并且“Er”显示2s，随后校准模式自动结束。

1.14.3 2007款起FJ酷路泽制动器检测数据

系统	项目	数据
常规	踏板间隙①	最小54mm
	踏板自由行程	1~6mm
	驻车制动杆行程②	5～7声咔嗒声
	制动液类型	SAE J1703或FMVSS No. 116 DOT 3
前制动器	制动衬块衬片厚度	标准厚度11.5mm
		最小厚度1.0mm
	制动盘厚度	标准厚度28.0mm
		最小厚度26.0mm
后制动器	制动衬块衬片厚度	标准厚度10.0mm
		最小厚度1.0mm
	制动盘厚度	标准厚度18.0mm
		最小厚度16.0mm
驻车制动器	制动蹄衬片厚度	标准厚度4.0mm
		最小厚度1.0mm
	制动鼓内径	标准内径210mm
		最大内径211mm

① 发动机运转时用490N（50kgf）的力踩下制动踏板时的最小踏板间隙。

② 用196N（20.0kgf）的力拉起驻车制动杆时的制动杆行程。

1.14.4 2007款起FJ酷路泽车轮信息与定位数据

（1）车轮信息

项　　目	规　　格
轮胎规格	265/70R17 115S
轮胎气压（推荐冷轮胎气压）	前轮轮胎：220kPa（2.2kgf/cm²） 后轮轮胎：220kPa（2.2kgf/cm²）
轮毂尺寸	17×7 1/2J
车轮螺母转矩	113N·m（11.5kgf·m）
车轮动平衡要求	最大6.0g

（2）定位数据

系统	项目	数据
前轮	前轮外倾角	0°10′
	主销后倾角	2°50′
	主销内倾角	12°20′
	前轮前束	1mm
	轮最大转向角	内侧33°、外侧30°
	车辆高度（A①－B②）	87.6mm
后轮	车辆高度（A③－B②）	62.6mm

① 前轮中心离地间隙。
② 调整螺栓中心的离地间隙。
③ 后轮中心离地间隙。
④ 下控制臂定位螺栓中心的离地间隙。

1.15 丰田埃尔法

1.15.1 2011款起埃尔法车窗初始化

方法与皇冠车型相同，内容请参考本章1.1.2小节。

1.15.2 2011款起埃尔法天窗初始化

后天窗无法关闭时持续按住开关的“CLOSE”侧。

如果后天窗不能自动反向操作来关闭遵循下列步骤。

① 持续按住开关的“CLOSE”侧*，后天窗将重复打开/关闭操作。

② 后天窗完全关闭即完成该步骤。

*：正常化过程中，持续按住该开关。如果执行上述步骤过程中手松开，则重新执行步骤。

1.15.3 2011款起埃尔法应急启动方法

如果“ENGINE START STOP”开关工作正常，但发动机无法启动时，可将下列步骤作为应急措施来启动发动机。

① 设定驻车制动。

② 将换挡杆换至“P”挡。

③ 将“ENGINE START STOP”开关设定为ACCESSORY模式。

④ 稳固地踩下制动踏板，同时按住“ENGINE START STOP”开关约15s。

1.15.4 2011款起埃尔法制动器检测数据

系统	项目	数据
常规	踏板间隙①	最小145mm
	踏板自由行程	1～6mm
	驻车制动踏板行程②	5～7声咔嗒声
	油液类型	SAE J1703或FMVSS No. 116 DOT 3
前制动器	衬块厚度	标准厚度12.0mm
		最小厚度1.0mm
	制动盘厚度	标准厚度28.0mm
		最小厚度25.0mm
后制动器	衬块厚度	标准厚度10.0mm
		最小厚度1.0mm
	制动盘厚度	标准厚度12.0mm
		最小厚度10.5mm
驻车制动器	制动蹄片厚度	标准厚度2.45mm
		最小厚度1.0mm
	制动鼓内径	标准内径190mm
		最大内径191mm

① 发动机运转过程中以490N（50kgf）的力踩下踏板时的最小踏板间隙。

② 以300N（30.6kgf）的力踩下踏板时的驻车制动踏板行程。

1.15.5 2011款起埃尔法车轮信息与定位数据

（1）车轮信息

轮胎规格	215/65R16 98H	
车轮尺寸	16×6 1/2J	
轮胎气压(推荐冷轮胎气压)	前轮/kPa(kgf/cm²)	后轮/kPa(kgf/cm²)
	240(2.4)	240(2.4)
车轮螺母转矩	铝制车轮	
	103N·m(10.5kgf·m)	
车轮动平衡要求	最大8.0g	

（2）定位数据

系统	项目	数据
前轮	型号代码	GGH20L-PFTQK4①、ANH20L-PFXQK2②
	前轮外倾角	−0°10′
	主销后倾角	5°40′
	主销内倾角	11°25′
	前轮前束	1mm以内
	轮最大转向角	内侧39°、外侧33°
	车辆高度(A③$-B$④)	93mm
后轮	型号代码	GGH20L-PFTQK4①、ANH20L-PFXQK2②
	后轮外倾角	−1°30′
	后轮前束	3mm以内
	车辆高度(A⑤$-B$⑥)	−40mm

① 带2GR发动机的车辆。

② 带2AZ发动机的车辆。

③ 前轮中心离地间隙。

④ 前1号下臂衬套螺栓头中心离地间隙。

⑤ 后轮中心离地间隙。

⑥ 后纵臂衬套后侧螺栓中心（车身侧）离地间隙。

1.16 丰田杰路驰

1.16.1 2013款起杰路驰天窗初始化

如果天窗不能关闭、如因故障导致防夹保护功能意外激活，则按住“CLOSE”开关可关闭天窗。

此后，要再次启用自动打开功能和防夹保护功能，按住“CLOSE”开关直至天窗完全关闭之后稍微打开。

1.16.2 2013款起杰路驰车窗初始化

方法与皇冠车型相同，内容请参考本章1.1.2小节。

1.16.3 2013款起杰路驰保险丝信息

杰路驰发动机舱保险丝盒如图1-11所示。

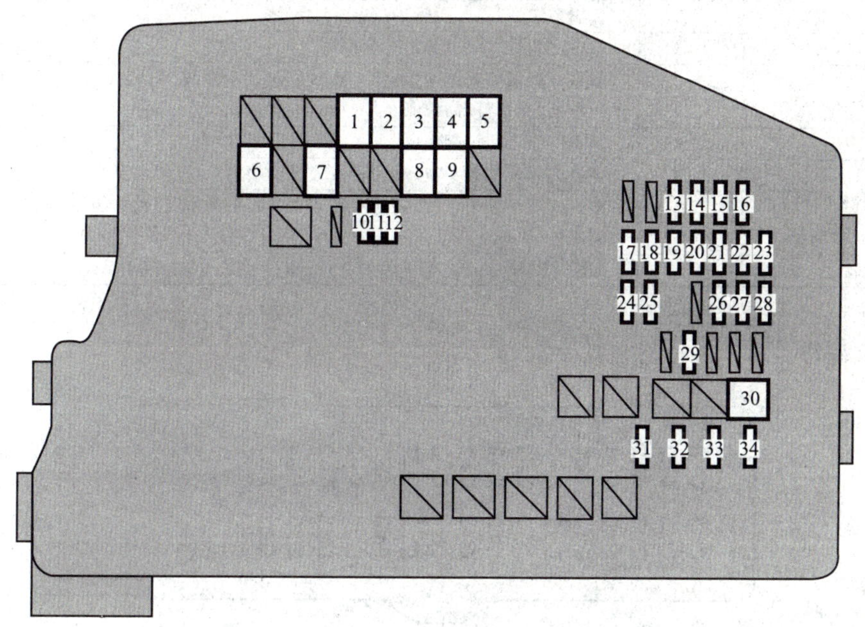

图1-11 杰路驰发动机舱保险丝盒

保险丝		电流值	电　路
1	FAN No. 2	30A	电动冷却风扇
2	FAN No. 1	40A	电动冷却风扇
3	ABS No. 2	30A	ABS、VSC
4	ABS No. 1	50A	ABS、VSC
5	HTR	50A	空调系统
6	ALT	120A	充电系统
7	EPS	80A	电动转向系统
8	P/I-B	50A	EFI No. 1、EFI No. 2、HORN、IG2
9	H-LPMAIN	50A	H-LPLH-LO、H-LPRH-LO、H-LPLH-HI、H-LPRH-HI、大灯
10	SPARE	10A	备用保险丝

续表

保险丝		电流值	电路
11	SPARE	20A	备用保险丝
12	SPARE	30A	备用保险丝
13	H-LP RH-HI	10A	右侧大灯(远光)、仪表
14	H-LP LH-HI	10A	左侧大灯(远光)
15	H-LP RH-LO	10A	右侧大灯(近光)
16	H-LP LH-LO	10A	左侧大灯(近光)
17	ETCS	10A	多点式燃油喷射系统/顺序多点式燃油喷射系统
18	HAZ	10A	转向信号灯、危险告警灯、仪表
19	ALT-S	7.5A	充电系统
20	AM2 No. 2①	7.5A	动力管理系统
21	AM2	30A	IG2 No. 2、启动系统
22	STRGLOCK①	20A	转向器锁系统
23	AMP	30A	音响系统
24	MIRHTR	10A	多点式燃油喷射系统/顺序多点式燃油喷射系统
25	ECU-B No. 2	10A	自动变速器、电动车窗、时钟、智能进入和启动系统、无线遥控
26	ECU-B	10A	车身 ECU、仪表、转向传感器、无线遥控、智能进入和启动系统
27	RAD No. 1	15A	音响系统
28	DOME	10A	车内照明灯、个人用灯、行李厢灯
29	STOP	10A	多点式燃油喷射系统/顺序多点式燃油喷射系统、ABS、VSC、自动变速器、换挡锁止系统、刹车灯、高位刹车灯、动力管理系统
30	DEF	40A	MIRHTR、后车窗除雾器
31	EFI No. 2	15A	多点式燃油喷射系统/顺序多点式燃油喷射系统、燃油泵
32	EFI No. 1	15A	多点式燃油喷射系统/顺序多点式燃油喷射系统、自动变速器
33	HORN	10A	喇叭
34	IG2	15A	MET、IGN、多点式燃油喷射系统/顺序多点式燃油喷射系统

① 仅带智能进入和启动系统的车辆。

驾驶员侧仪表板下方保险丝如图 1-12 所示。

图 1-12　驾驶员侧仪表板下方保险丝

保险丝		电流值	电路
1	S/ROOF	30A	天窗
2	FOG FR	15A	无电路
3	FOG RR	7.5A	后雾灯、仪表
4	AM1	5A	启动系统、车身 ECU
5	OBD	7.5A	车载诊断系统
6	D/L	20A	电动门锁系统
7	DOOR FR	20A	电动车窗
8	WASHER RR	7.5A	后车窗喷洗器
9	WASHER FR	10A	风挡玻璃喷洗器
10	WIP RR	15A	后车窗刮水器

续表

	保险丝	电流值	电　　路
11	WIP FR	30A	风挡玻璃刮水器
12	PWR OUTLET	15A	电源插座
13	ECU-IG1 No. 1	5A	电动转向、换挡锁止系统、天窗、充电系统、换挡拨片开关
14	ACC	5A	车身 ECU、时钟、外后视镜、换挡锁止系统、音响系统
15	IG	5A	后车窗除雾器、电动冷却风扇、多点式燃油喷射系统/顺序多点式燃油喷射系统
16	TAIL	10A	前示廓灯、尾灯、后雾灯、牌照灯、大灯光束高度调节系统、多点式燃油喷射系统/顺序多点式燃油喷射系统
17	IGN	7.5A	多点式燃油喷射系统/顺序多点式燃油喷射系统、自动变速器、时钟、智能进入和启动系统、转向器锁系统、SRS 空气囊系统、燃油泵
18	PANEL	5A	仪表、空调系统、座椅加热器、VSCOFF 开关、大灯光束高度调节开关、换挡杆照明、方向盘功能按钮、时钟、音响系统
19	S/HTR FL	10A	座椅加热器(驾驶员侧)
20	MET	7.5A	仪表
21	S/HTR FR	10A	座椅加热器(前排乘客侧)
22	IG2 No. 2	7.5A	启动系统
23	BKUP LP	7.5A	倒车灯、自动变速器、多点式燃油喷射系统/顺序多点式燃油喷射系统
24	ECU-IG1 No. 2	5A	车身 ECU、ABS、VSC、转向传感器、横摆率和加速度传感器
25	ECU-IG1 No. 3	5A	转向信号灯、危险告警灯
26	HTR-IG	7.5A	空调系统

驾驶员侧仪表板如图 1-13 所示。

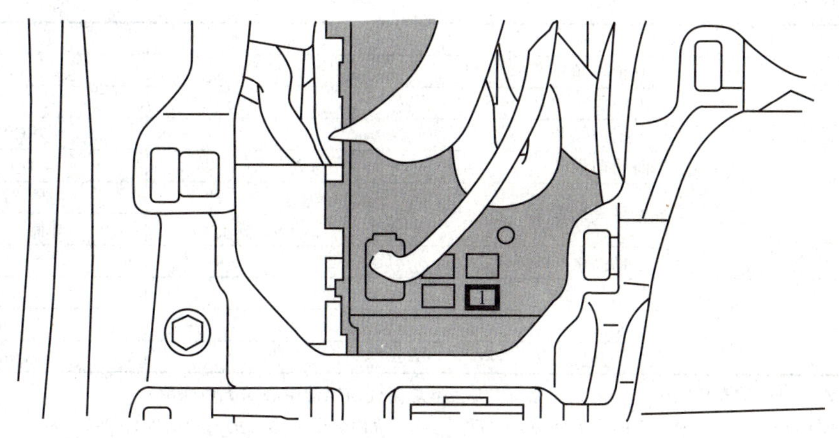

图 1-13　驾驶员侧仪表板

	保险丝	电流值	电路
1	DOOR FL	30 A	电动车窗

1.16.4　2013 款起杰路驰制动器检测数据

系统	规　格	数　据	
常规	踏板间隙[①]	98mm	
	踏板自由行程	1～6mm	
	驻车制动杆行程[②]	5～8 声咔嗒声	
	油液类型	SAE J1703 或 FMVSS No. 116 DOT 3	
前制动器	制动衬块衬片厚度	标准厚度	12.0mm
		最小厚度	1.0mm
	制动盘厚度	标准厚度	28.0mm
		最小厚度	25.0mm

续表

系统	规格	数据
后制动器	制动衬块衬片厚度	标准厚度 9.5mm
		最小厚度 1.0mm
	制动盘厚度	标准厚度 10.0mm
		最小厚度 8.5mm

① 在发动机运转的状态下，用300N（30.6kgf）的力踩下时的最小踏板间隙。

② 用200N（20kgf）的力拉起时的驻车制动杆行程。

1.16.5 2013款起杰路驰车轮信息与定位数据

（1）车轮信息

轮胎规格	除中国车型外	215/50R17 91W
	中国车型	205/55R16 91W
前轮胎和后轮胎气压(推荐冷轮胎气压)	前轮	230kPa(2.3kgf/cm²)
	后轮	210kPa(2.1kgf/cm²)
车轮尺寸	除中国车型外	17×7 J
	中国车型	16×6 1/2J
车轮螺母转矩	103N·m(10.5kgf·m)	
车轮动平衡要求	最大8.0g	

（2）定位数据

项目		数据
前轮定位	前轮外倾角	−0.1°
	主销后倾角	5.7°
	主销内倾角	11.8°
	前轮前束	1mm
	轮最大转向角	内侧37.22°
		外侧32.14°
	车辆高度①(*A*−*B*)	87mm
后轮定位	后轮外倾角	0.77°
	后轮前束	3mm
	车辆高度②(*C*−*D*)	47mm

① 车辆高度=(*A*：前车桥轴中心的离地间隙)−(*B*：下悬架臂前螺栓中心的离地间隙)。

② 车辆高度=(*C*：后车桥轴中心的离地间隙)−(*D*：2号下臂内侧螺栓中心的离地间隙)。

1.17 丰田大霸王-普瑞维亚

1.17.1 大霸王保养灯归零

丰田大霸王仪表板上有一个归零开关（CHANGE OIL）。机油指示灯每6000km会亮起，机油和机油滤清器更换后，保养灯需归零。方法是：移开仪表板上的盖子，然后插入小螺钉旋具，拧动内旋钮开关A即可归零。

1.17.2 新款普瑞维亚/大霸王AFS（随车转向大灯控制系统）初始化设定

在拆装车身高度传感器、悬挂，更换AFS ECU，更换蓄电池后，需要对系统进行初始化设定。

（1）重装悬挂减振系统和高度传感器手工设定方法

① 如图 1-14 所示，使用连接线将 DLC3 诊断接头的 4 号脚 CG 和 8 号脚 LVL 相连接，然后打开点火开关到 ON 位置。

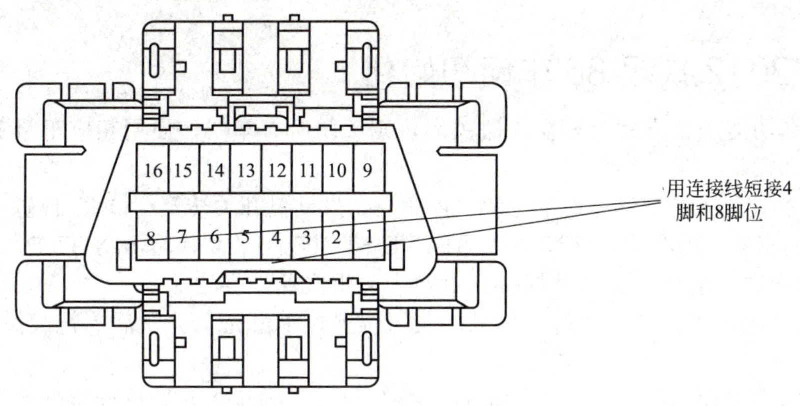

图 1-14　车辆 DLC3 诊断接头

② 在 20s 内拉动变光开关 3 次。

③ AFS OFF 指示灯闪烁 3 次后熄灭，完成设定。

（2）拆装蓄电池后的初始化方法

在拆装蓄电池后，需要对转向角度传感器进行初始化设定，其初始化方法是：将车辆以 20km/h 速度直线行使超过 100m 以上即可。

1.17.3　大霸王车身高度传感器初始化

① 使用连接线 SST 将诊断接头的 4 号脚 CG 和 8 号脚 LVL 相连，然后将点火开关至于 ON 位置。

② 跨接后，在 20s 内拉动灯光控制开关（闪光挡）3 次。

③ 在正确的初始化情况下，AFS OFF 指示灯闪 3 次后熄灭。

④ 拆装蓄电池需要对转向角度传感器初始化，只要以 20km/h 以上的速度沿直线行驶超过 100m 即可。

如果重装过减振系统和传感器 AFS ECU 或者更换蓄电池都需要对系统进行初始化。

1.18　丰田威飒

1.18.1　2013 款起威飒车窗初始化

操作方法与皇冠车型相同，内容请参考本章 1.1.2 小节。

1.18.2　2013 款起威飒天窗初始化

天窗不能正常关闭时执行下列步骤。

① 停止车辆。

② 将天窗打开至中途位置。

③ 按下打开/关闭开关并保持在关闭位置。

天窗到达全关位置时，将打开/关闭开关继续保持在关闭位置 2s 以上。其将轻微调节，然后停止。

④ 为保证完成初始化，确保打开、关闭、上倾和下倾功能工作正常。

1.19 丰田 GT-86

1.19.1 2012 款起 86 车窗初始化

如果防夹功能工作异常且车窗无法关闭，则关闭所有车门，使用相应车门上的电动车窗开关执行下列操作。

① 不带智能进入和启动系统的车辆：停车后，发动机开关转至“ON”位置。带智能进入和启动系统的车辆：停车后，“ENGINE START STOP”开关切换至 IGNITION ON 模式。

② 连续两次将电动车窗开关保持在单触式关闭位置。

③ 再次将电动车窗开关保持在单触式关闭位置，车窗完全关闭后，持续按住 1s 或更长时间。

如果车窗移动期间将电动车窗开关按至打开位置，则从头开始执行步骤。

1.19.2 2012 款起 86 侧车窗复位

如果侧窗结冰时打开和关闭相应车门，则车窗安全装置将工作，且侧窗打开/关闭联动车门操作功能可能无法正确工作。如果发生此情况，则待冰融化后再进行以下操作。

① 打开侧窗直至接近中途打开位置。

② 向上拉起开关至单触式关闭位置，待完全关闭车窗后，持续按住开关 1s 或更长时间。

车窗位置复位，安全装置操作将解除。

1.19.3 2012 款起 86 制动器与制动片测量数据

系统	项目	数据
常规	踏板间隙①	最小 55.0mm
	踏板自由行程	0.2～2.0mm
	驻车制动杆行程②	7～8 声咔嗒声
	油液类型	FMVSS 116 号新鲜 DOT 3 或 DOT 4 制动液
前制动器	衬块厚度	标准厚度：11.0mm
		最小厚度：1.5mm
	制动盘厚度	标准厚度：24.0mm
		最小厚度：22.0mm
后制动器	实心型衬块厚度	标准厚度：9.0mm
		最小厚度：1.5mm
	通风型衬块厚度	标准厚度：11.0mm
		最小厚度：1.5mm
	实心型制动盘厚度	标准厚度：10.0mm
		最小厚度：8.5mm
	通风型制动盘厚度	标准厚度：18.0mm
		最小厚度：16.5mm
驻车制动器	制动蹄摩擦片厚度	标准厚度：3.5mm
		最小厚度：1.5mm
	制动鼓内径	标准内径：190mm
		最大内径：191mm

① 发动机运行过程中以 490N（50kgf）的力踩下踏板时的最小踏板间隙。

② 以 200N（20.4kgf）的力拉起时的驻车制动杆的行程。

1.20 雷克萨斯 CT200H

1.20.1 2012 款起 CT200H 天窗初始化

天窗无法正常关闭时执行如下程序。

(1) 如果天窗关闭但随后又稍微打开

① 停车。

② 按住“CLOSE”开关。天窗将关闭，再次打开并暂停约 10s。然后其将再次关闭并下倾。最后，其将稍微调节，然后停止。

③ 检查以确保天窗已完全停止，然后松开开关。

(2) 如果天窗下倾但随后又上倾

① 停车。

② 按住“DOWN”开关。天窗将关闭，再次打开并在上倾位置暂停约 10s。然后其将再次关闭并下倾。最后，其将稍微调节，然后停止。

③ 检查以确保天窗已完全停止，然后松开开关。

如果未在正确时间松开开关，则需重新开始执行程序。

如果在上述 10s 暂停后松开开关，则自动操作将被禁用。在此情况下，按住“CLOSE”或“DOWN”开关，天窗将关闭，稍微调节后停止。检查以确保天窗已完全停止，然后松开开关。

1.20.2 2012 款起 CT200H 车窗初始化

操作方法与皇冠车型相同，内容请参考本章 1.1.2 小节。

1.20.3 2012 款起 CT200H 制动器检测数据

系统	项　目	数　据
常规	踏板间隙①	带铝制踏板最小 79mm
		不带铝制踏板最小 77mm
	踏板自由行程	1.0～6.0mm
	驻车制动踏板行程②	8～11 声咔嗒声
	油液类型	SAE J1703 或 FMVSS No. 116 DOT 3
前轮	衬块厚度	标准厚度 10.0mm
		最小厚度 1.0mm
	制动盘厚度	标准厚度 25.0mm
		最小厚度 22.0mm
后轮	衬块厚度	标准厚度 9.5mm
		最小厚度 1.0mm
	制动盘厚度	标准厚度： 10mm③ 9.0mm④
		最小厚度 8.5mm③ 7.5mm④

① 在混合动力系统运行状态下，以 196N 的力踩下时的最小踏板间隙。

② 以 300N 的力踩下时的驻车制动踏板行程。

③ 带 16in 轮胎的车辆。

④ 带 15in 轮胎的车辆。

1.20.4　2012 款起 CT200H 车轮信息与定位数据

（1）车轮信息

A 型	轮胎规格	205/55R16 91V
	轮胎气压(推荐冷轮胎气压)	高于 160km/h,240kPa
		160km/h 或更低,220kPa
	轮毂尺寸	16×6 J
	轮毂螺母转矩	103N·m
	车轮动平衡要求	最大 8.0g
B 型	轮胎规格	195/65R15 91H
	轮胎气压(推荐冷轮胎气压)	高于 160km/h,250kPa
		160km/h 或更低,230kPa
	轮毂尺寸	15×5 1/2 J
	轮毂螺母转矩	103N·m
	车轮动平衡要求	最大 8.0g

（2）定位数据

前轮定位		车轮转向角	内侧车轮	39°
外倾角	−0°13′±45′①		外侧车轮	33°
	−0°14′±45′②	车辆高度④(A−B)		104mm①
	−0°15′±45′③			106mm②
后倾角	5°56′±45′①			112mm③
	5°48′±45′②,③	后轮定位		
主销内倾角	12°11′①	外倾角		−1°00′±45′
	12°14′②	前束		(2±2)mm
	12°22′③	车辆高度⑤(C−D)		64mm①
前束	(2±2)mm			59mm②
				61mm③

① 带 16in 轮胎的车辆（除 F SPORT 外）。

② 带 16in 轮胎的车辆（F SPORT）。

③ 带 15in 轮胎的车辆。

④车辆高度=(A：前轮中心离地间隙)−(B：前 1 号下臂衬套固定螺栓中心离地间隙)。

⑤ 车辆高度=(C：后轮中心离地间隙)−(D：后 2 号下臂衬套固定螺栓中心离地间隙)。

1.21　雷克萨斯 ES250-300H-330-350

1.21.1　2004 款后 ES330 保养灯归零方法

① 将点火开关置于 LOCK 或 ACC 挡，里程表上将会显示里程数。

② 按住里程表复位键，然后将点火开关开到 ON 挡，继续保持按住按键至少 5s，直到里程表上显示 000000，且保养提示灯熄灭。若操作失败，保养提示灯将会继续闪烁。

1.21.2　2012 款起 ES250-300H-350 电动车窗初始化

操作方法与皇冠车型相同，内容请参考本章 1.1.2 小节。

1.21.3　2012 款起 ES250-300H-350 天窗初始化

操作方法与皇冠车型相同，内容请参考本章 1.1.1 小节。

1.21.4 2012款起ES250-300H-350制动器检测数据

系统	项　目	数　据
常规	踏板间隙①	汽油车辆最小91mm
		混合动力车辆最小92mm
	踏板自由行程	1.0～6.0mm
	驻车制动踏板行程②	7～10声咔嗒声
	油液类型	SAE J1703或FMVSS No.116 DOT 3
前制动器	衬块厚度	标准厚度12.0mm
		最小厚度1.0mm
	制动盘厚度	标准厚度28.0mm
		最小厚度25.0mm
后制动器	衬块厚度	标准厚度10.5mm
		最小厚度1.0mm
	制动盘厚度	标准厚度10.0mm
		最小厚度8.5mm
驻车制动器	制动蹄摩擦片厚度	标准厚度3.35mm
		最小厚度1.0mm
	制动鼓内径	标准内径173mm
		最大内径174mm

①在发动机（混合动力系统）运转（工作）状态下，以500N的力踩下时的最小踏板间隙。

② 以300N的力踩下时的驻车制动踏板行程。

1.21.5 2012款起ES250-300H-350车轮信息与定位数据

（1）车轮信息

轮胎规格	215/55R17 94V
轮胎气压（推荐冷轮胎气压）	前轮230kPa
	后轮230kPa
轮毂尺寸	17×7 J
轮毂螺母转矩	103N·m
车轮动平衡要求	最大8.0g

（2）定位数据

前轮定位

项目		汽油车辆		混合动力车辆
		2AR发动机	2GR发动机	
外倾角		−0°40′±45′		−0°35′±45′
后倾角		2°55′±45′		3°00′±45′
主销内倾角		12°15′±45′		12°10′±45′
前束		(0±2)mm		
车轮转向角①	内侧车轮	37°		
	外侧车轮	33°		
车辆高度（$A^{①}-B^{②}$）		127mm		121mm

后轮定位

项目	汽油车辆		混合动力车辆
	2AR发动机	2GR发动机	
外倾角	−1°10′±45′	−1°15′±45′	−1°10′
前束	(2.5±2)mm	(3±2)mm	(2.5±2)mm
车辆高度（$C^{③}-D^{④}$）	48mm	50mm	49mm

① 前轮中心离地间隙。

② 前2号下臂衬套固定螺栓中心离地间隙。

③ 后轮中心离地间隙。

④ 后支撑杆固定螺栓中心离地间隙。

1.22 雷克萨斯 GS250-350

1.22.1 2012 款起 GS250-350 天窗初始化

操作方法与皇冠车型相同，内容请参考本章 1.1.1 小节。

1.22.2 2012 款起 GS250-350 车窗初始化

操作方法与皇冠车型相同，内容请参考本章 1.1.2 小节。

1.22.3 2012 款起 GS250-350 制动器检测数据

系统	项 目	数 据
常规	踏板间隙①	两轮驱动最小 115mm
		全轮驱动最小 126mm
	踏板自由行程	1.0～2.0mm
	制动液类型	SAE J1703 或 FMVSS No. 116 DOT 3
前制动器	衬块厚度	17in 制动器标准厚度 12.0mm，12.5mm②
		18in 制动器标准厚度 12.5mm
		最小厚度 1.0mm
	制动盘厚度	标准厚度 30.0mm
		最小厚度 27.0mm
后制动器	衬块厚度	标准厚度 12.0mm
		最小厚度 1.0mm
	制动盘厚度	标准厚度 18.0mm
		最小厚度 16.5mm

① 在发动机运转状态下，用 500N 的力踩下踏板时的最小踏板间隙。

② F SPORT 两轮驱动车型。

1.22.4 2012 款起 GS250-350 车轮信息与定位数据

（1）车轮信息

A 型			
轮胎尺寸	225/50R17 94W		
轮胎充气压力（推荐冷胎充气压力）	车速	前轮/kPa	后轮 kPa
	高于 160km/h	250	250
	160km/h 或更低	230	230
轮毂尺寸	17×7 1/2J		
轮毂螺母转矩	103N·m		
车轮的残余不平衡	最大 8.0g		
B 型			
轮胎尺寸	235/45R18 94Y		
轮胎充气压力（推荐冷胎充气压力）	车速	前轮/kPa	后轮/kPa
	高于 160km/h	230	230
	160km/h 或更低		
轮毂尺寸	18×4 T		
轮毂螺母转矩	103N·m		
车轮的残余不平衡	最大 8.0g		
小型备胎			
轮胎尺寸	T145/70D18 107M		
轮胎充气压力（推荐冷胎充气压力）	420kPa		
轮毂尺寸	18×4 T		
轮毂螺母转矩	103N·m		

（2）定位数据

前轮定位①				
项目		GS250	GS350	
			两轮驱动	全轮驱动
外倾角		−0°13′		−0°28′
后倾角		7°52′		4°41′
主销内倾角		10°28′		10°49′
前束		(1±2)mm		
车轮转向角	内侧车轮	41°35′		39°22′
	外侧车轮	36°2′		35°56′
车辆高度(A②−B③)		113.1mm		

后轮定位①			
项目	GS250	GS350	
		两轮驱动	全轮驱动
外倾角	−1°29′		−1°15′
前束	(3±2)mm		
车辆高度(C④−D⑤)	93.6mm		83.8mm

① 空载车辆。

② 前轮中心离地间隙。

③ 悬架 1 号下臂衬套固定螺栓中心离地间隙。

④ 后轮中心离地间隙。

⑤ 车身侧 2 号下臂衬套螺栓后端离地间隙。

1.23 雷克萨斯 GS300H-450H

1.23.1 2012 款起 GS300H-450H 天窗初始化

操作方法与皇冠车型相同，内容请参考本章 1.1.1 小节。

1.23.2 2012 款起 GS300H-450H 车窗初始化

操作方法与皇冠车型相同，内容请参考本章 1.1.2 小节。

1.23.3 2012 款起 GS300H-450H 制动器检测数据

系统	项　目	数　据
常规	踏板间隙①	最小 115mm
	踏板自由行程	1.0～2.0mm
	油液类型	SAE J1703 或 FMVSS No. 116 DOT 3
前制动器	衬块厚度	标准厚度 12.0mm
		最小厚度 1.0mm
	制动盘厚度	标准厚度 30.0mm
		最小厚度 27.0mm
后制动器	衬块厚度	标准厚度 12.0mm
		最小厚度 1.0mm
	制动盘厚度	标准厚度 18.0mm
		最小厚度 16.5mm
驻车制动器	制动蹄摩擦片厚度	标准厚度 2.55mm
		最小厚度 1.0mm
	制动鼓内径	标准内径 190mm
		最大内径 191mm

① 在混合动力系统工作状态下，以 500N 的力踩下时的最小踏板间隙。

1.23.4 2012 款起 GS300H-450H 车轮信息与定位数据

（1）车轮信息

<table>
<tr><th>系统</th><th>规 格</th><th colspan="3">数 据</th></tr>
<tr><td rowspan="7">A</td><td>轮胎规格</td><td colspan="3">225/50R17 94W</td></tr>
<tr><td rowspan="3">轮胎气压(推荐冷轮胎气压)</td><td rowspan="2">车速高于 160km/h</td><td>前轮胎/kPa</td><td>后轮胎/kPa</td></tr>
<tr><td>260</td><td>280</td></tr>
<tr><td>160km/h 或更低</td><td>240</td><td>240</td></tr>
<tr><td>轮毂尺寸</td><td colspan="3">17×7 1/2J</td></tr>
<tr><td>轮毂螺母转矩</td><td colspan="3">103N·m</td></tr>
<tr><td>车轮动平衡要求</td><td colspan="3">最大 8.0g</td></tr>
<tr><td rowspan="6">B</td><td>轮胎规格</td><td colspan="3">235/45R18 94Y</td></tr>
<tr><td rowspan="2">轮胎气压(推荐冷轮胎气压)</td><td>车速</td><td>前轮胎/kPa</td><td>后轮胎/kPa</td></tr>
<tr><td>高于 160km/h 或更低</td><td>240</td><td>240</td></tr>
<tr><td>轮毂尺寸</td><td colspan="3">18×8 J</td></tr>
<tr><td>轮毂螺母转矩</td><td colspan="3">103N·m</td></tr>
<tr><td>车轮动平衡要求</td><td colspan="3">最大 8.0g</td></tr>
<tr><td rowspan="4">小型备胎</td><td>轮胎规格</td><td colspan="3">T145/70D18 107M</td></tr>
<tr><td>轮胎气压(推荐冷轮胎气压)</td><td colspan="3">420kPa</td></tr>
<tr><td>轮毂尺寸</td><td colspan="3">18×4 T</td></tr>
<tr><td>轮毂螺母转矩</td><td colspan="3">103N·m</td></tr>
</table>

（2）定位数据

<table>
<tr><th>系统</th><th>项 目</th><th colspan="2">数 据</th></tr>
<tr><td rowspan="8">前轮定位①</td><td>车型</td><td>GS300H</td><td>GS450H</td></tr>
<tr><td>外倾角</td><td>−0°12′</td><td>−0°14′</td></tr>
<tr><td>后倾角</td><td>7°54′</td><td>7°55′</td></tr>
<tr><td>主销内倾角</td><td colspan="2">10°28′</td></tr>
<tr><td>前束</td><td colspan="2">(1±2)mm</td></tr>
<tr><td>车轮转向角内侧车轮</td><td>41°36′</td><td>41°35′</td></tr>
<tr><td>外侧车轮</td><td>36°03′</td><td>36°1′</td></tr>
<tr><td>车辆高度(A②−B③)</td><td>112mm</td><td>114mm</td></tr>
<tr><td rowspan="4">后轮定位①</td><td>车型</td><td>GS300H</td><td>GS450H</td></tr>
<tr><td>外倾角</td><td>−1°31′</td><td>−1°32′</td></tr>
<tr><td>前束</td><td colspan="2">(3±2)mm</td></tr>
<tr><td>车辆高度(C④−D⑤)</td><td>96mm</td><td>97mm</td></tr>
</table>

① 空载车辆。

② 前轮中心离地间隙。

③ 悬架 1 号下臂衬套固定螺栓中心离地间隙。

④ 后轮中心离地间隙。

⑤ 车身侧 2 号下臂衬套螺栓后端离地间隙。

1.24 雷克萨斯 GX400

1.24.1 2012 款起 GX400 电动车窗初始化

操作方法与皇冠车型相同，内容请参考本章 1.1.2 小节。

1.24.2 2012 款起 GX400 天窗初始化

天窗不能正常关闭时执行如下程序。

(1) 如果天窗关闭后再次稍微打开

① 停车。

② 按住天窗开关（见图 1-15）上的“V”*1。

天窗将关闭，再次打开并暂停约 10s*2。然后再次关闭，上倾并暂停约 1s。最后将下倾、打开并关闭。

③ 检查以确保天窗完全关闭，然后松开开关。

(2) 如果天窗下倾但随后又上倾

① 停车。

② 按住天窗开关上的“∧”直至天窗移至上倾位置并停止。

③ 松开天窗开关上的“∧”一次，然后再次按住上的“∧”*1。天窗将在上倾位置暂停约 10s*2。然后稍微调节并暂停约 1s。最后将下倾、打开并关闭。

④ 检查以确保天窗完全关闭，然后松开开关。

图 1-15 天窗开关图示

*1：如果松开开关的时间错误，则需从头开始执行程序。

*2：如果在上述 10s 暂停后松开开关，则将禁用自动操作。在此情况下，按住天窗开关上的“V”或“∧”，天窗将上倾并暂停约 1s。然后下倾、打开并关闭。检查以确保天窗完全关闭，然后松开开关。

1.24.3 2012 款起 GX400 制动器检测数据

系统	项目	数据
常规	踏板间隙①	最小 86mm
	踏板自由行程	1～6mm
	驻车制动杠杆行程②	5～7 声咔嗒声
	油液类型	SAE J1703 或 FMVSS No. 116 DOT 3
前制动器	衬块厚度	标准厚度 11.3mm
		最小厚度 1mm
	制动盘厚度	标准厚度 32mm
		最小厚度 29mm
后制动器	衬块厚度	标准厚度 10mm
		最小厚度 1mm
	制动盘厚度	标准厚度 18mm
		最小厚度 16mm

① 在发动机运转状态下，以 490N 的力踩下时的最小踏板间隙。

② 以 196N 的力拉起时的驻车制动杠杆行程。

1.24.4 2012 款起 GX400 车轮信息与定位数据

(1) 车轮信息

项目	数据
轮胎规格	265/60R18 110H
轮胎气压(推荐冷轮胎气压)	前轮 220kPa
	后轮 220kPa
轮毂尺寸	18×7 1/2J
轮毂螺母转矩	112N·m
车轮动平衡要求	最大 6.0g

（2）定位数据

系统	项　　目	数　　据
前轮定位	外倾角	0°19′±45′
	后倾角	3°07′±45′
	主销内倾角	11°55′±45′
	前束	4.3mm
	车轮转向角	内侧车轮 36°
		外侧车轮 33°
	车辆高度①(*A*−*B*)	78mm
后轮定位	外倾角	0°00′
	前束	0mm
	车辆高度②(*C*−*D*)	65mm

① 车辆高度＝(*A*：主轴中心离地间隙)－(*B*：前悬架下臂螺栓中心离地间隙)。

② 车辆高度＝(*C*：后桥半轴中心离地间隙)－(*D*：前下控制臂螺栓中心离地间隙)。

1.25　雷克萨斯 IS250

1.25.1　2013 款起 IS250 天窗初始化

操作方法与皇冠车型相同，内容请参考本章 1.1.1 小节。

1.25.2　2013 款起 IS250 车窗初始化

操作方法与皇冠车型相同，内容请参考本章 1.1.2 小节。

1.25.3　2013 款起 IS250 车轮信息与定位数据

（1）车轮信息

轮胎规格	225/45R17 91W、T125/70D17 98M(备胎)		
轮胎气压(前和后)(推荐冷轮胎气压)	车速	前轮/kPa	后轮/kPa
	高于 160km/h	260	260
	160km/h 或更低	250	250
轮胎气压(备胎)(推荐冷轮胎气压)	420kPa		
轮毂尺寸	17×7 1/2J、17×4 T(备胎)		
轮毂螺母转矩	103N·m		
车轮动平衡要求	最大 8.0g		

（2）定位数据

系统	项　　目	数　　据
前轮定位①	外倾角	−0°17′±45′
	后倾角	8°18′±45′
	主销内倾角	10°12′
	前束	(0.5±2)mm
	车轮转向角	内侧车轮 41.8°
		外侧车轮 36.6°
	车辆高度(*A*②−*B*③)	102mm
后轮定位①	外倾角	−1°35′±45′
	前束	(2.0±2)mm
	车辆高度(*C*④−*D*⑤)	100mm

① 空载车辆。

② 前轮中心离地间隙。

③ 悬架 1 号下臂衬套固定螺栓中心离地间隙。

④ 后轮中心离地间隙。

⑤ 车身侧 2 号下臂衬套螺栓后端离地间隙。

1.25.4 2013款起IS250制动器检测数据

系统	项　目	数　据
常规	踏板间隙①	最小107mm
	踏板自由行程	1.0～2.0mm
	驻车制动踏板行程②	7～10声咔嗒声
	油液类型	SAE J1703或FMVSS No.116 DOT 3
前制动器	衬块厚度	标准厚度12.0mm,12.2mm③
		最小厚度1.0mm
	制动盘厚度	标准厚度28.0mm
		最小厚度26.0mm,25.0mm③
后制动器	衬块厚度	标准厚度12.0mm
		最小厚度1.0mm
	制动盘厚度	标准厚度10.0mm
		最小厚度8.5mm
驻车制动器	制动蹄摩擦片厚度	标准厚度2.55mm
		最小厚度1.0mm
	制动鼓内径	标准内径190mm
		最大内径191mm

① 在发动机运转状态下，以500N的力踩下时的最小踏板间隙。

② 以300N的力踩下时的驻车制动踏板行程。

③ F SPORT车型。

1.26 雷克萨斯LS460-460L

1.26.1 2012款起LS460天窗初始化

操作方法与皇冠车型相同，内容请参考本章1.1.1小节。

1.26.2 2012款起LS460车窗初始化

操作方法与皇冠车型相同，内容请参考本章1.1.2小节。

1.26.3 2012款起LS460制动器检测数据

系统	项　目	数　据
常规	踏板间隙①	最小147mm
	踏板自由行程	1.0～2.0mm
	油液类型	SAE J1703或FMVSS No.116 DOT 3
前制动器	衬块厚度	标准厚度13.5mm
		最小厚度1.0mm
	制动盘厚度	标准厚度34.0mm
		最小厚度31.0mm
后制动器	衬块厚度	标准厚度13.5mm
		最小厚度1.0mm
	制动盘厚度	标准厚度22.0mm
		最小厚度20.0mm
驻车制动器	制动蹄摩擦片厚度	标准厚度2.45mm
		最小厚度1.0mm
	制动鼓内径	标准内径190mm
		最大内径191mm

① 在发动机运转状态下，以500N的力踩下时的最小踏板间隙。

1.26.4 2012 款起 LS460 车轮信息与定位数据

（1）车轮信息

系统	项目	数据		
18in 轮胎	轮胎尺寸	235/50R18 97W		
	轮胎充气压力(推荐的冷胎充气压力)	车速	前轮/kPa	后轮/kPa
		高于 160km/h	330	330
		160km/h 或更低	240	240
	轮毂尺寸	18×7 1/2 J		
	轮毂螺母转矩	140N·m		
	车轮的动平衡	最大 8.0g		
19in 轮胎	轮胎尺寸	245/45R19 98Y		
	轮胎充气压力(推荐的冷胎充气压力)	车速	前轮/kPa	后轮/kPa
		高于 160km/h	260	280
		160km/h 或更低	230	230
	轮毂尺寸	19×8 J		
	轮毂螺母转矩	140N·m		
	车轮的动平衡	最大 8.0g		

（2）定位数据

系统	项目	数据
前轮定位①	外倾角	两轮驱动车型－0.40°
		全轮驱动车型－0.65°
	后倾角	两轮驱动车型 6.95°
		全轮驱动车型 5.00°
	主销内倾角	两轮驱动车型 9.45°
		全轮驱动车型 8.90°
	前束	0mm
	车轮转向角(内侧车轮)两轮驱动车型	18in 轮胎 41.16°
		19in 轮胎 40.21°
	全轮驱动车型	38.04°
	车轮转向角(外侧车轮)两轮驱动车型	18in 轮胎 35.06°
		19in 轮胎 34.44°
	全轮驱动车型	33.65°
	车辆高度(*A*②－*B*③)两轮驱动车型	98mm
	全轮驱动车型	146mm
后轮定位①	外倾角两轮驱动车型	－1.8°
	全轮驱动车型	－1.7°
	前束	3mm
	车辆高度(*A*④－*B*⑤)	两轮驱动车型 93mm
		全轮驱动车型 83mm

① 空载车辆。
② 前轮中心离地间隙。
③ 两轮驱动车型前 2 号下臂前侧螺栓中心离地间隙；全轮驱动车型前 1 号下臂后侧螺栓中心离地间隙。
④ 后轮中心离地间隙。
⑤ 2 号下臂前束调节片的中央凹陷部位离地间隙。

1.27 雷克萨斯 LS600HL

1.27.1 2012 款起 LS600HL 天窗初始化

操作方法与皇冠车型相同，内容请参考本章 1.1.1 小节。

1.27.2 2012款起LS600HL电动车窗初始化

操作方法与皇冠车型相同，内容请参考本章1.1.2小节。

1.27.3 2012款起LS600HL车轮信息与定位数据

（1）车轮信息

项　目	数　据		
轮胎规格	245/45R19 102Y		
轮胎气压(推荐冷轮胎气压)	车速	前轮/kPa	后轮/kPa
	高于160km/h	290	290
	160km/h或更低	250	250
轮毂尺寸	19×8 J		
轮毂螺母转矩	140N·m		
车轮动平衡要求	最大8.0g		

（2）定位数据

系统	项　目	数　据
前轮定位	外倾角	−0°40′
	后倾角	5°00′
	主销内倾角	8°55′
	前束	0mm
	车轮转向角	内侧车轮38.04°
		外侧车轮33.65°
	车辆高度(A①−B②)	146mm
后轮定位	外倾角	−1°40′
	前束	3mm
	车辆高度(C③−D④)	83mm

① 前轮中心离地间隙。

② 前1号下臂后侧螺栓中心离地间隙。

③ 后轮中心离地间隙。

④ 2号下臂前束调节片的中央凹陷部位离地间隙。

1.27.4 2012款起LS600HL制动器检测数据

系统	项　目	数　据
常规	踏板间隙①	最小147mm
	踏板自由行程	1.0～2.0mm
	油液类型	SAE J1703或FMVSS No. 116 DOT 3
前制动器	衬块厚度	标准厚度13.5mm
		最小厚度1.0mm
	制动盘厚度	标准厚度34.0mm
		最小厚度31.0mm
后制动器	衬块厚度	标准厚度13.5mm
		最小厚度1.0mm
	制动盘厚度	标准厚度22.0mm
		最小厚度20.0mm
驻车制动器	制动蹄摩擦片厚度	标准厚度2.45mm
		最小厚度1.0mm
	制动鼓内径	标准内径190mm
		最大内径191mm

① 在混合动力系统工作状态下，以500N的力踩下时的最小踏板间隙。

1.28 雷克萨斯 LX570

1.28.1 2013 款起 LX570 天窗初始化

操作方法与皇冠车型相同，内容请参考本章 1.1.1 小节。

1.28.2 2013 款起 LX570 电动车窗初始化

操作方法与皇冠车型相同，内容请参考本章 1.1.2 小节。

1.28.3 2013 款起 LX570 制动器检测数据

系统	项　　目	数　　据
常规	踏板间隙①	最小 92mm
	踏板自由行程	1～6mm
	驻车制动杠杆行程②	5～7 声咔嗒声
	油液类型	SAE J1703 或 FMVSS No. 116 DOT 3
前制动器	衬块厚度	标准厚度 11.9mm
		最小厚度 1.0mm
	制动盘厚度	标准厚度 32.0mm
		最小厚度 29.0mm
后制动器	衬块厚度	标准厚度 12.0mm
		最小厚度 1.0mm
	制动盘厚度	标准厚度 18.0mm
		最小厚度 16.0mm
驻车制动器	制动蹄摩擦片厚度	标准厚度 3.75mm
		最小厚度 1.0mm
	制动鼓内径	标准内径 240mm
		最大内径 241mm

① 在发动机运转状态下，以 490N 的力踩下时的最小踏板间隙。

② 以 200N 的力拉起时的驻车制动杠杆行程。

1.28.4 2013 款起 LX570 车轮信息与定位数据

（1）车轮信息

项目	数据
轮胎规格	285/60R18 116V
轮胎气压(推荐冷轮胎气压)	前轮 240kPa
	后轮 240kPa
轮毂尺寸	18×8 J
轮毂螺母转矩	131N·m
车轮动平衡要求	最大 7.0g

（2）定位数据

系统	项　　目	数　　据
前轮	外倾角	$0^{\circ}\pm0.75^{\circ}$
	后倾角	$3.40^{\circ}\pm0.75^{\circ}$
	主销内倾角	$13.00^{\circ}\pm0.75^{\circ}$
	前束	(0±2)mm
	车轮转向角(内侧车轮)	$35.45^{\circ}{}^{+1^{\circ}}_{-2^{\circ}}$
	车轮转向角(外侧车轮)	32.05°
	车辆高度(A①－B②)	101.3mm

续表

系统	项目	数据
后轮	外倾角	0°±0.75°
	前束	(0±2)mm
	车辆高度($C^{③}-D^{④}$)	93.2mm

① 主轴中心离地间隙。
② 前悬架下臂螺栓中心离地间隙。
③ 后桥半轴中心离地间隙。
④ 后下控制臂前螺栓中心离地间隙。

1.29 雷克萨斯 RX270-350-450H

1.29.1 2012款起 RX270-350-450H 天窗初始化

操作方法与皇冠车型相同，内容请参考本章 1.1.1 小节。

1.29.2 2012款起 RX270-350-450H 电动车窗初始化

如果防夹功能运行异常且无法关闭车窗，则使用相应车门上的电动车窗开关执行以下操作。

① RX270/RX350：停车后，将“ENGINE START STOP”切换至 IGNITION ON 模式时，可通过将电动车窗开关保持在单触式关闭位置来关闭车窗。

② RX450H：停车后，将“POWER”开关切换至 ON 模式时，可通过将电动车窗开关保持在单触式关闭位置来关闭车窗。

③ 如果执行上述操作后仍无法关闭车窗，则执行以下程序来初始化功能。

a. 将电动车窗开关保持在单触式关闭位置。车窗关闭后继续按住开关 6s。

b. 将电动车窗开关保持在单触式打开位置。车窗完全打开后继续按住开关 2s。

c. 再次将电动车窗开关保持在单触式关闭位置。车窗关闭后继续按住开关 2s。

如果在车窗移动时松开开关，则从头开始。

1.29.3 2012款起 RX270-350-450H 车轮信息与定位数据

(1) 车轮信息

类型	项目	数据		
A型	轮胎规格	235/60R18 103V		
	轮胎气压(推荐冷轮胎气压)	车速	前轮/kPa	后轮/kPa
		高于 160km/h	250	270
		160km/h 或更低	230	230
	轮毂尺寸	18×7 1/2J		
	轮毂螺母转矩	103N·m		
	车轮动平衡要求	最大 8.0g		
B型	轮胎规格	235/55R19 101V		
	轮胎气压(推荐冷轮胎气压)	车速	前轮/kPa	后轮/kPa
		高于 160km/h	260	290
		160km/h 或更低	230	230
	轮毂尺寸	19×7 1/2J		
	轮毂螺母转矩	103N·m		
	车轮动平衡要求	最大 8.0g		

(2) 定位数据

系统	项　目	数　据
前轮	外倾角	−0°40′±45′
	后倾角	RX270/RX350 2°45′±45′
		RX450H 2°50′±45′
	主销内倾角	RX270 10°55′±45′
		RX350/RX450H 11°00′±45′
	前束	(1.0±2)mm
	车轮转向角(内侧车轮)	36°06′
	车轮转向角(外侧车轮)	32°00′
	车辆高度(A①−B②)	RX270 123.6mm
		RX350/RX450H 124.6mm
后轮	外倾角	−0°35′±45′
	前束	(1.0±2)mm
	车辆高度(A③−B④)	RX270 50.6mm
		RX350 51.1mm

① 前主轴中心离地间隙。

② 2号下臂衬套螺栓头中心离地间隙。

③ 后主轴中心离地间隙。

④ 车身侧2号下臂衬套螺栓车桥端离地间隙（RX270/RX350）；后2号下臂衬套车身安装螺栓中心离地间隙（RX450H）。

1.29.4 2012款起RX270-350-450H制动器检测数据

系统	项　目	数　据
常规	踏板间隙①	RX270/RX350 最小 84mm
		RX450H 最小 99mm
	踏板自由行程	RX270/RX350 1～6mm
		RX450H 1～2mm
	驻车制动踏板行程②	5～8声咔嗒声
	油液类型	SAE J1703 或 FMVSS No. 116 DOT 3
前制动器	衬块厚度	标准厚度 12.0mm
		最小厚度 1.0mm
	制动盘厚度	标准厚度 28.0mm
		最小厚度 25.0mm
后制动器	衬块厚度	标准厚度 10.0mm
		最小厚度 1.0mm
	制动盘厚度	标准厚度 10.0mm
		最小厚度 8.5mm
驻车制动器	制动蹄摩擦片厚度	标准厚度 4.5mm
		最小厚度 1.0mm
	制动鼓内径	标准内径 210mm
		最大内径 211mm

① 在发动机运转（RX270/RX350）或混合动力系统运行（RX450H）的情况下，以500N的力踩下时的最小踏板间隙。

② 以300N的力踩下时的驻车制动踏板行程。

第2章 Chapter 2

本田-讴歌汽车

2.1 本田雅阁

2.1.1 2013款起雅阁胎压监测系统校准

为了正确使用，当轮胎出现以下情况时应校准系统。

① 充气至推荐的压力。

② 更换或换位。

可以通过多信息显示屏或多功能综合信息显示系统上的个性化功能校准系统。

胎压监测系统校准如下。

① 按下▲ⓘ/▼按钮以选择车辆设定，然后按下SEL/RESET（选择/重设）按钮。胎压监测系统校准出现在显示屏上。

② 按下SEL/RESET（选择/重设）按钮。显示屏切换到个性化设定界面，选择取消或校准，如图2-1所示。

③ 按下▲ⓘ/▼按钮并选择校准，然后按下SEL/RESET（选择/重设）按钮。

校准开始界面出现，然后显示屏返回到个性化菜单界面。

若出现校准未开始信息，重复步骤②～③。

校准过程自动结束。

多功能综合信息显示系统上校准步骤如下。

① 按下MENU（菜单）按钮。

② 按下+/－按钮以选择车辆设定，然后按下SOURCE（音源）按钮。胎压监测系统出现在显示屏上。

③ 按下SOURCE（音源）按钮。显示屏切换到个性化设定界面，选择取消或校准，如图2-2所示。

④ 按下+/－按钮并选择校准，然后按下SOURCE（音源）按钮。校准开始界面出现，然后显示屏返回到个性化菜单界面。

若出现校准未开始信息，重复步骤②、③。

校准过程自动结束。

2.1.2 雅阁2.4L、3.0L保养归零

① 打开点火开关。

② 按压仪表板上复位按钮，直至里程表显示“0”为止。如图2-3所示。

仪表板上设置有保养灯。当行程表里程达到9600～12000km时，打开点火开关，保养

灯亮 2s。而超过 12000km 时车主仍未进行保养，保养灯亮会一直闪亮，以提示车主及时保养。在轿车未进行保养前，不可因保养灯常亮而采取归零操作，否则里程表累积保养里程将不准确。

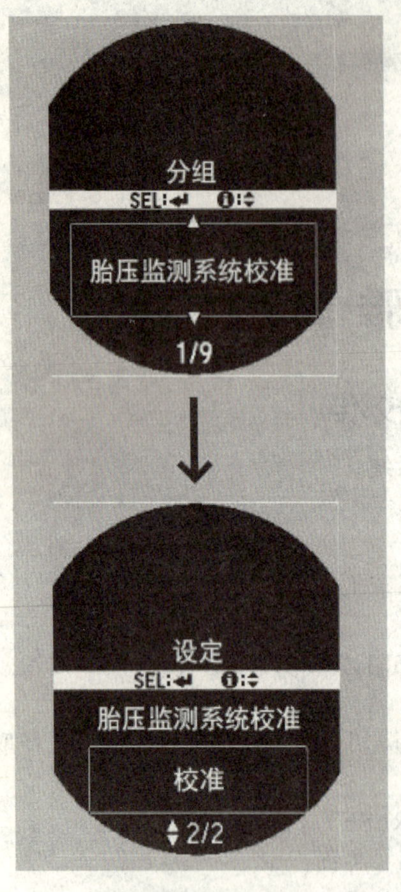

图 2-1　配备多信息显示屏的车型

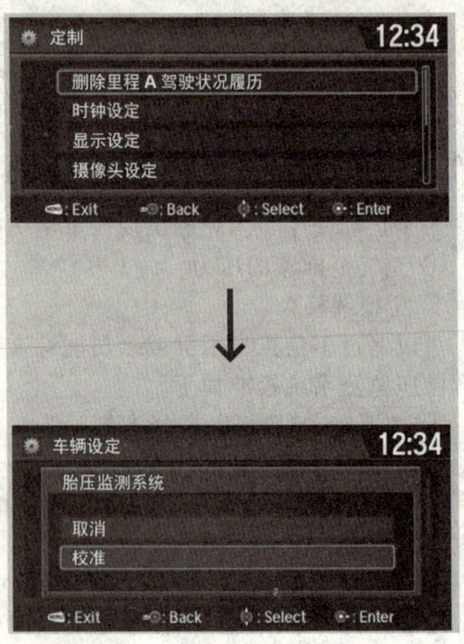

图 2-2　多功能综合信息显示系统

图 2-3　雅阁 2.4 仪表

2.1.3　雅阁 2. 0L 保养归零

维护保养后，为保证该灯的提示功能，需进行归零。操作步骤如下。

① 关闭点火开关。

② 将点火钥匙插到转速表下面的槽内进行归零。

③ 按下转向柱右侧仪表下面的按钮并保持 3s，完成归零操作。

④ 按住组合仪表右侧的“Select”与“Reset”按钮。

⑤ 打开点火开关，10s后松开按钮，归零完成。

2.1.4 2008~2012款雅阁前照大灯初始化

当更换如下前照灯调平系统的任何相关部件时，应执行前照灯初始位置学习程序。

• 前照灯。

• HID单元。

• 前照灯调平电动机。

• 前照灯调平控制单元。

• 悬架行程传感器。

前照灯学习前：

• 将车辆停在水平表面上，并从车辆上卸下所有的行李。

• 确保轮胎压力正确。

① 将点火开关转至LOCK（0）位置。

② 将前排座椅向后滑到底。

③ 让驾驶员（约75kg）或与其体重相同的人坐在驾驶员座椅上。

④ 将HDS连接到数据连接器上。

⑤ 使用HDS跨接SCS线路。

⑥ 将点火开关转至ON（Ⅱ）位置。

⑦ 在5s内，重复将前照灯（近光）或超车灯开关转至ON和OFF位置三次，然后保持在ON位置。

• 如果前照灯对光向下移动（10in处约2in），然后回到初始位置，则初始位置学习完成。

• 如果前照灯对光不移动，转至步骤①并重复该程序。

⑧ 将点火开关转至LOCK（0）位置。

⑨ 将HDS从数据连接器上断开。

⑩ 调整前照灯对光，以符合相应的要求。

2.1.5 2008~2012款雅阁电动车窗初始化

当发生下列情况时，需重新设定电动车窗。

• 电动车窗升降器更换或修理。

• 电动车窗电动机更换或修理。

• 车窗升降槽更换。

• 前排乘客侧电动车窗开关更换*。

• 车门玻璃更换或修理。

• 电动车窗定时器启动时，电源从驾驶员侧电动车窗总开关或前排乘客侧电动车窗开关上断开。

*：前排乘客侧电动车窗带自动上升/自动下降功能。

注意：当钥匙关闭定时器启动时，乘客侧电动车窗失去电源，不能操作驾驶员侧开关，则必须从前排乘客侧电动车窗开关重新设定。

① 将点火开关转至ON（Ⅱ）位置。

② 使用电动车窗向下开关将电动车窗向下移动到底。

③ 打开驾驶员侧车门。

④ 在转至步骤⑤之前，执行以下操作三次。

• 将点火开关转至 LOCK（0）位置。

• 按住电动车窗向下开关。

• 将点火开关转至 ON（Ⅱ）位置。

• 松开电动车窗向下开关。

⑤ 确认自动上升不再工作。如果自动上升仍工作，转回至步骤①。

⑥ 使用电动车窗向下开关将电动车窗向下移动到底。

⑦ 向上拉住电动车窗向上开关，直到电动车窗向上移动到底，然后继续拉住开关 1s。

⑧ 通过使用电动车窗自动向上和自动向下功能，确认电动车窗控制单元已重新设定。如果电动车窗在自动位置仍然不工作，重复程序几次，特别注意在每两步之间的时间间隔必须在 5s 之内。

注意：

• 步骤④中的每一子步骤应在另一步骤的 5s 内进行。

• 前排乘客侧电动车窗必须从前排乘客侧电动车窗开关重新设定*。

*：前排乘客侧电动车窗带自动上升/自动下降功能。

2.1.6 2008～2012 款雅阁电动天窗初始化

当下列情况发生时，需要重新设定天窗。

• 蓄电池电量耗尽或断开时，用手移动过天窗。

• 已换上新的天窗电动机。

• 已更换或拆下并重新安装天窗的相关部件。

——导风板；

——天窗玻璃；

——天窗密封件；

——天窗玻璃托架；

——天窗拉线等。

若要重新设定天窗控制单元，执行下列步骤。

① 关闭驾驶员侧车门，并使其保持关闭直至程序完成。

② 将点火开关转至 LOCK（0）位置。

③ 按住倾斜开关，然后将点火开关转至 ON（Ⅱ）位置。

④ 松开倾斜开关，然后将点火开关转至 LOCK（0）位置。

⑤ 重复步骤②和③四次。

⑥ 检查自动打开和自动关闭功能是否仍然工作。如果仍然工作，则自动功能还没有清除，转回至步骤①。如果自动功能已经清除，转至步骤⑦。

⑦ 天窗完全打开后，按住天窗打开开关并保持 3s。

⑧ 天窗完全关闭（倾斜状态）后，按住天窗关闭开关并保持 3s。

⑨ 使用天窗自动打开和自动关闭功能，确保完成天窗控制单元的重新设定。

2.1.7 2003 款雅阁电动车窗设定

① 打开点火开关。

② 用驾驶员侧开关将驾驶员侧窗直接降下，车窗降到底时，保持开关按下状态 2s。

③ 用驾驶员侧开关将车窗一直升起，升到顶时，保持开关升起状态 2s。

④ 设定完毕，检查自动功能是否恢复，如自动功能仍然没有，则需到特约店检查。

雅阁左前门车窗带有防夹功能，因此断电时间长后电脑可能对电动升降机的初始位置失去记忆，因此要重新设定防夹功能。

2.1.8 2013款起雅阁车轮定位数据

项目	前后轮	数据
前束	前	0.0mm
	后	2.0mm
外倾	前	−0°20′
	后	−1°15′
后倾	前	3°53′

2.1.9 2013款起雅阁制动器检测数据

类型	助力式
前	通风盘式
后	实心盘式
制动衬块厚度	前 9mm
	后 9mm
制动踏板自由里程	1～5mm
驻车	电子驻车制动系统

2.2 本田凌派

2.2.1 2014款起凌派电动车窗初始化

进行以下任意操作后，需重新设定电动车窗控制单元。

- 电动车窗升降器更换、拆卸或安装。
- 电动车窗电动机更换、拆卸或安装。
- 玻璃升降槽更换、拆卸或安装。
- 车门玻璃更换、拆卸或安装。
- 电动车窗总开关更换。
- 电动车窗定时器启动时，断开电动车窗总开关的电源。
- 电动车窗控制单元重新设定步骤如下。

① 将车辆转为ON模式。

② 使用驾驶员侧车窗下降开关将电动车窗向下移动到底。

③ 打开驾驶员侧车门。

注意：步骤④～⑦中的每一步必须在5s间隔内操作。

④ 将车辆转为OFF（LOCK）模式。

⑤ 按住电动车窗下降开关。

⑥ 将车辆转为ON模式。

⑦ 松开电动车窗向下开关。

⑧ 再重复步骤④～⑦三次。

⑨ 等待至少1s。

⑩ 确认自动上升和自动下降功能不工作。如果自动上升和下降功能工作，转回至步骤①。

⑪ 使用电动车窗下降开关将电动车窗向下移到底。

⑫ 向上拉住电动车窗上升开关，直到车窗达到完全关闭位置，然后继续拉住开关至少1s。

⑬ 通过使用驾驶员侧车窗自动上升和自动下降功能，确认电动车窗控制单元已重新设定。

如果车窗在自动方式下仍不工作，重复程序几次，特别注意每两步之间的时间间隔必须在5s内。

2.2.2 2014款起凌派电动天窗初始化

当下列情况发生时，需要重新设定天窗。

• 在自动/手动操作期间，天窗停在半途。

• 天窗在自动操作期间不工作。

• 蓄电池电量耗尽或断开时，用手移动过天窗。

• 已拆下天窗电动机或已换上新的天窗电动机。

• 已更换或拆下并安装天窗的相关部件。

——导风板；

——天窗玻璃；

——天窗密封件；

——天窗玻璃托架；

——天窗框架/排水槽滑块和拉线总成；

——天窗拉线等。

若要重新设定天窗控制单元，执行下列步骤。

① 关闭驾驶员侧车门，并使其保持关闭直至程序完成。

② 将车辆转为OFF（LOCK）模式。

③ 按住翘起开关，将车辆转为ON模式。

④ 松开翘起开关，将车辆转为OFF（LOCK）模式。

⑤ 再重复步骤③和④四次。

⑥ 检查自动打开和自动关闭功能是否仍然工作。如果仍然工作，则自动功能还没有清除，转回至步骤①。如果自动功能已经清除，转至步骤⑦。

⑦ 按住天窗关闭开关直至天窗翘至完全打开位置。

⑧ 使用天窗AUTO OPEN（自动打开）和AUTO CLOSE（自动关闭）功能，确保完成天窗控制单元的重新设定。

2.2.3 2014款起凌派四轮定位数据

项目	测量	条件	标准值或新车值	维修极限
车轮定位	车轮外倾角	前	0°06′±1°	—
		后	−1°30′±1°	—
	主销后倾角	前	3°17′±1°	—
	总前束	前	(0±3)mm[(0±0.12)in]	—
		后	(2.5±3)mm[0.098±0.12)in]	—
	前轮转向角	内	38°08′±2°	—
		外(参考)	32°04′±1°	—
车轮	跳动量	轴向	0～0.3mm(0～0.012in)	2.0mm
		径向	0～0.3mm(0～0.012in)	1.5mm
车轮轴承	轴向间隙	前	0～0.05mm(0～0.0020in)	—
		后	0～0.05mm(0～0.0020in)	—

2.3 本田锋范

2.3.1 2009款起锋范天窗初始化

当下列情况发生时，需要重新设定天窗。

• 蓄电池电量耗尽或断开时，用手移动过天窗。

• 已换上新的天窗电动机。

• 已更换或拆下并重新安装天窗的相关部件，包括导风板、天窗玻璃、天窗密封件、天窗玻璃托架和天窗拉索等。

① 关闭点火开关。

② 按住翘起开关，然后将点火开关转至 ON 位置。

③ 松开翘起开关，然后关闭点火开关。

④ 重复步骤②和③四次（即操作四次）。

⑤ 检查 AUTO OPEN（自动打开）和 AUTO CLOSE（自动关闭）功能是否仍然工作。如果仍然工作，则自动功能还没有清除，转回至步骤①。如果自动功能已经清除，转至步骤⑥。

⑥ 按住 CLOSE（关闭）和 AUTO CLOSE 开关直至重新设定程序即直到步骤⑧完成。

⑦ 在 13s 后，天窗电动机开始缓慢移动。

注意：如果电动机未开始缓动，则无需重新设定天窗控制单元。

⑧ 天窗在翘起停止位置停止移动，并且重新设定程序已完成。

⑨ 使用天窗 AUTO OPEN 和 AUTO CLOSE 功能进行测试，确保完成天窗控制单元的重新设定。

2.3.2 2009款起锋范电动车窗控制单元重新设定

当发生以下情况时，需要进行驾驶员车窗重置和学习。

• 电动车窗总开关更换。

• 电动车窗升降器更换或修理。

• 电动车窗电动机更换或修理。

• 车窗升降槽更换或修理。

• 驾驶员侧车门玻璃更换或修理。

① 将点火开关转至 LOCK（0）位置。

② 按下并保持住驾驶员侧车窗向下开关。

③ 将点火开关转至 ON（Ⅱ）位置。

④ 松开驾驶员车窗向下开关。

⑤ 重复步骤①～④三次以上。

⑥ 检查自动上升和自动下降功能是否仍然工作。

• 如果仍工作，则自动上升和自动下降功能未清除，回到步骤①。

• 如果不工作，转至步骤⑦。

⑦ 将点火开关转至 ON（Ⅱ）位置。

⑧ 使用驾驶员车窗向下开关，使驾驶员车窗向下移到底。

⑨ 向上按住驾驶员车窗向上开关，直到车窗达到完全关闭位置，然后继续按住开关 1s。

⑩ 通过使用驾驶员侧车窗自动上升和自动下降功能，确保电动车窗控制单元已重置和学习。

2.4 本田飞度

2.4.1 2009款起飞度SRS系统OPDS单元初始化

更换座椅靠背护面/软垫和/或OPDS单元时，按以下程序初始化OPDS。

注意：安装一个新的（未初始化的）、带故障OPDS传感器的OPDS单元可导致DTC85-71或85-78。

① 清空DTC存储器。

② 确保前排乘客座椅干燥。将座椅靠背安装在标准位置，并确保座椅上没有任何物体。

③ 确保点火开关置于LOCK（0）的位置。

④ 将HDS连接到数据插接器（DLC）（A）上。

⑤ 将点火开关转至ON（Ⅱ）位置。

⑥ 确保HDS与车辆和SRS单元正常通信。如果不能进行通信，对DLC电路进行故障排除。

⑦ 从HDS主菜单中，选择SRS，然后进行校准。在校准菜单中，选择OPDSUNIT INITIALIZATION（初始化OPDS单元）。遵循屏幕提示，初始化OPDS单元。

⑧ 将点火开关转至LOCK（0）位置。

⑨ 将HDS从DLC上断开。

注意：如果尝试数次OPDS单元仍不能初始化，更换OPDS传感器/座椅靠背，并重试。如果OPDS单元仍不能初始化，更换OPDS单元。

2.4.2 2009款起飞度电动车窗控制单元重新设定

操作方法同锋范车型，内容请参考本章2.3.2小节。

2.4.3 2009款起飞度ECM/PCM怠速学习程序

必须执行怠速学习程序，ECM/PCM才可以学习发动机怠速特性。

当执行以下任一操作时，需执行怠速学习程序。

- 更换ECM/PCM。
- 重新设定ECM/PCM。
- 更新ECM/PCM。
- 更换或清理节气门体。
- 当发动机或变速箱已拆解。

注意：使用HDS清除DTC时不需要执行怠速学习程序。

程序如下。

① 确保所有电气部件（空调、音响、车灯等）处于关闭状态。

② 使用HDS重新设定ECM/PCM。

③ 将点火开关转至ON（Ⅱ）位置，并等待2s。

④ 启动发动机。无负载（A/T在P或N位置，M/T在空挡位置）时，将发动机转速保持为3000r/min，直至散热器风扇运转，或直至发动机冷却液温度达到90℃（194℉）。

⑤ 在节气门完全关闭的情况下使发动机怠速运转约5min。注意：如果散热器风扇运转，不要将其运转时间计入此5min内。

⑥ 查看HDS数据表确认怠速学习程序已完成。

2.5 本田奥德赛

2.5.1 2009款起奥德赛电动车窗初始化

操作方法同锋范车型，内容请参考本章2.3.2小节。

2.5.2 2009款起奥德赛重新设定天窗控制单元

当下列情况发生时，需要重新设定天窗。

- 蓄电池电量耗尽或断开时，用手移动过天窗。
- 已换上新的天窗电动机。
- 已更换或拆下并重新安装天窗的相关部件。

——导风板；

——天窗玻璃；

——天窗密封件；

——天窗玻璃托架；

——天窗拉线等。

若要重新设定天窗控制单元，执行下列步骤。

① 关闭驾驶员侧车门，并使其保持关闭直至程序完成。

② 将点火开关转至LOCK（0）位置。

③ 按住翘起开关，然后将点火开关转至ON（Ⅱ）位置。

④ 松开翘起开关，然后将点火开关转至LOCK（0）位置。

⑤ 重复步骤③和④四次。

⑥ 检查自动打开和自动关闭功能是否仍然工作。如果仍然工作，则自动功能还没有清除，转回至步骤①。如果自动功能已经清除，转至步骤⑦。

⑦ 天窗完全打开后，按住天窗打开开关并保持3s。

⑧ 天窗完全关闭（倾斜状态）后，按住天窗关闭开关并保持3s。

⑨ 使用天窗AUTO OPEN（自动打开）和AUTO CLOSE（自动关闭）功能，确保完成天窗控制单元的重新设定。

2.6 本田歌诗图

2.6.1 2011款起歌诗图电动车窗控制单元重新设定方法

进行以下任意操作后，需重新设定电动车窗：更换、拆卸、安装或修理电动车窗升降器；更换、拆卸、安装或修理电动车窗电动机；更换、拆卸或安装车窗升降槽；更换、拆卸或安装前排乘客侧电动车窗开关；更换、拆卸、安装或修理车门玻璃；电动车窗定时器启动时，断开过驾驶人侧电动车窗总开关或前排乘客侧电动车窗开关的电源。

当断开点火开关但电动车窗定时器启动时，前排乘客侧电动车窗失去电源，驾驶人侧开关不能进行操作，则必须从前排乘客侧电动车窗开关重新设定。

① 将点火开关转至ON（Ⅱ）位置。

② 使用电动车窗下降开关将电动车窗向下移到底。

③ 打开驾驶人或前排乘客侧车门。

④ 在转至步骤⑤之前，执行以下操作四次（注意：每两个快速移动步骤之间的时间间隔必须在 5s 之内）：将点火开关转至 LOCK（0）位置，按住驾驶人侧电动车窗下降开关，将点火开关转至 ON（II）位置，松开驾驶人侧电动车窗下降开关。

⑤ 确认自动上升不再工作，如果自动上升仍工作，重复步骤④，要特别注意 5s 的时间间隔限制。

⑥ 使用电动车窗下降开关将电动车窗向下移到底。

⑦ 向上拉住电动车窗上升开关，直到电动车窗向上移到极限位置，然后继续拉住开关数秒。

⑧ 通过使用电动车窗自动上升和自动下降功能，确认电动车窗控制单元已重新设定。如果电动车窗在自动位置仍然不工作，重复程序几次。如果车窗仍无法工作，对电动车窗电路进行故障排除。

2.6.2 2011 款起歌诗图天窗控制单元重新设定方法

当下列情况发生时，需要对天窗控制单元进行重新设定：蓄电池电量耗尽或断开时，用手移动过天窗；已拆下天窗电动机或已换上新的天窗电动机；已更换或拆下并重新安装天窗的相关部件，如导风板、天窗玻璃、天窗密封件、天窗玻璃托架和天窗拉线等。天窗控制单元重新设定步骤如下。

① 关闭驾驶人侧车门，并使其保持关闭直至程序完成。

② 将点火开关转至 LOCK（0）位置。

③ 按住天窗翘起开关，然后将点火开关转至 ON（Ⅱ）位置。

④ 松开天窗翘起开关，然后将点火开关转至 LOCK（0）位置。

⑤ 再重复步骤③和④四次。

⑥ 检查自动打开和自动关闭功能是否仍然工作，如果仍然工作，则说明自动功能还没有清除，转回至步骤①，如果自动功能已经清除，则转至步骤⑦。

⑦ 天窗完全打开后，按住天窗打开开关并至少保持 3s。

⑧ 天窗完全关闭（翘起状态）后，按住天窗关闭开关并至少保持 3s。

⑨ 使用天窗 AUTO OPEN（自动打开）和 AUTO CLOSE（自动关闭）功能，确保完成天窗控制单元的重新设定。

2.7 本田思铂睿

2.7.1 2010 款起思铂睿电动车窗初始化

当发生下列任何一种情况时都需要重新设置驾驶席侧电动车窗。

• 更换或维修电动车窗调节器。

• 更换或维修电动车窗电动机。

• 更换或维修车窗导槽。

• 更换电动车窗主开关或前助手席侧电动车窗*。

• 更换左后或右后电动车窗开关*。

• 更换或维修车门玻璃。

• 电动车窗主开关电源断开或电动车窗计时器处于打开状态时电动车窗开关电源断开。

*：所有电动开关具备自动上升/自动下降（AUTOUP/AUTO DOWN）功能。

说明：钥匙关闭计时器打开（ON）时，如果助手席侧电动车窗失去电源，不能从驾驶席侧开关进行操作，必须从助手席侧电动车窗开关进行重置。

(1) 手动设置驾驶侧车窗

说明：在第④步中进行操作时，每项操作间隔5s。

① 打开点火开关至ON（Ⅱ）。

② 使用驾驶席侧电动车窗下降（DOWN）开关，向下移动电动车窗。

③ 打开驾驶席侧车门。

④ 在进行第⑤步操作之前，重复下列步骤三次。

- 将点火开关旋至锁定（0）。
- 长按驾驶席侧电动车窗下降（DOWN）开关。
- 打开点火开关至ON（Ⅱ）。
- 释放驾驶席侧电动车窗下降（DOWN）开关。

⑤ 确认自动上升（AUTO UP）功能不再生效。如果自动上升（AUTO UP）功能仍在运行，则返回第①步。

⑥ 使用驾驶席侧电动车窗下降（DOWN）开关向下移动电动车窗。

⑦ 拉起并按住驾驶席侧电动车窗上升（UP）开关，直至电动车窗全部升起，然后继续按住开关1s。

⑧ 通过使用电动车窗自动上升（AUTO UP）与自动下降（AUTO DOWN）功能，确保对电动车窗控制装置进行重新设置。如果电动车窗仍不能自动（AUTO）运行，则重复该步骤几次，密切关注第⑤步操作。

(2) 手动设置副驾驶侧车窗

说明：在第④步中进行操作时，每项操作间隔5s。

① 打开点火开关至ON（Ⅱ）。

② 使用驾驶席侧电动车窗下降（DOWN）开关，向下移动电动车窗。

③ 打开驾驶席侧车门。

④ 在进行第⑤步操作之前，重复下列步骤三次。

- 将点火开关旋至锁定（0）。
- 长按驾驶席侧电动车窗下降（DOWN）开关。
- 打开点火开关至ON（Ⅱ）。
- 释放驾驶席侧电动车窗下降（DOWN）开关。

⑤ 确认自动上升（AUTO UP）功能不再生效。如果自动上升（AUTOUP）功能仍在运行，则返回第①步。

⑥ 使用驾驶席侧电动车窗下降（DOWN）开关向下移动电动车窗。

⑦ 拉起并按住驾驶席侧电动车窗上升（UP）开关，直至电动车窗全部升起，然后继续按住开关1s。

⑧ 通过使用电动车窗自动上升（AUTO UP）与自动下降（AUTO DOWN）功能，确保对电动车窗控制装置进行重新设置。如果电动车窗仍不能自动（AUTO）运行，则重复该步骤几次，密切关注第⑤次操作。

2.7.2 2010款起思铂睿电动天窗初始化

发生下列任何情况之一时，需重新设置天窗。

- 在蓄电池无电或断开的情况下，手工拆下天窗时。
- 使用新的天窗电动机更换时。
- 与天窗相关的部件更换时。

——挡风板；

——天窗玻璃；

——天窗密封条；

——天窗玻璃支架；

——天窗导线等。

按照下列步骤重新设置天窗控制装置。

① 关闭驾驶席侧车门，并保持其关闭直至步骤结束。

② 将点火开关旋至锁定（0）。

③ 长按倾斜开关并打开点火开关至 ON（Ⅱ）。

④ 松开倾斜开关并将点火开关旋至锁定（0）。

⑤ 重复第③步与第④步四次。

⑥ 如果自动开启（AUTO OPEN）与自动关闭（AUTO CLOSE）功能仍有效，则进行检查。如果仍在运行，则自动（AUTO）功能未被清除，进行第①步。如果自动（AUTO）功能已经清除，则进行第⑦步。

⑦ 天窗完全打开之后，再次长按天窗打开开关 3s。

⑧ 天窗完全关闭（倾斜）之后，再次长按天窗关闭开关 3s。

⑨ 确认通过天窗自动开启（AUTO OPEN）与自动关闭（AUTO CLOSE）功能重置天窗控制装置。

2.8 本田艾力绅

2.8.1 2013 款起艾力绅电动滑门控制单元复位方法

注意：当操作电动滑门的时候，如果蓄电池端子或下仪表盘保险丝/继电器盒中的 15 号（10A）保险丝断开了，那么，电动滑门不能自动地打开和关闭，直到控制系统重新复位。

① 通过拆下下仪表盘保险丝/继电器盒中的 15 号（10A）保险丝来擦除电动滑门 DTC。

② 将车门的主开关关闭，确保点火开关在 LOCK（0）的位置。

③ 手动地将电动滑门完全关闭（控制单元必须能识别全闭开关，并且棘齿开关此时是关闭的）。

④ 将点火开关旋至 ON（Ⅱ）位置，打开主开关。

⑤ 用车门把手遥控发送器或电动滑门开关测试车门的操作。

2.8.2 2013 款起艾力绅电动车窗初始化设定

当发生下列任何一种情况时都需要重新设置驾驶席侧电动车窗。

• 更换，拆卸/安装或维修电动车窗调节器。

• 更换，拆卸/安装或维修车窗导槽。

• 更换电动车窗主开关或前乘员席侧电动车窗。

• 更换，拆卸/安装或维修车门玻璃。

• 电动车窗主开关电源断开或电动车窗计时器处于打开状态时电动车窗开关电源断开。

说明：钥匙关闭计时器打开（ON）时，如果乘员席侧电动车窗失去电源，不能从驾驶席侧开关进行操作，必须从乘员席侧电动车窗开关进行重置。

手动操作步骤如下。

说明：从受影响的窗户的开关处进行重置流程。

① 将点火开关旋至 ON（Ⅱ）位置。

② 使用驾驶席侧电动车窗下降（DOWN）开关，向下移动电动车窗。

③ 打开驾驶席侧车门。

④ 在进行第⑤步操作之前，重复下列步骤四次。说明：每一步间隔在 5s 以内。

• 将点火开关旋至 LOCK（0）位置。
• 长按驾驶席侧电动车窗下降（DOWN）开关。
• 将点火开关旋至 ON（Ⅱ）位置。
• 释放驾驶席侧电动车窗下降（DOWN）开关。

⑤ 确认自动上升功能不再生效。如果自动上升功能仍在运行，重复步骤④，注意 5s 的时间限制。

⑥ 使用驾驶席侧电动车窗下降（DOWN）开关向下移动电动车窗。

⑦ 拉起并按住驾驶席侧电动车窗上升（UP）开关，直至电动车窗全部升起，然后继续按住开关几秒钟。

⑧ 通过使用电动车窗自动上升与自动下降功能，确保对电动车窗控制装置进行重新设置。如果电动车窗仍不能自动运行，则重复该步骤几次，特别注意在每个步骤之间的时间间隔，必须在 5s 之内。

2.8.3 2013 款起艾力绅底盘四轮定位数据

项目	测量	条件	标准值或新品	维修极限
车轮定位	外倾角	前	0°10′±45′	—
		后	−0°15±45′	—
	主销后倾角	前	3°55′±45′	—
	总前束	前	(0±2)mm[(0±0.08)in]	—
		后	2^{+2}_{-1}mm($0.08^{+0.08}_{-0.04}$in)	—
	前轮转向角	内侧车轮	39°47′±2°	—
		外侧车轮(参考)	32°56′	—
车轮	铝合金车轮振摆	轴向	0～0.3mm(0～0.012in)	2.0mm(0.079in)
		径向	0～0.5mm(0～0.020in)	1.5mm(0.059in)
车轮轴承	端隙	前	0～0.05mm(0～0.0020in)	—
		后	0～0.05mm(0～0.0020in)	—

2.9 本田杰德

2.9.1 2014 款起杰德轮胎气压监测系统初始化

（1）系统的初始化

在 PDI 作业中调整轮胎空气压力后，务必执行初始化操作。

工厂出货时，以大于规定轮胎空气压力的压力值进行了初始化作业，因此如果在 PDI 时不进行初始化，系统有可能不会正确报警。

另外，进行了下述作业时，也要进行初始化操作。

• 调整了轮胎空气压力（建议空气压力）时。
• 更换或轮胎换位时。
• 使用了轮胎爆胎紧急修理套件时。

（2）系统的初始化方法

① 在停车状态下踩下刹车，打开点火开关。

② 通过按住如图 2-4 所示轮胎空气压力报警系统的复位开关 3s，进行初始化（为了防止误操作，设置为长按键）。

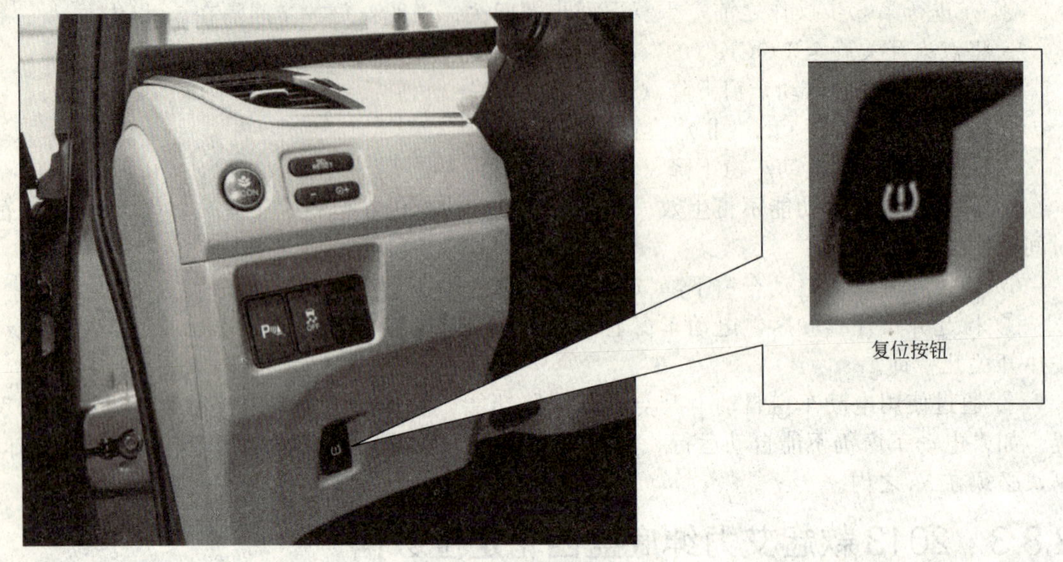

图 2-4 复位按钮位置

③ 初始化完成后，警示灯以 0.2s 的间隔闪烁 2 次。

2.9.2 2014 款起杰德电动车窗初始化

执行下列任何操作后都要重新设定电动车窗控制单元。

- 电动车窗升降器更换、拆卸或安装。
- 电动车窗电动机更换、拆卸或安装。
- 玻璃升降槽更换、拆卸或安装。
- 车门玻璃更换、拆卸或安装。
- 电动车窗总开关更换。

电动车窗控制单元重新设置步骤如下。

① 将车辆转至 ON 模式。

② 使用驾驶员侧车窗向下开关将电动车窗移动到底。

③ 打开驾驶员侧车门。

注意：步骤④～⑦中的每一步操作必须在 5s 内完成。

④ 将车辆转至 OFF（LOCK）模式。

⑤ 按住电动车窗向下开关。

⑥ 将车辆转至 ON 模式。

⑦ 松开电动车窗 DOWN 开关。

⑧ 重复步骤④～⑦三次以上。

⑨ 待至少 1s。

⑩ 确认自动上升和自动下降功能不工作。如果自动上升和自动下降功能工作，返回步骤①。

⑪ 使用电动车窗 DOWN 开关将电动车窗移动到底。

⑫ 向上拉住电动车窗向上开关，直到车窗达到完全关闭位置，然后继续拉住开关至

少 1s。

⑬ 通过使用驾驶员侧车窗自动向上和自动向下功能，确认电动车窗控制单元已重新设定：

如果车窗在自动方式下仍然不工作，重复程序几次，特别注意在每两步之间的时间间隔必须在 5s 之内。

如果车窗仍不工作，参看总开关输入测试。

2.9.3 2014 款起杰德电动天窗控制单元初始化

当下列情况发生时，需要重新设定天窗。

• 在自动/手动操作过程中，天窗停在中间位置。

• 在自动操作过程中，天窗不能工作。

• 12V 蓄电池电量耗尽或断开时，用手移动过天窗。

• 拆下了天窗电动机或换上新的天窗电动机。

• 更换或拆下并安装过天窗相关部件。

——导风板；

——天窗玻璃；

——天窗密封件；

——天窗玻璃托架；

——天窗框架/排水槽滑块和拉线总成；

——天窗拉线等。

需要重新设定天窗控制单元，执行下列步骤。

① 关闭驾驶员侧车门，并保持关闭直到程序完成。

② 将车辆转至 OFF（LOCK）模式。

③ 按住倾斜开关，然后将车辆转至 ON 模式。

④ 松开倾斜开关，然后将车辆转至 OFF（LOCK）模式。

⑤ 重复步骤③和④多于四次。

⑥ 检查 AUTO OPEN（自动打开）和 AUTO CLOSE（自动关闭）功能是否仍然工作。如果仍工作，则自动功能还未被清除，返回至步骤①。如果自动功能已被清除，转至步骤⑦。

⑦ 按下天窗关闭开关并保持至天窗完全倾斜开启状态。

⑧ 使用天窗自动打开和自动关闭功能，确保完成天窗控制单元的重新设定。

2.10 本田思域

2.10.1 2012 款起思域电动天窗初始化设定

当下列情况发生时，需要重新设定天窗。

① 蓄电池电量耗尽或断开时，用手移动过天窗。

② 已换上新的天窗电动机。

③ 更换过天窗相关部件。

——导风板；

——天窗玻璃；

——天窗玻璃托架；

——天窗拉线等。

若要重新设定天窗控制单元，执行下列步骤。

① 关闭驾驶员侧车门，并使其保持关闭直至程序完成。

② 将点火开关转至 LOCK（0）位置。

③ 按住翘起开关，然后将点火开关转至 ON（Ⅱ）位置。

④ 松开翘起开关，然后将点火开关转至 LOCK（0）位置。

⑤ 重复步骤③和④四次。

⑥ 天窗完全打开后，按住天窗打开开关并至少保持 3s。

⑦ 天窗完全关闭（翘起状态）后，按住天窗关闭开关并至少保持 3s。

⑧ 使用天窗 AUTO OPEN（自动打开）和 AUTO CLOSE（自动关闭）功能，确保完成天窗控制单元的重新设定。

2.10.2 2012 款起思域电动车窗初始化设定

当发生下列情况时，需要重新设定电动车窗。

① 电动车窗升降器更换或修理。

② 电动车窗电动机更换或修理。

③ 车窗升降槽更换或修理。

④ 驾驶员侧车门玻璃更换或修理。

⑤ 电动车窗总开关更换。

操作步骤如下。

① 将点火开关转至 ON（Ⅱ）位置，或按下 ENGINESTART/STOP 按钮以选择 ON 模式。

② 使用驾驶员侧车窗向下开关，使驾驶员侧车窗向下移到底。

③ 打开驾驶员侧车门。

注意：④～⑦中的每一步骤操作必须在 5s 内完成，操作时隙如图 2-5 所示。

④ 将点火开关转至 LOCK（0）位置，或按下 ENGINE START/STOP 按钮以选择 OFF 模式。

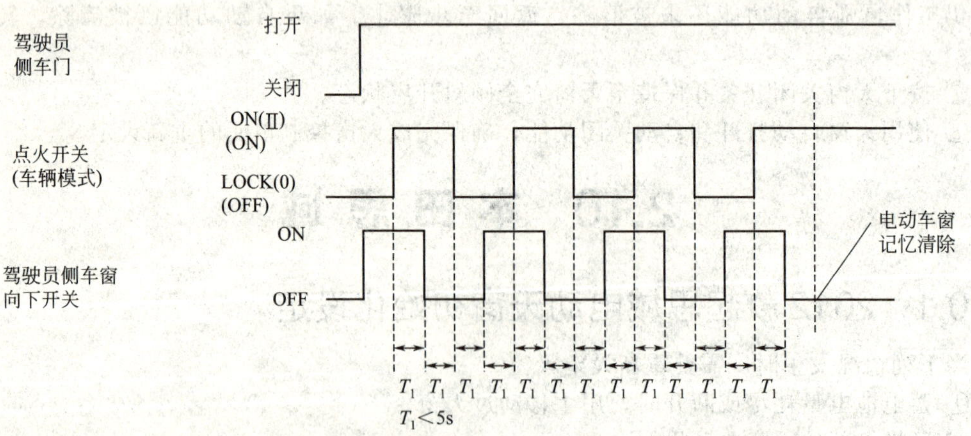

图 2-5 电动车窗初始化操作图示

⑤ 按住驾驶员侧车窗向下开关。

⑥ 将点火开关转至 ON（Ⅱ）位置，或按下 ENGINE START/STOP 按钮以选择 ON 模式。

⑦ 松开驾驶员车窗向下开关。

⑧ 再重复步骤④～⑦三次。

⑨ 等待至少 1s。

⑩ 确认自动上升和自动下降功能不工作。如果自动上升和自动下降功能工作，转回至步骤①。

⑪ 使用驾驶员侧车窗向下开关，使驾驶员侧车窗向下移到底。

⑫ 向上按住驾驶员车窗向上开关，直到车窗达到完全关闭位置，然后继续按住开关至少 1s。

⑬ 通过使用驾驶员侧车窗自动上升和自动下降功能，确认电动车窗控制单元已重新设定。

如果车窗在自动方式下仍然不工作，重复程序几次，特别注意在每两步之间的时间间隔必须在 5s 之内。

2.11 本田 CR-V

2.11.1 2012 款起 CR-V 电动车窗初始化

电动车窗初始化设定介绍如下。

当发生下列任何一种情况时都需要重新设置驾驶人侧电动车窗。

- 更换或维修电动车窗调节器。
- 更换或维修驾驶侧（或前排乘客侧）车窗。
- 更换或维修电动车窗电动机。
- 当电动车窗计时器处于打开状态时从电动车窗控制装置上拆下电动车窗。
- 更换或维修车窗导槽。

操作步骤如下。

① 打开点火开关至 ON（Ⅱ）。

② 使用驾驶侧车窗向下开关一直向下移动驾驶侧或前排乘客侧车窗。

③ 打开驾驶侧车门。

④ 关闭点火开关。

⑤ 长按驾驶侧或前排乘客侧车窗向下开关。

⑥ 打开点火开关至 ON（Ⅱ）。

⑦ 松开驾驶侧或前排乘客侧车窗向下开关。步骤④～⑦必须在 5s 内完成。

⑧ 重复步骤④～⑦三次。

⑨ 等待 1s。

⑩ 确认自动上升和自动下降功能都不运行。如果自动上升和自动下降功能都运行，则返回第①步。

⑪ 使用驾驶侧（或前排乘客侧）车窗向下开关一直向下移动驾驶侧或前排乘客侧车窗。

⑫ 抬起并固定驾驶侧（或前排乘客侧）车窗向上开关直到车窗完全闭合，然后继续固定开关 1s。

⑬ 使用驾驶侧（或前排乘客侧）车窗自动上升和自动下降功能确认完成电动车窗控制装置的重新设置。

2.11.2 2012 款起 CR-V 电动天窗初始化

发生下列任何情况之一时，需重新设置天窗。

• 在蓄电池无电或断开的情况下，手工拆下天窗。

• 使用新的天窗电动机。

• 更换与天窗相关的部件（挡风板、天窗玻璃、天窗密封条、天窗玻璃支架、天窗导线等）。

按照下列步骤重新设置天窗控制装置。

① 关闭点火开关。

② 长按倾斜开关并打开点火开关至 ON（Ⅱ）。

③ 松开倾斜开关并关闭点火开关。

④ 重复第②步与第③步四次。

⑤ 天窗完全打开后，再次长按天窗开启开关 3s。

⑥ 天窗完全关闭后（倾斜式），再长按天窗关闭开关 3s。

⑦ 使用天窗自动开启（AUTO OPEN）与自动关闭（AUTO CLOSE）功能，确认天窗控制装置重新设置。

2.12 讴歌 MDX

2.12.1 2007 款起 MDX 重新设定电动车窗控制单元

当发生下列情况时，需重新设定电动车窗。

• 电动车窗升降器更换或修理。

• 车门玻璃更换或修理。

• 电动车窗电动机更换或修理。

• 电源从驾驶员侧或乘客侧 MPCS 单元上断开。

• 电动车窗定时器打开时车窗升降槽更换。

——驾驶员侧 MPCS 单元的更换。

——乘客侧 MPCS 单元更换或修理。

注意：如果当钥匙关闭定时器启动时，乘客侧车窗失去电源，驾驶员侧开关不能进行操作，且必须从乘客侧电动车窗开关重新设定。

手工设置步骤如下。

① 将点火开关转至 ON（Ⅱ）的位置。

② 使用车窗 DOWN 开关将车窗移动到底。

③ 打开驾驶员侧车门。

④ 在转至步骤⑤之前，执行以下操作三次（每一操作间隔应在 5s 内）。

• 将点火开关转至 OFF 位置。

• 然后前推并按住车窗 DOWN 开关。

• 将点火开关转至 ON（Ⅱ）的位置。

• 松开车窗 DOWN 开关。

⑤ 确认自动上升不再工作。如果自动上升仍工作，转回至步骤①。

⑥ 使用车窗 DOWN 开关将车窗移动到底部。

⑦ 向上拉住车窗 UP 开关，直到车窗上升到顶部，然后继续拉住开关 1s。

⑧ 通过使用车窗自动向上和自动向下功能，确认电动车窗控制单元已重新设定。

如果车窗在自动方式下仍然不工作，重复程序几次，特别注意在每两步之间的时间间隔必须在 5s 之内。如果不能工作，转至 B-CAN 系统诊断测试模式 A。

注意：乘客侧车窗必须从乘客侧电动车窗开关重新设定。

2.12.2 2007款起MDX重新设定天窗控制单元

注意：在所有车门和尾门都关闭时，执行天窗控制单元重新设定。

当下列情况发生时，需要重新设定天窗。

- 蓄电池电量耗尽或断开时，用手移动过天窗。
- 更换过新的天窗电动机。
- 更换过天窗相关部件。

——导风板；

——天窗玻璃；

——天窗密封件；

——天窗玻璃托架；

——天窗拉线等。

重新设定天窗控制单元，执行下列步骤。

① 将点火开关转至OFF的位置。

② 按住倾斜开关，然后将点火开关转至ON（Ⅱ）位置。

③ 松开倾斜开关，然后将点火开关转至OFF位置。

④ 重复步骤②和③四次。

⑤ 按下天窗开启开关并保持至天窗完全打开后3s。

⑥ 按下天窗关闭开关并保持至天窗完全关闭（倾斜状态）后3s。

⑦ 使用天窗自动打开和自动关闭功能，确保完成天窗控制单元的重新设定。

2.12.3 2007款起MDX重新设定电动尾门控制单元

当电动尾门工作时，如果蓄电池端子断开或仪表板下保险丝/继电器盒中的7号（10A）保险丝拆下，则电动尾门在重新设定前，将不能自动开启或关闭。为重新设定系统，手动完全关闭尾门。一旦重新连接蓄电池端子或更换仪表板下保险丝/继电器盒中的7号（10A）保险丝，电动尾门系统将自动重新设定。确保电动尾门正常工作。

2.13 讴歌TL

2.13.1 2009款起TL电动车窗控制单元重新设定

执行下列任何操作后都要重新设定电动车窗。

- 电动车窗升降器更换、拆卸/安装或修理。
- 电动车窗电动机更换、拆卸/安装或修理。
- 车窗升降槽更换或拆卸/安装。
- 前排乘客侧电动车窗开关更换或拆卸/安装。
- 车门玻璃更换、拆卸/安装或修理。
- 电动车窗定时器打开时，驾驶员侧电动车窗总开关或前排乘客侧电动车窗开关的电源断开。

注意：如果当钥匙关闭定时器启动时，前排乘客侧电动车窗失去电源，驾驶员侧开关不能进行操作，必须从前排乘客侧电动车窗开关重新设定。

- 步骤④中的操作间隔为5s。

• 前排乘客侧电动车窗必须从前排乘客侧电动车窗开关处重新设定。

① 将点火开关转至 ON（Ⅱ）位置，或按下 ENGINE START/STOP（发动机启动/停止）按钮以选择 ON 模式。

② 使用电动车窗 DOWN 开关将电动车窗移动到底。

③ 打开驾驶员侧车门。

④ 在转至步骤⑤之前，执行以下操作三次。

• 将点火开关转至 LOCK（0）位置，或按下 ENGINE START/STOP（发动机启动/停止）按钮以选择 OFF 模式。

• 然后前推并按住电动车窗 DOWN 开关。

• 将点火开关转至 ON（Ⅱ）位置，或按下 ENGINE START/STOP（发动机启动/停止）按钮以选择 ON 模式。

• 松开电动车窗 DOWN 开关。

⑤ 确认自动上升不再工作。如果自动上升仍工作，转回至步骤①。

⑥ 使用电动车窗 DOWN 开关将电动车窗移动到底。

⑦ 向上拉住电动车窗 UP 开关，直到电动车窗上升到顶部，然后继续拉住开关至少 1s。

⑧ 通过使用电动车窗自动向上和自动向下功能，确认电动车窗控制单元已重新设定。

如果电动车窗在自动方式下仍然不工作，重复程序几次，特别注意每两步之间的时间间隔必须在 5s 之内。

2.13.2 2009 款起 TL 天窗控制单元重新设定

当下列情况发生时，需要重新设定天窗。

• 蓄电池电量耗尽或断开时，用手移动过天窗。

• 更换过新的天窗电动机。

• 更换或拆下并重新安装过天窗相关部件。

——导风板；

——天窗玻璃；

——天窗密封件；

——天窗玻璃托架；

——天窗拉线等。

重新设定天窗控制单元，执行下列步骤。

① 关闭驾驶员侧车门，并保持关闭直到程序完成。

② 将点火开关转至 LOCK（0）位置，或按下 ENGINE START/STOP（发动机启动/停止）按钮以选择 OFF 模式。

③ 按住倾斜开关，并将点火开关转至 ON（Ⅱ）位置，或按下 ENGINE START/STOP（发动机启动/停止）按钮以选择 ON 模式。

④ 松开倾斜开关，并将点火开关转至 LOCK（0）位置，或按下 ENGINE START/STOP（发动机启动/停止）按钮以选择 OFF 模式。

⑤ 重复步骤③和④四次。

⑥ 检查 AUTO OPEN（自动打开）和 AUTO CLOSE（自动关闭）功能是否仍然工作。如果仍然工作，则 AUTO（自动）功能尚未清除，返回步骤①。如果 AUTO（自动）功能已清除，转至步骤⑦。

⑦ 按下天窗开启开关并保持至天窗完全打开后至少 3s。

⑧ 按下天窗关闭开关并保持至天窗完全关闭（倾斜）后至少 3s。

⑨ 使用天窗自动打开和自动关闭功能，确保完成天窗控制单元的重新设定。

2.14 讴歌 RL

2.14.1 2009 款起 RL 天窗控制单元重新设定

当下列情况发生时，需要重新设定天窗。

• 蓄电池电量耗尽或断开时，用手移动过天窗。

• 更换过新的天窗电动机。

• 更换过天窗相关部件。

——导风板；

——天窗玻璃；

——天窗密封件；

——天窗玻璃托架；

——天窗拉线等。

重新设定天窗控制单元，执行下列步骤。

① 将点火开关转至 OFF 位置。

② 按住倾斜开关，然后将点火开关转至 ON（Ⅱ）位置。

③ 松开倾斜开关，然后将点火开关转至 OFF 位置。

④ 重复步骤②和③四次。

⑤ 按下天窗开启开关并保持至天窗完全打开后 3s。

⑥ 按下天窗关闭开关并保持至天窗完全关闭（倾斜状态）后 3s。

⑦ 使用天窗自动打开和自动关闭功能，确保完成天窗控制单元的重新设定。

2.14.2 2009 款起 RL 电动车窗控制单元重新设定

当发生下列情况时，需重新设定电动车窗。

• 电动车窗升降器更换或修理。

• 电动车窗电动机更换或修理。

• 车窗升降槽更换或修理。

——驾驶员侧 MPCS 单元更换或修理；

——乘客侧 MPCS 单元更换或修理；

——后车窗开关更换。

• 车门玻璃更换或修理。

• 电动车窗定时器打开时，电动车窗控制单元电源断开。

设定步骤如下。

① 将点火开关转至 ON（Ⅱ）位置。

② 使用车窗 DOWN 开关将车窗移动到底。

③ 打开驾驶员侧车门。

注意：步骤④～⑦中的每一步操作必须在 5s 内完成。

④ 将点火开关转至 OFF 位置。

⑤ 然后前推并按住车窗 DOWN 开关。

⑥ 将点火开关转至 ON（Ⅱ）位置。

⑦ 松开车窗 DOWN 开关。

⑧ 重复步骤④～⑦三次以上。

⑨ 等待 1s。

⑩ 确认自动上升和自动下降功能不工作。如果自动上升和自动下降功能工作，转回至步骤①。

⑪ 使用车窗 DOWN 开关将车窗移动到底。

⑫ 向上拉住车窗 UP 开关，直到车窗达到完全关闭位置，然后继续拉住开关 1s。

⑬ 通过使用车窗自动向上和自动向下功能，确认电动车窗控制单元已重新设定。

如果车窗在自动方式下仍然不工作，重复程序几次，特别注意每两步之间的时间间隔必须在 5s 之内。

第3章 Chapter 3

日产-英菲尼迪汽车

3.1 日产天籁

3.1.1 东风日产新天籁保养灯归零

① 打开点火开关，或是启动发动机。

② 按□开关转至警告检查模式。

③ 按●开关转至选择其他。

④ 按●开关转至 MAINTENANCE（保养）。

⑤ 按□开关进入 MAINTENANCE（保养）。

⑥ 按●开关转至 ENGINEOIL（发动机机油）。

⑦ 按□开关进入 ENGINEOIL（发动机机油）。

选择此子菜单可以设置或更换机油行驶距离。

⑧ 按●开关转至＊＊＊＊（＊＊＊＊/5000）行驶的千米数（如果不是 5000，可以更改）。

⑨按□开关＊＊＊＊变成 0，发动机油保养灯归零完成。

⑩ 如果想更改下次保养千米数将●开关转至 5000（＊＊＊＊/5000），按●开关 增加或减少，按一下加 500（0～30000）。

机油滤清器归零：

⑪ 重复①～⑤或按□开关返回到 MAINTENANCE（保养）。

⑫ 按●开关转至 OILFILTER（机油滤清器）。

⑬ 按□开关进入 OILFILTER（机油滤清器）。

选择此子菜单可以设置或更换机油滤清器行驶距离。

⑭ 按●开关转至＊＊＊＊（＊＊＊＊/5000）行驶的千米数（如果不是 5000，可以更改）。

⑮ 按□开关使＊＊＊＊变成 0 机油滤清器保养灯归零完成。

⑯ 如果想更改下次保养千米数将●开关转至 5000（＊＊＊＊/5000），按●开关 增加或减少，按一下加 500（0～30000）。设置按钮位置如图 3-1 所示。

符号及英文术语说明：

□开关按钮，●开关按钮，ENTER 确认菜单，NEXT 选择菜单，ALERT 警告，BACK 返回，UNIT 单位，SETTING 设置，MAINTENANCE 保养，ENGINE OIL 发动机机油，OIL FILTER 机油滤清器，RESET 归零（重置）。

3.1.2 东风日产天籁自动天窗初始化

① 将开关按住至少 10s 以上。

图 3-1　新天籁保养操作键位置

② 玻璃盖将向向上倾斜的方向移动并随后机械停止，然后自动完全关闭。

③ 玻璃盖将按照“向上倾斜、向下倾斜、滑动打开、滑动关闭”顺序进行操作，此过程一直按开关。

④ 玻璃盖停止 5s 后松开开关。

⑤ 天窗开关正常操作，初始化完成。

3.1.3　日产天籁驾驶侧玻璃升降器限位开关设置方法

如果执行了下列任一操作，都需要设置驾驶人侧玻璃升降器限位开关（集成于玻璃升降器电动机内）：拆卸或安装玻璃升降器总成；从玻璃升降器上拆卸或安装了玻璃升降器电动机；调整了玻璃升降器的升降位置；安装了新的玻璃升降器玻璃；更换了玻璃升降器玻璃导槽。设置方法如下。

① 从玻璃升降器总成上拆卸玻璃升降器。

② 从玻璃升降器上拆下玻璃升降器电动机。

③ 将车门线束连接到玻璃升降器电动机，然后将玻璃升降器电动机朝玻璃升起的方向旋转至少 5 圈。

④ 在玻璃升降器上安装玻璃升降器电动机。

⑤ 把玻璃升降器安装到玻璃升降器总成。

⑥ 在车门板上安装玻璃升降器总成，然后安装车门玻璃。

⑦ 将玻璃升起到顶部位置即可。

3.1.4　2004 款天籁电子节气门控制系统学习设定

进行“怠速空气量学习”前，确认满足下列所有条件。即使是瞬间，如果有任何一个条件不满足，学习操作将被取消。

- 蓄电池电压：大于 12.9V（怠速时）。
- PNP 开关：ON。
- 电气负载开关：OFF（空调、前大灯、后窗除雾器等）。
- 方向盘：中间位置（正直向前位置）。
- 车速：停止。
- 变速箱：已预热。
- 发动机冷却液温度：70～100℃（158～212℉）。

对于使用 CONSULT-Ⅱ诊断仪的 A/T 车型，行驶车辆直到“A/T”系统“DATA MONITOR”（数据监控）模式中的“FLUID TEMP SE”（油液温度传感器）显示数值低于0.9V。对于不使用 CONSULT-Ⅱ诊断仪的 A/T 车型，行驶车辆 10min。

不用 CONSULT-Ⅱ的怠速空气量学习方法如下。

① 进行“加速踏板释放位置学习”的操作。

② 进行“节气门关闭位置学习”的操作。

③ 启动发动机暖机至正常工作温度。

④ 检查并确认在“准备工作”列出的所有项目的情况都正常。

⑤ 关闭点火开关，等待至少 10s。

⑥ 确定加速踏板完全释放，将点火开关转到 ON 位置，等待 3s。

⑦ 在 5s 内迅速重复以下操作 5 次。

a. 完全踩下加速踏板。

b. 完全释放加速踏板。

⑧ 等待 7s，完全踩下加速踏板，并保持此状态约 20s，直到 MIL 停止闪烁并开始变亮。

⑨ MIL 灯点亮后 3s 之内，完全释放加速踏板。

⑩ 启动发动机，使其怠速运转一段时间。

⑪ 怠速运转 20s 以上。

⑫ 使发动机高速运转两三次，确认怠速和点火正时都符合规定。

怠速：(700±50)r/min（在 P 或 N 位置）。

点火正时：15°±5° BTDC（在 P 或 N 位置）。

⑬ 注意：更换节气门控制器，需完成以下步骤。

a. 节气门关闭位置学习。

b. 怠速空气量的学习。

3.2 日产轩逸

东风日产轩逸车窗自动防夹功能初始化介绍如下。

当驾驶员侧电动车窗在上升过程中被障碍卡住时，车窗将自动下降 150mm。

初始化操作方法如下。

① 将点火开关转至 ON 位置。

② 将车窗玻璃打开到一半的位置或者更多。

③ 点按电动车窗开关至上升方向，在玻璃停止在完全关闭位置后，保持 3s 或更长时间（如果持续按住打开和关闭开关进行操作，则可能会导致初始化失败）。

3.3 日产阳光

2011 款起新阳光 N17 电动车窗与天窗初始化介绍如下。

（1）电动车窗初始化

① 将点火开关转至 ON 位置。

② 操作电动车窗开关完全打开车窗（如果车窗已经完全打开，则不需要该操作）。

③ 持续向上抬电动车窗开关（自动上升操作）。在玻璃停在完全关闭位置后，继续抬开关 2s 或以上。

④ 检查 AUTO UP 功能是否正常运行。

(2) 天窗初始化

① 按下向上倾斜开关数次，使玻璃盖处于向上倾斜位置。

② 将向上倾斜开关松开一下，然后再次按下，并一直按着开关直到盖子滑上。

③ 玻璃盖稍微向向上倾斜方向移动然后停止（操作过程中需一直按住开关）。

④ 再次松开开关，并在 4s 内按下向上倾斜开关（持续按住开关）。

⑤ 4s 之后，玻璃盖将自动按照滑动向下倾斜、滑动打开和滑动关闭的顺序进行操作。

⑥ 玻璃盖停止之后 0.5s，松开开关（操作过程中需一直按住开关）。

⑦ 如果滑动开关能正常操作，则初始化完毕。

3.4 日产颐达-骐达

3.4.1 2012 款起颐达/骐达电动车窗初始化

如果完成以下任何操作，则需进行系统初始化。

• 熔丝的熔断或蓄电池电缆的断开等都会造成电动车窗开关或电动机电源的中断。

• 升降器总成的拆卸和安装。

• 从升降器总成上拆卸和安装电动机。

• 电动车窗开关线束接头的安装和拆卸。

• 将升降器总成作为整体操作。

• 车门玻璃的拆卸和安装。

• 车门玻璃导槽的拆卸和安装。

初始化操作步骤如下。

① 暂时断开蓄电池负极或电动车窗开关线束接头，至少等待 1min 后重新接上。

② 将点火开关转至 ON 位置。

③ 操作电动车窗开关，将车窗完全打开（如果车窗已经完全打开，忽略这一步）。

④ 操作电动车窗开关向上运动，当玻璃停在全关位置后，继续按住开关 3s 或以上（如果连续执行打开和关闭操作，可能会造成非初始化状态）。

⑤ 检查车窗防夹系统功能，如正常，则初始化成功。

检查车窗防夹功能步骤如下。

① 完全打开车门玻璃。

② 在靠近完全闭合的位置放置一片木头（木锤柄等）。

③ 按住自动上升开关，进行完全关闭的操作。

④ 检查玻璃是否倒退并且没有夹到木片，玻璃倒退约 2s 或倒退距离约为 150mm 后停住。

⑤ 当玻璃在下降时，操作电动车窗主开关应该不会再让玻璃上升。

3.4.2 2012 款起颐达/骐达天窗初始化设定

障碍物检测功能（防夹功能）通过自动滑动功能关闭天窗时，如果因夹住障碍物使大小固定的力作用在天窗上，天窗将反向滑动大约 150mm 或向全开方向滑动，然后停止。当天窗位于即将全关的位置时，障碍物检测功能可能不起作用。

① 按下向上倾斜开关使天窗向上倾斜。

② 松开向上倾斜开关，再次按下向上倾斜开关直到天窗盖运动（上下各动作一下）。

③ 松开向上倾斜开关，再次按下向上倾斜开关直到天窗自动动作（向下—打开—关

闭）。

④ 天窗盖停止后，至少等待 0.5s，然后松开向上倾斜开关。

⑤ 操作天窗开关。如果天窗工作正常，初始化完成。

3.4.3 2005~2010 款骐达节气门设定

① 发动机暖机至正常工作温度。

② 将点火开关转至到 OFF 位置，等待至少 10s。

③ 确定加速踏板完全释放，将点火开关转到 ON 位置，等待 3s。

④ 在 5s 内迅速重复以下操作 5 次。

a. 完全踩下加速踏板。

b. 完全释放加速踏板。

⑤ 等待 7s，完全踩下加速踏板，并保持此状态约 20s，直到 MIL 停止闪烁，然后点亮。

⑥ 在 MIL 点亮以后，完全松开加速踏板 3s。

⑦ 启动发动机，使其怠速运转一段时间。一定要把握好时间，如果不行可以多做几次。

3.5 日产骊威

3.5.1 2013 款起骊威 L11 天窗初始化设定

在发生以下状况后应执行系统初始化。

① 当更换天窗电动机时。

② 天窗不能正常工作（初始化未完成）。

操作步骤如下。

① 操作天窗开关并将玻璃盖设置到向上倾斜位置。

② 按住天窗开关的向上倾斜/滑动关闭侧。

③ 当玻璃盖稍微向上倾斜时松开天窗开关。

④ 在 6s 内，按住天窗开关的向上倾斜/滑动关闭侧。

⑤ 4s 后，玻璃盖将自动按照向下倾斜、滑动打开和滑动关闭的顺序进行操作。随后松开开关 0.5s（操作过程中需一直按住开关）。

3.5.2 2013 款起骊威 L11 四轮定位数据

（1）前悬架

项目		标准
外倾角	最小	−0°50′(−0.83°)
	标准	−0°05′(−0.08°)
	最大	0°40′(0.66°)
	左侧和右侧不同	0°45′(0.75°)
后倾角	最小	3°40′(3.67°)
	标准	4°25′(4.42°)
	最大	5°10′(5.16°)
	左侧和右侧不同	0°45′(0.75°)
主销内倾角	最小	9°00′(9.00°)
	标准	9°45′(9.75°)
	最大	10°30′(10.50°)

续表

项目			标准
前束	总前束(距离)	最小	负前束 1mm(负前束 0.04in)
		标准	前束 1mm(前束 0.04in)
		最大	前束 3mm(前束 0.11in)
	总前束(角度)	最小	负前束 0°06′(负前束 0.09°)
		标准	前束 0°06′(前束 0.09°)
		最大	前束 0°17′(前束 0.28°)

(2) 后悬架

项目			标准
外倾角		最小	−2°00′(−2.00°)
		标准	−1°30′(−1.50°)
		最大	−1°00′(−1.00°)
前束	总前束(距离)	最小	负前束 1.5mm(负前束 0.6in)
		标准	前束 2.5mm(前束 0.10in)
		最大	前束 6.5mm(前束 0.26in)
	总前束(角度)	最小	负前束 0°08′(负前束 0.14°)
		标准	前束 0°14′(前束 0.23°)
		最大	前束 0°36′(前束 0.60°)

3.6 楼 兰

3.6.1 2011款起楼兰电动车窗初始化

初始化步骤如下。

① 断开蓄电池负极端子或电动车窗控制单元接头。停 1min 或以上后重新连接。

② 将点火开关转至 ON 位置。

③ 操作电动车窗开关至完全打开车门玻璃（如果玻璃已经完全打开，则不需要该操作)。

④ 持续向上拉电动车窗开关（AUTO UP 操作)。即使在车门玻璃停在完全关闭位置之后，应继续拉开关 2s 或以上。

⑤ 初始化步骤完成。

⑥ 检查防夹功能。

检查防夹功能步骤如下。

① 完全打开车门玻璃。

② 在接近完全关闭的地方放一个木块。

③ 用 AUTO UP 完全关闭车门玻璃。

• 检查车门玻璃是否下降大约 150mm（5.9in)，且没有夹住木块，然后停止。

• 检查下降时如果操作电动车窗主开关而车门玻璃不会上升。

3.6.2 2011款起楼兰电动天窗初始化

如果天窗或遮阳板无法自动关闭或打开，执行以下步骤使天窗或遮阳板操作恢复正常。

① 关闭天窗和遮阳板，然后松开天窗开关一次。

② 再次按下并按住天窗开关 CLOSE（1 挡或 2 挡，约 10s)，然后天窗向前移动并

停止。

③ 松开天窗开关，并再次按下和按住天窗开关 CLOSE（1 挡或 2 挡）。然后天窗和遮阳板自动移动到全关→全开→全关。

④ 在天窗完全关闭后，松开天窗开关。

⑤ 检查天窗和遮阳板操作。

检查防夹功能步骤如下。

① 完全打开天窗。

② 在接近完全关闭的位置放一个木块。

③ 用“自动滑动关闭”完全关闭天窗。

④ 检查玻璃是否下降大约 150mm（5.91in）或 2s 而没有夹住木块并且停顿。

⑤ 完全打开遮阳板。

⑥ 在接近完全关闭的位置放一个木块。

⑦ 用“自动滑动关闭”完全关闭天窗。

⑧ 检查玻璃是否下降大约 150mm（5.91in）或 2s 而没有夹住木块并且停顿。

3.7 日产道客

3.7.1 2008 款起道客 J10 电动车窗初始化

电动车窗初始化步骤如下。

① 将点火开关转至 ON 位置。

② 操作电动车窗开关完全打开车窗（如果车窗已经完全打开，则不需要该操作）。

③ 持续向上抬电动车窗开关（自动上升操作）。在玻璃停在完全关闭位置后，继续抬开关 2s 或以上。

④ 检查防夹功能。

3.7.2 2008 款起道客天窗初始化

如果天窗无法自动关闭或打开，执行以下步骤使天窗操作恢复正常。

① 按下向上倾斜开关并开始向上倾斜的操作。

② 将向上倾斜开关松开一下，然后再次按下，并一直按着开关直到盖子滑上。

③ 玻璃盖稍微向向上倾斜方向移动然后停止（操作过程中需一直按住开关）。

④ 再次松开开关，并在 10s 内按下向上倾斜开关（持续按住开关）。

⑤ 4s 之后，玻璃盖将自动按照滑动向下倾斜、滑动打开和滑动关闭的顺序进行操作。

⑥ 玻璃盖停止之后 0.5s，松开开关（操作过程中需一直按住开关）。

⑦ 如果滑动开关能正常操作，则初始化完毕。

3.7.3 2010 款起新道客四轮定位数据

（1）前悬架

项目		数据
外倾角	最小	−1°10′(−1.17°)
	标准	−0°25′(−0.42°)
	最大	0°20′(0.33°)
	左侧和右侧不同	0°33′(0.55°)或以下

续表

项目			数据
主销后倾角		最小	3°55′(3.92°)
		标准	4°40′(4.67°)
		最大	5°25′(5.42°)
		左侧和右侧不同	0°45′(0.75°)或以下
主销内倾角		最小	9°40′(6.67°)
		标准	10°25′(10.42°)
		最大	11°10′(11.17°)
总前束	距离	最小	1mm(0.04in)以内
		标准	2mm(0.08in)以内
		最大	3mm(0.12in)以内
	角度(左轮或右轮)	最小	在 0°02′30″(0.04°)内
		标准	在 0°05′(0.08°)内
		最大	在 0°07′30″(0.13°)内

(2) 后悬架

项目			数据
外倾角		最小	−1°15′(−1.25°)
		标准	−0°45′(−0.75°)
		最大	−0°15′(−0.25°)
总前束	距离	最小	0mm(0in)
		标准	2mm(0.08in)以内
		最大	4mm(0.16in)以内
	角度(左轮或右轮)	最小	0°00′(0.00°)
		标准	在 0°05′(0.08°)内
		最大	在 0°10′(0.16°)内

3.8 日产奇骏

3.8.1 2008款起奇骏T31电动车窗初始化

电动车窗初始化步骤如下。

① 断开蓄电池负极端子或电动车窗主开关接头。1min或更长时间后再重新连接。

② 将点火开关转至ON位置。

③ 操作电动车窗开关完全打开车窗（如果车窗已经完全打开，则不需要该操作）。

④ 持续向上抬电动车窗开关（自动上升操作）。在玻璃停在完全关闭位置后，继续抬开关2s或更长时间。

⑤ 初始化步骤完成。

⑥ 检查防夹功能是否恢复正常。

3.8.2 2008款起奇骏T31电动天窗初始化

如果天窗无法自动关闭或打开，执行以下步骤使天窗操作恢复正常。

① 如果天窗不在关闭位置，将其关闭。可能需要重推开关以关闭天窗。

② 按下并按住TILTUP（向上倾斜）开关，天窗将向上倾斜。松开按钮。

③ 再次按下并按住TILTUP开关。不要松开开关，一直按下。按下4s后，天窗将完全关闭。

④ 初始化步骤完成。

⑤ 确认天窗正常工作（滑动打开、滑动关闭、向上倾斜、向下倾斜）。

3.8.3 2008款起奇骏节气门体设定

奇骏清洗完电子节气门体后，出现怠速过高（1500r/min）的现象，行驶两天后，怠速还是过高，断了电瓶也没有效果。这时，需完成电子节气门体的学习设定。

（1）加速踏板释放位置学习

加速踏板释放位置学习操作，是通过监测加速踏板位置传感器输出信号，学习加速踏板完全释放时的位置。在每次断开加速踏板位置传感器或ECM的线束插头后，必须进行此操作。

操作程序如下。

① 确认加速踏板完全释放。

② 将点火钥匙转到ON位置等待至少2s。

③ 将点火开关转到OFF位置等待至少10s。

④ 将点火钥匙转到ON位置等待至少2s。

⑤ 将点火开关转到OFF位置等待至少10s。

（2）节气门关闭位置学习

节气门关闭位置学习操作，是通过监测节气门位置传感器输出信号，学习节气门完全关闭时的位置。在每次断开电控节气门控制执行器或ECM的线束插头后，必须进行此操作。

操作程序如下。

① 确认加速踏板完全释放。

② 将点火开关转到ON位置。

③ 将点火开关转到OFF位置等待至少10s。

④ 通过节气门动作的声音确认节气门动作超过10s。

（3）怠速空气量学习

怠速空气量学习操作的目的，是学习使发动机转速保持在规定范围内的怠速进气量。在发生了下列情况后必须进行此操作。

① 每次更换电控节气门控制执行器或ECM后。

② 怠速或点火正时在规定范围以外时。

进行怠速空气量学习前，确认满足下列所有条件。

• 电瓶电压大于12.9V（怠速时）。
• 发动机冷却液温度：70～100℃（158～212℉）。
• PNP开关：ON。
• 电负荷开关：OFF（空调、前大灯、后窗除雾器）。
• 方向盘：中间位置、正直向前位置。
• 车速停止。
• 变速箱已预热。

说明：

① 即使是瞬间如果有任何一个条件不满足，学习操作将停止。

② 对于使用CONSULT-Ⅱ诊断仪的自动变速箱车型，行驶车辆直到DATA MONITER（数据监控模式）中的FLUID TEMP（油液温度传感器）显示数值低于0.9V。

③ 对于不使用CONSULT-Ⅱ诊断仪的自动变速箱车型以及手动变速箱车型，行驶车辆10min。

怠速空气量学习方法如下（不使用CONSULT-Ⅱ诊断仪）。

① 执行“加速踏板释放位置学习”。

② 执行“节气门闭合位置学习”。

③ 启动发动机并使发动机温度上升到正常运转温度。

④ 检查在前提条件（前文所述）中列出的所有项目是否均已就绪。

⑤ 将点火开关转到OFF位置，等待至少10s。

⑥ 确定加速踏板完全释放，将点火开关转到ON位置等待3s。

⑦ 在5s内迅速重复以下操作5次。

a. 完全踩下加速踏板。

b. 完全释放加速踏板。

⑧ 等待7s，完全踩下加速踏板保持此状态约20s，直到MIL停止闪烁并变亮。

⑨ 在MIL变亮后，3s内完全释放加速踏板。

⑩ 启动发动机怠速运转。

⑪ 等待20s。

说明：

① 最好用时钟准确计时。

② 如加速踏板位置传感器电路有故障，将无法开启诊断模式。

3.9 日产贵士

3.9.1 2012款起贵士天窗初始化设定

如果电动车窗自动功能工作不正常（只能关闭），请执行以下步骤来初始化电动车窗系统。

① 将点火开关按至ON位置。

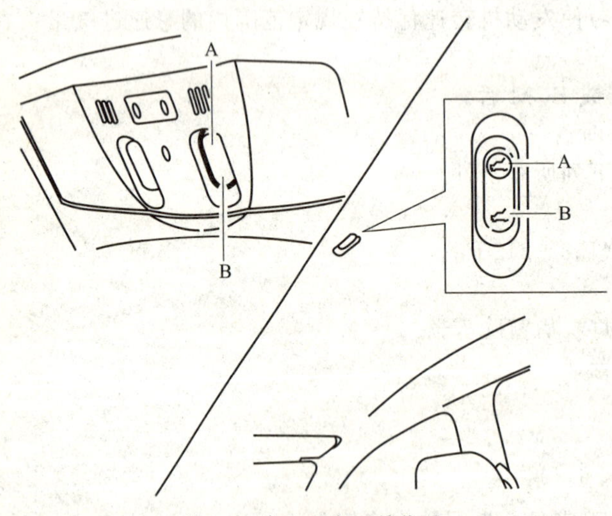

图3-2 贵士天窗开关位置

② 关闭车门。

③ 操作电动车窗开关，将车窗完全打开。

④ 持续拉起电动车窗开关以关闭车窗，然后在车窗完全关闭后按住开关3s以上。

⑤ 松开电动车窗开关。通过自动功能操作车窗以确认初始化完成。

⑥ 对其他车窗执行上述步骤②～⑤。

如果前排或后排天窗未能正常工作，执行以下步骤以初始化天窗操作系统。前排和后排天窗可同时执行初始化操作。

① 如果天窗打开，按下并按住天窗开关至关闭位置B（位置如图3-2所示）将其完全关闭，直至天窗向上倾斜。

② 松开天窗开关，然后再次按下并按住B侧10s以上。

③ 松开天窗开关，然后继续再次按下B侧。天窗将朝关闭方向操作（天窗逐渐开始

运行)。

④ 在天窗停止移动后，在 4s 内松开天窗开关，再次按下 B 侧。天窗将自动打开一次。

⑤ 在天窗停止移动后 0.5s 内松开天窗开关。

⑥ 检查天窗此时能否正常工作。

3.9.2 2012 款起贵士油液容量

油液种类	容量(近似值)			规格推荐
	US 测量值	Imp 测量值	公升	
燃油	20gal	16⅝gal	75.6L	—
发动机机油				
更换机油滤清器	4⅞qt	4qt	4.6L	带 API 认证标记的发动机机油 黏度 SAE5W-30
不更换机油滤清器	4½qt	3¾qt	4.3L	
冷却系统				
带储油罐	12qt	10qt	11.3L	预稀释正品 NISSAN 长效防冻/冷却液(蓝色)或同等质量产品
储油罐	3/4qt	5/8qt	0.75L	
无级变速箱(CVT)油	—	—	—	正品 NISSANCVT 油液 NS-2
动力转向液(PSF)	根据保养的说明将油添加到合适的油位			正品 NISSANE-PSF 或同等产品
制动液				正品 NISSAN 超重负荷制动液或同等产品 DOT3
多功能润滑脂	—	—	—	NLGI2 号(锂皂基)
空调系统制冷剂	—	—	—	HFC-134a(R-134a)
空调系统润滑剂	—	—	—	S 型 NISSAN 空调系统机油或同等产品
车窗清洗液	1¼gal	1gal	4.5L	正品 NISSAN 挡风玻璃清洗器浓缩清洁剂或防冻剂或同等产品

3.9.3 日产贵士保养灯归零

① 当按下“MAINT”开关后，车辆信息屏幕显示发动机油与轮胎换位。

② 不断按下“MAINT”开关，可周期显示 ENGINE OILTIRE ROTATIONENGINE OIL（发动机油与轮胎换位间隔）。

③ 向左或向右操纵控制杆，可设置保养间隔里程。

④ 当行驶里程与保养间隔里程相等时，显示警告（SERVICEALERT 设置为 ON)。

⑤ 维护间隔里程的选择范围为 0～7500mile（0～12000km），增量为 500mile (800km)。

图 3-3 日产贵士仪表外右侧操作键

⑥ 按住“TRIP RESET”或“MAINT”开关 1.5s 或更久，可将当前的行驶里程复位。

⑦ 在行驶中不能进行设置更改。以上相关按钮位置如图 3-3 所示。

3.9.4 日产贵士车窗玻璃防夹功能设定

① 拆下右前门内饰板，在喇叭的旁边有一个黑色的塑料封口。

② 撕开封口，封口内是一个黑色按钮。

③ 用适当的工具按住黑色的按钮，同时使用手动模式将玻璃升至顶部，再用手动模式将玻璃放至底部，设置完成。

3.10 日产 370Z

3.10.1 2012 款起 370Z 电动车窗初始化

初始化步骤如下。

① 断开蓄电池负极端子或电动车窗开关接头。停 1min 或以上后重新连接。

② 车门开关 OFF（关闭）。

③ 将点火开关按至 ON。

④ 操作电动车窗开关以完全打开车窗（如果车窗已经完全打开，则不需要该操作）。

⑤ 持续拉动电动车窗自动上升开关。在玻璃停在完全关闭位置后，继续拉开关 3s 或以上。

⑥ 初始化过程完毕。

⑦ 检查防夹功能。

注意：若没有完成初始化，则车门打开时不能进行电动车窗上升操作。

检查防夹功能步骤如下。

① 将车窗完全打开。

② 在接近完全关闭的地方放一个木块。

③ 用自动上升功能将车窗玻璃完全关闭。

- 检查玻璃是否没有夹住木块而降低约 150mm（5.9in）并停止。
- 检查下降时操作电动车窗主开关玻璃不会上升。

3.10.2 2012 款起 370Z 语音识别系统初始化

当点火开关按到 ON 位置时，语音识别系统需要 1min 时间进行初始化。当初始化完成时，系统准备接收语音指令。如果在初始化完成之前按下 TALK（说话）开关，则显示屏将出现提示信息：“Loading Voice Recognitionsy stem. Please wait…（语音数据正在下载，请等待……）”/“System not ready.（系统未就绪）”或蜂鸣器鸣响。

3.10.3 2012 款起 370Z 机油滤清器安装

① 在新机油滤清器的垫圈上涂抹新机油。

② 顺时针拧入机油滤清器直至感到有轻微的阻力，然后再拧紧 2/3 圈以将其固定。机油滤清器拧紧力矩：15～20N·m（1.5～2.0kgf·m，11～15lbf·ft）。

③ 清洁并重新安装排放塞和新垫圈。用扳手拧紧排放塞。请勿用力过度。排放塞拧紧力矩：29～39N·m（3.0～4.0kgf·m，22～29lbf·ft）。

3.10.4 2012款起370Z车轮平衡与定位数据

（1）车轮信息

标准		备用[①]	
轮胎尺寸	前225/50R1895W 后245/45R1896W	T145/70R 18[②] T145/70D 18[②] T145/80D 17[③]	
	前245/40R1994W 后275/35R1996W	T145/70R 18[②] T145/70D 18[②]	
允许不平衡量	动态(法兰处)	极限值小于5g(0.17oz)(单侧)	
	静态(法兰处)	小于10g(0.35oz)	

① 欧洲车型配备轮胎漏气紧急修理包（如装备）。

② 如装备。

③ 适用于墨西哥。

（2）定位数据

项目	数据
前束(前/后)	前束2mm±1mm(5.0′) 负前束0mm±2mm(0.0′)
外倾角(前/后)	0°45′±45′/−0°40′±30′
主销内倾角	7°40′±45′
主销后倾角	5°10′±45′

3.11 日产GT-R

2013款起GT-R仪表台部件如下。

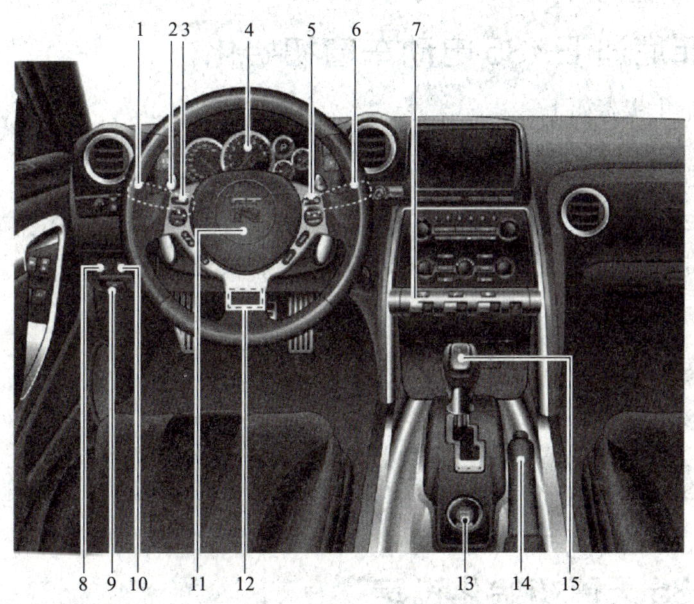

1—前大灯和转向信号灯开关（P. 2-51）/后雾灯开关；2—换挡拨片；3—方向盘上的控制键（左侧）；4—仪表和量表；5—方向盘上的控制键（右侧），MRK（标志）开关，巡航控制；6—挡风玻璃雨刮器和清洗器开关；7—VDC/ESP、变速箱和悬架设置开关；8—行李厢盖解锁开关；9—发动机罩解锁把手；10—智能钥匙孔；11—喇叭；12—倾斜/伸缩方向盘控制杆；13—按钮式点火开关；14—驻车制动器；15—换挡杆

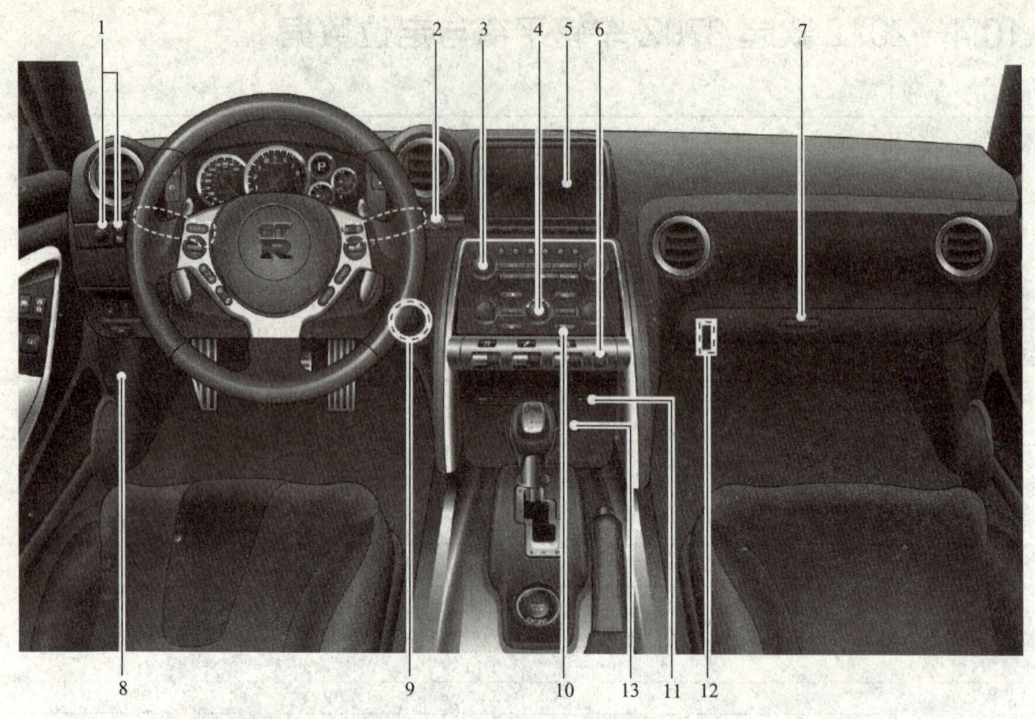

1—车外后视镜控制开关；2—中央旋钮；3—音响系统；4—加热器和空调；5—多功能显示屏；6—危险警告闪光灯开关；7—手套箱；8—保险丝盒盖；9—电源插座；10—后车窗除霜器开关；11—光盘/DVD（如装备）插槽；12—行李厢解锁电动取消开关；13—前排乘客安全气囊状态灯（如装备）

3.12 英菲尼迪 EX35

3.12.1 英菲尼迪 EX35 电动车窗初始化

电动车窗初始化步骤如下。

① 断开蓄电池负极端子或电动车窗主开关接头。在 1min 或更长时间后重新连接。

② 将点火开关转至 ON 位置。

③ 操作电动车窗开关完全打开车窗（如果车窗已经完全打开，则不需要该操作）。

④ 持续向上抬电动车窗开关（自动上升操作）。在玻璃停在完全关闭位置后，继续抬开关 2s 或更长时间。

⑤ 初始化过程完毕。

检查电动车窗防夹功能步骤如下。

① 完全打开车窗。

② 在接近完全关闭的位置放一个木块。

③ 用自动上升完全关闭车窗玻璃。

④ 检查玻璃是否下降大约 150mm 或 2s，而没有夹住木块，然后停止。

3.12.2 EX35 天窗初始化设定

如果天窗无法自动关闭或打开，执行以下步骤使天窗操作恢复正常。

① 按下向上倾斜开关并开始向上倾斜的操作。

② 将向上倾斜开关松开一下，然后再次按下，并一直按着开关直到盖子滑上。

③ 玻璃盖略微向上倾斜移动，然后停止（操作过程中需一直按住开关）。

④ 再次松开开关，并在10s内按下向上倾斜开关（按下并按住开关）。

⑤ 4s之后，玻璃盖将自动按照滑动向下倾斜、滑动打开和滑动关闭的顺序进行操作。

⑥ 玻璃盖停止之后0.5s，松开开关（操作过程中需一直按住开关）。

⑦ 如果滑动开关能正常操作，则初始化完毕。

3.13 英菲尼迪 G-SEDAN

3.13.1 2013款起G-SEDAN车型电动车窗初始化

如果电动车窗自动功能（仅关闭）工作不正常，执行下列步骤初始化电动车窗系统。

① 将点火开关按到“ON”位置。

② 关闭车门。

③ 操作电动车窗开关，完全打开车窗。

④ 持续拉起电动车窗开关以关闭车窗，然后在车窗完全关闭后按住开关3s以上。

⑤ 松开电动车窗开关。用自动功能操作车窗，确认完成初始化。

⑥ 在其他的车窗上执行步骤②～⑤。

3.13.2 2013款起G-SEDAN车型电动天窗初始化

如果天窗工作不正常，执行下列步骤初始化天窗操作系统。

① 如果天窗打开，重复按下天窗开关的CLOSE侧以向上倾斜天窗并完全将其关闭。

② 按住天窗开关的CLOSE侧。

③ 在天窗略微向上或向下移动后，松开天窗开关。

④ 按下并按住天窗开关的OPEN侧，完全向下倾斜天窗。

⑤ 检查天窗开关工作是否正常。

3.13.3 2013款起G-SEDAN车型初始化自动驾驶座椅定位器上车/下车功能

如果断开蓄电池电缆，或者保险丝开路，则尽管以前设置了该功能，上车/下车功能也不起作用。这种情况下，连接蓄电池或更换新保险丝后，将点火开关从“ON”位置转至“LOCK”位置后，打开和关闭驾驶员侧车门2次以上。上车/下车功能将启动。

3.13.4 2013款起G-SEDAN车型油液规格

系　　统	近似容量	推荐的燃油和润滑剂
燃油	80L(17⅝gal)	—
发动机机油 VQ25包含机油滤清器	4.7L(4⅛qt)	正品NISSAN发动机机油：以上所列约计容量用于在发动机更换机油时重新加注。API等级SL、SM或SN. ILSAC等级GF-3、GF-4或GF-5
不包含机油滤清器	4.4L(3⅞qt)	
VQ37包含机油滤清器	4.9L(4⅜qt)	
不包含机油滤清器	4.6L(4qt)	

续表

系　统		近似容量	推荐的燃油和润滑剂
冷却系统	总计	8.5L(7½qt)	正品 NISSAN 发动机冷却液或同等质量产品。使用正品 NISSAN 发动机冷却液或同等质量的产品，以防止因使用非正品的发动机冷却液而可能引起的发动机冷却系统内铝材料的腐蚀。使用非正品发动机冷却液时，发动机冷却系统内的任何故障都不保修，即使这些故障是在保修期内发生的
	储液罐	0.8L(3/4qt)	
自动变速箱油(ATF)	—	—	正品 NISSAN Matic S ATF。使用正品 NISSAN Matic S ATF 之外的其他自动变速箱油，会影响驾驶性能和自动变速箱的耐久性，还可能会损坏自动变速箱，这不在保修范围内
动力转向液	根据保养的说明添加到合适的液位		正品 NISSANPSF 或同等质量产品。也可使用 DEXRONTM Ⅵ类型的 ATF。制动液应用正品 NISSAN 制动液或同等级产品 DOT3
差速器齿轮油	—		正品 NISSAN 差速器油双曲面齿轮 Super-S GL-5 合成 75W-90 或同等质量产品。请到 INFINITI(英菲尼迪)经销店购买合成机油
多用途润滑脂	—		NLGI No.2(锂皂基)
空调系统制冷剂	—		HFC-134a(R-134a)
空调系统润滑剂	—		NISSAN 空调系统油 S 型或同等级产品

3.13.5　2013 款起 G-SEDAN 车型车轮定位数据

项　目	数　据
前束(前/后)	前束 1mm±1mm/前束 2.8mm±2.8mm
外倾角(前/后)	−0°15′±45′/−0°45′±30′
主销内倾角	7°15′±45′
主销后倾角	4°30′±45′

3.14　英菲尼迪 JX35

3.14.1　2013 款起 JX35 电动车窗初始化方法

如果电动车窗自动功能（仅关闭）工作不正常，执行下列步骤初始化电动车窗系统。

① 将点火开关置于 ON 位置。

② 使用电动车窗开关将车窗打开大半。

③ 拉起电动车窗开关并保持以关闭车窗，然后在车窗完全关闭后按住开关 3s 以上。

④ 松开电动车窗开关。用自动功能操作车窗，确认完成初始化。根据自动下降或上升功能的选择情况，电动车窗会自动打开或关闭。

⑤ 在其他的车窗处执行步骤②～④。

3.14.2　2013 款起 JX35 电动天窗初始化

如果月亮天窗工作不正常，执行下列步骤初始化月亮天窗操作系统。

① 如果月亮天窗是打开的，请重复将月亮天窗开关按到关闭位置，使月亮天窗向上倾斜，从而将其完全关闭。

② 将开关按到关闭位置并按住。

③ 当月亮天窗能轻微上下移动后，松开月亮天窗开关。

④ 将开关按到打开位置并按住，使月亮天窗完全向下倾斜。

⑤ 检查月亮天窗开关是否能正常工作。

3.14.3 2013 款起 JX35 车轮定位

前束(前轮/后轮)		1.4mm±2mm/2.2mm±3mm
外倾(前轮/后轮)	左边把手	−0°15′±45′/−0°35′±45′
	右边把手	−0°30±45′/−0°35′±45′
主销内倾角	左边把手	12°40′±45′
	右边把手	12°55′±45′
主销后倾角		4°40′±45′

3.15 英菲尼迪 Q70L(M)

3.15.1 2013 款起 Q70L 电动车窗初始化

操作方法与 G-SEDAN 车型相同，内容请参考本章 3.13.1 小节。

3.15.2 2013 款起 Q70L 电动天窗初始化

操作方法与 G-SEDAN 车型相同，内容请参考本章 3.13.2 小节。

3.15.3 2013 款起 Q70L 初始化上车/下车功能

如果断开蓄电池电缆，或者保险丝开路，则尽管以前设置了该功能，上车/下车功能也不起作用。这种情况下，在连接蓄电池或更换新保险丝后，将点火开关从“ON”位置转至“LOCK”位置后，打开和关闭驾驶员侧车门 2 次以上。上车/下车功能将启动。

3.15.4 2013 款起 Q70L 车轮定位数据

项　　目	数　　据
前束(前/后)	前束 1mm±1mm/前束 2.9mm±2.9mm
外倾角(前/后)	−0°05′±45′/−0°45′±30′
主销内倾角	7°05′±45′
主销后倾角	4°20′±1°20′

3.16 英菲尼迪 QX50

3.16.1 2013 款起 QX50 电动车窗初始化

操作方法与 G-SEDAN 车型相同，内容请参考本章 3.13.1 小节。

3.16.2 2013 款起 QX50 电动天窗初始化

操作方法与 G-SEDAN 车型相同，内容请参考本章 3.13.2 小节。

3.16.3 2013 款起 QX50 初始化上车/下车功能

操作方法与 G-SEDAN 车型相同，内容请参考本章 3.13.3 小节。

3.16.4　2013 款起 QX50 车轮定位数据

车轮定位	四轮驱动(4WD)车型	两轮驱动(2WD)车型
前束(前/后)	前束 1mm±1mm/前束 2.9mm±2.9mm	前束 1mm±1mm/前束 2.9mm±2.9mm
外倾角(前/后)	−0°20′±45′/−0°35′±30′	0°05′±45′/−0°35′±30′
主销内倾角	7°20′±45′	6°50′±45′
主销后倾角	4°10′±45′	4°15′±45′

3.17　英菲尼迪 QX70

3.17.1　2013 款起 QX70 电动车窗初始化

操作方法与 G-SEDAN 车型相同，内容请参考本章 3.13.1 小节。

3.17.2　2013 款起 QX70 电动天窗初始化

操作方法与 G-SEDAN 车型相同，内容请参考本章 3.13.2 小节。

3.17.3　2013 款起 QX70 初始化上车/下车功能

操作方法与 G-SEDAN 车型相同，内容请参考本章 3.13.3 小节。

3.17.4　2013 款起 QX70 车轮定位

车轮定位	配备 18in 轮胎的车型	配备 21in 轮胎的车型
前束(前/后)	前束 2mm±2mm/前束 3.2mm±3.2mm	前束 2mm±2mm/前束 3.1mm±3.1mm
外倾角(前/后)	−0°20′±45′/−1°10′±30′	
主销内倾角	8°40′±45′	
主销后倾角	3°40′±45′	

3.18　英菲尼迪 QX80（QX56）

3.18.1　2013 款起 QX80 电动车窗初始化

操作方法与 G-SEDAN 车型相同，内容请参考本章 3.13.1 小节。

3.18.2　2013 款起 QX80 电动天窗初始化

如果天窗工作不正常，执行下列步骤初始化天窗操作系统。

① 如果天窗打开，重复按下天窗开关的 CLOSE 2（开关位置如图 3-4 所示）侧完全关闭天窗。

② 按住天窗开关的 CLOSE 2 侧倾斜打开天窗。

③ 在天窗略微向上或向下移动后，松开天窗开关。

④ 按下并按住天窗开关的 OPEN 1 侧，完全向下倾斜天窗。

⑤ 检查天窗开关工作是否正常。

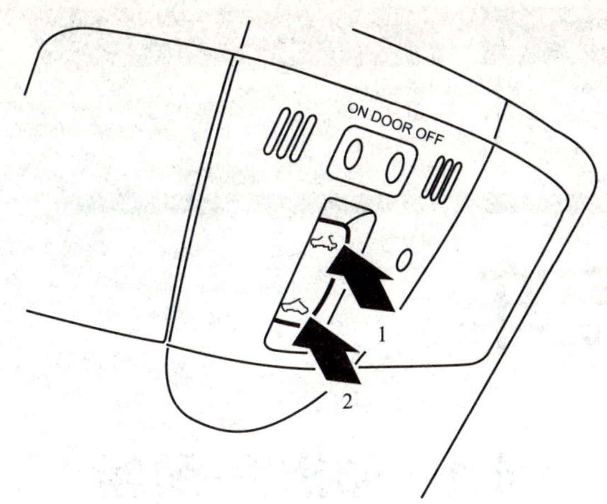

图 3-4 电动天窗开关位置

3.18.3 2013 款起 QX80 车轮定位数据

项目	数据		
	前		后
	左侧	右侧	
前束	前束 2.4mm±2mm		前束 3.4mm±3.4mm
外倾角	0°00′±45′	−0°10′±45′	−0°30′±30′
主销内倾角	13°20′±45′	13°25′±45′	—
主销后倾角	3°05′±45′	3°25′±45′	—

第4章 Chapter 4

三菱汽车

4.1 帕杰罗-劲畅

4.1.1 2012款起帕杰罗劲畅四轮定位

项　目	前悬架	后悬架
前束	0～5mm	—
外倾角	0°00′±0°30′①	0°00′
后倾角	4°18′±1°00′①	—
主销内倾角	12°45′	—
每米侧滑量	(0±5)mm	—

① 左右侧车轮的差异必须小于0°30′。

4.1.2 2012款起帕杰罗劲畅油液加注量

编号	项　目	容　量	润　滑　剂
1	发动机冷却液(包括水箱中的0.65L)	11.0L	DIA QUEEN SUPER LONG LIFE COOLANT或同等产品
2	发动机机油	油底壳4.0L	—
3	自动变速器油	0.3L	DIA QUEEN ATF SPⅢ
4	制动液	根据需要	制动液DOT3或DOT4
5	动力转向油	根据需要	ATF DEXRON Ⅲ 或DEXRON Ⅱ
6	洗涤液	4.5L	—
7	分动器油	2.5L	齿轮油API等级GL-3SAE75W-85或齿轮油API等级GL-4SAE75W-85
8	差速器油	前1.2L,后2.1L	齿轮油API等级GL-5或更高SAE80W
9	制冷剂(空调)	855～895g	HFC-134a

4.2 欧蓝德-劲界

4.2.1 2012款起欧蓝德劲界保养复位

点火开关置于“OFF”位置时可以使“---”显示复位。显示复位后，将点火开关从“OFF”位置切换到“ON”位置时，将显示到下一次定期检查前的时间，不再有警告显示。

① 轻按几次多信息仪表开关后，信息画面将切换到保养提醒显示画面。

② 按住多信息仪表开关约2s或更长时间，将显示“🔧”并使其闪烁（如果在闪烁约

10s 内未进行任何操作，显示将返回上一画面)。

③ 在图标闪烁时轻按多信息仪表开关，显示将从“---”更改为“CLEAR”。然后将显示到下一次定期检查前的时间。

4.2.2 2012 款起欧蓝德劲界油液添加量

编号	项 目			容 量	润 滑 剂
1	动力转向油			根据需要	纯正三菱动力转向油或 ATF DEXRON Ⅲ/DEXRON Ⅱ
2	制动液			根据需要	制动液 DOT3 或 DOT4
3	发动机冷却液(包括水箱中的 0.65L)		2000 车型	7.5L	DIA QUEEN SUPER LONG LIFE COOLANT PREMIUM 或同等产品[①]
			2400 车型		
			3000 车型	9.5L	
4	洗涤液			4.5L	—
5	发动机机油	2000 车型	油底壳	4.0L	—
			机油滤清器	0.3L	
		2400 车型	油底壳	4.3L	
			机油滤清器	0.3L	
		3000 车型	油底壳	4.0L	
			机油滤清器	0.3L	
6	自动变速器油			8.2L	DIA QUEEN ATF-J3
	无级变速器油			7.1L	DIA QUEEN CVTF-J4
7	分动器油			0.49L	准双曲面齿轮油 API 等级 GL-5SAE 80
8	后差速器油			0.5L	准双曲面齿轮油 API 等级 GL-5SAE 80
9	制冷剂(空调)			480～520g	HFC-134a

① 采用长效复合有机酸技术制成且不含硅酸盐、胺、硝酸盐以及硼酸盐的同类优质乙二醇基冷却液。

4.2.3 2008 款欧蓝德发动机初始化学习值

初始化程序如下。

① 将点火开关置于“LOCK”(OFF) 位置之后，将 MUT-Ⅲ连接到诊断插接器上。

② 将点火开关转至“ON”位置。

③ 从 MUT-Ⅲ的系统选择屏幕中选择“MPI/GDI/DIESEL”。

④ 从 MPI/GDI/DIESEL 屏幕中选择“特殊功能”。

⑤ 从特殊功能屏幕中选择“重置学习值”。

⑥ 从学习值重置屏幕中选择“所有学习值”。

⑦ 按下“OK”按钮，对学习值进行初始化。

⑧ 初始化学习值之后，有必要获得 MPI 发动机怠速的学习值。

当执行下列维修工作时，初始化 MPI 发动机中的学习值。

• 更换发动机总成时 *1、*2。

• 更换喷油器和清洁时 *2。

• 更换节气门体和清洗时 *2。

• 更换爆震传感器时。

说明：

*1. 初始化 A/T 或 CVT 的相关学习值。

*2. 在初始化学习值后，也需要进行 MPI 发动机的怠速学习。

4.2.4 三菱欧蓝德怠速学习程序

学习程序如下。

① 启动发动机并暖机，使发动机冷却液温度升至超过 80℃。

② 如果点火开关处于“ON”的位置，一旦发动机冷却液温度超过 80℃，就不再需要暖机。

③ 将点火开关转到“LOCK”（OFF）位置并停止发动机。

④ 10s 或更久后，再次启动发动机。

⑤ 在如下所示的状态下执行怠速 10min，然后确认发动机是否正常怠速。

• 变速器：空挡（M/T）或“P”挡（A/T 或 CVT）。

• 灯、风扇和附件的操作：不操作。

• 发动机冷却液温度：大于或等于 80℃。

注意：当发动机在怠速时失速，检查节气门体（节气门上）是否清洁，然后再次从第①步开始进行维修。

更换发动机-ECU 时，或初始化学习值时，不会建立怠速，因为 MPI 发动机中的学习值未创立。在这种情况下，需要执行怠速的学习。

4.2.5 三菱欧蓝德节气门控制伺服的初始化程序

① 将点火开关转到“ON”，然后转到“LOCK”（OFF）位置。

② 保持点火开关处于“LOCK”（OFF）位置至少 10min。

断开和再次连接蓄电池的电缆会导致学习的节气门关闭位置值被从记忆中清除。这会使怠速控制无法正确执行。当断开和再次连接蓄电池时，需要初始化节气门控制伺服。

4.3 ASX-劲炫

4.3.1 2012 款起劲炫座椅后背复位

① 如果从座椅安全带导槽 B（见图 4-1）中取出了座椅安全带，将其从座椅安全带导槽中穿过。

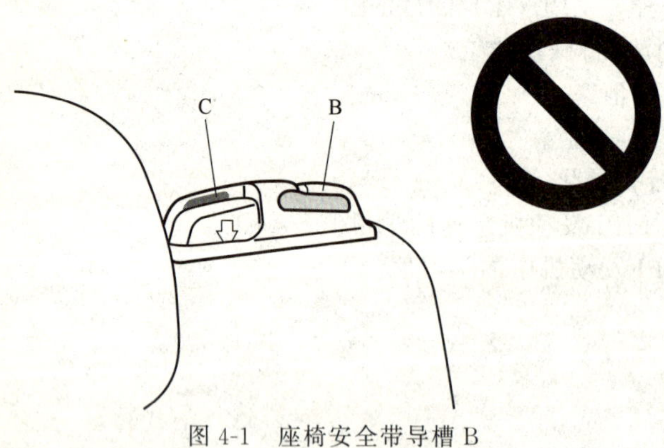

图 4-1 座椅安全带导槽 B

② 向后折叠座椅靠背，直至其正确锁定到位。

根据座椅靠背复位是正常操作还是缓慢操作，座椅靠背会在不同的位置锁定。用稍慢的速度使座椅靠背复位时，座椅靠背会在正常座椅位置之前锁定。

③ 确保座椅靠背牢靠地锁定到位，并且座椅安全带从座椅安全带导槽 B 中穿过。

注意：

• 如果可以看到后排座椅释放按钮背面的红色部分 C，则座椅靠背尚未锁定到位。轻轻推拉座椅靠背，使其锁定到位。

• 当座椅安全带在锁定位置不能被拉出时，请用力拉一次安全带，然后放开。之后，再慢慢拉出安全带。

• 要从某个后排座椅靠背锁定位置变为其他锁定位置，按后排座椅释放按钮并移动座椅靠背。

4.3.2 2012款起动炫维修保养复位

点火开关或操作模式置于OFF时可以使“---”显示复位。显示复位后，将点火开关从“LOCK”位置转到“ON”位置或将操作模式从OFF变为ON时，将显示下一次定期检查前的时间，不再显示警告。

① 轻按几次多功能信息仪表开关时，信息画面将切换到维修提醒显示画面。

② 按住多功能信息仪表开关至少2s，将显示“🔧”并使其闪烁（如果在闪烁约10s内未进行任何操作，显示将返回上一画面）。

③ 在光标闪烁时轻按多功能信息仪表开关，显示将从“---”变为“CLEAR”。然后，将显示下一次定期检查前的时间。

备注：

• 点火开关或操作模式置于ON时无法使“---”显示复位。

• 显示“---”时，行驶过一定的距离和经过一定的时间后，显示将复位，并显示下一次定期检查前的时间。

• 如果意外地使显示复位，请咨询授权的三菱汽车经销商。

4.3.3 2012款起动炫油液类型

<table>
<tr><th>编号</th><th colspan="3">项　目</th><th>容　量</th><th>润　滑　剂</th></tr>
<tr><td>1</td><td colspan="3">制动液</td><td>根据需要</td><td>制动液DOT3或DOT4</td></tr>
<tr><td rowspan="2">2</td><td colspan="2" rowspan="2">发动机冷却液(包括冷却液水箱中的0.65L)</td><td>1600车型</td><td>6.0L</td><td rowspan="2">DIA QUEEN SUPER LONG LIFE COOLANT PREMIUM或同类品种①</td></tr>
<tr><td>2000车型</td><td>7.5L</td></tr>
<tr><td>3</td><td colspan="3">洗涤液</td><td>4.5L</td><td>—</td></tr>
<tr><td rowspan="4">4</td><td rowspan="4">发动机机油</td><td rowspan="2">1600车型</td><td>油底壳</td><td>4.0L</td><td rowspan="4">—</td></tr>
<tr><td>机油滤清器</td><td>0.2L</td></tr>
<tr><td rowspan="2">2000车型</td><td>油底壳</td><td>4.0L</td></tr>
<tr><td>机油滤清器</td><td>0.3L</td></tr>
<tr><td>5</td><td colspan="3">CVT油液</td><td>7.1L</td><td>DIA QUEEN CVTF-J4</td></tr>
<tr><td>6</td><td colspan="3">手动变速器油</td><td>2.0L</td><td>DIA QUEEN NEW MULTI GEAR OIL API分类GL-3、SAE 75W-80</td></tr>
<tr><td>7</td><td colspan="3">分动器油</td><td>0.49L</td><td>准双曲面齿轮油API分类GL-5SAE 80</td></tr>
<tr><td>8</td><td colspan="3">后差速器油</td><td>0.5L</td><td>准双曲面齿轮油API分类GL-5SAE 80</td></tr>
<tr><td>9</td><td colspan="3">制冷剂(空调)</td><td>480～520g</td><td>HFC-134a</td></tr>
</table>

① 采用长效混合有机酸技术、不含硅酸盐、胺、硝酸盐和硼酸盐、基于乙二醇并具有类似高品质的冷却液。

4.4 蓝瑟翼神

4.4.1 2009款起蓝瑟翼神天窗完全关闭位置的学习程序

（1）完全关闭位置调整模式的切换条件

当变换至强制完全关闭位置调整模式时。

（2）如何变换至强制完全关闭位置调整模式

① 将点火开关转到ON位置。

② 在天窗盖玻璃已停止的情况下（天窗盖玻璃可以处于完全关闭和完全打开之间的任何位置），按住上升开关10s。

• 当防夹功能（安全机构）被持续启动5次时。

• 天窗工作期间，由于供给电源异常导致位置信息不正确时。

注：当安装天窗总成或安装/更换天窗电动机总成时，操作强制完全关闭位置调整模式以调整完全关闭位置。

（3）如何调整完全关闭位置（强制完全关闭位置调整模式）

① 在天窗盖玻璃已停止的情况下（天窗盖玻璃可以处于完全关闭和完全打开之间的任何位置），按住上升开关。

注：如果操作上升开关正常移动天窗，则用打开开关完全打开天窗盖玻璃。天窗盖玻璃停止后，按住上升开关。

② 用上升开关将天窗盖玻璃调整至斜升位置。按下开关一次，天窗盖玻璃移动约30mm，然后自动停止。重复该操作直至到达斜升位置并停在该位置3s，则完全关闭位置的学习完成。

（4）如何调整完全关闭位置（例如当安全功能被连续启动5次时）

用上升开关将天窗盖玻璃调整至斜升位置。按下开关一次，天窗盖玻璃移动约30mm，然后自动停止。重复该操作直至到达斜升位置并停在该位置3s，则完全关闭位置的学习完成。

4.4.2 2009款起蓝瑟翼神电动车窗初始化

电动车窗完全关闭位置的学习程序如下。

当电动车窗开关已拆下、或电动车窗玻璃升降器总成已拆下或更换时，需执行完全关闭位置的学习程序。

① 如果防夹功能（安全机构）连续激活至少3次，则会清除（初始化）电动车窗开关学习到的完全关闭位置。

② 操作电动车窗开关并完全打开门窗玻璃。

只有完成完全关闭位置的学习程序之后，才能启用防夹功能（因为防夹功能被重置）。

③ 操作电动车窗开关并完全关闭门窗玻璃。电动车窗开关按下一次时，电动车窗会激活0.7s然后自动停止。重复该项操作，直到门窗玻璃完全关闭，然后再松开开关一次。然后，再次将电动车窗开关置于完全关闭侧长达1s，使得电动车窗开关完成完全关闭位置的学习程序。

注意：如果在开关正在学习时操作电动车窗开关来打开门窗玻璃，则学习会被取消。如果发生此种情况，返回到步骤②。

4.4.3 2013款起蓝瑟车轮定位数据

车轮定位参数	前轮前束/mm	1±2
	后轮前束/mm	3±2
	主销后倾	2°40′±30′
	主销内倾	13°30′±1°30′
	前轮外倾	−0°05′±30′
	后轮外倾	−0°55′±30′
轮辋规格		16×6.5JJ
轮胎	形式	子午线
	规格	205/60 R16 92H
	胎压(前/后)/kPa	220/220

4.4.4 2013 款起蓝瑟油液规格

4B10型号发动机

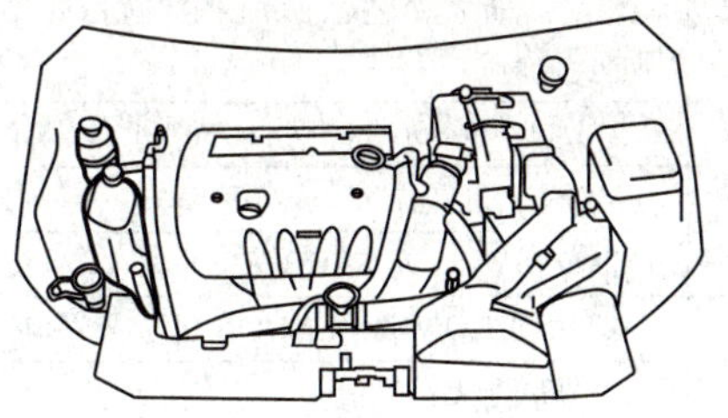

4A92型号发动机

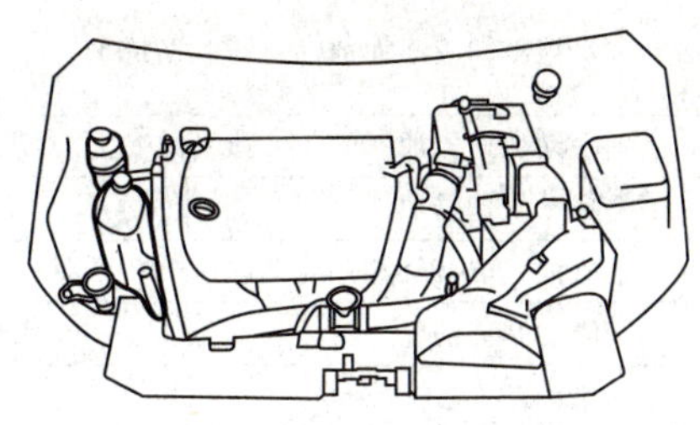

编号	项　目	容　量	加 注 规 格
1	动力转向油	根据需要	纯正的东南汽车动力转向器油或 ATF DEXRON Ⅲ/DEXRON Ⅱ
2	发动机机油 4B10 型号或 4B11 型号	约 4.3L	—
3	发动机机油 4A92 型号	约 4.0L	
4	刹车油	根据需要	制动液 DOT3 或 DOT4
5	离合器油	根据需要	
6	洗涤液	约 4.0L	—
7	发动机冷却液 4B11 型号	7.0L(包括冷却液水箱中的 0.65L)	DIA QUEEN SUPER LONGLIFE COOLANT 或同类品牌
8	发动机冷却液 4B10 型号		
9	无级变速器油	7.1L	DIA QUEEN CVTF-J1
10	手动变速器油 F5MBB 型号	2.5L	DIA QUEEN 齿轮油，API 等级 GL-3，SAE75W-80
11	空调制冷剂	480～520g	HFC-134a

4.5 蓝瑟翼豪陆神

4.5.1 2010 款起翼豪陆神电动车窗初始化

当电动车窗开关已拆下、或电动车窗玻璃升降器总成已拆下或更换时，完全关闭位置的学习程序如下。

① 如果防夹功能（安全机构）连续激活至少三次，则电动车窗开关所学习的完全关闭位置会被清除（初始化）。

② 操作电动车窗开关并完全打开车门车窗玻璃。

在完成全闭位置的学习程序之前，不会激活防夹功能（因为防夹功能已重置）。

③ 操作电动车窗开关并完全关闭车门车窗玻璃。电动车窗开关按下一次时，电动车窗会激活 0.7s 然后自动停止。重复该项操作，直到车门车窗玻璃完全关闭，然后再松开开关一次。然后，再次将电动车窗开关置于完全关闭侧长达 1s，使得电动车窗开关完成完全关闭位置的学习程序。

注意：如果在开关处于学习中时，操作电动车窗开关来打开车门车窗玻璃，则学习会被取消。如果发生此种情况，返回到步骤②。

4.5.2 2010款起翼豪陆神油液规格

编号	项　　目	容量	建设油品规格
1	刹车油	视需要	DOT3或DOT4刹车油
2	水箱冷却液添加剂(防锈剂、防冻剂)	约2.0L	含高品质乙烯乙二醇(LCC)的长效型添加剂
3	手动变速器油	2.1L	API GL-4或GL-3 85W-140 80W-90 75W-90
4	自动变速器油	约7.8L	ATF-SP Ⅱ
5	机油(含机油滤芯0.3L)	约3.1L	SAE 15W-50或SAE10W-40
6	动力转向油	约0.9L	ATF DERON或DEXRON Ⅱ
7	燃油	约50L	93号以上无铅汽油
8	制冷剂	约575g	HFC-134a

4.5.3 2010款起翼豪陆神车轮定位

车轮定位参数	前轮前束/mm	1±2	
	后轮前束/mm	3±2	
	主销后倾	2°40′±30′	
	主销内倾	13°30′±1°30′	
	前轮外倾	0°±30′	
	后轮外倾	−40′±30′(整车整备质量状态)	
轮辋规格		14×5.5JJ,15×6.5J	
轮胎	轮胎规格	185/60R15,185/65R14	
	胎压/kPa	前轮200/后轮180	前轮210/后轮190

4.6 帕　杰　罗

4.6.1 帕杰罗天窗初始化设定方法

① 打开点火开关。

② 将天窗完全打开。

③ 反复按压天窗关闭按钮，每压一次，天窗会以3cm距离关闭。

④ 在天窗完全关闭后按住向上的开关保持4～10s，则完成设定。

⑤ 关闭钥匙10s以后，再开钥匙检查。

4.6.2 新款帕杰罗V6前照灯自动断电功能设定

新款帕杰罗（PAJERO）V6车采用SWS（Smart Wiring System，即多路传输系统的缩写），要进行前照灯自动断电功能的设定必须在SWS进入设定模式后才能进行。

（1）SWS进入设定模式的方法

① 关掉所有电器。

② 连接MUT-II专用工具或等效设备，如果没有此类检测工具，则可将诊断连接器的端子1接地。

③ 将点火钥匙插入点火开关，并将点火开关置于OFF位置。

④ 关闭驾驶员侧车门。

⑤ 将刮水器与风窗玻璃洗涤器开关置于 ON 位置（约 10s），当蜂鸣器发出“噼噼”声时 SWS 即进入了设定模式。

注意：在 SWS 进入设定模式后的 3min 内，必须要完成一项功能的设定，因为在 3min 后 SWS 会自动解除设定模式。

（2）前照灯自动断电功能的设定方法

① 使 SWS 进入设定模式。

② 将前照灯开关置于 ON 位置。

③ 将转向灯开关置于 RH 位置。

④ 将前照灯变光开关置于 ON 位置 2s 以上，然后将该开关置于 OFF 位置，接着再将开关转到 ON 位置。

⑤ 在听到蜂鸣器的响声（最多 2 声）后，将前照灯变光开关置于 OFF 位置，以结束功能的设定。

说明：如在蜂鸣器响第 1 声或第 2 声后将前照灯变光开关置于 OFF 位置，则前照灯被相应地设定为有或无自动断电功能。

4.6.3 2012 款起帕杰罗 V93/V97 电动天窗初始化

如果天窗电动机总成已拆下或者防夹功能至少连续触发 5 次，则执行以下的初始化。

① 使用天窗开关的打开开关，将天窗盖玻璃移至完全打开位置。

② 使用天窗开关的关闭/向下开关将天窗盖玻璃从完全打开位置移至完全斜升位置。在该时间内，当按下关闭/向下开关一次时，天窗盖玻璃朝关闭方向移动约 30mm，然后自动停止。

③ 天窗盖玻璃移至完全斜升位置时，按下并按住天窗开关的关闭/降下开关 0.5s 或更长时间。

4.6.4 2012 款起帕杰罗 V93/V97 电动车窗学习设置

（1）电动车窗完全关闭位置的学习步骤

拆下电动车窗开关后，或拆下或更换电动车窗玻璃升降器总成后的完全关闭位置学习程序如下。

① 如果防夹功能（安全机构）连续激活大于或等于三次，则电动车窗开关所学习的完全关闭位置会被清除（初始化）。

② 操作电动车窗开关并完全打开车门车窗玻璃。防夹功能不工作，直至电动车窗开关完成完全关闭位置的学习（这是由于防夹功能被复位）。

③ 操作电动车窗开关并完全关闭车门车窗玻璃。电动车窗开关按下一次时，电动车窗会激活 0.7s 然后自动停止。重复该项操作，直至车门车窗玻璃完全关闭，然后再松开开关一次。然后，再次将电动车窗开关置于完全关闭侧长达 1s，使得电动车窗开关完成完全关闭位置的学习程序。

注意：如果在开关处于学习中时，操作电动车窗开关来打开车门车窗玻璃，则学习会被取消。如果发生此种情况，返回到步骤②。

（2）更换新的电动车窗开关时的学习程序

防夹功能不工作，直至电动车窗开关完成完全关闭位置的学习（这是由于防夹功能被复位）。

通过单触式向上动作操作电动车窗开关，直至完全关闭车门车窗玻璃，以便电动车窗开关完成学习（不需要初始化）。

4.7 格　蓝　迪

4.7.1　2004 款起格蓝迪电动车窗初始化

当电动车窗开关被拆下时，或车窗升降器被拆下或更换后，使用电动车窗系统的开关学习电动车窗全部关闭时的位置。

① 如防夹功能（安全机械功能）连续启动达三次，电动车窗开关所学习的车窗全部关闭时的位置将被抹去（初始化）。

② 运行电动车窗开关，使车窗全部开启。

在电动车窗开关尚未完成车窗全部关闭位置的学习之前，防夹功能不会起作用（原因是此时防夹功能正在重新设置）。

③ 运行电动车窗开关，使车窗全部关闭。当电动车窗开关被按下一次，车窗运行 0.7s，然后停止。

重复该操作，使窗玻璃全部关闭，然后释放一次开关。然后，将电动车窗开关再次拨到全部关闭位置，保持 1s，使电动车窗开关结束全部关闭位置的学习。

说明：当开关在学习时，它被启动用于开启车窗，学习将被取消。如发生该现象，回到步骤②。

4.7.2　三菱格蓝迪 MPV 天窗初始化

① 在天窗完全关闭的情况下更换电动机，然后反复按下“开启”按钮直到完全打开天窗，尽管每次按下按钮时天窗只能移动几厘米。

② 反复按下“关闭”按钮直到完全关闭天窗，尽管每次按下按钮时天窗只能移动几厘米。在天窗完全关闭后应再次按下“关闭”按钮，最少保持 3s。

③ 初始化完成。

④ 如果初始化失败，重复①、②步骤。

4.8　君　阁

4.8.1　2010 款起君阁天窗安全机构修复程序

如果关闭中的天窗夹到物体，天窗可能会自动再度打开。

无论如何，确认在打开或是关闭天窗时，没有人将头、手伸出天窗外。

如果安全机构连续操作 5 次或以上时，就无法自动完全关闭天窗。在这种情况下，必须采取下列步骤。

① 重复按下开关 2，按钮位置如图 4-2 所示，直到天窗处于往上翘起的状态。

② 到达翘起的状态后，按住开关 2 不放至少 3s。

③ 再按一下开关 3 之后就可以完全打开，按下开关 2 就可以将天窗完全关闭。

备注：

如果车辆行驶中或是其他路面情况，导致天窗受到类似的物理振动，安全机构也有可能会启动。

避免在天窗快要完全开启或是关闭前停止天窗的动作。如果操作上发生异常，请重复上述①～③步骤的程序。

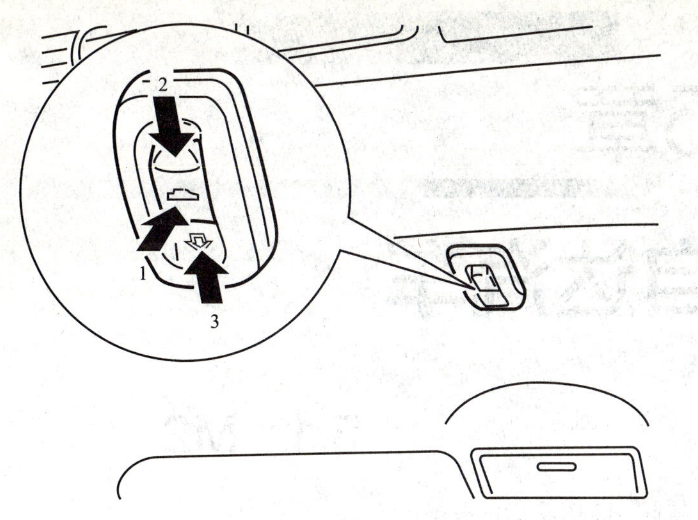

图 4-2　天窗操作开关

4.8.2　2010款起君阁车轮定位数据

项　目		数　据	
定位参数	前轮前束/mm	0～5	
	后轮前束/mm	0	
	主销后倾	4°±1°	
	主销内倾	15.4°	15.4°±1.5°
	前轮外倾	0°±30′	
	后轮外倾	0°	
轮辋规格		15×6JJ	16×6JJ
轮胎	形式	子午线	
	规格	205/70R15	225/60R15
	胎压(前、后)/kPa	180/250	180/240

4.8.3　2010款起君阁油液规格

编号	项　目		容　量	规格要求
1	发动机机油	油底壳	4L	—
		机油滤清器	0.3L	
2	自动变速器油		7.6L	ATF DEXRON Ⅱ
3	刹车油		根据需要	DOT3 或 DOT4
	离合器油			
4	动力转向油		根据需要	ATF DEXRON Ⅱ或 DEXRON Ⅲ
5	发动机冷却液		7.1L	超长效冷却液或是同等级产品(包括在副水箱的0.65L)
6	雨刮水		4.5L	—
7	手动变速器油		2.7L	齿轮油 API 类别 GL-4,SAE 75W-90
8	后差速器齿轮油		1.5L	齿轮油 API 类别 GL-5 或更高等级 高于 10℃ SAE90,低于 10℃SAE 80W
9	制冷剂(空调)	无后冷气	480～520g	HFC-134a
		有后冷气	680～720g	

第5章 Chapter 5

马自达汽车

5.1 M2

2008 款起 M2 四轮定位数据：

项目				数据
前悬架	类型			支柱型
	弹簧类型			螺旋弹簧
	减振器类型			双向作用筒式
	稳定器	类型		扭力杆
		直径/mm		19
	车轮定位（无负载①）	总前束角	轮胎（公差±4）/mm	3
			轮缘内侧/mm	2±3
			角度	0°17′±24′
		最大转向角（公差±3°）内		40°12′
		最大转向角（公差±3°）外		33°12′
		主销后倾角（公差±1°）		3°16
		外倾角（公差±1°）		−0°41′
		主销内倾（参考）		13°22′
后悬架	类型			扭转梁式车桥
	弹簧类型			螺旋弹簧
	减振器类型			圆柱形单筒
	车轮定位（无负载①）	总前束角	轮胎（公差±4）/mm	3
			轮缘内侧/mm	2±3
			角度	0°17′±24′
		外倾角（公差±1°）		−1°31′
		推力角（公差±48′）		0°

① 无负载：油箱充满；发动机冷却液和发动机润滑油处于指定的液位高度；备用胎、千斤顶以及工具都放在指定的位置。

5.2 M3

5.2.1 2011 款起 M3 星骋电动车窗系统初始化程序

如果进行了以下的操作，初始设定会被重置，并且自动上/下操作被停用。因此，有必要进行初始设定。

——电池负极电缆断开。

——电动车窗主开关连接器断开。

——电动车窗系统的电源保险丝被拆掉。

① 将点火开关切换至 ON。

② 按下驾驶员座椅开关，以完全打开车门玻璃。

③ 将驾驶员座椅开关向上拉至手动向上位置，以完全关闭车门玻璃，并将开关保持在这个位置约 2s。

5.2.2 2011 款起 M3 天窗电动机初始化

若拆下导轨或天窗电动机，则必须设置天窗电动机初始位置。安装天窗装置后，请按以下程序进行初始位置设定。

① 从按住上倾开关时，约 13s 后开始初始化模式。玻璃向关闭位置移动约 30mm 后停止运动。

说明：

• 初始化模式期间仅上倾开关有效。

• 在首次点动操作时，初始化可能已经完成，视安装电动机时玻璃位置而定。

• 若在拆下电动机时玻璃位置在关闭和半倾位置之间，则玻璃沿上倾方向运动（向电动机储存的完全倾斜位置运动）。然而，若按住上倾开关，则启动初始化模式。

② 再次按下上倾开关时，玻璃持续运动约 30mm 后停止运动。

③ 反复执行此程序数次，使玻璃运动至完全关闭位置、完全倾斜（正常工作位置）和完全倾斜位置（机械止动位置）。

④ 玻璃运动至完全倾斜位置（机械止动位置）后，缓缓返回至下倾位置，初始化完毕。

5.2.3 2011 款起 M3 车轮定位数据

前轮定位(空载)①						
项目		燃油表指示				
		空	1/4	1/2	3/4	满
最大转向角(误差±3°)	内	41°00′				
	外	34°00′				
总前束角	轮胎[误差±4(0.2)]/mm(in)	2(0.08)				
	轮缘内侧[误差±3(0.1)]/mm(in)	装有 15in 车轮的车辆:1.2(0.047) 装有 16in 车轮的车辆:1.3(0.051)				
	角度	0°11′±0°22′				
主销后倾角(公差±1°)②(参考值)		2°57′	2°59′	3°01′	3°03′	3°05′
外倾角②(参考值)(公差±1°)		−0°33′	−0°33′	−0°34′	−0°34′	−0°35′
主销内倾(参考值)		13°48′	13°49′	13°50′	13°50′	13°51′
后轮定位(空载)①						
项目		燃油表指示				
		空	1/4	1/2	3/4	满
总前束角	轮胎[误差±4(0.2)]/mm(in)	3(0.1)				
	轮缘内侧[误差±3(0.1)]/mm(in)	装有 15in 车轮的车辆:1.8(0.071) 装有 16in 车轮的车辆:1.9(0.075)				
	角度	0°16′±0°21′				
外倾角②(参考值)(公差±1°)		−1°19′	−1°21′	−1°23′	−1°25′	−1°27′
推力角(参考值)(误差±0°48′)		0°				

① 发动机冷却液和发动机润滑油处于指定的液位高度；备用胎、千斤顶以及工具都放在指定的位置。

② 左右之间的角度差不可超过 1°30′。

5.2.4 2011款起M3车轮信息与动平衡数据

<table>
<tr><td colspan="4">项目</td><td colspan="3">技术规格</td></tr>
<tr><td colspan="4">尺寸</td><td colspan="2">15×6 J</td><td>16×6 1/2J</td></tr>
<tr><td rowspan="3">车轮</td><td colspan="3">Inset/mm(in)</td><td colspan="3">50(2.0)</td></tr>
<tr><td colspan="3">分布圆直径/mm(in)</td><td colspan="3">114.3(4.50)</td></tr>
<tr><td colspan="3">材料</td><td>钢</td><td colspan="2">铝合金</td></tr>
<tr><td rowspan="6">轮胎</td><td colspan="3">尺寸</td><td colspan="2">195/65R1591V</td><td>205/55R1691V</td></tr>
<tr><td rowspan="4">空气压力/kPa(kgf/cm²)</td><td rowspan="2">前</td><td>多达3人</td><td colspan="3">220(2.2)</td></tr>
<tr><td>满负荷</td><td colspan="3">230(2.3)</td></tr>
<tr><td rowspan="2">后</td><td>多达3人</td><td colspan="3">220(2.2)</td></tr>
<tr><td>满负荷</td><td colspan="3">310(3.2)</td></tr>
<tr><td colspan="3">保持轮距/mm(in)</td><td colspan="3">1.6(0.063)最小值</td></tr>
<tr><td rowspan="4">车轮与轮胎</td><td colspan="3">接线螺母拧紧力矩/N·m(kgf·m,ft·lbf)</td><td colspan="3">88～118(9.0～12,65～87)</td></tr>
<tr><td rowspan="2">车轮与轮胎跳动量/mm(in)</td><td colspan="2">半径方向</td><td colspan="3">1.5(0.059)最大值</td></tr>
<tr><td colspan="2">横向</td><td>2.5(0.098)最大值</td><td colspan="2">2.0(0.078)最大值</td></tr>
<tr><td colspan="3">车轮不平衡/g(oz)</td><td>冲击类型[②]:9(0.3)最大值</td><td>车轮黏接类型[①]:15(0.53)最大值
冲击类型[②]:9(0.3)最大值</td><td>车轮黏接类型[①]:14(0.49)最大值
冲击类型[②]:9(0.3)最大值</td></tr>
</table>

① 总重超过160g(5.64oz)。

② 一个平衡配重：最大60g(2.1oz)。如果一侧的总重量超过100g(3.53oz)，在轮辋上转动轮胎，然后重新进行平衡。不要使用3个或者多个平衡配重。

5.3 M5

5.3.1 2009款起M5天窗重置程序

如果蓄电池被断开，则天窗可能无法正常工作。在对天窗进行重置之前，天窗无法正常工作。执行下述程序，以重置天窗，并恢复工作。

① 将点火开关转至ON（打开）位置。

② 当天窗的后部朝着完全打开位置倾斜打开时，按下倾斜开关的后部。此后，天窗会略微关闭。

注意：如果在天窗处于滑动位置（部分打开）时执行重置程序，则其将在后部倾斜打开之前关闭。

5.3.2 2009款起M5油液规格与容量

(1) 润滑油类别和分类

润滑油	类别
发动机机油	APISG/SH/SJ/SL/SM或ILSACGF-Ⅱ/GF-Ⅲ/GF-Ⅳ
手动变速器油	任何温度APIService GL-4或GL-5 SAE75W-90
	高于10℃(50℉)API Service GL-4或GL-5 SAE80W-90
自动变速器油	ATF M-Ⅴ
动力转向油	ATF M-Ⅲ或同等产品(例如:Dexron® Ⅱ)
制动器/离合器液	SAE J1703或FMVSS116 DOT 4

（2）油液容量

项目		容量
发动机机油	更换机油滤清器	4.3L(4.5 US qt,3.8 Imp qt)
	未更换机油滤清器	3.9L(4.1 US qt,3.4 Imp qt)
冷却液		7.5L(7.9 US qt,6.6 Imp qt)
手动变速器油		2.85L(3.01 US qt,2.51 Imp qt)
自动变速器油		8.14L(8.60 US qt,7.16 Imp qt)
燃油箱		60.0L(15.9 US gal,13.2 Imp gal)

5.4 M6-睿翼-阿特兹

5.4.1 2009款起M6电动天窗初始化

（1）此车天窗在下列情况下不能正常工作

• 电池没电或断电。

• 车身电脑或车窗升降器中熔断器被折装过。

• 电动车窗升降器主开关插头或车窗电动机拆过。

故障表现为：

① 各电动车窗升降器失去自动升降功能。

② 升降主开关不控制各个分开关。

③ 升降防夹功能丢失。

（2）升降器初始化

① 把点火开关打开（ON）或启动汽车。

② 按下驾驶员位电动车窗主开关上的其他各车窗开关电源锁。

③ 逐个按下车窗升降器各开关，用手动功能使天窗完全关闭，并在关闭位置保持按住开关5s，完成。

5.4.2 2009款起M6玻璃升降设定

蓄电池导线断开后、电动车窗主开关插头拔掉之后、或驾驶员侧车窗电动机插头拆除之后，驾驶员侧车窗将不能自动完全关闭。玻璃升降设定操作方法如下。

① 点火开关打开（ON）。

② 按下驾驶员侧电动车窗主开关，然后把驾驶员侧车窗完全打开。

③ 把驾驶员侧电动车窗主开关停在手动位置以完全关闭驾驶员侧车窗，并在该位置继续按住开关保持2s，以完成初始设置。

5.5 CX-7

5.5.1 2009款起CX-7电动车窗系统初始化程序

说明：

• 必须为每扇前后车窗开关执行初始化设置。

• 若执行以下操作，初始设定重置，且自动上/下和两级下降操作禁用。因此，有必要进行初始设定。

——断开电池负极电缆，或拆下电动车窗系统电源（对所有座椅开关执行初始化设置）。

——电动车窗开关连接器断开（对与连接器相连的开关执行初始设置）。

——电动车窗主或副开关的打开/关闭操作延长时会导致断路器动作，禁用自动操作。

① 将点火开关切换到 ON 位置。

② 按下各车窗开关，使车门玻璃完全打开。

③ 将各车窗的开关拉到手动调节的位置，使车门玻璃完全关闭，并使开关固定在该位置约 2s。

5.5.2 2009 款起 CX-7 天窗电动机初始化

说明：若拆下导轨或天窗电动机，则必须设置天窗电动机初始位置。安装天窗装置后，请按以下程序进行初始位置设定。

① 从按住上倾开关时，约 13s 后开始初始化模式。玻璃向关闭位置移动约 30mm 后停止。

说明：

• 初始化模式期间仅上倾开关有效。

• 在首次点动操作时，初始化可能已经完成，视安装电动机时玻璃位置而定。

• 若在拆下电动机时玻璃位置在关闭和半倾位置之间，则玻璃沿上倾方向运动（向电动机储存的完全倾斜位置运动）。然而，若按住上倾开关，则启动初始化模式。

② 再次按下上倾开关时，窗玻璃持续移动约 30mm 后停止。

③ 反复执行此程序数次，使玻璃运动至完全关闭位置、完全倾斜（正常工作位置）和完全倾斜位置（机械止动位置）。

④ 玻璃运动至完全倾斜位置（机械止动位置）后，缓缓返回至下倾位置，初始化完毕。

5.5.3 2009 款起 CX-7 车轮定位数据

前轮定位(空载)①						
项目		燃油表指示				
		空	1/4	1/2	3/4	满
最大转向角(公差±3°)	内	36°06′				
	外	30°54′				
总前束角	轮胎[公差±4(±0.16)]/mm(in)	0(0.00)				
	轮缘内侧[公差±3(±0.12)]/mm(in)	0(0.00)				
	角度	0°00′±0°18′				
主销后倾角②(公差±1°)		2°47′	2°50′	2°53′	2°55′	2°57′
外倾角②(公差±1°)		−0°19′			−0°20′	
主销内倾(参考值)		11°42′		11°43′		11°44′
后轮定位(空载)①						
项目		燃油表指示				
		空	1/4	1/2	3/4	满
总前束角	轮胎[公差±4(±0.16)]/mm(in)	2(0.08)				
	轮缘内侧[公差±3(±0.12)]/mm(in)	配备 17in 车轮的车辆：1.17(0.046) 配备 18in 车轮的车辆：1.24(0.049) 配备 19in 车轮的车辆：1.30(0.051)				
	角度	0°09′±0°18′				
外倾角②(参考值)(公差±1°)		−0°51′	−0°54′	−0°57′	−1°00′	−1°03′
推力角(参考值)(公差±0°48′)		0°				

① 发动机冷却液和发动机润滑油处于指定的液位高度；备用胎、千斤顶以及工具都放在指定的位置。

② 左右之间的角度差不可超过 1°30′。

5.6 M8

5.6.1 2014 款起 M8 天窗重置程序

如果蓄电池被断开，在对天窗进行重置之前，天窗无法正常工作。执行下述程序，以重置天窗。

① 将点火开关切换至 ON 挡。

② 按下倾斜开关的后部，可部分倾斜打开天窗的后部。

③ 反复执行第 2 步。天窗后部倾斜至完全打开的位置，然后稍微关闭一小段距离。

注意：如果在天窗处于滑动位置（部分打开）时执行重置程序，则其将在后部倾斜打开之前关闭。

5.6.2 2014 款起 M8 车轮定位数据

项目		规格
前桥	前束(空载)	2mm±4mm
	后倾角(空载)	3°24′±1°
	外倾角(空载)	−0°14′±1°
	内倾角(空载)	11°28′±1°
后桥	前束(空载)	2mm±4mm
	外倾角(空载)	−0°32′±1°
车轮动平衡要求		确认剩余不平衡度不超过:外侧 14g、内侧 9g

5.6.3 2014 款起 M8 油品与容量

（1）油液规格

润滑油	类　别
发动机机油	APISG/SH/SJ/SL/SM 或 ILSAC GF-Ⅱ/GF-Ⅲ/GF-Ⅳ/SN/GF-Ⅴ
自动变速器液	ATF M-V
动力转向液	ATF M-V
制动液	SAE J1703 或 FMVSS116 DOT 3

（2）油液容量

项目		容量
发动机机油	更换机油滤清器	5.0L(5.3 US qt,4.4 Imp qt)
	未更换机油滤清器	4.6L(4.9 US qt,4.0 Imp qt)
冷却液		109L(11.5 US qt,9.59 Imp qt)
自动变速器液		8.14L(8.60. US qt,7.16 Imp qt)
洗涤剂		2.5L(2.6 US qt,2.2 Imp qt)
燃油箱		68.5L(18.1 US gal,15.1 Imp gal)

5.7 MX-5

2011 款起 MX-5 车轮定位数据：

（1）16in 车轮定位数据

项目			规格
前轮			
总前束角	轮胎[公差±4mm(0.15in)]/mm(in)		1.6(0.063)
	轮缘内侧/mm(in)		1.1±2.6(0.04±0.10)
	角度		0°09′±22′
转向角(公差±3°)	内		38°42′
	外		32°54′
主销内倾(参考值)			10°57′
外倾角(公差±1°)	车辆高度:从前翼子板末端至车轮中心/mm(in)	356～365(14.1～14.3)	－0°34′
		366～375(14.5～14.7)	－0°19′
		376～385(14.8～15.1)	－0°07′
		386～395(15.2～15.5)	0°04′
		396～405(15.6～15.9)	0°12′
主销后倾角(公差±1°)	车辆高度:从后翼子板末端至车轮中心/mm(in)	354～363(14.0～14.2)	6°24′
		364～373(14.4～14.6)	6°10′
		374～383(14.8～15.0)	5°56′
		384～393(15.2～15.4)	5°43′
		394～403(15.6～15.8)	5°29′
后轮			
轮胎[公差±4mm(0.15in)]/mm(in)			3(0.12)
总前束角	轮缘内侧/mm(in)		1.8±2.4(0.071±0.094)
	角度		0°17′±22′
外倾角(公差±1°)	车辆高度:从后翼子板末端至车轮中心/mm(in)	354～363(14.0～14.2)	－1°33′
		364～373(14.4～14.6)	－1°18′
		374～383(14.8～15.0)	－1°04′
		384～393(15.2～15.4)	－0°54′
		394～403(15.6～15.8)	－0°45′

(2) 17in车轮定位数据

项目			规格
前轮			
总前束角	轮胎[公差±4mm(0.15in)]/mm(in)		1.6(0.063)
	轮缘内侧/mm(in)		1.1±2.8(0.04±0.11)
	角度		0°09′±22′
转向角(公差±3°)	内		38°42′
	外		32°54′
主销内倾(参考值)			11°04′
外倾角(公差±1°)	车辆高度:从前翼子板末端至车轮中心/mm(in)	351～360(13.8～14.1)	－0°42′
		361～370(14.3～14.5)	－0°26′
		371～380(14.7～14.9)	－0°13′
		381～390(15.0～15.3)	－0°01′
		391～400(15.4～15.7)	0°08′
主销后倾角(公差±1°)	车辆高度:从后翼子板末端至车轮中心/mm(in)	349～358(13.8～14.0)	6°32′
		359～368(14.2～14.4)	6°18′
		369～378(14.6～14.8)	6°04′
		379～388(15.0～15.2)	5°50′
		389～398(15.4～15.6)	5°36′
后轮			
总前束角	轮胎[公差±4mm(0.15in)]/mm(in)		3(0.12)
	轮缘内侧/mm(in)		2.2±2.8(0.083±0.110)
	角度		0°17′±22′

续表

项　目			规格
外倾角(公差±1°)	车辆高度：从后翼子板末端至车轮中心/mm(in)	349～358(13.8～14.0)	−1°42′
		359～368(14.2～14.4)	−1°25′
		369～378(14.6～14.8)	−1°11′
		379～388(15.0～15.2)	−0°59′
		389～398(15.4～15.6)	−0°49′

注：1. 空载车辆：油箱充满；发动机冷却液和发动机润滑油处于指定的液位高度；千斤顶和工具都放在指定的位置。

2. 外倾角与后倾角左与右尺寸的差值在1°以内。

5.8 RX8

5.8.1 2004款起RX8转向角度传感器初始化程序

转向角度传感器的初始化程序未执行之前，不可以运行DSC，否则容易引起不可预料的事故。因此，如果因为转向角度传感器连接器未连接或电池负极电缆或其他原因引起的转向角度传感器的能源供给被切断，请执行初始化程序以确保DSC运行。

注意：转向角度传感器需要电池能源以储存转向角初始化位置。因此当电池能源供给中断时，清除存储的转向角初始位置。

① 检查车轮定位，充气压力，方向盘的安装状态。

如果出现故障，请调整相应部件。

② 将电池负极电缆连接。

③ 将点火开关调到打开位置。

④ 确保DSC指示灯点亮，DSC关闭指示灯闪烁。

⑤ 将方向盘向右转到右极限，然后再向左转到左极限。

⑥ 确保DSC关闭指示灯关闭。

⑦ 关闭点火开关。

⑧ 再次打开点火开关，确保DSC指示灯熄灭。

如果DSC指示灯没有熄灭，断开电池负极电缆，再次从步骤②开始执行。

⑨ 驾驶汽车大约10min，确保ABS预警灯和DSC指示灯都不亮。

5.8.2 2004款起RX8天窗电动机初始化

如果导轨是活动的，天窗的初始位置设置是必要的。在安装天窗总成之后，用下列程序执行天窗的初始位置设置。

① 按关闭开关来完全关闭玻璃板。

② 按下关闭开关直到玻璃板抵达完全关闭位置，临时松开关闭开关并且再次按下保持大约13s。在到达机械锁死位置之后继续按着开关直到玻璃板在完全关闭位置自动停下。

③ 当玻璃板在完全关闭位置停下，暂时释放关闭开关，然后再次压开关并保持5s。

说明：连续压关闭开关直到玻璃板打开到完全打开位置，返回完全关闭位置，然后停下。

④ 当玻璃板在完全关闭位置停下时，释放关闭开关。

第6章 Chapter 6

斯巴鲁汽车

6.1 森 林 人

6.1.1 2013款起森林人电动车窗复位

如果由于更换蓄电池或保险丝而断开车辆蓄电池，则下列功能将停用。

• 一键自动上升/下降功能。

• 防夹功能。

按下列步骤初始化电动车窗，以重新启用这些功能。

① 关闭驾驶席车门。

② 将点火开关转至“ON”位置。

③ 按下电动车窗开关，使驾驶席侧车窗处于半打开状态。

④ 拉起电动车窗开关，并完全关闭车窗。在完全关闭车窗后，继续拉住开关约1s。

⑤ 向下压电动车窗开关直至卡入位，以完全打开车窗。

6.1.2 2013款起森林人电动后举升门高度注册

为注册后举升门高度，当点火开关位于“LOCK”/“OFF”位置时执行下列步骤。

① 按下记忆开关以选择“ON”状态。后举升门开启按钮位置如图6-1所示。

② 按住牌照上方的后举升门开启按钮。

③ 松开锁栓后，释放按钮且手动升起后举升门至所需高度。后举升门内部边沿上的电动后举升门按钮位置如图6-2所示。

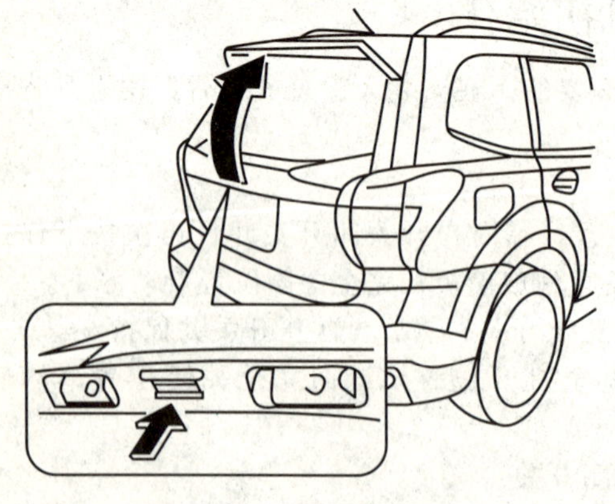

图6-1 后举升门开启按钮

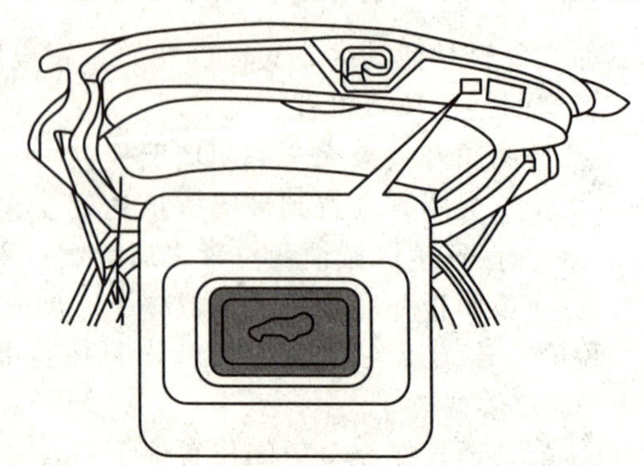

图6-2 后举升门内部边沿上的电动后举升门按钮

④ 后举升门停在所需高度时，按住后举升门内部边沿上的电动后举升门按钮。

将听到电子提示音且危险警告灯闪烁三次。电子提示音和闪烁的危险警告闪光证明所选择的后举升门高度已注册成功。

⑤ 手动关闭后举升门（不使用电动后举升门）。

注意：

• 如要改变注册的高度，则请再次执行注册步骤。

• 可注册高度为自完全关闭位置约 30cm 或以上。

• 在执行步骤⑤的关闭后举升门之前，可以通过执行步骤④注册很多次高度。

所以，很容易调整最佳注册高度。

恢复后举升门高度：

打开后举升门并且使其在注册高度停住，执行下列步骤。

① 按下记忆开关以选择 ON 状态。

② 按住任一电动后举升门开关。

当记忆开关位于 OFF 状态时，即使按住任一电动后举升门开关，在后举升门达到注册高度之前，按下记忆开关选择 ON 状态，您就可以使其在注册高度停住。

注意：

• 即使后举升门是通过反向功能打开的，它将打开至存储在记忆功能的位置。

• 当记忆功能处于工作状态时，如果手动打开后举升门，您不能通过按下后举升门上的电动后举升门按钮来关闭后举升门。要关闭它，按下其他电动后举升门按钮或手动关闭。

6.1.3 2013 款起森林人车轮定位

项目		2.0L 非涡轮增压车型	2.5L 车型	2.0L 涡轮增压车型
前束	前	0mm、前束角(两个车轮之和)：0°		
	后	3mm、前束角(两个车轮之和)：0°15		
外倾角	前	0°00′		
	后	1°00′		

6.1.4 2013 款起森林人制动器检测数据

项目			标准/mm	限值/mm
前制动器	制动衬块		11	1.5
	制动盘	16in	24	22
		17in	30	28
	制动盘挠度		—	0.05
后制动器	制动衬块	实心式	9	1.5
		通风式	11	1.5
	制动盘	实心式	10	8.5
		通风式	18	16
	制动盘挠度		—	0.05
驻车制动器	制动鼓内径		170	171
	刹车片厚度		3.5	1.5

6.2 BRZ

6.2.1 2013款起BRZ车轮定位数据

（1）车轮信息

轮胎尺寸	205/55R1691V
轮胎充气压力（建议的冷轮胎充气压力）	240kPa
车轮尺寸	16×61/2J，16×61/2JJ（备用）
车轮螺母转矩	120N·m
车轮的剩余不平衡	最大5.0g

（2）定位数据

系统	项目	数据
前轮定位	外倾角	0°00′
	前束	0.0mm
	车轮前束角（两个车轮之和）	0°00′
后轮定位	外倾角	−1°12′
	前束	2.0mm
	车轮前束角（两个车轮之和）	0°10′

6.2.2 2013款起BRZ制动器检测数据

系统	项目	数据
前制动器	垫片衬块厚度	标准厚度11.0mm
		最小厚度1.5mm
	制动盘厚度	标准厚度24.0mm
		最小厚度22.0mm
后制动器	垫片衬块厚度	标准厚度9.0mm
		最小厚度1.5mm
	制动盘厚度	标准厚度10.0mm
		最小厚度8.5mm
驻车制动器	制动蹄衬块厚度	标准厚度3.5mm
		最小厚度1.5mm
	制动鼓内径	标准内径190mm
		最大内径191mm

6.3 翼豹-XV

6.3.1 2013款XV电动车窗初始化

如果由于更换蓄电池或保险丝而断开车辆蓄电池，则下列功能将被关闭。

• 一键自动上升/下降功能。

• 防夹功能。

使用下列步骤初始化电动车窗，以重新激活这些功能。

① 关闭驾驶席车门。

② 将点火开关转至“ON”位置。

③ 按下电动车窗开关，使驾驶席侧车窗处于半打开状态。

④ 拉起电动车窗开关，并完全关闭车窗。在车窗完全关闭后，继续拉住开关约 1s。

⑤ 按下电动车窗开关直至卡入位，以完全打开车窗。

6.3.2 2013 款起 XV 车轮与定位

（1）车轮信息

轮胎尺寸	225/55R17 97V	
车轮尺寸	17×7 J	
压力	前	220kPa
	后	210kPa
临时备用轮胎	尺寸	185/65R17 90M
车轮螺母拧紧转矩	压力 100N·m	290kPa
车轮的剩余不平衡	最大 5g	
推荐的轮胎防滑链	KN-120	

（2）定位数据

项目		SUBARU XV
前束	前	0mm、车轮前束角(两个车轮之和)：0°
	后	3mm、车轮前束角(两个车轮之和)：0°10′
外倾角	前	0°10′
	后	－0°20′

6.3.3 2013 款 XV 制动器尺寸

项　目		标准/mm	限值/mm
前制动器	制动衬块	11	1.5
	制动盘	24	22
	制动盘挠度	—	0.05
后制动器	制动衬块	9	1.5
	制动盘	10	8.5
	制动盘挠度	—	0.05
驻车制动器	制动鼓内径	170	171
	刹车片厚度	3.5	1.5

6.3.4 2007～2011 款翼豹门窗复位方法

① 关闭所有车门。

② 打开点火开关。

③ 下部车窗位于半开位置。

④ 拉起并拉住车窗关闭开关至车窗完全关闭并保持 1s，完成。

6.4 力狮-傲虎

6.4.1 2012 款起力狮-傲虎电动车窗初始化

如果由于更换蓄电池或保险丝而断开车辆蓄电池，则下列功能将被停用。

• 一键自动上升/下降功能。

• 防夹功能。

按下列步骤初始化电动车窗，以重新启用该功能。

① 关闭驾驶席车门。

② 将点火开关转至“ON”位置。

③ 按下电动车窗开关，使驾驶席侧车窗处于半打开状态。

④ 向上拉起电动车窗开关，并完全关闭车窗。在完全关闭车窗后，继续拉住开关大约1s。

6.4.2 2012款起力狮-傲虎车轮定位数据

（1）Legacy（力狮）

项目		三厢车		旅行车
		非涡轮增压	涡轮增压	
前束	前	0mm、前束角(两个车轮之和):0°		
	后	0mm、前束角(两个车轮之和):0°		
外倾角	前	0°30′	0°15′	0°30′
	后	1°05′	1°10′	0°50′

（2）Outback（傲虎）

项　目		所有车型
前束	前	0mm、前束角(两个车轮之和):0°
	后	3mm、前束角(两个车轮之和):0°15′
外倾角	前	0°10′
	后	0°05′

第7章 Chapter 7

铃木汽车

7.1 凯 泽 西

7.1.1 2013款起凯泽西仪表台部件

凯泽西仪表台部件见图7-1、图7-2。

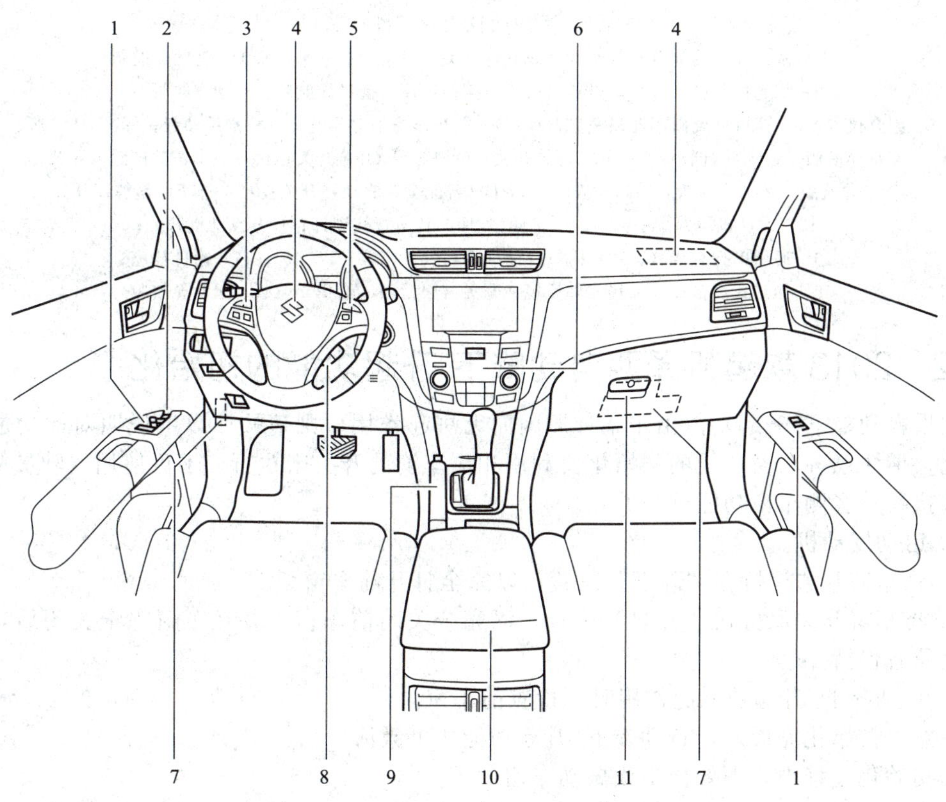

图7-1 凯泽西仪表台部件（一）

1—电动车窗控制；2—电动后视镜；3—远程音频控制；4—前安全气囊；5—巡航控制开关（限量版、豪华导航版、运动导航版）；6—加热和空调系统；7—保险丝盒；8—信息显示开关；9—驻车制动柄；10—中控台储物盒、附件插座；11—手套盒

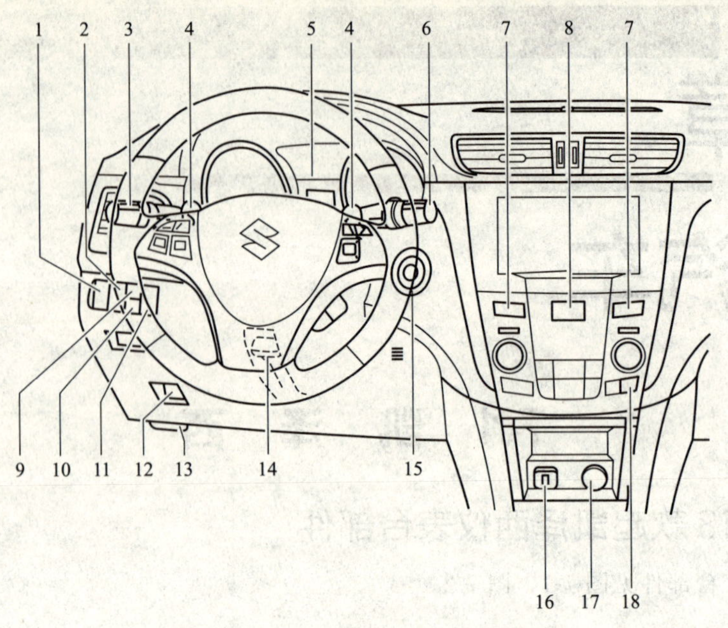

图 7-2 凯泽西仪表台部件（二）

1—大灯洗涤开关（如有装备）；2—前雾灯开关（限量版、豪华导航版、运动导航版）；3—灯光控制杆/转向信号控制杆；4—换挡拨片（豪华导航版、运动导航版）；5—组合仪表；6—挡风玻璃雨刮器和洗涤器杆；7—前排座椅加热器开关（标准手动版，标准 CVT 版、豪华导航版、运动导航版）；8—危险警告开关；9—ESP® OFF 开关；10—泊车辅助传感器开关（豪华导航版、运动导航版）；11—2WD/i-AWD（智能全轮驱动）开关；12—行李厢盖解锁开关；13—发动机罩释放手柄；14—可倾斜/伸缩转向管柱锁杆；15—发动机开关；16—通用串行总线（USB）插口（标准手动版，标准 CVT 版）；17—附件插座；18—加热式后窗以及加热式外后视镜开关（限量版、豪华导航版、运动导航版）

7.1.2 2013 款起凯泽西自动降下/升起功能的初始化

如果自动降下/升起功能由于某种原因而无法起作用，则请按照以下说明对此功能进行初始化。请注意各车窗功能的初始化要利用相应车窗的开关来执行。不可使用驾驶员侧车窗开关来执行乘客侧车窗功能的初始化。

① 启动发动机。

② 将车窗开关保持在“降下”位置，以完全打开前车窗。

③ 将车窗开关保持在“升起”位置，以完全关闭前车窗。并在车窗完全关闭后，将开关在此位置保持 2s。

④ 自动降下/升起功能起作用时，检查前车窗。

注意：初始化完成后，自动降下/升起功能才可激活。

- 初始化过程中，不要撞击或振动车窗。
- 车辆在行进中，不可进行初始化。

7.1.3 2013 款起凯泽西轮胎信息与车轮定位

（1）车轮信息

轮胎尺寸	标准手动版，标准 CVT 版、豪华导航版	215/55R17 94V①
	限量版、运动导航版	235/45R18 94W①

续表

雪地防滑链	径向厚度	10mm 或更小
	轴向厚度	10mm 或更小
雪地轮胎尺寸	标准手动版，标准 CVT 版、豪华导航版	215/55R17②
	限量版、运动导航版	235/45R18②
车轮轮辋尺寸	标准手动版，标准 CVT 版、豪华导航版	17×7J
	限量版、运动导航版	18×8J
车速大于 100km/h 时的车轮动平衡	车轮要求(单/双边)	30/40g
	轮胎要求(单/双边)	—
	总成要求	每一边不大于 5g

① 如果无法获得具有规定负荷系数和速度符号的轮胎，则准备具有较高负荷系数和速度符号的轮胎。

② 使用具有适当速度符号的雪地轮胎。不要以超过雪地轮胎速度符号的车速驾驶。

（2）定位数据

项　　目		数据
前束(总)	前	(0±2)mm
	后	(2±1)mm
车轮外倾角	前	−0°30′±1°
	后	−1°15′±30′
主销后倾角	前	4°10′±1°

7.1.4　2013 款起凯泽西制动器检测数据

项　　目		数据
制动衬片最小厚度	前	2.0mm
	后	1.5mm
制动盘最小厚度	前	24.0mm
	后	11.0mm
制动踏板间隙		1～8mm

7.1.5　2013 款起凯泽西油液容量

项　　目		数据
冷却液(包括储液罐)		6.6L
燃油箱		63L
发动机机油(更换机油滤清器)		4.5L
传动桥油	M/T	2.5L
	CVT	8.04L(大修时)
分动器油	i-AWD	0.9L
后差速器油	i-AWD	0.8L

7.2　利　亚　纳

7.2.1　2014 款起利亚纳车轮定位数据

项目	数据	项目	数据
前束(前轮/后轮)/mm	2±2/3.2±2	主销内倾角(前轮)	12°52′±3°
主销后倾角(前轮)	2°11′±2°	车轮外倾角(前轮/后轮)	0°10′±1°/1°15′±1°

7.2.2 2014款起利亚纳油液数据

	项目			
油/液/气容量数据	发动机冷却液(−30℃以上为−35号,−30℃以下为−50号,含储液罐)	5.0L	7.4L	
	发动机润滑油(5W/30 SL)	3.5L	3.8L	
	燃油(RON93及其以上优质无铅汽油)	50L		
	气瓶容积(压缩天然气)	65L		
	手动变速箱润滑油(75W/90 GL-4 SAE)	2.0L		
	自动变速箱润滑油(JWS-3317或JWS-3309)	—	5.9L	6.2L
	液压助力转向油(JWS-2326或JWS-2318K)	—	0.85L	
	制动液(HZY3)(普通/ABS)	0.35L/0.45L		
	风窗洗涤液(CHFC25)	3.5L		
	液压离合器油(HZY3)	0.21L		

7.2.3 2014款起利亚纳天窗初始化

车辆出现电瓶断电后（更换电瓶或断电维修）或防夹功能连续启动五次以上等异常操作时，按以下方式进行校正操作。

① 持续按住“CLOSE”键10～15s后，天窗会呈校正模式（即开关按一下天窗动一下）。

② 在校正模式下，按“CLOSE”键将天窗操作至后端翘起状态。

③ 持续按住关闭键至天窗机构振动一次后即完成原点校正，天窗即可正常使用。

7.3 北 斗 星

7.3.1 2010款起北斗星车轮定位数据

前轴	形式	断开式	前轴	主销内倾角	11°50′±3°
	前束	−1～1mm		车轮外倾角	0°00′±1°
	主销后倾角	3°20′±1°			

7.3.2 2010款起北斗星油液规格

	规格	容量				
油/液容量数据	发动机冷却液(−30℃以上为GD-35,−30℃以下为GD-50)	3.6L				
	发动机机油(−15℃以上为15W/40SF,−10℃以下为5W/30SF)	3.2L	3.0L	3.0L	3.5L	3.0L
	燃油(RON93及其以上优质无铅汽油)	42L				
	变速箱润滑油(−15℃以上为85W-90 GL-4 SAE,−10℃以下为75W-85 GL-4 SAE)手动变速器	2.7L	2.7L	2.1L	2.7L	2.1L
	变速箱润滑液(DEXRON-ⅡE®或DEXRON-Ⅲ®)	4.5L				
	制动液(牌号为HZY3)	1.1L				
	制冷剂(HFC134a)	570g				
	风窗洗涤液(CHFC 25)	2.0L				

7.4 派　喜

7.4.1 2011 款起派喜车轮定位数据

项目	数据	项目	数据
前束(前轮/后轮)/mm	1±1(单侧)/1.7±2.5(单侧)	主销内倾角(前轮)	12.8°
主销后倾角(前轮)	5.2°	车轮外倾角(前轮/后轮)	0°/−1°±15′

7.4.2 2011 款起派喜油液容量

项　目	参数/规格
发动机润滑油(SL 5W/30)	3.5L
变速箱润滑油(GL-4 75W/90)	2L
发动机冷却液[−35 号(−30℃以上用),−50 号(−30℃以下用)]	4.5L
制动液(HZY3)	0.55L
油箱容量(RON93 及其以上优质无铅汽油)	43L
制冷剂(HFC134a)	360g
风窗洗涤液(CHFC25)	2.5L

7.4.3 2011 款起派喜保险丝信息

派喜保险丝信息如下图所示：

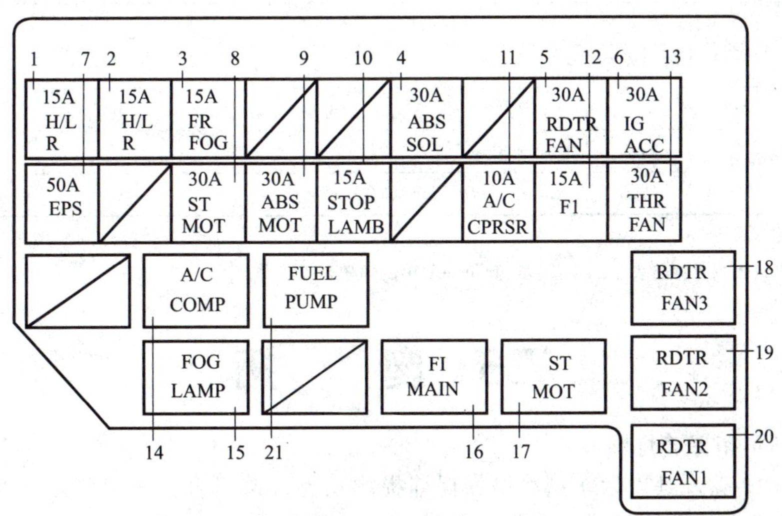

1—右前大灯保险丝；2—左前大灯保险丝；3—前雾灯保险丝；4—ABS 保险丝；5—冷却风扇保险丝；6—点火开关保险丝；7—EPS 保险丝；8—启动电动机保险丝；9—ABS 电动机保险丝，10—制动灯保险丝；11—空调压缩机保险丝；12—ECU 保险丝；13—暖风机保险丝；14—空调压缩机继电器；15—前雾灯继电器；16—主继电器；17—启动继电器；18—散热器继电器 1；19—散热器继电器 2；20—散热器继电器 3；21—油泵继电器

7.5 超级维特拉

2012 款起超级维特拉四轮定位数据：

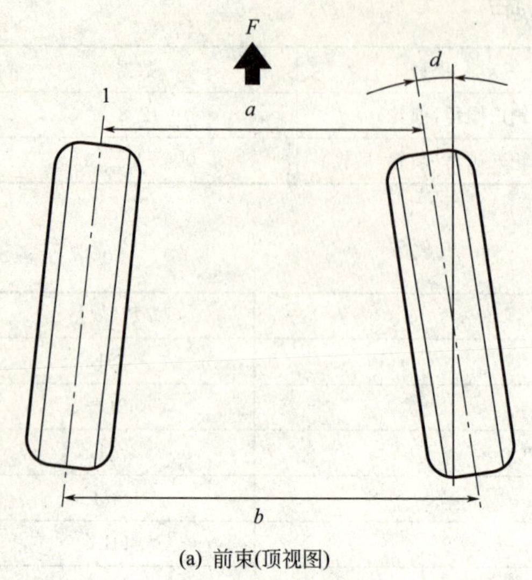

(a) 前束(顶视图)

1—车轮中心线; F—前进挡

(b) 倾角(前视图)

1—车体中心线; 2—车体中间

项目		前轮	后轮
前束($b-a$)/mm(in) 前束 d①		0.0±2.0(0±0.0787) 0°±10′	内 6.0±2.0(0.2362±0.0787) 0°14′±15′
倾角 c		0°00′±1°	−1°15′±30′
主销后倾角	三门车型	2°40	—
	五门车型	2°30′	—
侧滑/(mm/m)①		内 1.5 到外 1.5	内 7.5
转向角	内部	37.0°±3°	—
	外部	32.0°±3°	—

① 参考信息。

注：使用前束量表测量规格表中的束值。前倾角和主销后倾角是无法调节的。

7.6 奥　拓

2013 款新奥拓保养灯归零：

新奥拓 2013 款及其以后车型将增加保养提醒功能，该组合仪表引脚定义与老款组合仪表完全相同。组合仪表控制器自动累计自新车下线或前次归零复位之日起车辆的行驶里程和行驶时间。当累计的行驶里程或行驶时间达到 3 个月或 5000km（以先到者为准），且点火开关打到“ON”位置时，保养提醒报警灯 1 将会持续点亮（一直到清零复位操作完成为止）。同时，组合仪表信息显示器 3 将显示 5s 的“OIL”符号，以提醒用户该对车辆进行定期保养了，仪表按钮和显示提醒位置如图 7-3 所示。

① 车辆在以下三种情况下必须进行保养提醒的归零复位操作，否则会导致保养提醒灯

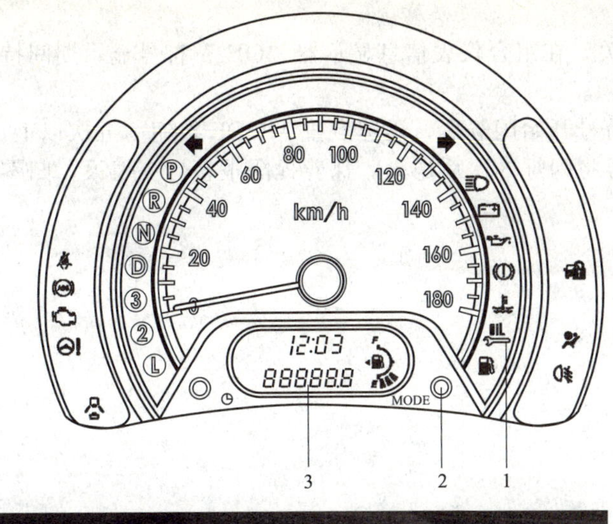

图 7-3 2013 款新奥拓仪表

1—保养提醒报警灯 OIL；2—MODE 按钮（“模式”按钮）；3—信息显示器

误报警。

a. 新车销售交车给客户之前的 PDI 检查时。

b. 保养提醒灯点亮之前进行车辆定期保养（包括首保）操作时。

c. 保养提醒灯点亮之后进行车辆定期保养（包括首保）操作时。

② 清零操作根据车辆的不同状态按以下相应的方式进行。

a. 提醒前的归零复位操作。即保养提醒灯点亮之前，包括新车 PDI 检查或客户车辆在未达到 3 个月或 5000km 的保养间隔时间或保养间隔里程之前进行定期保养时，其归零复位操作方法如下。

• 接通点火开关，短按 MODE 按钮 2，把仪表信息显示器 3 的显示内容切换到总行驶里程的显示界面。

• 在总行驶里程显示过程中，持续按下“MODE 按钮 2”5s 以上，信息显示器将显示“OIL”符号 2s。

• 在完成上一步操作后，放开 MODE 按钮 2，在“OIL”符号显示期间快速点按 MODE 按钮 2 五次以上。

• “OIL”符号将闪烁 3 次后熄灭，归零复位操作完成。

b. 提醒后的归零复位操作。即保养提醒灯点亮之后，包括新车 PDI 检查或客户车辆在达到 3 个月或 5000km 的保养间隔时间或保养间隔里程之后才进行定期保养时，其归零复位操作方法如下。

• 接通点火开关，在组合仪表信息显示器“OIL”符号显示期间持续按下 MODE 按钮 2 五秒以上。

• 在“OIL”符号开始闪烁后，迅速点按 MODE 按钮 2 五次以上。

• “OIL”符号将闪烁 3 次后熄灭，保养提醒报警灯 1 熄灭，归零复位操作完成。

第8章 Chapter 8

现代-起亚汽车

8.1 现代索纳塔

8.1.1 2013款起索纳塔电动车窗与天窗初始化

（1）车窗初始化

如果电动门窗不能正常操作，必须如下述进行自动电动门窗系统初始化。

① 把点火开关置于ON位置。

② 关闭门窗，并在门窗完全关闭后继续拉起驾驶席电动门窗开关至少1s。

（2）天窗初始化

无论何时分离车辆蓄电池或蓄电池亏电，或者相关保险丝熔断，都应按照下列程序进行天窗系统初始化。

① 将点火开关转至ON位置，完全关闭天窗。

② 释放控制杆。

③ 在3s内，向下拉住控制杆直到天窗倾斜并轻微上下移动。然后，释放控制杆。

④ 向下拉住控制杆直到天窗操作如下：

倾斜下降→滑动打开→滑动关闭，然后释放控制杆。

完成上述操作时，即完成天窗系统的初始化。

（3）全景天窗初始化

无论何时分离车辆蓄电池或蓄电池亏电，或者相关保险丝熔断，都应按照下列程序进行天窗系统初始化。

① 将点火开关转至ON位置，完全关闭天窗玻璃和遮阳板。

② 释放控制杆。

③ 朝关闭方向推天窗控制杆（约10s）直到天窗移动一点点为止。然后，释放控制杆。

④ 朝关闭方向推天窗控制杆直到天窗如下操作：遮阳板打开→倾斜打开→滑动打开→滑动关闭→遮阳板关闭。

然后，释放控制杆。

完成上述操作时，即完成天窗系统的初始化。

8.1.2 2013款起索纳塔记忆座椅设置与复位

使用车门上的按钮存储位置到记忆系统中存储驾驶席位置步骤如下。

① 在点火开关位于ON位置状态将变速杆挂入P位置。

② 调整驾驶席座椅和室外后视镜到能使驾驶员舒适的位置。

③ 按下控制面板上的SET按钮。系统发出1次蜂鸣声。

④ 按下SET按钮后5s内按下记忆按钮中的一个（1或2）。如果位置记忆成功，系统会发出2次蜂鸣声。

复位系统中记忆的位置步骤如下。

① 在点火开关位于ON位置状态将变速杆挂入P位置。

② 要复位系统中记忆的位置，请按下理想的记忆按钮（1或2）。系统发出1次蜂鸣声，驾驶席座椅和室外后视镜自动调整到记忆位置。

如果在复位系统中记忆的位置期间操作驾驶席座椅和室外后视镜的控制开关，会停止复位操作，并按照控制开关的操作执行。

8.1.3 2013款起索纳塔车轮参数与定位

（1）车轮信息

项目	轮胎尺寸	车轮尺寸	轮胎充气压力/bar(psi,kPa)				车轮螺母转矩/kgf·m(lbf·ft,N·m)
			正常负荷①		最大负荷		
			前	后	前	后	
全尺寸轮胎	215/55R17	6.5J×17	2.25(33,225)	2.25(33,225)	2.25(33,225)	2.25(33,225)	9～11(65～79,88～107)
	225/45R18	7.5J×18	2.4(35,240)	2.4(35,240)	2.4(35,240)	2.4(35,240)	
小型备胎	T125/80D16	4.0T×16	4.2(60,420)	4.2(60,420)	4.2(60,420)	4.2(60,420)	

① 正常负荷：最多3人。

（2）定位数据

车轮外倾角项目	0°±0.5°前	－0.5°±0.5°后
主销后倾角	4.8°±0.75°	—
前束	0°±0.2°/0°±0.1°	0.2°±0.2°/0.1°±0.1°
主销内倾角	9.45°	—

8.1.4 2013款起索纳塔油液容量

油液		容量	分类
发动机机油(排放并重新注入)	2.0L发动机	4.0L(4.23 US qt)	API Service SM,ILSAC GF-4以上 如果没有供应API Service SM等级发动机机油，可以使用API Service SL等级发动机机油
	2.4L发动机	4.6L(4.86 US qt)	
自动变速器油		7.1L(7.5 US qt)	MICHANG ATF SP-IV,SK ATF SP-IV NOCA ATF SP-IV,现代纯正ATF SP-IV
手动变速器油		1.8L(1.9 US qt)	API GL-4,SAE 75W/85
动力转向油		0.9L(0.95 US qt)	PSF-4
冷却水	自动变速器	6.4L(6.76 US qt)	防冻剂和水的混合物(铝制散热器用乙二醇冷却水)
	手动变速器	6.5L(6.87 US qt)	
制动器油/离合器油		0.7～0.8L(0.7～0.8 US qt)	FMVSS116 DOT3或DOT4
燃油		70L(18.49 US gal)	无铅汽油

8.2 现代名图

8.2.1 2013款起名图电动天窗初始化

天窗初始化如下。

无论何时分离车辆蓄电池或蓄电池亏电，或者相关保险丝熔断，都应按照下列程序进行天窗系统初始化。

① 将点火开关转至 ON 位置，完全关闭天窗。

② 释放控制杆。

③ 向前推控制杆并保持住（超过 10s）直到天窗倾斜并稍微移动。然后释放控制杆。

④ 朝关闭方向推天窗控制杆直到天窗如下操作：遮阳罩打开→倾斜打开→滑动打开→滑动关闭→遮阳罩关闭，然后释放控制杆。

⑤ 完成此操作时，天窗系统初始化结束。

8.2.2 2013 款起名图电动车窗初始化

如果电动门窗不能正常操作，必须按如下步骤进行电动门窗系统初始化。

① 将点火开关置于 ON 位置。

② 关闭门窗并继续拉起电动门窗开关至少 1s。如果初始化成功后电动门窗即可正常工作。

8.3 现代朗动

8.3.1 2013 款起朗动电动天窗初始化

(1) 在下列情况下初始化天窗

① 车辆蓄电池放电或被更换，或者更换了保险丝。

② 天窗不正常工作。

③ 即使没有障碍物，操作中玻璃打开。

④ 玻璃没有均一高度。

(2) 初始化操作步骤

① 将点火开关置于 ON 位置或启动发动机。建议在发动机运转期间初始化天窗。

② 重复朝关闭方向推动并释放控制杆直到天窗不移动为止。天窗根据不同状态停在关闭位置或倾斜位置。

③ 天窗不移动时释放控制杆。

④ 朝关闭方向推动控制杆约 10s。

a. 天窗在关闭位置时：天窗倾斜上升，然后轻微上下移动。

b. 天窗在倾斜位置时：玻璃轻微上下移动。

注意：禁止释放操纵杆直到结束操作为止。如果在操作中释放操纵杆，从步骤②开始重试。

⑤ 在 3s 内，朝关闭方向推天窗控制杆直到天窗如下操作：倾斜下降→滑动打开→滑动关闭。

注意：禁止释放操纵杆直到结束操作为止。如果在操作中释放操纵杆，从步骤②开始重试。

⑥ 完成所有操作后释放天窗控制杆（已初始化天窗系统）。

注意：如果拆装了蓄电池、亏电蓄电池充电或更换了相关保险丝后没有初始化天窗，天窗不能正常工作。

8.3.2 2013款起朗动油液规格

油液			容量	分类
发动机机油(排放并重新注入)	2.0L发动机		4.0L(4.23 US qt)	API Service SM,ILSAC GF-4 以上
	1.8L发动机		4.0L(4.23 US qt)	
发动机机油消耗	正常驾驶状态			最大值 1L/1500km
	恶劣行驶环境			最大值 1L/1000km
手动变速器油	1.8L发动机		1.9～2.0L (2.01～2.11 US qt)	API GL-4,SAE 75W/85
自动变速器油			7.3L(7.7 US qt)	MICHANG ATF SP-IV,SK ATF SP-IV,NOCA ATF SP-IV,BHMC正品 ATF SP-IV
冷却水	2.0L/1.8L发动机	手动变速器	6.0L(6.34 US qt)	铝制散热器用乙二醇冷却水
		自动变速器	5.9L(6.23 US qt)	
制动器油/离合器油			0.7～0.8L (0.7～0.8 US qt)	FMVSS116 DOT 3 或 DOT 4
燃油			62L(16.4 US gal)	—
动力转向油(如有配备)			1.0L(1.06 US qt)	PSF-4

8.3.3 2013款起朗动车轮定位数据

项目	前	后
车轮外倾角	−0.5°±0.5	−1.0°±0.5
后倾角(到搭铁)	4.18°±0.5	—
前束(总计)	0°±0.2	0.17°±0.2
主销内倾角	13.8°±0.5°	—

8.4 现代瑞纳

8.4.1 2013款起瑞纳电动天窗初始化设定

分离蓄电池或蓄电池亏电后，应按下列程序进行天窗系统初始化。

① 将点火开关置于ON位置。

② 关闭天窗。

③ 释放天窗控制杆。

④ 朝关闭方向推天窗控制杆（约10s）直到天窗升至比最大倾斜位置稍高后返回原倾斜位置为止，释放天窗控制杆。

⑤ 朝关闭方向推天窗控制杆，直到天窗如下操作：倾斜打开→滑动打开→滑动关闭。

⑥ 然后，释放控制杆。

完成上述操作时，即完成天窗系统的初始化。

8.4.2 2013款起瑞纳油液规格

油液			容量	分类
发动机机油(排放并重新注入)	汽油发动机	1.4L/1.6L	3.3L(3.49 US qt)	API Service SM,ILSA CGF-4 以上
手动变速器油	汽油发动机 1.4L/1.6L		1.9L(2.01 US qt)	API Service GL-4(SAE 75W/85,终身使用)

续表

油液			容量	分类
自动变速器油			7.3L(7.7 US qt)	DIAMOND ATF SP-Ⅲ，SK ATF SP-Ⅲ
冷却水	汽油发动机	1.4L/1.6L	5.3L(5.60 US qt)	防冻剂和水的混合物(铝制散热器用乙二醇冷却水)
制动器油/离合器油			0.7～0.8L (0.7～0.8 US qt)	FMVSS116 DOT 3 或 DOT 4
燃油			43L(11 US qt)	—

8.4.3 2013款起瑞纳车轮定位数据

项目			规格
前	前束	总值	0.15°±0.2°
		单值	0.075°±0.1°
	车轮外倾角		−0.4°±0.5°
	主销后倾角		4.0°±0.5°
	主销内倾角		13.5°±0.5°
后	前束	总值	0.2°±0.2°
		单值	0.1°±0.3°/−0.1°
	车轮外倾角		1.5°±0.5°

8.5 现代悦动

8.5.1 2008～2012款悦动电动车窗初始化

按下电动门窗开关至第二止动位置后，即使释放开关也会完全降低驾驶席门窗。在门窗操作过程中，要使门窗停止在理想的位置，可朝与门窗运动相反的方向瞬时拉起开关，门窗停止。

如果电动门窗不能正确工作，必须按如下所述步骤进行电动门窗系统初始化。

① 把点火开关转至“ON”位置。

② 拉起并保持驾驶席电动门窗开关关闭驾驶席门窗，在门窗完全关闭后继续拉起驾驶席电动门窗开关至少1s即可。

8.5.2 2008～2012款悦动电动天窗初始化

当断开蓄电池、蓄电池电量不足或使用紧急手柄操作了天窗时，应按下列程序进行天窗初始化。

① 把点火开关置于“ON”位置。

② 根据天窗位置，执行下列程序。

a. 天窗处于完全关闭或倾斜状态：

按下“TILTUP”按钮直到天窗完全倾斜上升为止。

b. 天窗处于滑动打开状态：

按住“CLOSE”按钮5s以上，直到天窗完全关闭。然后按下“TILT UP”按钮，直到天窗完全倾斜上升为止。

③ 释放“TILT”按钮。

④ 在天窗打开到比最大倾斜位置稍微高出一点的位置后，按住“TILT UP”按钮 10s 以上，直到天窗返回到正常倾斜打开位置为止。

⑤ 按住“TILT UP”按钮 5s 以上，直到天窗如下操作为止：

倾斜下降→滑动打开→滑动关闭。

然后，释放天窗控制按钮。

完成上述操作时，即完成天窗系统的初始化。

8.5.3 2013 款起新悦动电动天窗初始化

当分离了导线连接器或蓄电池，或者使用应急手柄操作了天窗时，必须按照下列程序复位天窗系统。

① 将点火开关置于 ON 位置。

② 根据天窗位置，如下进行操作。

a. 天窗完全关闭或倾斜的状态下：按下关闭按钮，直至天窗完全倾斜上升为止。

b. 在天窗滑动打开的状态下：按住关闭按钮（超过 5s），直至天窗完全关闭为止。按下关闭按钮，直至天窗完全倾斜上升为止。

③ 松开关闭按钮。

④ 按住关闭按钮（超过 10s）直至天窗上升至略高于最大倾斜位置后，恢复至原始的倾斜位置。然后释放按钮。

⑤ 按住关闭按钮（超过 5s）直至天窗如下操作为止：倾斜下降→滑动打开→滑动关闭，然后释放按钮。

完成此操作时，天窗系统初始化结束。

8.5.4 2008 款起悦动油液规格

油液			容量	分类
发动机机油（排放并重新注入）	汽油发动机	1.6L	3.3L(3.49 US qt)	API Service SJ、SL 或以上，ILSACGF-3 或以上
		1.8L	4.0L(4.23 US qt)	
手动变速器油	汽油发动机 1.6L		1.9L(2.01 US qt)	API Service GL-4 或 SAE 75W/90 (SAE 75W/85，终身填充)
	汽油发动机 1.8L		2.0L(2.11 US qt)	
自动变速器油	汽油发动机 1.6L		6.8L(7.19 US qt)	DIAMOND ATF SP-Ⅲ，SK ATF SP-Ⅲ
	汽油发动机 1.8L		6.6L(6.97 US qt)	
冷却水	汽油发动机	1.6L	6.0L(6.34 US qt)	防冻剂和水的混合物（铝制散热器用乙二醇冷却水）
		1.8L	6.6L(6.97 US qt)	
制动器油/离合器油			0.7～0.8L (0.7～0.8 US qt)	FMVSS116 DOT 3 或 DOT 4
燃油			52L(14 US qt)	—
动力转向油			0.9L	PSF-3

8.5.5 2013 款起新悦动车轮定位数据

（1）车轮信息

项目	轮胎尺寸	车轮尺寸	轮胎充气压力/kPa(psi)		车轮螺母转矩 /kgf·m(lbf·ft,N·m)
			前	后	
全尺寸轮胎	185/65R15	5.5J×15	227(33)	227(33)	9～11 (65～79,88～107)
	195/65R15	5.5J×15			
	205/55R16	6.0J×16			

（2）定位数据

车轮外倾角	−34′±30′前	−1°30′±30′后
主销后倾角	4°22′±30′	—
前束	0mm±2.0mm	4.4mm±2.2mm
转向节主销	13°31′±30′	—

8.6 现代伊兰特

8.6.1 2013款起伊兰特车轮定位数据

项　目	前	后
车轮外倾角	0°± 0.5°	−55′± 0.5°
主销后倾角	2°49′± 0.5°	—

8.6.2 2013款起伊兰特油液规格

项目			润滑油和冷却牌号	数量/L
发动机油	温度	℃	−30、−20、−10、0、10、20、30、40、50	4.0 3.3(1.6L)
		℉	−10、0、20、40、60、80、100、120	
	发动机油(GF-4)		20W/50	
			15W/40	
			10W/30	
			5W/20,5W/30	
发动机油消耗量			正常情况下行驶	不大于1L/1500km
			恶劣情况下行驶	不大于1L/1000km
变速器油	手动		SAE 75W/90或SAE 75W/85	2.15
	自动		DIAMOND ATF SP-Ⅲ,SK ATF SP-Ⅲ	6.1(1.6L)/7.8(1.8L)
冷却液			乙二醇	6
动力转向油			PSF-3	0.75～0.8
制动器和离合器液			DOT3,DOT4或相似的牌号	根据需要

8.7 现代雅绅特

8.7.1 2012款起雅绅特电动天窗初始化

断开了蓄电池或有关保险丝，或者操纵开关不工作时，按下述进行天窗的初始化工作。

① 点火开关置于ON位置。

② 在天窗完全关闭状态把“TILT UP”开关（如图8-1所示）按下1s以上，天窗完全倾斜上升打开后松开开关。

③ 把“TILT UP”开关按下10s以上，天窗会倾斜上升后复位。复位后松开开关。

④ 在5s以内重又把“TILT UP”开关持续按下，天窗会如下自动操作，进行初始化：倾斜下降→滑动打开→滑动关闭。

天窗操作结束后松开开关。

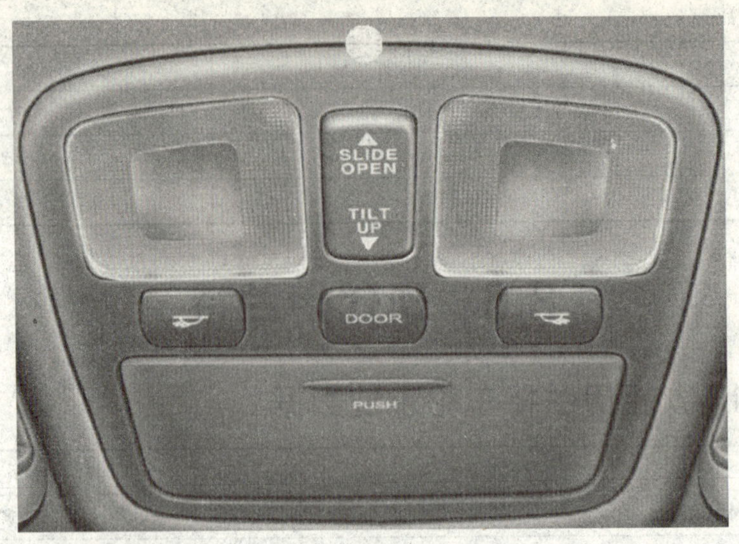

图 8-1　雅绅特天窗操作开关

8.7.2　2012 款起雅绅特油液规格

<table>
<tr><th>类　型</th><th colspan="3">容量/L</th><th colspan="2">规　格</th></tr>
<tr><td>燃油</td><td colspan="2">汽油发动机(1.4/1.6)</td><td>45</td><td colspan="2">93 号以上无铅汽油</td></tr>
<tr><td>发动机机油</td><td colspan="2">汽油发动机(1.4/1.6)</td><td>3.3</td><td>ILSAC GF4
(API SL 级)
以上 SAE 5W/20</td><td>SAE 5W/20,SAE 5W/30
(全温度范围)
SAE 10W/30(−18℃以上)
SAE 15W/40(−13℃以上)
SAE 20W/50(−7℃以上)</td></tr>
<tr><td rowspan="2">变速器油</td><td>手动</td><td>汽油发动机
(1.4/1.6)</td><td>1.9</td><td colspan="2">HD 齿轮油 APL GL-4 级、SAE 75W/90</td></tr>
<tr><td>自动</td><td>汽油发动机
(1.4/1.6)</td><td>6.1</td><td colspan="2">DIAMOND ATF SP-Ⅲ或 SK ATF SP-Ⅲ</td></tr>
<tr><td rowspan="2">防冻液</td><td rowspan="2">汽油发动机
(1.4/1.6)</td><td>手动</td><td>5.3</td><td colspan="2" rowspan="2">乙二醇铝制散热器用纯正防冻液</td></tr>
<tr><td>自动</td><td>5.6</td></tr>
<tr><td>制动油及离合器油</td><td colspan="2">所需量</td><td></td><td colspan="2">制动油　DOT3 或 DOT4</td></tr>
<tr><td>动力转向油</td><td colspan="2">0.9</td><td></td><td colspan="2">PSF-3</td></tr>
</table>

注：1. 手动变速器油必须使用 GL-4 等级（禁止使用 GL-5 等级）。

2. 为了获得较好的燃油经济性，建议使用黏度等级为 SAE 5W/20（API SM/ILSAC GF-4）的发动机机油。

8.8　现代途胜

2013 款起新途胜电动天窗重置设定：

无论车辆上的蓄电池何时被分离或放电、或者使用应急把手操作天窗，都必须按如下步骤重设天窗系统。

① 将点火开关置于 ON 位置。

② 根据天窗的位置执行下列操作。

a. 如果天窗已经完全关闭或倾斜：按下 TILT UP 按钮 1s 以上。

b. 如果已经滑动打开天窗：按下并按住 CLOSE 按钮 5s 以上直到完全关闭天窗。然后按下 TILT UP 按钮 1s。

③ 然后释放。

④ 再次按下并按住 TILT UP 按钮直到天窗返回原来的 TILT UP 位置，在它上升到比最大 TILT UP 位置稍微高的位置后即完成天窗系统的重设。

8.9 现代全新胜达

8.9.1 2013 款起全新胜达电动车窗初始化

如果电动门窗不能正常操作，必须按如下步骤进行电动门窗系统初始化。

① 将点火开关置于 ON 位置。

② 关闭驾驶席门窗，并在门窗完全关闭后继续拉起驾驶席电动门窗开关至少 1s。

8.9.2 2013 款起全新胜达电动天窗初始化

无论何时分离车辆蓄电池或蓄电池亏电，或者相关保险丝熔断，都应按照下列程序进行天窗系统初始化。

① 将点火开关转至 ON 位置，完全关闭天窗。

② 释放控制杆。

③ 在 3s 内，向下拉住控制杆直到天窗倾斜并轻微上下移动。然后释放控制杆。

④ 向下拉住控制杆直到天窗操作如下：向下倾斜→滑动打开→滑动关闭。

⑤ 然后，释放控制杆。

⑥ 完成上述操作时，天窗系统初始化结束。

注意：如果在拆装了蓄电池、亏电蓄电池充电或更换了相关保险丝后没有执行天窗系统初始化程序，天窗不能正常工作。

8.10 现代 ix35

8.10.1 2013 款起 ix35 电动车窗初始化方法

驾驶室门窗为有防夹功能的门窗时，需要进行电动门窗初始化。

① 在车门玻璃完全关闭状态下，打开驾驶室车门。

② 把车门玻璃下降到最下端。

③ 电动门窗按钮在“下降”状态 1 挡位置下按住，并在 2s 内完成发动机启动和熄火操作（“下降”按钮 1 挡为手动下降，模式 2 挡为自动下降模式）。

④ 初始化完毕，确认防夹功能。

8.10.2 2013 款起 ix35/LM 全景天窗初始化

初始化操作方法如下。

① 按天窗开关的 CLOSE 键，将天窗完全关闭。

② 在天窗完全关闭状态下，持续按住 CLOSE 键 10～15s（必须按住，不松手）。

注意：

① 在上述过程中天窗玻璃会回到初始位置（天窗玻璃会稍微移动下，并发出“腾腾”两声响）。

② 确认玻璃不动后，松开 CLOSE 键，并重新按住该键，不松手 3s 内完成松开并重新

按键的操作。

③ 持续按住 CLOSE 键，将会在 5s 内重新启动天窗。按住该键，直到天窗玻璃打开、关闭动作结束。

8.11 现代飞思

8.11.1 2013 款起飞思全景天窗初始化

无论何时车辆蓄电池被分离或亏电，或相关保险丝熔断，都应按照下列程序进行天窗系统初始化。

① 将点火开关置于 ON 位置。

② 关闭天窗。

③ 释放天窗控制杆。

④ 在关闭方向朝前推天窗控制杆（约 10s）直到天窗和遮阳板移动一点为止。

⑤ 向前朝关闭方向推动天窗控制杆，直到天窗操作如下：遮阳板打开→倾斜打开→滑动打开→滑动关闭→遮阳板关闭。

然后释放控制按钮。

完成上述操作时，即完成天窗系统的初始化。

8.11.2 2013 款起飞思车轮定位数据

（1）车轮信息

项目	轮胎尺寸	车轮尺寸	冷态轮胎充气压力杆/bar(kgf/cm², psi)				车轮螺母转矩/kgf·m (lbf·ft, N·m)
			正常负荷①		最大负荷		
			前	后	前	后	
全尺寸轮胎	215/45R17	7.0J×17	2.2 (2.24,32)	2.2 (2.24,32)	2.2 (2.24,32)	2.2 (2.24,32)	9～11 (65～79,88～107)
	215/40R18	7.5J×18	2.2 (2.24,32)	2.3 (2.34,33)	2.3 (2.34,33)	2.3 (2.34,33)	
小型备胎（如有配备）	T125/80D15	4.0T×15	4.2 (4.28,60)	4.2 (4.28,60)	4.2 (4.28,60)	4.2 (4.28,60)	

① 正常负荷：最多 2 人。

（2）定位数据

项目				规格
前	前束	总计	维修手册	0°±0.2°
			在生产线	0°±0.1°
		个别	维修手册	0°±0.1°
			在生产线	0°±0.05°
	车轮外倾角			−0.5°±0.5°
	主销后倾角	与地面		4.22°±0.5°
		与车身		4.67°
	主销内倾角			13.96°±0.5°
后	前束	总计		$0.5^{\circ}{}^{+0.5^{\circ}}_{-0.4^{\circ}}$
		个别		$0.25^{\circ}{}^{+0.25^{\circ}}_{-0.2^{\circ}}$
	车轮外倾角			−1.5°±0.5°

8.11.3 2013款起飞思油液规格

油液		容 积	分 类
发动机机油（排放并重新注入）	MPI	3.6L(3.8 US qt)	API Service SM，ILSAC GF-4或以上
	T-GDI	4.5L(4.8 US qt)	建议使用现代汽车公司批准的ACEA A5或以上等级发动机机油
手动变速器油	MPI	1.8～1.9L(1.90～2.0 US qt)	API GL-4，SAE 75W/85(终身无需更换)
	T-GDI	1.9～2.0L(2.01～2.11 US qt)	
自动变速器油	MPI	7.3L(7.7 US qt)	M ICHANG ATF SP-IV，SK ATF SP-IV NOCA ATF SP-IV，现代纯正ATF SP-IV
	T-GDI	7.1L(7.5 US qt)	
冷却水	M/T	5.0L(5.28 US qt)	铝制散热器用乙二醇基
	A/T	5.2L(5.5 US qt)	—
制动器油/离合器油		0.7～0.8L(0.7～0.8 US qt)	FMVSS116 DOT 3或DOT 4
燃油		50L(13.2 US gal)	—

8.12 现代劳恩斯-酷派

8.12.1 2013款起酷派电动车窗初始化

如果电动门窗不能正确工作，必须如下所述进行电动门窗系统初始化。

① 把点火开关转至ON位置。

② 手动完全打开门窗（将开关前部按到第一个止动位置）。

③ 在2s内将点火开关转至OFF位置并再次转至ON位置。

④ 在5s内按下开关的前部3次。

⑤ 拉起驾驶席电动门窗开关，关闭驾驶席门窗，并在门窗完全关闭后继续拉起驾驶席电动门窗开关至少1s。

8.12.2 2013款起酷派电动天窗初始化

无论何时分离车辆蓄电池、车辆蓄电池亏电或者相关保险丝熔断，都必须如下述重设天窗系统。

① 点火开关置于ON位置。

② 完全关闭天窗。

③ 释放天窗控制杆。

④ 向下拉动并固定天窗控制杆直到天窗倾斜上升到高于最大倾斜位置后回到原始位置为止。然后，释放杆。

⑤ 向下拉动并固定天窗控制杆直到天窗工作如下：倾斜下降→滑动打开→滑动关闭。然后，释放天窗控制开关。

完成上述操作时，即完成天窗系统的初始化。

8.12.3 2013款起酷派车轮信息与定位数据

（1）车轮信息

项目	轮胎尺寸	车轮尺寸	轮胎充气压/bar(kgf/cm², psi)		车轮螺母转矩/kgf·m(lbf·ft, N·m)
			前	后	
全尺寸轮胎	225/45R18	7.5J×18	2.4(2.40,35)	—	9～11(65～79,88～107)
	245/45R18	8.0J×18	—	2.4(2.40,35)	
	225/40R19	8.0J×19	2.4(2.40,35)	—	
	245/40R19	8.5J×19	—	2.4(2.40,35)	
小型备胎	T135/90D17	4.0T×17	4.2(4.20,60)	4.2(4.20,60)	
	T135/80R18	4.0T×18			

（2）定位数据

项目	前轮	后轮
车轮外倾角	−0.7°±0.5°	−1.5°±0.5°
主销后倾角	7.45°±0.5°	—
前束(总计)	0.28°±0.2°	0.16°±0.2°
主销内倾角	13.7°	—

8.12.4 2013款起酷派油液规格

油液			容积	分类
发动机机油(排放并重新注入)	2.0L发动机		5.4L(5.7 US qt)	API Service SM, ILSAC GF-4或以上, ACEA A5
	3.8L发动机		5.7L(6.02 US qt)	使用现代汽车公司批准的ACEA A5或以上等级发动机机油
自动变速器油			9.6L(10.14 US qt)	ATF SP-IV RR
手动变速器油	2.0L发动机		2.2～2.3L(2.32～2.43 US qt)	HA SYN MTF(SK), HD SYN MTF(H.K.SHELL), GS PAO MTF(GS CALTEX), 现代纯正ATF(API GL-4, SAE 75W/85)
动力转向油			0.9L(0.95 US qt)	Pentosin CHF 202
冷却液	2.0L发动机	M/T	6.5L(6.87 US qt)	防冻剂和水的混合物(铝制散热器用乙二醇基)
	3.8L发动机	A/T	6.3L(6.06 US qt)	
		A/T	8.8L(9.30 US qt)	
制动器油			0.7～0.8L(0.7～0.8 US qt)	SAE J1703, FMVSS116 DOT 3或DOT 4
燃油			6.5L(6.87 US qt)	—
后车桥油			1.4L(1.48 US qt)	双曲线齿轮油API GL-5, SAE 75W/90

8.12.5 2013款起劳恩斯车窗与天窗初始化

如果电动门窗不能正确工作，必须如下所述进行电动门窗系统初始化。

① 把点火开关转至ON位置。

② 关闭门窗并在门窗完全关闭后继续上拉驾驶席电动门窗上升开关至少1s。

重设天窗步骤如下。

无论何时分离车辆蓄电池、车辆蓄电池亏电或者相关保险丝熔断，都必须如下述重设天窗系统。

① 将点火开关转至ON位置并完全关闭天窗。

② 类型A：释放控制杆。类型B：向上推控制杆并保持上推状态直到天窗完全倾斜上升，然后释放控制杆。

③ 类型 A：向上推控制杆并保持上推状态直到天窗倾斜并轻微上下移动，然后释放控制杆。类型 B：向上推控制杆并保持上推状态直到天窗轻微上下移动，然后释放控制杆。

④ 向下拉控制杆并保持下拉状态（类型 B：向上推控制杆并保持上推状态）直到天窗操作如下：倾斜下降，滑动打开，滑动关闭，然后释放控制杆。

结束这个操作后，天窗系统被重设。

注意：如果分离车辆蓄电池、车辆蓄电池亏电或者相关保险丝熔断时没有重设天窗，天窗不能正常工作。

8.12.6 2013 款起劳恩斯车轮定位数据

项　目	数　据			
	配备 ECS		未配备 ECS	
	前	后	前	后
车轮外倾角	−0.53°±0.5°	−1.43°±0.5°	−0.45°±0.5°	−1.37°±0.5°
主销后倾角	7.78°±0.75°	—	7.63°±0.75°	—
前束	0.1°±0.2°	0.4°±0.2°	0.1°±0.2°	0.4°±0.2°
主销内倾角	7.02°	—	6.9°	—

8.13 现代雅科仕

8.13.1 2013 款起雅科仕电动车窗初始化

即使在释放开关时，瞬间按下或拉起电动门窗开关至第二止动位置，也会完全打开或关闭门窗。操作门窗的过程中，要使门窗停止在理想的位置，朝与门窗运动相反的方向拉起或按下并释放开关即可。

如果电动门窗不能正确工作，必须如下所述进行电动门窗系统初始化。

① 将发动机启动/停止按钮转至 ON 位置。

② 关闭门窗并继续上拉电动门窗开关至少 1s。

8.13.2 2013 款起雅科仕电动天窗初始化

无论何时分离车辆蓄电池、车辆蓄电池亏电或者相关保险丝熔断，都必须如下述重设天窗系统。

① 将发动机启动/停止按钮转至 ON 位置并完全关闭天窗。

② 释放控制杆。

③ 向上推控制杆并保持上推状态直到天窗倾斜并轻微上下移动，然后释放控制杆。

④ 向下拉控制杆并保持下拉状态直到天窗操作如下：倾斜下降→滑动打开→滑动关闭，然后释放控制杆。

结束这个操作后，天窗系统被重设。

8.13.3 2013 款起雅科仕车轮定位

项　目	数　据			
	未配备 ECS		配备 ECS	
	前	后	前	后
车轮外倾角	−0.55°±0.5°	−1.45°±0.5°	−0.47°±0.5°	−1.38°±0.5°
主销后倾角	7.80°±0.75°	—	7.67°±0.75°	—

续表

项目	数据			
	未配备 ECS		配备 ECS	
	前	后	前	后
前束	0°±0.2°	0.4°±0.2°	0°±0.2°	0.4°±0.2°
主销内倾角	7.05°	—	6.93°	—

8.13.4 2013款起雅科仕油液规格

油液		容积	分类
发动机机油(排放并重新注入)	3.8L发动机	5.7L(6.02 US qt)	API Service SM，ILSAC GF-4或以上，ACEA A5
	5.0L发动机	7.2L(7.61 US qt)	
自动变速器油		10.1L(10.67US qt)	GS ATF SP-IV-RR，现代纯正 ATF SP-IVRR
动力转向油		0.9L(0.95US qt)	Pentosin CHF 202
冷却液	3.8L发动机	10.1L(10.67US qt)	防冻剂和水的混合物(铝制散热器用乙二醇基)
	5.0L发动机	12.1L(12.79US qt)	
制动器油		0.7～0.8L(0.7～0.8 US qt)	SAEJ1703，FMVSS116DOT 3或DOT 4
后差速器油		1.4L(1.48 US qt)	双曲面齿轮油 API Service GL-5 SAE 75W/90(壳牌施倍力X或等效品)
燃油		77L(20.34 US gal)	—

8.14 现代格锐

8.14.1 2013款起格锐初始化电动后备厢门

如果蓄电池亏电或被分离，或者更换或拆装相关保险丝，为使电动后备厢门正常工作，按如下程序初始化电动后备厢门系统。

① 将变速杆置于“P（驻车）”位置。

② 同时按住后备厢门手柄开关和后备厢门关闭按钮超过3s（蜂鸣声响）。

③ 手动关闭后备厢门。

8.14.2 2013款起格锐电动后备厢门打开高度设置

驾驶员可以按照下列说明设置后备厢门完全打开时的高度。

① 手动将后备厢门置于期望的高度位置。

② 按住后备厢门关闭按钮（见图8-2）超过3s。

③ 听到蜂鸣声后手动关闭后备厢门。

后备厢门自动打开操作时，会打开到使用者设定的高度。

8.14.3 2013款起格锐电动车窗初始化

如果电动门窗不能正常操作，必须如下述进行电动门窗系统初始化。

① 将发动机启动/停止按钮置于ON位置。

② 关闭驾驶席门窗，并在门窗完全关闭后继续拉起驾驶席电动门窗开关至少1s。

8.14.4 2013款起格锐全景天窗初始化

分离蓄电池或蓄电池亏电后，应按下列程序进行天窗系统初始化。

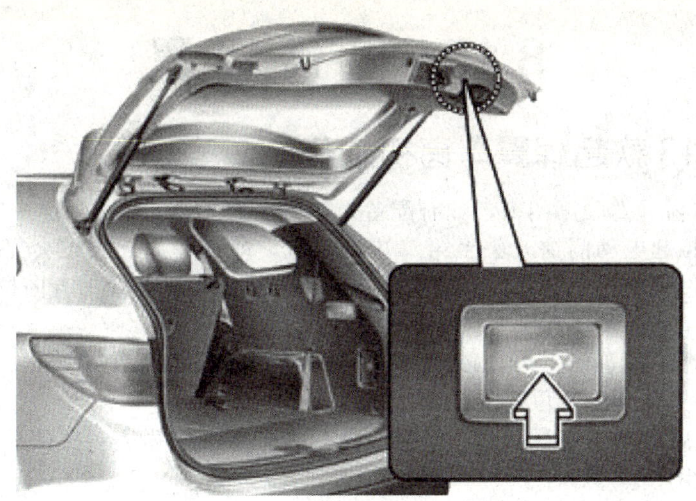

图 8-2 格锐后备厢按钮

① 将发动机启动/停止按钮置于 ON 位置。

② 如果打开，完全关闭遮阳板和天窗。

③ 释放天窗控制杆。

④ 朝关闭方向推天窗控制杆（约 10s）直到天窗移动一点点为止。然后释放控制杆。

⑤ 朝关闭方向推天窗控制杆直到天窗如下操作：遮阳罩和天窗玻璃滑动打开→天窗玻璃滑动关闭→遮阳罩关闭然后释放控制杆。

完成上述操作时，即完成天窗系统的初始化。

8.14.5 2013 款起格锐车轮定位数据

项 目	前	后(2WD/4WD)
车轮外倾角	−0.5°±0.5°	−1.0°±0.5°
主销后倾角	4.14°±0.5°	—
前束	0°±0.2°	0.2°±0.2°
主销内倾角	13.63°±0.5°	—

8.14.6 2013 款起格锐油液规格

油液		容 积	规 格
发动机机油[①②](排出并重新注入)	汽油发动机	5.7L	API Service SM[③],ILSAC GF-4 或以上 ACEA A5(或以上)
	柴油发动机	6.7L	ACEA B4
自动变速器油	汽油发动机	7.8L	MICHANG ATF SP-IV,SK ATF SP-IV,NOCA ATF SP-IV,现代纯正 ATFSP-IV
	柴油发动机	7.7L	
冷却液	汽油发动机	9.1L	防冻剂和水的混合物(铝制散热器用乙二醇基)
	柴油发动机	9.1～9.3L	
制动器油		0.7～0.8L	FMVSS116 DOT 3 或 DOT 4
后差速器油(4WD)		0.53L	双曲面齿轮油 API GL-5,SAE 75W/90(壳牌施倍力 X 或等效品)
后车桥油(4WD)	汽油发动机	0.68L	双曲面齿轮油 API GL-5,SAE 75W/90(壳牌施倍力 X 或等效品)
	柴油发动机	0.6L	
燃油		71L	—

① 参阅 SAE 黏度指数。

② 现在可采用标有防腐保护的发动机机油，使用此机油除了有其他附加的效果外，亦可通过克服发动机摩擦而降低不必要的耗油量，从而提高燃油经济性。这些效果可能无法在每天的驾驶中测得，但在整年之中将会发现明显的费用节省及省油情况。

③ 如果没有 API Service SM 或 ACEA A5 规格发动机机油，可以使用 API Service SL 规格。

8.15 现代辉翼

8.15.1 2013 款起辉翼车窗初始化

自动升/降门窗（驾驶席门窗，如有配备）初始化如下。

短暂按下或拉起电动门窗开关至第二止动位置，即使释放开关也会完全降下或升高门窗。操作门窗的过程中要使门窗停在理想位置，朝与门窗运动相反的方向拉起或按下并释放开关即可。

如果电动门窗不能正确工作，必须如下所述进行电动门窗系统初始化。

① 把点火开关转至 ON 位置。

② 拉起驾驶席电动门窗开关，关闭驾驶席门窗，并在门窗完全关闭后继续拉起驾驶席电动门窗开关至少 1s。

8.15.2 2013 款起辉翼车轮定位数据

项　　目	前　　轮
车轮外倾角	−0.5°±0.5°
主销后倾角	4.27°±0.5°
前束	0°±0.2°
主销内倾角	11.84°±0.5°

8.16 起亚 K5

8.16.1 2013 款起 K5 电动车窗初始化

起亚 K5 配有带防夹功能的电动车窗，当重置电源 ON 或检测到故障时，需要在电动车窗完全关闭位置执行电动机初始化。

① 打开点火开关。

② 将门窗升至完全关闭位置。

③ 当门窗完全达到关闭位置时，把电动门窗开关保持在自动上升位置持续 2s 以上。

④ 此时电动门窗系统检测到阻力，系统执行初始化。

8.16.2 2013 款起 K5 电动天窗初始化

分离蓄电池或蓄电池亏电时，或使用应急手柄控制天窗时，必须按下列程序进行天窗系统初始化。

① 将点火开关置于 ON 位置，完全关闭天窗。

② 释放天窗控制杆。

③ 按住关闭按钮持续 10s 以上，直到天窗稍微移动为止。

④ 释放天窗控制杆。

⑤ 5s 内再次按下并保持关闭按钮，直到天窗操作如下：倾斜开启→滑动开启→滑动关闭，然后释放控制杆。天窗系统的初始化程序完成。

8.16.3 2013 款起 K5 全景天窗初始化

拆装了蓄电池或蓄电池亏电时，或使用应急手柄操作了全景天窗时，必须按下列程序重设全景天窗系统。

① 将点火开关置于 ON 位置，完全关闭全景天窗。

② 释放全景天窗控制杆。

③ 按住关闭按钮持续 10s 以上，直到全景天窗稍微移动为止。

④ 释放全景天窗控制杆。

⑤ 再次按住关闭按钮，直至天窗如下操作：倾斜打开→滑动打开→滑动关闭，然后释放控制杆。全景天窗系统的重设程序完成。

8.16.4 2013 款起 K5 油液规格

油液			容 积	分 类
发动机机油(排放并重新注入)	2.0L	Theta 发动机	4.1L(4.33 US qt)	API Service SM,ILSAC GF-4 以上 如果没有供应 API Service SM 等级发动机机油,可以使用 API Service SL 等级发动机油
	2.4L	Nu 发动机	4.0L(4.22 US qt)	
发动机机油消耗	正常行驶环境		最大值 1L/1500km	—
	恶劣行驶环境		最大值 1L/1000km	—
自动变速器油			7.1L(7.5 US qt)	MICHANG ATF SP-IV,SK ATF SP-IV,NOCA ATF SP-IV,东风悦达起亚纯正 ATF SP-IV
手动变速器油			1.8～1.9L(1.9～2.0 US qt)	API GL-4,SAE 75W/85
动力转向油			0.9L(0.95 US qt)	PSF-4
冷却水	自动变速器		6.5L(6.87 US qt)	防冻剂和水的混合物(铝制散热器用乙二醇冷却水)
	手动变速器		6.6L(6.97 US qt)	
制动器油/离合器油			0.7～0.8L(0.7～0.8 US qt)	FMVSS116 DOT 3 或 DOT 4
燃油			70L(18.49 US gal)	无铅汽油

8.16.5 2013 款起 K5 保养灯归零

① 按 TIPE 键，按出保养提示数字。

② 再长按 TIPE 数秒，出来菜单里有“消耗品设置”。

③ 按 RESET 确定，TIPE 选择，有 3000km、4000km 和 5000km 等不同选项。

8.17 起亚 K2

8.17.1 2012 款起 K2 电动车窗初始化

当拆装蓄电池导线，或者亏电的蓄电池进行充电，或者重新安装或更换相关系统熔丝时，按照下列程序初始化门窗自动上升/下降系统。

① 将点火开关置于 ON 位置。

② 向上拉电动车窗开关，使车窗完全关闭，然后继续向上提起电动开关 1s。

③ 检查并确认门窗自动升降功能运行正常。

8.17.2 2012 款起 K2 电动天窗初始化

分离蓄电池或蓄电池亏电时，或使用应急手柄操作过天窗时，必须按下列程序进行天窗系统初始化。

① 将点火开关置于 ON 位置。

② 根据天窗的位置，进行对应操作。

a. 如果天窗完全关闭或倾斜：向上推天窗控制杆，直到天窗完全向上倾斜。

b. 如果天窗打开：向前推天窗控制杆，直到天窗完全关闭。向上推天窗控制杆，直到天窗完全向上倾斜。

③ 释放天窗控制杆。

④ 向上推天窗控制杆，直到天窗上升到稍微高于最大倾斜位置后返回到初始倾斜位置，然后释放控制杆。

⑤ 向上推天窗控制杆直到天窗工作如下：向下倾斜→滑动打开→滑动关闭，之后释放杆。天窗系统的初始化程序完成。

8.17.3 2011~2014 款 K2 四轮定位数据

项目			数据
前轮	前束	总计	0.15°±0.2°
		单轮	0.075°±0.1°
	车轮外倾角		−0.4°±0.5°
	主销后倾角		4.0°±0.5°
	主销内倾角		13.5°±0.5°
后轮	前束	总计	$0.5^{\circ}{}^{+0.4^{\circ}}_{-0.5^{\circ}}$
		单轮	$0.25^{\circ}{}^{+0.2^{\circ}}_{-0.25^{\circ}}$
	车轮外倾角		−1.5°±0.5°

8.18 起亚智跑

8.18.1 2012 款起智跑电动车窗初始化

安全电动门窗的初始化方式如下。

(1) 位置计数

门窗位置的计数是由与控制器的计时器装置相连的霍尔效应传感器（HEF）完成的，每 180°为一个周期，计数一次。

即使将蓄电池从车上分离，也会保留门窗位置的信息。

(2) 位置初始化

关于位置初始化，位置计数器检测上机械停止位置和下机械停止位置。初始化前，电动机控制模块（MCU）仅允许手动模式工作（不带有 ASD 防夹检测算法）特征。

初始化表示通过检测门窗移动距离（上/下机械界限），在防夹功能和相关功能工作时门窗系统移动的条件。

① 初始化条件如下。

a. 不启动位置计数。

b. 启动电动门窗向上开关。

c. 检测到障碍物条件（在相应开关持续 1s 的时间内电动机移动计数没有超过 1 次）。

② 非初始化条件下的开关工作如下。

a. 向上方向：手动与自动电动门窗开关输入→手动模式。

b. 向下方向：手动电动门窗开关输入→手动模式＋自动开关输入→自动模式。

(3) 重新初始化

再次初始化期间，在上部阻碍位置，位置计数器设置为零，以补偿软件、机械误差或物理方面的计数误差。再次初始化状态如下。

a. 初始化位置计数。

b. 门窗处于上停止位置（在 EEPROM 程序可确定的范围）。

c. 检测到障碍物条件（在相应开关持续 1s 的时间内电动机移动计数没有超过 1 次）。

（4）终止初始化

在以下情况下，系统不进行初始化/校准。

a. 通过诊断修改参数后。

b. ECU 激活或接通电源时，EEPROM 校验和错误。

c. 移动超出预先确定门窗锁止位置（在记忆的顶端位置之上，预先确定的底端位置之下）。

d. 在上部顶点没有再次初始化的情况下（由 EEPROM 值控制启用/禁用），反向运转次数达到规定数量（EEPROM）后，删除初始化值。门窗下降或门窗升降许可开关 OFF，反向运转计数值复位（由 EEPROM 值启动）。

e. 专用终止初始化程序。

专用门窗升降器终止初始化程序工作如下。

——系统初始化。

——将门窗移动到低于软停止位置（EEPROM 可调整的位置）。

——按下手动向下开关并保持。

——在 2s 内应用允许信号（串行通信＝PIN6）ON→OFF→ON（EEPROM 可调整的时间）。

（5）软停止功能

为了减少噪声和机械压力，在门窗移动到底端位置前在 ECU 的控制下停止门窗的移动。

间隙是 0/＋10（11.5～14.5V）。

为了激活软停止功能，要初始化顶端参考位置和底端参考位置。所以，门窗被上升到顶端位置直到检测到阻力。此位置被作为顶端参考位置。然后，门窗移动到底端位置直到检测到阻力（机械停止）。此位置被作为底端参考位置。

底端参考位置被重新初始化：

a. 门窗从软停止位置开始下降。

b. 每“9”在软停止位置停止。

（6）过热保护

执行软件模块的过热保护是为了防止在超负荷条件下损坏电动机。积分乘方电动机电流作为对加热能量积分的估测也估测电动机温度。当估测的温度高于 EEPROM 程序可计算的最高界限时，电动机推迟一定时间启动（默认值＝30s）。

由于安全原因，门窗工作时不进行过热保护停止。

（7）工作时间限制

电动门窗电动机的最大工作时间限制为 15s（EEPROM 可编程）。

（8）连续下降

门窗连续安全下降的当前次数是 5。在以下条件下，此计数将会初始化。

a. 点火开关“OFF”。

b. 下降信号“ON”。

c. 门窗关闭。

8.18.2 2012款起智跑重设全景天窗

分离蓄电池或蓄电池亏电时，或使用应急手柄操作了全景天窗时，必须按下列程序重设全景天窗系统。

① 将点火开关置于ON位置，完全关闭全景天窗。

② 释放全景天窗控制杆。

③ 按住关闭按钮持续10s以上，直到全景天窗稍微移动为止。

④ 释放全景天窗控制杆。

⑤ 再次按住CLOSE按钮，直至天窗如下操作：倾斜打开→滑动打开→滑动关闭。然后释放杆。

⑥ 完成全景天窗系统的重设程序。

8.18.3 2011~2014款智跑四轮定位数据

项目		前轮数据	后轮数据
前束	个别	0°±0.1°	0.1°±0.1°
	总计	0°±0.2°	0.2°±0.2°
车轮外倾角		−0.5°±0.5°	−1.0°±0.5°
主销后倾角		4.02°±0.5°	—
主销内倾角		12.91°±0.5°	—

8.19 起亚福瑞迪

2009款起福瑞迪重新调整天窗：

分离蓄电池或蓄电池亏电时，或使用应急手柄操作了天窗时，必须按下列程序进行天窗系统初始化。

① 将点火开关置于“ON”位置。

② 根据天窗位置，如下进行操作。

a. 假如天窗完全关闭或倾斜：

按下TILT UP（倾斜上升）按钮，直至天窗完全向上倾斜为止。

b. 在天窗滑动打开状态下：

按住CLOSE按钮5s以上，直至天窗完全关闭为止。

天窗完全关闭后，按住CLOSE按钮5s以上。按下TILT按钮直至天窗完全向上倾斜为止。

③ 释放TILT按钮。

④ 天窗升至略高于最大倾斜位置后，再次按住TILT按钮，直至天窗恢复至原始的倾斜位置。

以上动作完成时，天窗系统初始化结束。

8.20 起 亚 霸 锐

8.20.1 2012款起霸锐、索兰托、速迈电动车窗初始化

如果电动门窗不能正确工作，必须如下所述进行电动门窗系统初始化。

① 把点火开关转至 ON 位置。

② 拉起驾驶席电动门窗开关，关闭驾驶席门窗，并在门窗完全关闭后继续拉起驾驶席电动门窗开关至少 1s。

8.20.2 2012 款起霸锐、索兰托、速迈电动天窗初始化

无论何时分离车辆蓄电池或车辆蓄电池亏电，都必须按下述程序重设天窗系统。

① 把点火开关置于 ON。

② 根据天窗位置，执行下列程序。

a. 天窗完全关闭或处于倾斜状态：向上推天窗控制开关直到天窗完全倾斜上升为止。

b. 天窗处于滑动打开状态：向前推天窗控制开关直到天窗完全关闭。向上推天窗控制开关直到天窗完全倾斜上升为止。

③ 释放天窗控制开关。

④ 在天窗升高到比最大倾斜位置稍微高出一点的位置后，继续向上推天窗控制杆（约 10s）直到天窗返回原倾斜位置为止。然后，释放天窗控制开关。

⑤ 向上推天窗控制杆（约 6s）直到天窗如下操作为止：倾斜下降→滑动打开→滑动关闭。

⑥ 然后，释放天窗控制开关。完成上述操作时，即完成天窗系统的初始化。

8.21 凯　　尊

8.21.1 2014 款凯尊电动车窗初始化

如果电动门窗不能正确工作，必须如下所述进行自动电动门窗系统初始化。

① 把点火开关转至 ON 位置。

② 关闭门窗并在门窗完全关闭后继续上拉驾驶席电动门窗上升开关至少 1s。

8.21.2 2014 款凯尊电动天窗初始化

无论何时车辆蓄电池被分离或亏电，或相关保险丝熔断，都应按照下列程序进行天窗系统初始化。

① 将点火开关转至 ON 位置，完全关闭天窗玻璃和遮阳板。

② 释放控制杆。

③ 朝关闭的方向推天窗控制杆（约 10s）直到天窗稍微移动为止。然后，释放控制杆。

④ 朝关闭方向推天窗控制杆直到天窗操作如下：

遮阳板打开→倾斜打开→滑动打开→滑动关闭→遮阳板关闭。

⑤ 然后，释放控制杆。完成上述操作时，即完成天窗系统的初始化。

8.21.3 2014 款凯尊车轮定位数据

项目		前	后
前束	个别	0.05°+0.1°	0.085°±0.1°
	总计	0.1°±0.2°	0.17°±0.2°
车轮外倾角		−0.5°±0.5°	−1.0°±0.5°
主销后倾角		4.38°±0.5°	—

8.21.4　2014款凯尊油液规格

油液		容　积	分　类
发动机机油(排放并重新注入)	黄色发动机机油尺	4.5L	ILSAC GF-4(API SM)以上
	红色发动机机油尺	4.9L	
自动变速器油		7.1L	MICHANG ATF SP-IV,SK ATF SP-IV,NOCA ATF SP-IV,KIA纯正ATF SP-IV
动力转向油		0.9L	PSF-4
冷却水		6.6L	防冻剂与蒸馏水的混合液(铝制散热器用乙二醇基)
制动器油		0.7～0.8L	FMVSS116 DOT 3或DOT 4
燃油		70L	无铅汽油

8.22　起亚欧菲莱斯

8.22.1　2012款起亚欧菲莱斯电动天窗重新设定

断开蓄电池时应按下列程序重设天窗系统。

① 把点火开关置于ON。

② 根据天窗位置，执行下列程序。

a. 天窗完全关闭或处于倾斜状态：按下TILT UP按钮1s。

b. 天窗处于滑动打开状态：按住CLOSE按钮5s以上直到天窗完全关闭。然后按住TILT UP按钮1s。

③ 然后，释放此按钮。

④ 在天窗升到比最大TILT UP位置稍微高出一点后，再次按住TILT UP按钮直到天窗返回到TILT UP的原来位置。

完成上述操作，即完成天窗系统的重设。

8.22.2　2012款起亚欧菲莱斯油液规格

油液		容　量	等级等级
发动机机油(更换机油滤清器)	2.7L汽油发动机	4.5L	API Service SL或以上,ILSAC GF-3或以上
	3.8L汽油发动机	5.2L	
变速器油	2.7L汽油发动机	9.5L	DIAMOND ATF SP-Ⅲ,SK ATF SP-Ⅲ
	3.8L汽油发动机	10.9L	
动力转向油		1.0L	PSF-Ⅳ
冷却液	2.7L汽油发动机	8.3L	铝制散热器用乙二醇基
	3.8L汽油发动机	8.7L	
制动器油		0.7～0.8L	FMVSS116 DOT 3或DOT 4
燃油		70L	—

8.22.3　2012款起亚欧菲莱斯车轮定位数据

项　目	前轮	后轮
外倾角	−30′±30′	−1°±30′
后倾角	4°32′±45°	—
正前束	(0±2)mm	(2±2)mm
内倾角	9°43′	—

8.23 起亚佳乐

8.23.1 2012款起新佳乐电动车窗初始化

如果电动门窗不能正确工作，必须如下所述重设自动电动门窗系统。

① 把点火开关转至ON位置。

② 关闭驾驶席门窗并在门窗完全闭合后继续拉起驾驶席电动门窗开关至少1s。

8.23.2 2012款起新佳乐电动天窗初始化

无论何时分离车辆蓄电池、车辆蓄电池亏电或者相关保险丝熔断，都必须如下述重设天窗系统。

① 将点火开关转至ON位置并完全关闭天窗。

② 类型A：释放控制按钮。类型B：按住倾斜按钮直到天窗完全倾斜上升，然后释放按钮。

③ 类型A：按住关闭按钮直到天窗倾斜并轻微上下移动，然后释放按钮。类型B：按住倾斜按钮直到天窗轻微上下移动，然后释放按钮。

④ 按住关闭按钮（类型B：倾斜按钮）直到天窗操作如下：

倾斜下降→滑动打开→滑动关闭。然后释放控制按钮。

结束这个操作后，天窗系统被重设。

8.23.3 2012款起新佳乐油液规格

<table>
<tr><th colspan="4">油液</th><th>容　积</th><th>分　类</th></tr>
<tr><td rowspan="6">发动机机油①②（排放并重新注入）</td><td colspan="2" rowspan="2">汽油发动机</td><td>2.0L</td><td>3.9L(4.12 US qt)</td><td rowspan="2">API Service SM 或以上④，ILSAC 3.3L(3.49 US qt)GF-3 或以上</td></tr>
<tr><td>1.6L</td><td>3.3L(3.49 US qt)</td></tr>
<tr><td rowspan="4">柴油发动机③</td><td rowspan="2">WGT</td><td>配备 CPF</td><td rowspan="4">配备 BSM：5.9L(6.23US qt)
未配备 BSM：6.7L(7.08 US qt)</td><td>ACEA C3</td></tr>
<tr><td>未配备 CPF</td><td>API Service CF-4 或以上，ACEA B4</td></tr>
<tr><td rowspan="2">VGT</td><td>配备 CPF</td><td>ACEAC3</td></tr>
<tr><td>未配备 CPF</td><td>API Service CH-4 或以上，ACEA B4</td></tr>
<tr><td rowspan="3">手动变速器油</td><td colspan="2" rowspan="2">汽油发动机</td><td>2.0L</td><td>2.1L(2.22 US qt)</td><td rowspan="3">API Service GL-4(SAE 75W/85，终身添加)</td></tr>
<tr><td>1.6L</td><td>1.9L(2.0 US qt)</td></tr>
<tr><td colspan="3">柴油发动机</td><td>1.75L(1.85 US qt)</td></tr>
<tr><td rowspan="3">自动变速器油</td><td colspan="2" rowspan="2">汽油发动机</td><td>2.0L</td><td>7.8L(8.24 US qt)</td><td rowspan="3">DIAMOND ATF SP-Ⅲ，SK ATF SP-Ⅲ</td></tr>
<tr><td>1.6L</td><td>6.8L(7.19 US qt)</td></tr>
<tr><td colspan="3">柴油发动机</td><td>8.5L(8.98 US qt)</td></tr>
<tr><td colspan="4">动力转向油</td><td>0.9L(0.95 US qt)</td><td>PSF-4</td></tr>
<tr><td rowspan="4">冷却液</td><td colspan="2" rowspan="2">汽油发动机</td><td>2.0L</td><td>6.7L(7.08 US qt)</td><td rowspan="4">防冻剂与蒸馏水的混合液(铝制散热器用乙二醇基)</td></tr>
<tr><td>1.6L</td><td>6.2L(6.55 US qt)</td></tr>
<tr><td colspan="2" rowspan="2">柴油发动机③</td><td>配备 CPF</td><td>8.2L(8.66 US qt)</td></tr>
<tr><td>未配备 CPF</td><td>8.0L(8.45 US qt)</td></tr>
<tr><td colspan="4">制动器/离合器油</td><td>0.7～0.8L(0.7～0.8 US qt)</td><td>FMVSS116 DOT 3 或 DOT 4</td></tr>
<tr><td colspan="4">燃油</td><td>55L(14.53 US gal)</td><td>—</td></tr>
</table>

① 参阅推荐的SAE黏度指数。

② 现在可采用标有防腐保护的机油，使用此机油除了有其他附加的效果外，亦可通过克服发动机摩擦而降低耗油率，从而提高燃油经济性。这些效果可能无法在每天的驾驶中测得，但在整年之中将会发现明显的费用节省及省油情况。

③ WGT为旁通阀涡轮增压器，VGT为可变几何形状涡轮增压器，CPF为催化颗粒滤清器。

④ 如果您国家没有API Service SM规格发动机机油，可以使用API Service SL规格。

8.23.4 2012款起新佳乐四轮定位

项　目	前	后
外倾角	−0.5°±0.5°	−1.0°±0.5°
后倾角	4.74°±0.5°	—
正前束	0°±0.2°/0°±0.1°	0.2°±0.2°/0.1°±0.1°
内倾角	13.1°±0.5°	—

第9章 Chapter 09

双龙汽车

9.1 享　　御

9.1.1 2005款起享御天窗复位

如果天窗不正常工作，则检查并复位天窗控制单元。

（1）为了防止部件受损和人员受伤，解除天窗设置

① 操作天窗期间不提供蓄电池电压、保险丝熔断或由于蓄电池变质而导致出现突然的电压降时。

② 维修天窗系统期间由于技术人员的不熟导致出现设置解除时。

③ 出现部件损坏、短路或漏电时。

④ 保持天窗开关在“OPEN”位置时。

（2）天窗设置解除后的现象

① 无自动操作功能。

② 关闭天窗时，即使在结束关闭操作后继续工作至倾斜位置。

③ 天窗打开和倾斜程度明显低。

④ 操作天窗开关时，天窗不正常工作。

（3）天窗的“0点”复位

① 使用天窗开关关闭天窗并保持这个位置约10s。如果成功完成“0点”设置，则可以从这个位置开始正常打开天窗。

② 检查天窗是否完全关闭。使用天窗开关倾斜天窗并保持这个位置约10s（“0点”设置）。

③ 使用天窗开关关闭天窗。

（4）复位后检查

① 如果天窗不正常工作，则检查电源系统。

如果电源系统处于正常状态时天窗不工作，则检查天窗电动机和天窗控制单元并且按需要更换相关故障部件。首先更换天窗控制单元并操作天窗。如果故障仍出现，应更换天窗电动机。

② 如果天窗仅在操作开关时工作，检查开关的搭铁线路并再次复位天窗系统。

9.1.2 2005款起享御油液规格

项　　目	容量/L		规　　格
	D20DT	D27DT	
发动机机油	7.5	8.5	双龙正品机油
发动机冷却液	11.5	11.58	双龙正品冷却液

续表

项目	容量/L		规格
	D20DT	D27DT	
自动变速器油	8.0	8.0	SHELL AFT 3353 或 FUCHS AFT 3353
手动变速器油	4WD:3.6;2WD:3.4	4WD:3.6	双龙正品变速器油 DEXRON-Ⅱ
分动器油	1.3	1.3	双龙正品分动器油 DEXRON-Ⅲ
车桥油(AT 前桥)	1.4	1.4～1.5	双龙正品润滑油 API GL-5 或 SAE 80W
车桥油(MT 前桥)	1.4	1.4	
车桥油(实心轴悬架)	1.9	2.2	双龙正品润滑油 GL-5 或 SAE 80W
刹车油、离合器油	根据需要	根据需要	双龙正品油液 DOT4
动力转向机油	1.0	1.0	双龙正品油液 DEXRON-Ⅲ

9.1.3 2005款起享御车轮定位数据

项目		规格
悬架类型		双叉臂
弹簧类型		螺旋弹簧
减振器类型		圆柱形双管(氮气型)
稳定器类型		扭杆
车轮定位	前束	(2±2)mm
	外倾角	−0.19°±0.3°(两端的外倾角之差应低于 30′)
	主销后倾角	4.4°±0.5°(两端的主销后倾角之差应低于 30′)
位置高度		(96.5±5)mm

9.2 爱 腾

9.2.1 2006款起爱腾车轮定位数据

项目		规格
悬架类型		双叉臂
弹簧类型		螺旋弹簧
减振器类型		圆柱形双管(氮气型)
稳定器类型		扭杆
车轮定位	前束	(2±2)mm(0～4mm)
	外倾角	−0.19°±0.3°(两端的外倾角之差应低于 0.5°)
	主销后倾角	4.4°±0.5°(两端的主销后倾角之差应低于 0.5°)
位置高度(拧紧上摆臂/下摆臂/减振器万向节叉螺母)		(86.5±5)mm

9.2.2 2006款起爱腾天窗复位操作

如果天窗不正常工作，则检查并复位天窗控制单元。

(1) 为了防止部件受损和人员受伤，解除天窗设置

① 操作天窗期间不提供蓄电池电压、保险丝熔断或由于蓄电池变质而导致出现突然的电压降时。

② 维修天窗系统期间由于技术人员的不熟导致出现设置解除时。

③ 出现部件损坏、短路或漏电时。

④ 保持天窗开关在“OPEN”位置时。

(2) 天窗设置解除后的现象

① 无自动操作功能。

② 关闭天窗时，即使在结束关闭操作后继续工作至倾斜位置。

③ 天窗打开和倾斜程度明显低。

④ 操作天窗开关时，天窗不正常工作。

(3) 天窗的“0点”复位

① 使用天窗开关关闭天窗并保持这个位置约10s，如果成功完成“0点”设置，则可以从这个位置开始正常打开天窗。

② 检查天窗是否完全关闭，使用天窗开关倾斜天窗并保持这个位置约10s（“0点”设置）。

③ 使用天窗开关关闭天窗。

(4) 复位后检查

① 如果天窗不正常工作，则检查电源系统。

如果电源系统处于正常状态时天窗不工作，则检查天窗电动机和天窗控制单元并且按需要更换相关故障部件。首先更换天窗控制单元操作天窗。如果故障仍出现，应更换天窗电动机。

② 如果天窗仅在操作开关时工作，检查开关的搭铁线路并再次复位天窗系统。

9.3 路　　帝

2004款起路帝遥控器匹配：

(1) 编码过程

① 从钥匙孔中拔出点火钥匙。

② 把No.3端子（REKES编码）和No.16端子（蓄电池正极）连接到诊断连接器跨接电线上。诊断连接器接口如图9-1所示。

图9-1　诊断接口座

③ 短暂按下遥控器上的任意按钮（约0.5s）。

④ 编码成功时，转向信号灯闪烁一次并且警告喇叭响一次。

⑤ 如果编码失败，重复步骤①～④。

双遥控器匹配时必须使用SAN-100。

(2) 遥控器编程

——只能匹配一个遥控器。

——匹配过程中不输出接收到的代码。

① 编程端子：OFF到ON（提供蓄电池电压）。

② 按下遥控器上的LOCK、UNLOCK或PANIC开关。

③ 匹配期间输出危险警告灯 0.5s（一次）和喇叭声 0.04s（一次）。

④ 代码输出条件如下。

——拔出钥匙并将编程端子置于 OFF（搭铁）期间，CUSTOM 和 ID 代码正确并且滚动代码在工作范围内时系统输出功能代码。

——有效功能代码：LOCK/UNLOCK/PANIC。

9.4 雷 斯 特

9.4.1 2006 款起雷斯特电动车窗初始化

（1）系统初始化

如果更换雨刮器电动机或调节器或者由于检测到故障而删除初始化操作，应再次识别雨刮器的顶部位置，这称为“初始化”。使用驾驶席电动门窗开关并保持操纵开关状态约 1s 的时间把驾驶席门窗移动顶部位置时发生初始化。

除非初始化系统，否则不能启动自动上升功能并且不能记忆门窗位置。

（2）系统重新初始化（识别电动门窗工作特性）

初始化后升高/降低门窗约 5 次，识别车辆的门窗工作特性（位置、速度等）。这样，可以在启动防夹功能时应用校正阻力（不到 100N）。

9.4.2 2006 款起雷斯特车轮定位数据

项　目		数　据
前悬架	外倾角	0.12°±0.5°
	主销后倾角	4.28°±0.5°
	车轮前束	0.13°±0.13°(2mm±2mm)
	两端的外倾角和主销后倾角之间的差应小于 0.5°	—
后悬架	外倾角	−0.5°±0.5°
	车轮前束	0.16°±0.18°(2.8mm±2.8mm)
	两端的外倾角和主销后倾角之间的差应小于 0.5°	—

第10章 Chapter 10

奇瑞汽车

10.1 艾瑞泽 7

10.1.1 2013 款起艾瑞泽 7 天窗初始化方法

天窗初始化如下。

把天窗玻璃运行到完全张开（Tilt）状态下继续按住张开（Tilt）的按钮 15s 以下，即可恢复。

10.1.2 2013 款起艾瑞泽 7 雨刮维修模式进入与退出方法

① 雨刮维修模式的进入：钥匙从 ON 挡打到非 ON 挡，10s 内操作一次雨刮开关至点刮/低速挡/高速挡，雨刮会运行至行程最大位移附近停止，以方便维修。

② 雨刮维修模式的退出：钥匙打到 ON 挡，再激活一次雨刮开关至点刮，雨刮会回位。

10.1.3 2013 款起艾瑞泽 7 里程清零方法

（1）行驶里程 1

① 在行车电脑 1 模式下长按 SET 键。

② 维持在 D2/D3 时间超过 2h（D2/D3 电源模式 IGN 关闭）。

③ 在 D4 模式下，行驶里程不保存。

（2）行驶里程 2

在行车电脑 2 模式下长按 SET 键。

当且仅当里程总计第一次未超过 256km 时，在 D4 模式下按住 SET 键，使 ICM 进入 D2 条件下，并持续 20s，里程总计唯一清零一次。

10.1.4 2013 款起艾瑞泽 7 保养归零方法

保养里程不能因为断电而丢失，保养里程有两种清零方式。

① 手动清除方式：在 D2/D3 状态下，按住 SET 键，然后 KEYON，即仪表在 D1 状态下持续 5s，保养里程即可清零。

② 通过诊断仪清零。

10.1.5 2013 款起艾瑞泽 7 底盘四轮定位数据

项　目	测试对象	参　数
整车型号	SQR7160J421 型轿车	

续表

项　目	测试对象	参　数
前悬架	前轮外倾角	−0.4°±20′
	主销后倾角	3.95°±30′
	主销内倾角	12.56°±30′
	前轮前束	−0.05°±6′
后悬架	后轮外倾角	−0.7°±20′
	后轮前束	0.11°±10′
侧滑量		≤3m/km

10.1.6　2013款起艾瑞泽7方向盘转角传感器初始化方法

在车辆每次断电后都需要进行方向盘转角传感器初始化，否则仪表点亮ESP警告灯。

方法一：启动发动机，在原地把方向盘往左边打到底，再往右边打到底，方向盘转角传感器初始化完成，警告灯熄灭。

方法二：启动发动机，车辆开始行驶，当速度达到20km/h以上时，方向盘转动超过10°转角，方向盘转角传感器既能自动完成初始化，警告灯熄灭。

10.1.7　2013款起艾瑞泽7无钥匙进入及一键式启动系统紧急停止发动机操作方法

车辆行驶中，若发生突发状况，需要立即停止启动发动机，有如下两种途径可以实现。

① 快速、连续按下启动开关（2s之内按3次以上）。

② 持续按住启动开关（按下3s以上）。

10.2　东方之子

10.2.1　东方之子保养灯归零

装配ACTECO2.0发动机的车型，发动机保养指示灯每5000km亮一次（前期生产的部分车辆为7500km），清除时打开点火开关，将调节按钮切换在瞬时油耗下，按住3s以上，自动清除，如图10-1所示。

图10-1　东方之子仪表

10.2.2　奇瑞车系电动天窗初始化设定

天窗初始位置设置操作方法如下。

① 东方之子、CROSS 车型：把天窗玻璃运行到完全关闭状态下，继续按住关闭的按钮 15s 以上，即可恢复。

② 风云/旗云车型：按住按键使天窗完全关闭后，再次按住关闭按键至少 5s。

③ 瑞虎车型：把电瓶线断掉，或拔下保险，然后再重新装复即可。

④ A5 车型：和其他车不一样，初始位置基本不会丢失。

⑤ A3 车型：

a. 在天窗关闭时按住天窗打开开关直到天窗完全打开，继续按住打开开关 5s，然后松开。

b. 2s 之内按住天窗关闭开关直到天窗完全关闭，继续按住关闭开关 5s 后松开，学习完毕。

10.2.3 东方之子大灯开启时 DVD 静音的解决方法

① 针对东方之子豪华型配置车辆在大灯开启时，DVD 出现自动静音问题，经分析，DVD 自动静音是由于免提电话系统面板（东方之子-7905015）受到电磁干扰所致。

② 整改措施：将面板（东方之子-7905015）内 Speaker＋/－两根线分别包好接入插接件。

10.3 A5-旗云 3-E5-旗云 5

10.3.1 2012 款起旗云 5 油液规格

容量和规格参数/L		
发动机机油	SQR481FC	4～4.5
变速箱油	QR523MHD	2.2±0.1
	QR019CHA	8±0.2
冷却液		7.5～8
风窗玻璃洗涤液		2.5
油箱		65
动力辅助转向液		MAX 记号
制动液/离合器油储罐		MAX 记号

10.3.2 2012 款起旗云 5 车轮定位数据

项　目	测试对象	参　数
前悬架	前轮外倾角	−0.50°±1′
	主销后倾角	3.13°±1′
	主销内倾角	12.7°±1′
	前轮前束	1′±6′(单边)
后悬架	后轮外倾角	0.42°±1°
	后轮前束	0°±6′(单边)
侧滑量		≤3m/km

10.3.3 2012 款起旗云 5 制动器检测数据

项　目	参　数
车轮螺栓的拧紧力矩	(110±10)N·m
最大设计车速大于 100km/h 的机动车的车轮动平衡要求	单边动不平衡量不超过 10g
制动踏板自由行程的合理范围	设计定于 10～15mm

续表

项　目	参　数
制动摩擦副的合理使用范围	前:摩擦材料厚度 11.2mm
	前:摩擦有效厚度 9.2mm
	后:摩擦材料厚度 10.2mm
	后:摩擦有效厚度 8.2mm

10.3.4 2005 款起 A5、2010 款起旗云 3 保养灯归零

奇瑞 A5 装配 ACTECO1.6L 和 2.0L 发动机的车型，发动机保养指示灯每 5000km 亮一次，保养灯归零操作程序如下。

① 清除时关闭点火开关，然后按住模式开关不放。

② 再打开点火开关，此时放掉模式开关，如图 10-2 所示。

③ 在 3s 内同时按住模式开关和时钟开关（按住时间要大于 2s），保养灯即可清除。

图 10-2　奇瑞 A5、旗云 3 仪表

10.3.5 2011 款起 E5 保养灯归零

① 在点火开关 OFF 挡下，一直按住左调节杆。

② 把点火钥匙打到 ON 挡，不松开调节杆，直到保养灯熄灭。E5 仪表如图 10-3 所示。

图 10-3　奇瑞 E5 仪表

10.3.6 2011 款起 E5 车型天窗不能控制的处理方法

（1）天窗模块不能正常控制天窗的状态

① 当完全打开功能键失效的时候，或者按一次电源不能正常运行时（Onetouch）。

② 天窗打不开的时候或不能完全关闭和打开。

(2) 根本原因分析

① 当天窗在非初始位置更换电池后会出现该情况。

② 在天窗模块供电以后，当天窗运行过程中把天窗模块的插头拔下。

③ 天窗模块控制器不能恢复正常位置的时候。

④ 在天窗运行过程中拔下供电电源时。

(3) 解决方法：把天窗模块重新启动并恢复其初始记忆

① 把天窗玻璃运行到完全张开（Tilt）状态下继续按住 15s 以上张开的按钮，即可恢复。

② 确认：完全打开功能键正常启动时，SCU 控制器也正常启动并恢复其初始位置。

10.4 旗云 2

10.4.1 2009~2011 款旗云 2 保养灯归零

(1) 老状态的清零方法

手动清除：IGN OFF（保证此时 LCD 屏处于熄灭状态，否则仪表会进入时钟调节模式），按住仪表上左调节杆不放，再 IGN ON，持续 20～30s 即可清除。

(2) 新状态的清零方法

手动清除：IGN OFF（保证此时 LCD 屏处于熄灭状态，否则仪表会进入时钟调节模式），按住仪表上左调节杆不放，再 IGN ON，持续 5s 即可清除。

LCD 熄灭是指背光熄灭。新老状态仪表零件号相同。旗云 2 仪表如图 10-4 所示。

图 10-4 奇瑞旗云 2 仪表

10.4.2 2012 款起旗云 2 保养灯归零

保养指示灯清零方法如下。

点火开关在 OFF 挡，一直按住左调节杆，把点火钥匙打到 ON 挡，不松开调节杆，直到保养灯熄火。

10.4.3 2012 款起旗云 2 里程总计清零

如果在蓄电池为仪表提供电源之前，按下右调节按钮，再加上蓄电池电源，并且持续 20s，里程累计复位（只有当里程累计读数小于 256km 时，并且只能复位一次）。

10.4.4 2012 款起旗云 2 仪表指示说明

旗云 2 仪表指示说明如图 10-5 所示。

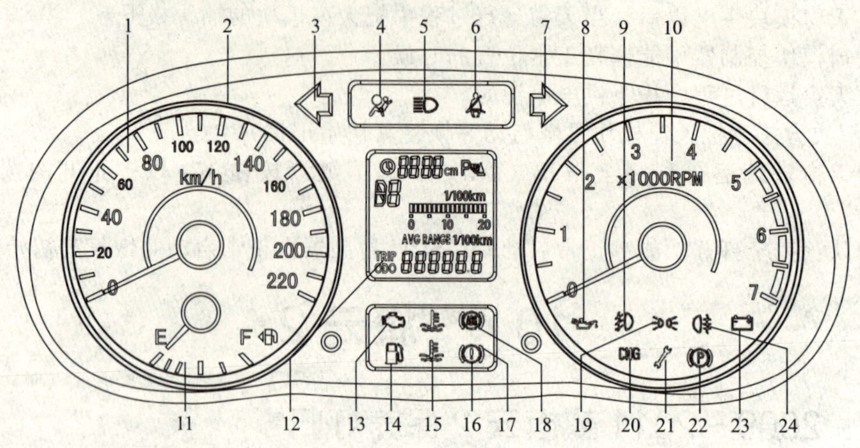

图 10-5 旗云 2 仪表部件与指示信号

1—速度表；2—时钟；3—左转向信号灯；4—安全气囊警示灯；5—远光指示灯；6—安全带未系指示灯；7—右转向信号指示灯；8—机油压力低警示灯；9—前雾灯；10—转速表；11—燃油表；12—LCD 显示屏；13—发动机故障警示灯；14—燃油低油位警示灯；15—温度指示符；16—制动系统警示灯；17—冷却液温度/液面警示灯；18—ABS 系统警示灯；19—停车/位置灯；20—CNG 故障警示灯（预留）；21—保养指示灯；22—驻车制动指示灯；23—蓄电池充放电指示灯；24—后雾灯

10.4.5 2012 款起旗云 2 车轮定位数据

项　目	测试对象	参　　数	
整车型号		SQR7164A150/N SQR7150A150/N SQR7153A150	SQR7150A150 SQR7164A150
前悬架	前轮外倾角	−30′±20′	−30′±30′
	主销后倾角	1°30′±30′	
	主销内倾角	3°25′±30′	
	前轮前束	0°±10′	
后悬架	后轮外倾角	−1°30′±10′	−1°30′±20′
	后轮前束	20′±10′	
侧滑量		≤3m/km	

10.5 风云 2

10.5.1 2009~2012 款风云 2 保养灯归零

① 插钥匙。

② 按住调节杆。

③ 钥匙转到 ON（不需要着车）。

④ 按住调节杆不放，停几秒，松开。

⑤ 再按住调节杆不放，然后向右转扭一下，松开。风云 2 仪表如图 10-6 所示。

图 10-6　风云 2 仪表

10.5.2　2009 款起风云 2 车轮定位数据

项　　目	测试对象	参　　数
整车型号	SQR7151A130、SQR7151A13T0、SQR7151J150、SQR7151J15T0	
前悬架	前轮外倾角	－30′±30′
	主销后倾角	3°18′±30′
	主销内倾角	11°42′±30′
	前轮前束	0°±10′
后悬架	后轮外倾角	－90′±20′
	后轮前束	10′±15′
轮胎型号		185/60 R15
轮辋型号		15×6J

10.6　旗云 1-A1

10.6.1　2013 款起 A1 车轮定位数据

项　　目	测试对象	参　　数
前悬架	前轮外倾角	52′±52′
	主销后倾角	3°30′±30′
	主销内倾角	12°48′
	前轮前束	6′±6′(单边)
后悬架	后轮外倾角	0°±30′
	后轮前束	0°±30′

10.6.2　2013 款起 A1 油液规格

项　　目		容量/L
发动机机油	SQR473F	3.5±0.5
	SQR371F	2.8±0.2
变速器油	QR513EHA	1.8±0.1
	QR512MHE	2.1
冷却液		6.5
燃油箱		43

10.6.3　2013 款起 A1 仪表信号说明

A1 仪表信号说明如图 10-7 所示。

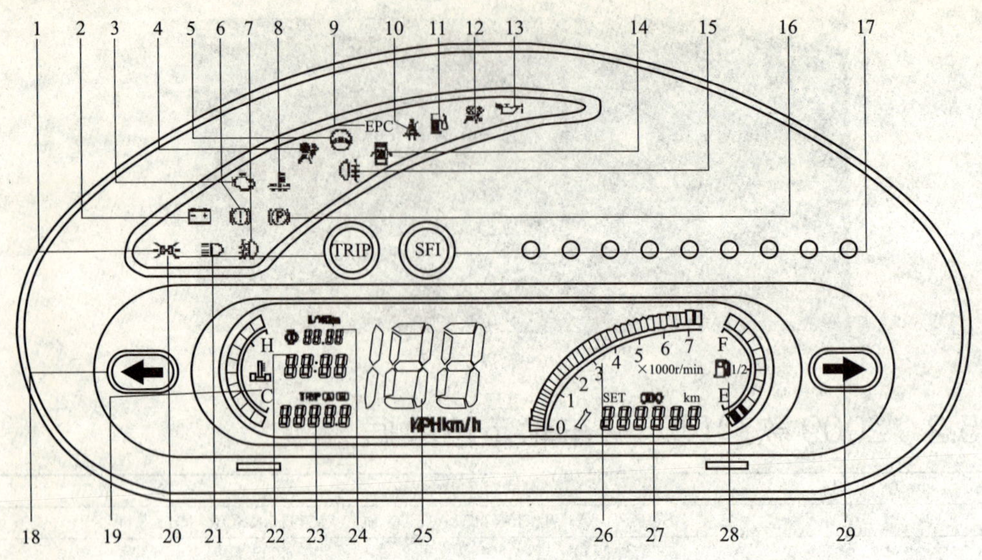

图 10-7　A1 仪表部件与指示信号

1—位置灯；2—蓄电池充放电指示灯；3—发动机排放系统故障；4—安全气囊；5—EPS；6—制动系统故障指示灯；7—前雾灯指示灯；8—冷却液温度过高指示灯；9—变速器故障指示灯；10—安全带未系警示灯；11—燃油油位警示灯；12—PAB（预留）；13—机油压力低警示灯；14—车门未关警示灯；15—后雾灯警示灯；16—驻车制动灯；17—功能选择键；18—左转向信号灯；19—水温表；20—切换键；21—远光指示灯；22—电子时钟；23—里程表；24—瞬时油耗；25—车速表；26—转速表；27—行驶总里程表；28—燃油表；29—右转向信号灯

10.7　A3

10.7.1　2008 款起 A3 保养灯归零

归零操作程序如下。

① 清除时关闭点火开关，然后按住模式开关不放。

② 再打开点火开关，此时放掉模式开关。

③ 在 30s 内同时触动模式开关和时钟开关（触动时间<2s），保养灯即可清除。仪表样式如图 10-8、图 10-9 所示。

10.7.2　2008 款起 A3 大灯延时关闭设定方法

A3 有 Follow Me Home 功能，可以在昏暗的地方离开汽车时提供灯光照明（位置灯和近光灯）。此时灯的功能相当于将灯开关打开到大灯位置，车内背光灯均可以通过背光旋钮调整。操作的前提条件是拔出点火钥匙 2min 以内操作大灯超车开关。

操作方法如下。

① 拔出点火钥匙，在 2min 之内拨动超车灯开关小于 2s，即可启动大灯延时关闭功能。

② 每拨一次超车灯开关（<2s）将会使近光灯、位置灯亮的时间延长 30s。例如连续拨 4 次，那么灯光将会亮起 120s。大灯延时关闭功能最长只能延长 240s。

③ 如果取消延时关闭功能，可将超车灯开关拨住 2s 以上然后松开，或者把车钥匙插入点火开关。

图 10-8　奇瑞 A3 仪表（旧款）

图 10-9　奇瑞 A3 仪表（新款）

④ 在点火钥匙处于关闭状态的 2min 内，可以通过拨动超车灯开关重新启动大灯延时关闭功能。

10.7.3　2008 款起 A3 位置灯自动关闭设定方法

为了在离开汽车之后继续提供一段时间照明或者防止忘记关闭，A3 车有位置灯自动关闭功能。

操作方法如下。

① 在拔下点火钥匙前，打开位置灯，之后拔下点火钥匙，打开并关闭左前门。从打开左前门的时刻起前 BCM 开始 3min 计时，3min 之后位置灯自动熄灭。

② 如果要取消位置灯自动关闭功能，只需在没有插入点火钥匙、门处于开启状态而且位置灯熄灭之后把位置灯关闭，然后再打开即可。此时位置灯将一直亮，直到关闭位置灯。

10.7.4　2008 款起 A3 底盘四轮定位数据

项　　目		参　　数
轿车型号		SQR7200M11
前轮	前轮外倾角	−24′±20′
	主销后倾角	3.95°±30′
	主销内倾角	12.56°±30′
	前轮前束	0°±10′

续表

项目		参数
后轮	后轮外倾角	−0.33°±20′
	后轮前束	−0.11°±10′
侧滑量		≤3m/km

10.8 E3

10.8.1 2013～2014款E3电动天窗初始化方法

天窗不能正常运行（开关）的解决措施介绍如下。

(1) SCU不能正常控制天窗的状态

① 当完全打开功能键失效的时候，或者按一次电源不能正常运行时（One touch)。

② 天窗打不开的时候或不能完全关闭和打开。

(2) 根本原因分析

① 当天窗在非初始位置更换电池后会出现该情况。

② 在SCU供电源以后当天窗运行过程中把SCU的插头拔下的时候。

③ SCU控制器不能恢复正常位置的时候。

④ 天窗在运行过程中拔下供电电源时。

(3) 把SCU重新启动并恢复其初始记忆

① 把天窗玻璃运行到完全张开（Tilt）状态下继续按住15s以上张开（Tilt）的按钮，即可恢复。

② 确认：完全打开功能键正常启动时，SCU控制器也正常启动并恢复其初始位置。

10.8.2 2013～2014款E3保养归零方法

保养清零：在OFF挡下，一直按住上调节按钮，把点火钥匙打到ON挡，不松开调节按钮，直到保养灯熄灭。

短按设置键（下调节按钮）可以进行ODO→TRIP A→TRIP B→ODO之间的循环切换，在TRIP A和TRIP B模式下长按设置键（下调节按钮）可以将TRIP A和TRIP B复位清零（图10-10）。

10.8.3 2013款E3电动车窗位置记忆设定

只有在电动车窗位置记忆设置成功后，防夹、遥控升窗、一触升窗功能才能正常工作。

每次断开电源后，必须逐个对每一车窗位置记忆进行设置。在设置期间，车窗无防夹功能，车窗关闭区域内确保无障碍物。设置步骤如下。

① 点火钥匙打到ON挡。

② 手动操作门窗玻璃上升开关，门窗玻璃上升至顶之后，不松开开关，保持2s。

③ 松开开关。

④ 手动操作门窗玻璃下降开关，门窗玻璃下降至底之后，不松开开关，保持2s。

⑤ 松开开关。

⑥ 手动持续操作玻璃上升直至车窗完全关闭。

⑦ 打开车窗之后，尝试自动关闭车窗。

图 10-10　E3 仪表操作按键

⑧ 如果车窗不能自动关闭，请重复上述步骤进行设定。

10.8.4　2013 款起 E3 车轮定位数据

项　　目		数　据
整车型号		SQR7150J520
前轮	前轮外倾角	5′±45′
	主销后倾角	4°26′±45′
	主销内倾角	10°48′±30′
	前轮前束	0′±12′
后轮	后轮外倾角	−1°27′±20′
	后轮前束	6′±20′
侧滑量		≤3m/km

10.9　G3-G5-G6

10.9.1　2010 款起 G5 天窗初始化设定

（1）下列几种情况下要重新进行初始化

① 更换天窗电动机模块。

② 天窗在使用一段时间后，感觉天窗玻璃不能关闭到位（长时间使用，机械组之间有磨损间隙，一般 2 年左右）。

③ 当天窗在非初始位置时更换电池。

④ 当天窗在运行过程中把 SCU 的插头拔下。

⑤ 在天窗供电运行过程中拔下供电电源。

（2）初始化方法

把天窗玻璃玻璃运行到完全关闭状态下继续按住 15s 以上关闭的按钮，即可恢复。

10.9.2 2011款起G6车型底盘四轮定位数据

项　目	检测对象	数　据
前轮	前轮外倾角	−0.7°±40′
	主销后倾角	4.4°±30′
	主销内倾角	4.8°±30′
	前轮前束角	0°±6′(单边)
后轮	后轮外倾角	−0.2°±20′
	后轮前束角	−6′±6′(单边)
侧滑量		≤3m/km

10.9.3 2012款起G3车型保养归零方法

该信号与里程累计有关，保养里程在组合仪表里可以设置（软件设置），也可以进行清除，当车行驶到里程保养公里数时，该报警指示灯常亮；里程保养维护第一次5000km点亮，后续从里程保养灯清零后开始算起5000km后点亮报警灯，可以通过诊断仪或手动进行清除。

只有在Ignition On状态下，车行驶到里程保养公里时，该报警指示灯常亮。

该报警灯有两种清零方式。

① 手动清除方式如下：在IGN OFF状态下，按住右边模式调节键，然后ING ON，放掉右模式调节键，然后同时按下两个调节键，再放掉左边调节键，里程维护保养符号即可清除。

② 通过诊断仪清零。

该报警从清零后开始，当里程再次累加到5000km后再次点亮。

10.10 QQ

10.10.1 2005款起QQ6保养灯归零

装配ACTECO1.3发动机的车型，发动机保养指示灯每5000km亮一次，清除时关闭点火开关，按住调节按钮不动，打开点火开关，继续按住调节按钮3s以后松开调节按钮，保养指示灯自动清除。

10.10.2 2013款起新QQ保养归零方法

从上次保养指示清除后，里程开始累计到下一个5000km时，该指示灯（黄色）亮起，直到使用诊断仪或通过仪表上的调节杆进行清除该指示灯将一直亮着（点火关不亮）。

清除方式：通过诊断仪或手工清除。

手工清除方式：在点火前先按住调节杆（图10-11）不动，然后再打到IGN ON位置，等待5s后，该指示灯将由亮起变成熄灭。

10.10.3 2013款起新QQ底盘四轮定位数据

项　目		参　数
整车型号		SQR7100J000
前轮	前轮外倾角	30′±30′
	主销后倾角	3°±30′
	主销内倾角	12°32′±30′
	前轮前束	10′±10′

续表

项　目		参　数
后轮	后轮外倾角	0′±20′
	后轮前束	0′±15′
侧滑量		≤3m/km

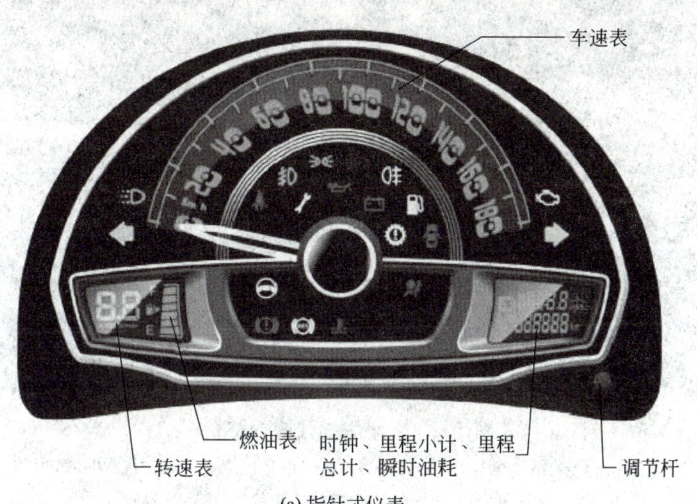

(a) 指针式仪表

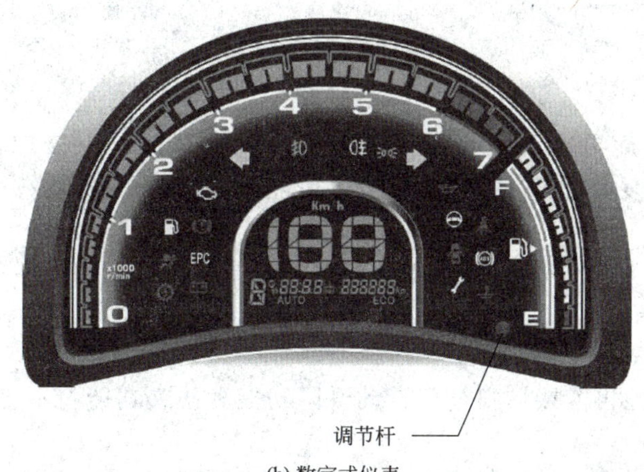

(b) 数字式仪表

图 10-11　新 QQ 仪表

10.11　瑞虎 3-瑞虎 5

10.11.1　2013 款起瑞虎 5 仪表台部件

瑞虎 5 仪表台部件如图 10-12 所示。

10.11.2　2013 款起瑞虎 5 恢复车窗自动升降功能及防夹功能

① 打开点火开关至 ON 挡。

② 关闭所有车窗。

③ 上提电动车窗开关，并将其保持在该位置至少 1s。

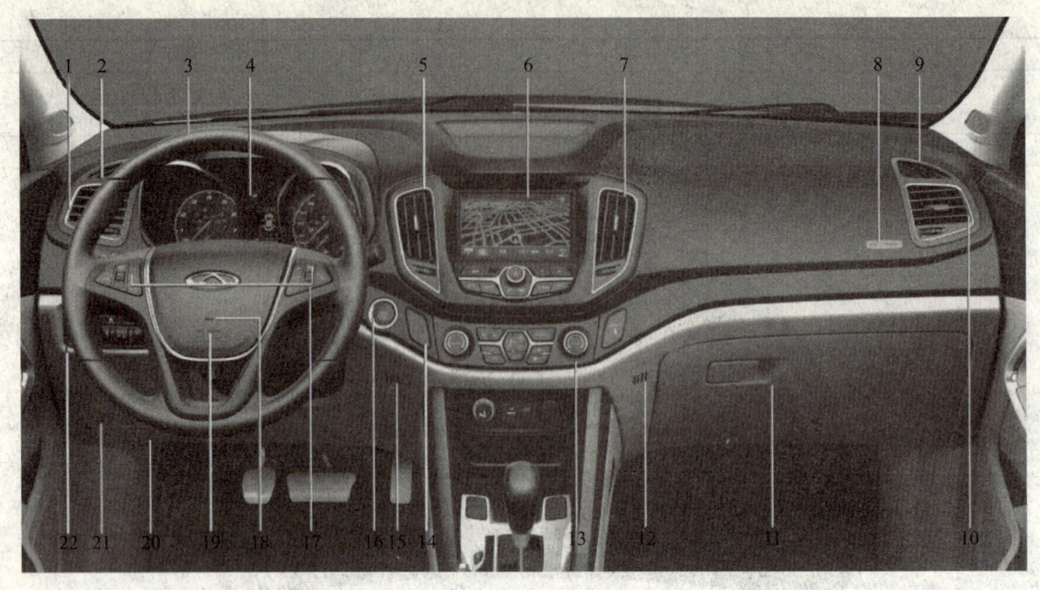

图 10-12 瑞虎 5 仪表台部件

1—左侧出风口；2—左侧除霜通风口；3—方向盘；4—组合仪表；5—左中央出风口；6—音响系统；7—右中央出风口；8—前排乘员安全气囊位置标识；9—右侧除霜通风口；10—右侧出风口；11—手套箱；12—右侧室内温度通风口；13—空调系统；14—危险警示灯开关；15—左侧室内温度通风口；16—启动按钮；17—方向盘组合按键；18—喇叭；19—驾驶员安全气囊位置标识；20—发动机舱盖开启手柄；21—保险丝维修堵盖；22—调节开关总成

④ 松开开关，然后再次上提并保持在上提位置。至此，车窗自动升降功能及防夹功能恢复。可单独恢复某个电动车窗的自动功能，也可同时恢复数个电动车窗的自动功能。

关闭点火开关后，并且未打开驾驶员侧车门或前排乘员侧车门，则在 2min 内，仍可用电动车窗开关控制车窗。

说明：

① 如果断开蓄电池再连接，则车窗自动升降功能和防夹功能将不工作。要恢复这些功能，请按上述步骤设定。

② 如果车窗在短时间内被反复操作，车窗操作会被停止一段时间。一段时间后可以重新控制车窗。

10.11.3 2005 款起瑞虎四轮定位数据

项　目	测试对象	数　据
前悬架	主销后倾角	2°50′±1°
	前轮外倾角	−0.85°±1°
	前轮单轮前束角	33′±10′
	主销内倾角	11°30′±1°
	内轮最大转角	37°
	外轮最大转角	31.2°
后悬架	后轮总前束	18′±30′
	后轮外倾角	−54′±30′

10.11.4　2013款起瑞虎5四轮定位数据

项　目	测试对象	数　据
前悬架	外倾	－10′±45′
	前束	5′±5′
	主销后倾	2°50′±60′
	主销内倾	11°30′±60′
后悬架	外倾	－12′±30′
	前束	10′±10′

10.11.5　2013款起瑞虎5方向盘转角传感器初始化方法

在车辆每次断电后都需要进行方向盘转角传感器初始化，否则仪表点亮EPS警告灯。

方法一：启动发动机，在原地把方向盘往左边打到底，再往右边打到底，方向盘转角传感器初始化完成，警告灯熄灭。

方法二：启动发动机，车辆开始行驶，当速度达到20km/h以上时，方向盘转动超过10°转角，方向盘转角传感器既能自动完成初始化，警告灯熄灭。

10.11.6　2013款起瑞虎5天窗初始化方法

把天窗玻璃运行到完全张开/抬起（Tilt）状态下继续按住15s以上张开/抬起（Tilt）的按钮，即可恢复。

10.11.7　2013款起瑞虎5保养里程清零方法

保养里程不能因为断电而丢失，保养里程有两种清零方式。

① 手动清除方式。在D2/D3状态下，按住SET键，然后KEYON，即仪表在D1状态下持续5s，保养里程即可清零。模式如图10-13所示。

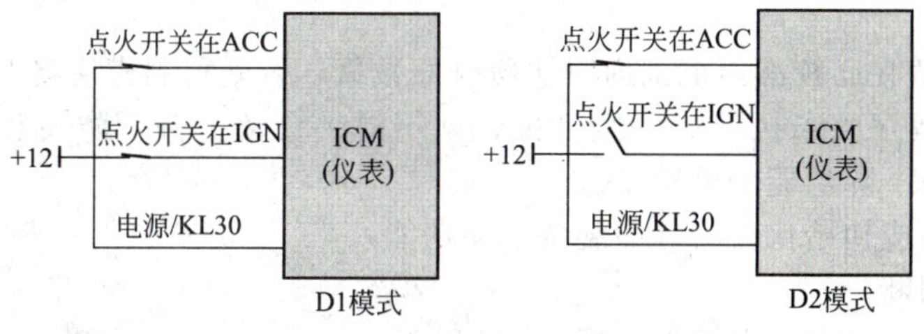

图10-13　D1/D2模式

② 通过诊断仪清零。续航里程信号来源于BCM_BSM_4_G、BCM_ESM_4_G、Pin27频率信号及Pin21燃油传感器阻值信号输入，续航里程显示在D1条件下工作。

10.11.8　2004款起瑞虎保养灯归零

装配三菱2.4AT动力总成的车型，发动机保养指示灯每5000km亮一次，清除时关闭点火开关，按住调节按钮不动，打开点火开关，继续按住调节按钮3s以后松开调节按钮，保养指示灯自动清除。

装配ACTECO1.6发动机的车型，发动机保养指示灯每5000km亮一次，清除方法和装配三菱2.4AT动力总成的车型相同。

第11章 Chapter 11

吉利汽车

11.1 帝豪 EC7

11.1.1 2009款起EC7电动车窗玻璃升降器初始化

（1）初始化操作方法

若要初始化系统，玻璃必须完全上升到顶，并且开关保持上拉状态，直到控制模块停止玻璃升降电动机为止（在车窗位于顶部堵转1s内）。每次系统失去初始化时，必须重复上述操作，以恢复防夹功能。

（2）初始化条件

① 在初始化后，所有规定的系统功能必须可操作。

② 初始化时，控制模块上的电压不得降至9V以下。

③ 当控制模块上的供电电压出现瞬间下降但仍大于6V时，已初始化的状态保持有效。

④ 每次车窗使用自动向上模式至自动停止时（在完全到顶位置），系统将得到最新的完全到顶位置值，并覆盖以前的数值，用于计算完全上升位置。

（3）注意事项

① 只有新数值在已校准值范围内时才覆盖原数值，否则控制模块将忽略新数值。

② 若初始化程序尚未执行或已经丢失，则不提供自动上升、防夹和舒适性关闭功能。手动升、降和自动下降功能仍可操作。

以下情况会造成初始化丢失（如装备防夹功能）。

——电源被切断。

——在升降器移动时，电源电压降至6V以下。

——控制模块检测到不合逻辑的霍尔传感器信号。

——车窗移动到标准操作范围之外的位置。

11.1.2 2009款起EC7天窗初始化方法

当初始位置丢失时可以执行本操作：在完全翻转位置按压翻转开关超过5s，天窗将执行初始化操作。

11.1.3 2009款起EC7底盘四轮定位数据

项　目	检测对象	数　据
前悬架	前轮最大转角左内/外	40°±2°/33.8°±2°
	前轮最大转角右内/外	40°±2°/33.8°±2°
	前轮外倾角	0°±45′

续表

项　目	检测对象	数　　据
前悬架	主销内倾角	12°24′±45′
	主销后倾角	2°42′±30′
	前车轮前束	0.84°±30′
	前轮轮距	(1502±10)mm[(59±0.39)in]
后悬架	后车轮前束	0°±12′
	后轮外倾角	2°42′±45′
	后轮轮距	1492mm(58.7in)(两厢),1483mm(58.4in)(三厢)
	轴距	2620mm(103in)

11.2　帝豪 EC8

11.2.1　2010 款起 EC8 天窗初始化方法

当初始位置丢失时可以执行本操作：在完全翻转位置按压翻转开关超过 5s，天窗将执行初始化操作。

11.2.2　2010 款起 EC8 底盘四轮定位数据

项　目	检测对象	数　　据
前悬架	前轮最大转角左内/外	38.7°±2°/33.52°±2°
	前轮最大转角右内/外	38.7°±2°/33.52°±2°
	前轮外倾角	−0.6°±45′
	主销内倾角	−12.11°±45′
	主销后倾角	−2.96°±45′
	前车轮前束	(0±2)mm
	前轮轮距	1575mm
后悬架	后车轮前束	(4±2)mm
	后轮外倾角	0.864°±45′
	后轮轮距	1560mm
	轴距	2805mm

11.3　全球鹰 GX7

11.3.1　2011 款起 GX7 多功能仪表指南针校准方法

长按调节按钮，待海拔高度显示为 0（或 CLR）后，将方向盘左转打死，车辆缓慢进行左转 360°角度运行，指南针方向将随之变化，海拔高度数字将由 0、10、20、…变化（或保持 CLR 不变），直到运行到 100（或恢复正常显示）后，自动跳出校对状态。指南针方向校准结束。随后进行海拔高度初始值设定。

11.3.2　2011 款起 GX7 海拔高度设置方法

多功能仪表调节按钮用于设置海拔高度初始值。

操作方法为：短按按钮，个位数开始闪烁进入个位调整状态，长按调节个位数值，再次短按，个位数停止闪烁，十位数开始闪烁进入十位调整状态。接着长按调节十位数值，再次短按开始调整百位数，以此类推至千位设定结束。长时间不按按钮则默认为设定结束。

11.4 全球鹰 GC7

11.4.1 2011 款起 GC7 底盘四轮定位数据

系统	项目	数据	
前轮	前轮最大转角	左内/外	37.3°±2°/34°±2°
		右内/外	37.3°±2°/34°±2°
	前轮外倾角	−0°31′±45′	
	主销内倾角	11°19′±45′	
	主销后倾角	2°42′±45′	
	前车轮前束	0mm±2mm 或(0°±12′)	
	前轮轮距	1490mm(58.7in)	
后轮	后车轮前束	−3～4.2mm 或(0.06°±0.36°)	
	后轮外倾角	−1°25′±45′	
	后轮轮距	1470mm(57.9in)	
	轴距	2600mm(102.4in)	

11.4.2 2011 款起 GC7 天窗初始化操作

汽车钥匙打到“ON”挡，点触内藏打开键，再点触内藏关闭键。

11.5 全球鹰熊猫-GX2

11.5.1 2013 款起熊猫油液规格和容量

项目	HQ7101K02	HQ7101L01	HQ7131	HQ7131EA4	HQ7151EA4	HQ7131L05
汽油	93 号及以上级别汽油(北京地区使用 92 号以上级别汽油)					
油箱容量/L	35					
发动机油	API SJ 级或以上；SAE5W/30(热带地区使用 SAE15W/40 或 SAE20W/50)		APISG 级或以上；SAE5W/30、SAE10W/30(热带地区使用 SAE15W/40 或 SAE20W/50)			APISL 级或以上；SAE5W/30(热带地区使用 SAE15W/40 或 SAE20W/50)
加注量/L	3.5					4.5
变速器润滑油	API GL-4 级别，SAE80W/90 黏度(冬季使用 SAE75W/90)		DEXRON Ⅲ			API GL-4 级别，SAE80W/85 黏度(冬季使用 SAE75W/90)
加注量/L	2.2			4.5		2.1～2.4
制动液	DOT4 或 HZY4					
加注量/L	0.5(加注液面位置在刻度线标定范围内)					
助力转向液	无		ATF DEXRON Ⅲ			
加注量/L	无		0.67			
冷却液	乙二醇型发动机冷却液(防冻液)，冰点≤−40℃					
加注量/L	6.0					
风窗洗涤剂	硬度低于 205g/1000kg 的水或适量商用添加剂的水溶液					
加注量/L	2.1					2.3
空调制冷剂	R134a					
加注量/g	490					490±50

11.5.2 2013款起熊猫车轮定位数据

项目	数据	项目	数据
前轮外倾角	−0°47′±45′	主销后倾角	2°47′±45′
后轮外倾角	−0°56′±30′	前车轮前束	(1.1±2)mm
主销内倾角	9°33′±30′	后车轮前束	(3.6±2.2)mm

11.5.3 2013款起熊猫零件更换期

部位	序号	定期更换零件	更换期
制动系统	1	制动总泵皮碗阀和防尘罩	每2年(或按情况需要)
	2	制动总泵皮碗	每2年(或按情况需要)
	3	制动软管	每2年(或按情况需要)
	4	制动分泵阀	每4年(或按情况需要)
	5	制动助力器橡胶件	每2年(或按情况需要)
	6	制动助力器真空软管	每2年(或按情况需要)
	7	制动液	每2年或30000km(或按情况需要)
传动系统	8	手动变速器油	每2年或40000km(或按情况需要)
	9	自动变速器油	首次5000km更换,以后每40000km或2年更换(或按情况需要)
转向系统	10	动力转向液	每40000km或2年(或按情况需要)
空调系统	11	空调滤清器	每10000km或6个月(或按情况需要)
发动机	12	空气滤清器	每10000km或12个月(或按情况需要)
	13	发动机油	首次5000km或3个月进行更换,以后每5000km或6个月进行更换(或按情况需要)
	14	机油滤清器	首次5000km或3个月进行更换,以后每5000km或6个月进行更换(或按情况需要)
	15	燃油滤清器	每30000km(或按情况需要)
	16	发动机冷却液(防冻液)	每1年或30000km;①应经常检查液面高度;②应使用《产品说明书》中规定的型号规格
	17	全部软管	每2年(或按情况需要)
	18	炭罐	每60000km(或按情况需要)
	19	正时皮带	每行驶120000km(或按情况需要)
	20	楔形皮带(包括空调压缩机、水泵皮带)	每50000km(或按情况需要)
	21	PCV系统	每20000km或12个月(或按情况需要)
	22	火花塞	每20000km(或按情况需要)

11.5.4 2011~2013款GX2四轮定位数据

项目	测试对象		数据
前轮	前轮最大转角	左内/外	38.92°±2°/32.28°±2°
		右内/外	38.92°±2°/32.28°±2°
	前轮外倾角		−0°7′±45′
	前车轮前束		(3.0±2)mm
	主销内倾角		8°52′±30′
	主销后倾角		3°±45′
后轮	后轮外倾角		0°43′±45′
	后车轮前束		(2.34±3)mm

11.6 英伦金刚

11.6.1 2013款起金刚天窗复位

如果汽车断过电（如换蓄电池等），天窗要进行复位。

方法：汽车钥匙打到“ON”挡，轻触内藏打开键，再轻触内藏关闭键。

11.6.2 2013款起金刚天窗故障快速维修

问题	原因	解决方法
天窗有风噪声	玻璃板与开口边缘间隙不一致	拆开左右装饰条，拧松玻璃紧固螺母，用薄片插在玻璃跟车顶四周的间隙里，使玻璃跟车顶四周的间隙一致
	玻璃面和车顶的高度不一致	拧松升降架上的紧固螺钉，调节玻璃面高度
	密封条损坏	更换密封条
导轨内有异响	滑槽内有异物	清洁滑槽并加润滑油
天窗不能正常运行	保险丝被烧断	更换保险丝
	开关接触不良	更换开关
	电动机故障	更换电动机
	控制模块故障	更换控制模块
	机械组损坏	更换机械组
天窗漏水	排水管堵塞	用气枪吹排水管
天窗没有防夹和自动关闭功能	控制模块需重新复位	拔掉天窗保险，过5s后插上

11.6.3 2013款起金刚车轮定位数据

项目	数据	项目	数据
前轮最大转角(内/外)	37.2°±2°/32°±2°	主销后倾角	2°±45′
前轮外倾角	−30′±45′	前车轮前束	(1±2)mm
后轮外倾角	−56′±45′	后车轮前束	(3±3)mm
主销内倾角	10°±45′		

11.6.4 2013款起金刚油液规格

项目	JL7151K07、JL7151K15	JL7151K14、JL7151L05	JL7151B05、JL7151C01
汽油	93号及以上级别汽油(北京地区使用92号以上级别汽油)		
油箱容量/L	45		
发动机油	API SG级或以上，SAE 5W/30或SAE 10W/30(热带地区使用SAE 15W/40或SAE 20W/50)	API SL级或以上，SAE 5W/30(热带地区使用SAE 15W/40或SAE 20W/50)	
加注量/L	3.5	4.5	
变速器润滑油	API GL-4级别，SAE 75W/90黏度	API GL-4级别，SAE 80W/85黏度(高寒地区SAE 75W)	EJ-1
加注量/L	2.2	2.1～2.4	2.5
制动液	DOT4或HZY4		
加注量/L	4		
助力转向液	ATF DEXRON Ⅲ		
加注量/L	0.7		

续表

项　目	JL7151K07、JL7151K15	JL7151K14、JL7151L05	JL7151B05、JL7151C01
冷却液	乙二醇型发动机冷却液(防冻液),冰点≤－40℃		
加注量/L	6.5		
风窗洗涤剂	硬度低于 205g/1000kg 的水或适量商用添加剂的水溶液		
加注量/L	2.1		
空调制冷剂	R134a		
加注量/g	600±20		

11.7 英伦 SX7

2011 款起 SX7 四轮定位数据

系　统	项　目	数　据	
前轮	前轮最大转角	左内/外	38.83°/30.77°
		右内/外	38.83°/30.77°
	前轮外倾角	－0.21°±0.75°	
	主销内倾角	11.58°±0.75°	
	主销后倾角	6°±0.75°	
	前车轮前束	(2.8±0.2)mm[(0.04±0.008)in]	
	前轮轮距	1560mm(61in)	
后轮	后车轮前束	(－3.4±2)mm[(－0.13±0.08)in]	
	后轮外倾角	－0.98°±0.75°	
	后轮轮距	1560mm(61in)	
	轴距	2661mm(105in)	

第12章 Chapter 12

比亚迪汽车

12.1 秦

12.1.1 2014 款起秦电动车窗防夹功能初始化

断蓄电池常电，左前窗控自动上升功能失效，防夹功能失效，AUTO 指示灯闪烁。

初始化操作如下。

① 首次拨起窗控开关并保持，使玻璃上升至顶端，当玻璃上升至最顶端后松手。

② 再次拨起窗控开关使其在最顶端位置堵转 400ms，此时窗控开关上的指示灯由闪烁变为点亮，这表明初始化已完成。

12.1.2 2014 款起秦车轮定位数据

项　目	数　据	项　目	数　据
前轮外倾角	−0°04′±45′	后轮总前束	(1.1±3)mm
前轮总前束	(2±2)mm	车轮螺母力矩	120N·m
主销内倾角	11°43′±45′	轮胎气压	250kPa
主销后倾角	5°32′±45′	轮胎尺寸	205/50R17
后轮外倾角	−1°23′±30′		

12.1.3 2014 款起秦制动器检测数据

项　目	数　据	项　目	数　据
前外侧制动片	8.3～19.3mm	前制动盘	26～28mm
前内侧制动片	9.3～20.3mm	后制动盘	7～9mm
后外侧制动片	8.2～16.6mm	车轮动平衡要求	≤10g
后内侧制动片	7.5～15.9mm	制动踏板自由行程	≤5mm

12.1.4 2014 款起秦油液规格与用量

项　目	参考值	项　目	参考值
发动机机油型号	Fuchs TITAN EM 5C 1420	电液模块液压油型号	潘东兴 CHF-BYD
发动机机油用量	3.7L	电液模块液压油用量	1L
变速器润滑油型号	嘉实多 Syntrans BYD 75W	冷却液型号	乙二醇型-40 号(北方冬季)乙二醇型-25 号(南方全年及北方夏季)
变速器润滑油用量	1.8L		
减速器润滑油型号	嘉实多 Syntrans BYD 75W	冷却液用量	11.5L
减速器润滑油用量	0.68L	制动液型号、用量	DOT4(1000±10)mL

12.2 思　锐

12.2.1 2013款起思锐电子防眩罗盘显示内后视镜手动校准方法

(1) 在方向校准开始前的注意事项

① 罗盘显示内后视镜显示的方向是车头所指向的方向。

② 校准时先选择一个空旷平坦的广场或闭环的街区、或环形车道（转盘），并确认好东、南、西、北各个方位。

(2) 校准步骤

第一步：点火启动。

第二步：选定起点位置，可以是东、南、西、北任意一个方位。

第三步：长按内后视镜防眩按键，直到看到镜片右上角显示屏显示几行说明文字（校准操作步骤说明）同时防眩指示灯快速闪烁三次（指示灯从亮到灭为一次）后松开按键。

第四步：以慢速（8km/h以下的速度）驾车环形行驶1圈（360°）或2圈回到起点位置（注意行驶过程中不能熄火，行驶方向顺时针或逆时针均可）。

第五步：调整车头，使车头对着正“南”方向。短按一次按键（按下按键后马上松开手），此时防眩指示灯闪烁三次后罗盘指向“南”方向，校准成功。

第六步：校准成功之后，开车转一圈，以验证显示的各个方向是否正确。如发现不正确或者不准确，可以从第一步开始重新校准。

12.2.2 2013款起思锐八方向显示内后视镜手动校准方法

(1) 在方向校准开始前的注意事项

① 内后视镜显示的方向是车头所指向的方向，此时的显示状态我们称为正常显示状态。但在校准状态下，内后视镜显示的文字只是起提示作用，并不代表车头指向的方向，此时的显示状态我们称为方向校准显示状态。

② 校准工具建议使用回形针。

③ 校准时先选择一个空旷平坦的广场或闭环的街区、或环形车道（转盘），并确认好东、南、西、北各个方位。

(2) 校准步骤

第一步：点火启动，内后视镜右上角的显示窗口将出现文字显示，显示的文字可以是东、南、西、北、西北、西南、东北、东南八个方向的任意一个。

第二步：选定起点位置。可以是东、南、西、北任意一个方位。

第三步：使用回形针按一下内后视镜背面的“确定键”，进入方向校准显示状态；显示窗口将出现“北”字闪烁两下，然后静止。

第四步：以慢速（8km/h以下的速度）驾车环形行驶1～2圈回到起点位置（注意行驶过程中不能熄火，行驶方向顺时针或逆时针均可）。

第五步：调整车头，使车头对着正南方向。按一下“确定键”，显示窗口出现“南”字，此时需要再按一下“确定键”，如果出现“南”字闪烁两下，然后静止，则校准完毕，自动退出方向校准显示状态，进入正常显示状态；否则第二次按下“确定键”如果出现“西”字，则先熄火再从第一步重新调试；如果显示的是其他字符则无需熄火直接从第二步开始重新调试。

第六步：验证，调试好之后，开车转一圈，以验证显示的各个方向是否正确；如发现不正确或者不准确，可以从第一步开始重新调试。

12.2.3 2013款起思锐四轮定位数据

项 目	数据(空载)	项 目	数据(空载)
前轮外倾	0°00′±45′	主销后倾	3°05′±45′
前轮前束	(0±2)mm/±0°10′48″	后轮外倾	−1°00′±30′
主销内倾	8°±45′	后轮前束	(2±2)mm/0°10′48″±0°10′48″

12.3 速 锐

12.3.1 2013款起速锐车轮定位

项 目	参 数	项 目	参 数
主销内倾角度	10.57°～12.47°	前轮单侧前束	0～2mm
主销后倾角度	4.78°～6.28°	前轮外倾角度	−0.82°～0.68°
后轮外倾角度	−1.88°～−0.88°	车轮动平衡要求(动平衡和配重后)	≤5g
后轮单侧前束	−0.95～2.05mm		

12.3.2 2013款起速锐制动器检测数据

制动踏板自由行程	≤5mm	前制动盘	24～26mm
前制动片	9.3～18.3mm	后制动盘	8～10mm
后制动片	8.3～15.3mm		

12.4 S6

2011款起S6四轮定位数据：

车轮定位参数	悬架		车轮定位参数	悬架	
	前	后		前	后
主销后倾角	2°35′±45′	—	前束	(0±1)mm	(1.5±1)mm
主销内倾角	10°40′±45′	—	转向角	内侧：35°28′±2° 外侧：31°13′±2°	—
车轮外倾角	−0°40′±45′	−0°45′±45′			

12.5 M6

2011款起M6四轮定位数据：

项 目	空 载	满 载	项 目	空 载	满 载
前轮外倾	−0.17°±0.75°	−0.23°±0.75°	主销后倾	5.75°±0.75°	6.75°±0.75°
前轮前束	(1±2)mm	(3.7±2)mm	后轮外倾	−0.6°±0.5°	−0.67°±0.5°
主销内倾	11.36°±0.75°	11.7°±0.75°	后轮前束	(1.1±2.5)mm	(2±2.5)mm

12.6 F6

12.6.1 2008款起F6 4G69发动机节气门初始化方法

当更换节气门阀体或发动机-A/T-ECU时，必须以下列操作方式进行初始化控制。

但当电瓶线拆下时不需要此操作。

步骤一：将点火开关拨至“ON”。

步骤二：1s之后将点火开关拨至“OFF”。

步骤三：至少等待10s。

说明：若更换节气门阀体或发动机-A/T-ECU后未进行上述初始化控制，将会造成怠速不稳定。

点火开关被置于OFF位置后，节气门被立即驱动至全开位置以便初始化，然后关闭至limp-home位置。

由于使用了EEPROM（Electrical Erasable Programmable ROM），即使拆下电瓶电极或发动机-A/T-ECU接头，学习记忆的数值仍保存于发动机-A/T-ECU中。

12.6.2 2008款起F6 4G69发动机怠速学习程序

（1）执行目的

当更换发动机-A/T-ECU或初始化学习值时，会因为MPI内的学习值不完全而造成怠速不稳定。

（2）学习步骤

步骤一：启动发动机，暖车到水温80℃或更高（当水温已在80℃或更高时，则发动就不需要热车）。

步骤二：点火开关“LOCK（OFF）”以停止发动机。

步骤三：等待至少10s后再启动发动机。

步骤四：10min后，依下列条件检查怠速是否正常。

自动变速箱选择杆置于P或N。

若发动机水温80℃，则开动会影响发动机运转的装置，如风扇。

备注：若怠速时熄火，检查节气门是否清洁，再由步骤一做起。

（3）注意事项

为了阻止随着发动机老化、工况恶化而造成的怠速改变，发动机-A/T-ECU会对节气门位置进行补偿。

进行发动机-A/T-ECU更换，或者已经存储的学习数值被初始化了的时候，因为存储在发动机-A/T-ECU里面的学习数值已经消失，怠速可能会不稳。在这种情况下，必须进行学习程序。

（4）补充说明

如果车辆没有配备EEPROM，当电瓶的电极断开的时候，学习数值就会被擦掉。车间检修手册当中提到在重新启动发动机之后要让发动机在怠速状态运转10min。

12.7 G3

2010款起G3底盘四轮定位数据：

项目	空载	满载	项目	空载	满载
前轮外倾	−0°17′±45′	−0°17′±45′	后轮外倾	−1°28′±30′	−1°28′±30′
前轮前束	−0.5～3mm(−0°03′～0°18′)		后轮前束	(1.1±2.5)mm(−0°11′～0°24′)	
主销内倾	12°±45′	12°±45′	车轮最大转角	内侧39°12′±3°	外侧33°04′±3°
主销后倾	2°36′±45′	2°36′±45′			

12.8 L3

2011 款起 L3 底盘四轮定位数据：

项　目	空　载	满　载	项　目	空　载	满　载
前轮外倾	−0°17′±45′	−0°17′±45′	后轮外倾	−1°28′±30′	−1°28′±30′
前轮前束	−0.5～3mm(−0°03′～0°18′)		后轮前束	(1.1±2.5)mm(−0°11′～0°24′)	
主销内倾	12°±45′	12°±45′	车轮最大转角	内侧 39°12′±3°	外侧 33°04′±3°
主销后倾	2°36′±45′	2°36′±45′			

12.9 F3

12.9.1 2007 款起 F3 和 F3R 组合仪表背光亮度调节方法

为了满足用户在不同环境时的驾驶需求，F3 组合仪表的背光灯设置了亮度调节功能，用户可根据自己的习惯来调整仪表背光灯的亮度，如图 12-1 所示。仪表背光灯的亮度共设有三个挡位，调整方法如下。

当点火开关处于“ON”位置，且位置灯开关打开时，将里程表显示通过调节按钮切换至 TRIP B 状态下，此时若长按调节按钮，可调节仪表背光灯的亮度。

图 12-1　F3 仪表背景灯显示效果

调节背光灯亮度具体的操作方法如下。

① 按住 F3 仪表上的调节按钮，液晶屏显示 TRIP B 时，松开调节按钮，如图 12-2 所示。

② 打开组合开关的小灯或大灯开关。

③ 此时，按住调节按钮不要松开，背光亮度开始调节，在最亮、一般和最暗三种状态调节，当调节至用户所需时松开按钮即可，用户可按自己的需要来设定背光亮度。

④ 调节完毕后，再按调节按钮，将里程表显示从 TRIP B 切换至 ODO，如图 12-3 所示。

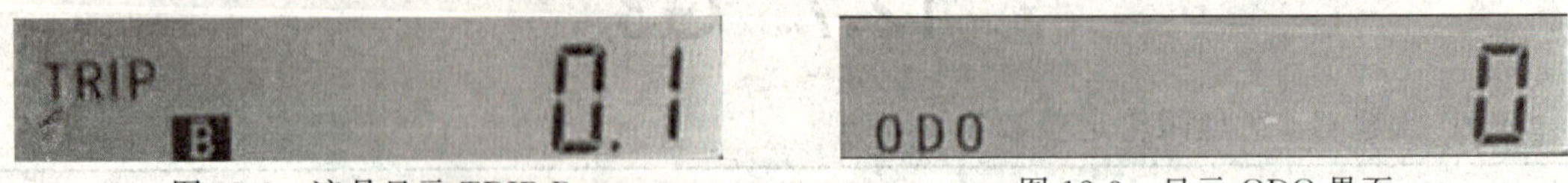

图 12-2　液晶显示 TRIP B　　　　图 12-3　显示 ODO 界面

提示：调节背光亮度时，需打开组合开关的小灯或大灯开关，否则无法调节。

12.9.2 2007 款起 F3 车系内后视镜方向显示功能校准方法

F3 系列车型上装配的带方向显示功能的车内后视镜，按方向显示校准方法的不同分为两种：单孔和双孔。单孔的只有一个“确定键”，双孔的有“确定键”和“选择键”，如图 12-4所示。

当车内后视镜的方向显示不准时，需要进行校准。以下分别针对两种车内后视镜的方向显示校准方法进行介绍。

(1) 单孔车内后视镜方向校准方法

① 校准时先选择好一个空旷平坦的广场或闭环的街区、环形车道（转盘）等，并确认好东、南、西、北各方位。

② 调整时需要依次按三次“确定键”，第一次在起点处按“确定键”，按到位的标志是显示屏出现闪烁的“北”字；第二次是从起点处转了一圈回到起点处时按“确定键”，按到位的标志是显示屏显示“南”字；第三次是将车头正对正南方向时按“确定键”，按到位的标志是显示屏“南”字闪烁。详细的调整步骤如下。

调试时行车速度建议挂一挡正常地行驶。

方向校准具体步骤如下。

① 将车调整到车头朝南方（大致的方向即可），停车，不要熄火。

② 使用回形针按一下“确定键”，将进入方向校准显示状态。显示窗口先出现闪烁的“北”字，然后显示静止的“北”字，如图 12-5 所示。

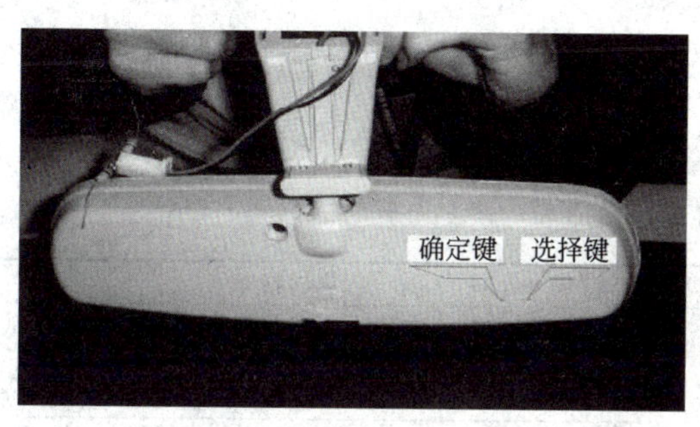

图 12-4　仪表操作键位置

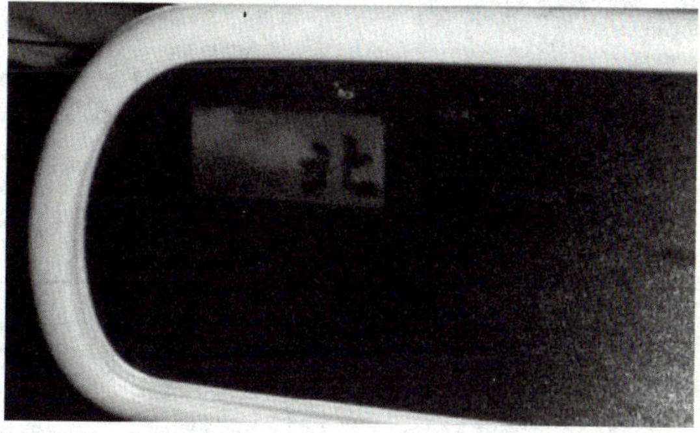

图 12-5　显示方位效果

③ 以 8km/h 以下的速度驾车转圈行驶 1～2 圈。

④ 调整车行驶方向进入起点位置，并且调整车头方向为正南，将车停下来，不熄火。

⑤ 按一下“确定键”，显示窗口会显示“南”字。

⑥ 再按一下“确定键”，可以看到“南”字闪动，然后显示静止的文字。

这一步调试完成后，则退出方向校准显示状态，回到正常显示状态。如果第六步骤完成之后不显示“南”字，则再从第一步重新调试。如果看到西字不断闪动，那么先要把车熄火，再重新点火，重新调试。如果显示“南”字则调试完毕。

(2) 双孔车内后视镜方向校准方法

① 将车调整到车头朝南方（大致的方向即可），停车，不要熄火。

② 使用回形针按一下“确定键”，将进入方向校准显示状态，显示窗口显示“东”字。

③ 按一下“确定键”，显示窗口显示“北”字。

④ 以 8km/h 以下的速度驾车转圈行驶 1～2 圈。

⑤ 调整车头对着正南方向，将车停下来，不熄火。

⑥ 按一下“确定键”，显示窗口会显示“东”字。

⑦ 按一下“选择键”，显示窗口会显示“南”字。

⑧ 再按一下“确定键”，可以看到“南”字闪动。

⑨ 再按一下“选择键”，显示窗口会显示“西”字。

⑩ 再按一下“确定键”，显示窗口会显示“南”字。

步骤⑩调试完成，则退出方向校准显示状态，回到正常显示状态。如果第⑩步完成之后不显示“南”字，则再从第①步重新调试。如果显示“南”字则调试完毕。

⑪ 验证，调试好之后，开车转一圈，以验证显示的各个方向是否正确。

注意事项：

① 校准时应选择一个空旷平坦的广场或闭环的街区、或环形车道（转盘），并确认好东、南、西、北各个方位。

② 要记下调试开始的位置，调试开始的位置指第一次按下“确定键”显示屏显示闪烁的“北”字时车所处的位置。

③ 首先调试过程中车不能有熄火的情况发生，调试时，如果是一个人开车，建议将车停稳（踩刹车）之后，再按“确定键”。如果是两个人，一个开车，一个按“确定键”，则可以在行车的过程中按“确定键”。

④ 调试时必须转一圈以上，转两圈的效果更好。

⑤ 调试时车速以 8km/h 以下的车速转圈都可以，车速要求平稳，不能熄火，车速慢些，效果更好。

12.10 F0

12.10.1 2009 款起 F0 油液规格

类型	用量	规 格
发动机润滑油	3L	10W-30/40(南方各季节和北方春、夏、秋季用) 5W-30(北方冬季用) SG 级以上
变速器使用的齿轮油	1.6L	75W-90(北方冬季) 80W-90(北方夏季和南方全年) API 等级 GL-4 级或以上
空调系统冷媒	450g	HFC-134a
冷却系统冷却液	3.5L	−25℃,高质量乙二醇冷却液
制动系统制动液	1.0L	DOT3
液压转向系统转向液	0.8L	ATF DEXRON Ⅲ

12.10.2 2009 款起 F0 保险丝与继电器信息

（1）前舱配电盒

图 12-6 为发动机舱保险丝盒。

（2）组合仪表部分

① 组合仪表（右视，图 12-7）。

② 组合仪表（左视，图 12-8）。

③ 组合仪表（背部，图 12-9）。

（3）仪表板继电器盒部分

图 12-10 为仪表板继电器盒。

（4）前舱继电器盒部分

图 12-11 为发动机舱继电器。

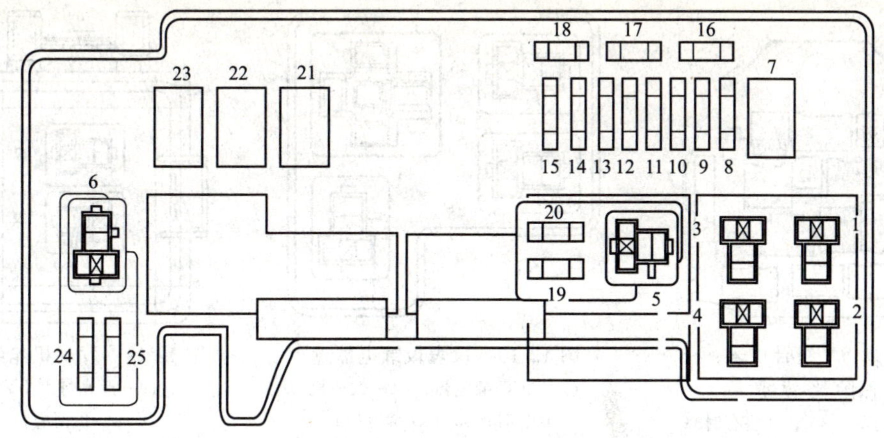

图 12-6 发动机舱保险丝盒

1—电喇叭继电器；2—油泵继电器；3—冷却风扇继电器；4—电喷主继电器；5—A/C 电磁离合继电器；6—前雾灯继电器（装有时）；7—前大灯（40A）；8—AM2（30A）；9—前雾灯（15A）（装有时）；10—电喷控制（30A）；11—DOME（15A）；12，13，22—空位；14—警示灯（10A）；15—电喇叭（10A）；16—备用保险（30A）；17—备用保险（15A）；18—备用保险（10A）；19—左前远光灯（10A）；20—左前近光灯（10A）；21—冷却风扇（30A）；23—ABS（60A）（装有时）；24—右前近光灯（10A）；25—右前远光灯（10A）

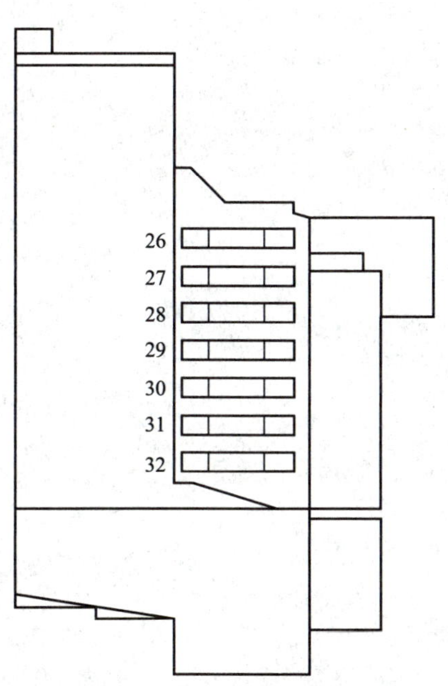

图 12-7 组合仪表保险丝盒-右

26—备用保险（7.5A）；27—车门锁（25A）（装有时）；28—后除霜（20A）（装有时）；29—尾灯（7.5A）；30—车载诊断（7.5A）；31—空调（7.5A）；32—后雾灯（7.5A）

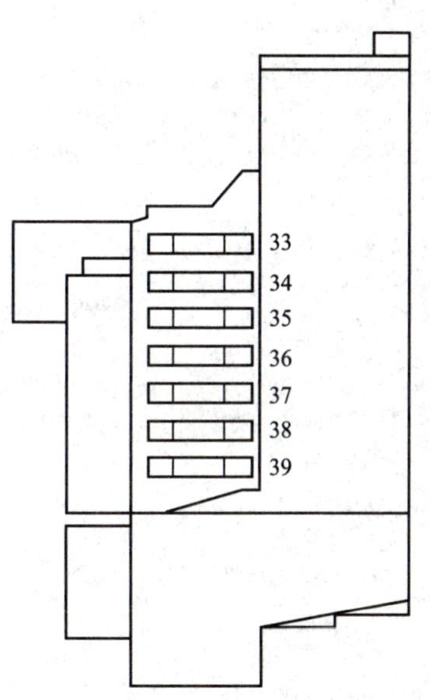

图 12-8 组合仪表保险丝-左

33—音响系统 ACC（15A）；34—IG2（15A）；35—倒车灯（10A）；36—制动灯（10A）；37—IG1（15A）38—雨刮（20A）；39—ECU-IG（7.5A）

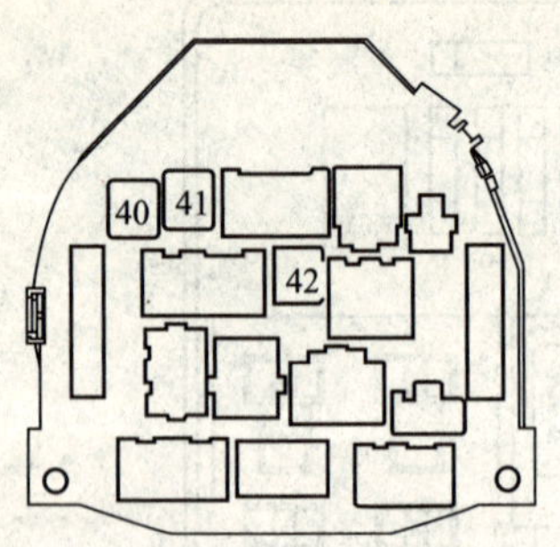

图 12-9　组合仪表保险丝-背部

40—电动窗（30A）（装有时）；41—AM1（40A）；42—鼓风机（40A）

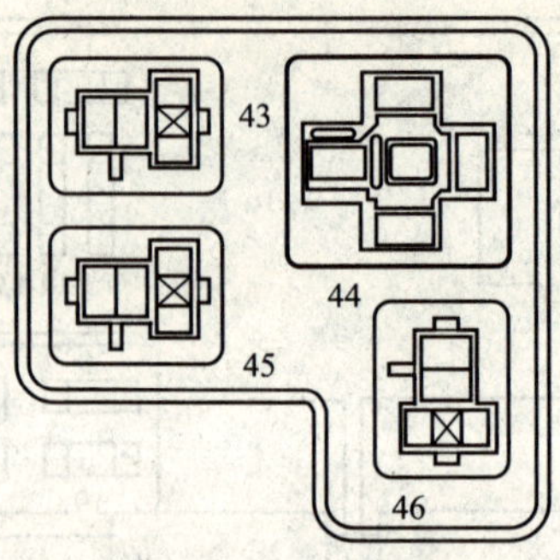

图 12-10　仪表板继电器盒

43—ACC 继电器；44—鼓风机继电器；45—IG 继电器；46—后除霜继电器（装有时）

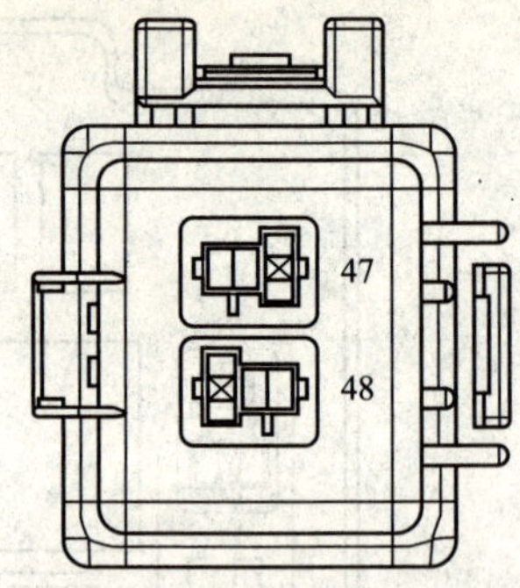

图 12-11　发动机舱继电器

47—近光灯继电器；48—预留空位

第13章 长城汽车

Chapter 13

13.1 哈弗 H3-H5-H6-H8

13.1.1 2013 款起 H6 车轮定位数据

项　目		数据(汽油车型)	数据(柴油车型)
前轮	主销内倾	12°39′±30′	12°45′±30′
	主销后倾	3°14′±45′	3°±45′
	前轮外倾	0°09′±30′	−0°06′±30′
	前轮前束	−0°03′±15′	−0°05′±15′
后轮	后轮外倾	−0°54′±30′	−0°54′±30′
	后轮前束	+0°06′±15′	+0°06′±15′

13.1.2 2013 款起 H6 制动器检测数据

项　目			保养数据	项　目		保养数据
制动踏板	自由行程/mm		10.3	驻车制动	行程/齿	8～11
	工作行程/mm		54	前/后制动衬块	最小极限厚度/mm	2
离合踏板	踏板行程/mm	4G63S4M	130	前制动盘	最小极限厚度/mm	26
		4G69S4M	130	后制动盘	最小极限厚度/mm	8
		GW4D20	145	车轮动平衡	单边配重/g	≤18
		GW4G15B	145		双边配重之和/g	≤25

13.1.3 2013 款起 H6 油液规格与容量

项　目		容量(参考值)/L	型　号
冷却液	4G63S4M/4G69S4M/GW4D20	7.4±0.5	TEEC-L45(高寒地区),TEEC-L35(高寒以外地区)
	GW4G15B	6.0±0.4	
制动液		0.81±0.02	DOT4 合成制动液
动力转向液		1.15±0.05	FLUIDE DA
变速器油	5MT	2.1±0.1	GL-4 75W/90(高温地区以外通用),GL-5 140(高温地区)
	6MT	2.8±0.2	GL-4 75W/90(高温地区以外通用),GL-5 140(高温地区)
	4AT	7.5	GENUINE DIAMOND ATFSP-Ⅲ或者 SKATF SP-Ⅲ(通用)

① GW4G15B、4G63S4M、4G69S4M 发动机机油应选择合适的 API 标准的油品（质量级别＋黏度级别），例如：在－25℃以上地区可以选择 SL10W/40。如果所在的地区没有推荐的油品，请参考油品的黏度级别选择更高质量级别的油品。

环境温度	－25℃以上			－30℃以上		更低温度	
质量级别	SL	SM	SN	SM	SN	SM	SN
	推荐	更高的质量级别		推荐	更高的质量级别	推荐	更高的质量级别
	低	高		低	高	低	高
黏度级别	10W/40			5W/30		0W/30	
容量（参考值）/L	只更换机油：4(GW4G15B、4G69S4M) 只更换机油：3.5(4G63S4M) 更换机油和机油滤清器：4.3						

选用 ACEA（欧洲汽车商制造协会）标准的油品时，建议在－30℃以上环境温度地区应用 A3/B4 5W/40。当所在的地区温度更低时，建议使用 A3/B4 0W/40 的油品。

② GW4D20 发动机机油应参考下表选择合适的 API 标准的油品（质量级别＋黏度级别），例如：在－20℃以上地区可以选择 CI-4 15W/40。

环境温度	－20℃以上	－30℃以上	更低温度
质量级别	CI-4	CI-4	CI-4
黏度级别	15W/40	5W/40	0W/40
容量（参考值）/L	只更换机油：5.9 更换机油和机油滤清器：6.2		

选用 ACEA（欧洲汽车商制造协会）标准的油品时，建议在－30℃以上环境温度地区应用 A3/B4 5W/40。当所在的地区温度更低时，建议使用 A3/B4 0W/40 的油品。

13.1.4　2011 款起 H6 电动车窗初始化操作

初始化过程：持续按住升降器上升键使玻璃上升，将电动窗上升到顶保持堵转状态 2s。

注意事项：在这个过程，电压要保持在 11～16V 之间。当模块断电后，电动窗初始化丢失。

初始化后，手动和自动上升时都有防夹功能，而且防夹的次数不受限制。

图 13-1　哈弗 H6 仪表代码显示位置

13.1.5　2011 款起 H6 查看仪表代码

仪表代码是仪表厂家内部零部件编码，每种仪表对应一个五位数字的仪表代码，该代码和总里程显示（ODO）共用一个位置，如图 13-1 所示，通过仪表复位杆进行切换显示。

目前哈弗 H6 仪表代码有两种：27001，柴油车装配仪表；27003，汽油车装配仪表。

显示方法：点火开关在 OFF 挡，按下复位杆之后打到 ON 挡，5s 后显示仪表代码（27001 或 27003）。

13.2 哈弗 M1-M2-M4

13.2.1 2013 款起 M2 车轮定位数据

（1）车轮信息

轮胎尺寸		项目	
标准轮胎	195/55R16	冷态气压/kPa	220±10
	205/60R16		230±10
应急轮胎	T125/70R16 96M	冷态气压/kPa	420±10
	T125/90R16 98M		
车轮螺母转矩/N·m		110±10	

（2）定位数据

项目			数据	左右偏差
两驱	前轮	前束	0°02′±10′、−0°04′±10′	—
		外倾	−0°31′±30′、−0°29′±30′	≤30′
		主销内倾	9°23′±30′、9°49′±30′	≤30′
		主销后倾	2°04′±45′、2°08′±45′	≤36′
	后轮	前束	0°10′±15′	—
		外倾	−0°43′±30′	≤30′
四驱	前轮	前束	−0°05′±10′	—
		外倾	−0°30′±30′	≤30′
		主销内倾	9°9′±30′	≤30′
		主销后倾	1°58′±45′	≤36′
	后轮	前束	0°13′±15′	—
		外倾	−1°12′±30′	≤30′

13.2.2 2013 款起 M2 油液规格

项目		容量(参考值)/L	型号
冷却液		5.0±0.5	乙二醇基-35 号(国内所有地区)
			乙二醇基-35 号(高温地区)
			乙二醇基-45 号(高寒地区)
制动液和离合器油		0.72±0.02	DOT4 合成制动液
动力转向液		0.72±0.03	ATF Ⅲ型号
变速器油	CVT	4.35±0.05	EZL799A
	MT/AMT	1.9±0.15	GL-4 80W/90(国内所有地区)
			GL-4 75W/90(高寒地区)
			GL-5 140(高温地区)
分动器润滑油(4WD)		0.45±0.15	GL-5 80W/90(国内所有地区)
			GL-5 75W/90(高寒地区)
			GL-5 140(高温地区)
后桥主减器润滑油(4WD)		0.74±0.01	GL-5 80W/90(国内所有地区)
			GL-5 75W/90(高寒地区)
			GL-5 140(高温地区)
清洗液罐		2.2±0.1	—
燃油(油箱)		45(2WD)	92 号及以上无铅汽油(北京地区)
		40(4WD)	93 号及以上无铅汽油(其他地区)

13.2.3 2013 款起 M2 制动器检测数据

项目		保养数据
制动踏板	自由行程/mm	6~9
离合踏板	自由行程/mm	7~13
内、外制动块(前轮) 内、外制动块(后轮)	最小厚度/mm	2.0
前制动盘	最小厚度/mm	20.0
后制动盘		7.5
驻车制动行程/齿		6~9
车轮动平衡要求	双边和不大于 15g,单边不大于 10g	

13.2.4 2013 款起 M4 油液规格

种类	型号	容量/L
变速器油	GL-4 80W/90(国内所有地区) GL-4 75W/90(高寒地区) GL-5 140(高温地区)	1.8±0.1
分动器润滑油(4WD)	GL-5 80W/90(国内所有地区) GL-5 75W/90(高寒地区) GL-5 140/90(高温地区)	0.5±0.1
后桥主减速器润滑油(4WD)	GL-5 80W/90(国内所有地区) GL-5 75W/90(高寒地区) GL-5 140(高温地区)	0.7±0.1
制动液/离合器油 MT	DOT4 合成制动液	0.66±0.02
AMT		0.61±0.02
液力传动油	ATFⅢ	0.75±0.03
冷却液	乙二醇基-35 号(国内所有地区) 乙二醇基-35 号(高温地区) 乙二醇基-45 号(高寒地区)	5.0±0.3
风窗玻璃清洗液	—	2.8
燃油 2WD	北京地区:92 号或以上无铅汽油	45
4WD	其他地区:93 号或以上无铅汽油	39

13.2.5 2013 款起 M4 车轮定位数据

项目		范围	左右轮偏差
前轮	前轮前束	−0°03′±10′	—
	前轮外倾角	−0°46′±30′	≤30′
	主销内倾	9°38′±30′	≤30′
	主销后倾	1°27′±45′	≤36′
后轮	后轮前束	0°14′±15′	≤20′
	后轮外倾角	−0°43′±30′	≤30′

13.2.6 2013 款起 M4 制动器检测数据

项目		数据
制动踏板	自由行程/mm	7~13
离合踏板	自由行程/mm	6~9
驻车制动	行程/齿	6~9

续表

项　　目		数据
前制动盘		20.0～22.0
制动摩擦副/mm	内外制动块(前)	2.0～11.0
	后制动盘	7.5～9.0
	内外制动块(后)	2.0～7.0
车轮动平衡/g	单边	≤10
	双边和	≤15

13.3　腾翼 C20R-C30-C50

13.3.1　2010 款起 C30 天窗初始化程序

重要条件：必须要在 ON 的位置才能执行初始化的程序。

天窗在 FULLTILT 的位置时，持续按住 CLOSE 按钮达 5s。

当天窗走到 FULLTILT 位置碰到阻挡点时，天窗将立刻被校正，自此 ECU 将可全功能操作。

现在 ECU 已具有所有功能及天窗所有位置。

13.3.2　2010 款起 C30 底盘四轮定位数据

（1）前轮定位参数（空载）

项目	范　　围	左/右轮偏差
外倾角	−18′±30′	±30′
主销内倾角	11°16′±30′	±30′
主销后倾角	4°20′±45′	±30′
前束角	4.7′±15′	—

（2）后轮定位参数（空载）

项目	范　　围	左/右轮偏差
外倾角	−41′±30′	±30′
前束角	9.5′±15′	—

13.3.3　2013 款起 C50 车轮定位数据

项　　目		数据	左右偏差
前轮	前束(单边)	−0°03′±15′	≤15′
	外倾	0°25′±30′	≤30′
	主销内倾	11°42′±30′	≤30′
	主销后倾	6°43′±45′	≤36′
后轮	前束(单边)	0°10′±15′	≤15′
	外倾	−0°41′±30′	≤30′

13.3.4　2013 款起 C50 油液规格

项　目	容量(参考值)/L	型　号
冷却液	5.50±0.30	乙二醇基-35 号(国内所有地区)
		乙二醇基-35 号(高温地区)
		乙二醇基-45 号(高寒地区)

续表

项　目	容量(参考值)/L	型　号
制动液和离合器油	0.58±0.02	DOT4 合成制动液
动力转向液	0.75±0.02	FLUIDE DA
变速器油 MT	1.90±0.15	GL-4 75W/90(高温区域外通用)
		GL-5140(高温出口)
清洗液罐	3±0.1、4±0.1	—
燃油(油箱)	50	92 号及以上无铅汽油(北京地区) 93 号及以上无铅汽油(其他地区)

13.3.5　2013 款起 C50 制动系统检测数据

项　目		保养数据
制动踏板	自由行程/mm	5～10
	最大行程/mm	116
离合踏板	自由行程/mm	0～10
	最大行程/mm	125±10
内、外制动块(前轮)	最小厚度/mm	7.5
内、外制动块(后轮)	最小厚度/mm	7.5
前制动盘	最小厚度/mm	20
后制动盘	最小厚度/mm	8
驻车制动	行程/齿	8～11
车轮动平衡要求	双边和不大于 18g,单边不大于 12g	

第14章 Chapter 14

长安汽车

14.1 睿　　骋

14.1.1 2013 款起睿骋车窗自学习程序

一键升降式车窗具有防夹功能，防夹区域为窗框以下 4～200mm。防夹功能必须要在自学习后方能实现，具体学习方法如下。

① 保持开关抬起，直至车窗完全关闭。

② 松开开关。

③ 再次抬起开关，并保持 1s 以上。

④ 按下开关，直至车窗完全开启。

⑤ 抬起开关，尝试一键上升车窗。

⑥ 如果车窗无法实现一键升降，请重复上述步骤进行设定。

以下情况可能需要对四门车窗进行自学习。

① 在同一位置连续 2 次触发防夹功能。

② 断开电源或拔下接插头重新接上后。

14.1.2 2013 款起睿骋电动天窗初始化

当断开蓄电池或者蓄电池电量不足等问题导致天窗工作不正常时，请按下列步骤对天窗进行初始化。

① 把点火开关置于“ON”位置。

② 当天窗玻璃在翘起位置时，按住“关闭”按钮不放，待天窗玻璃上下跳动一次，直到天窗处于完全倾斜打开为止，整个过程可能持续有 10～15s。

③ 按下“开启”按钮，关闭天窗。

当天窗开启、关闭多个行程后，有可能会出现天窗开启跳动的现象。该现象是天窗自动初始化的表现，属正常现象。

14.1.3 2013 款起睿骋车轮定位数据

项　　目		数　据
前轮	主销内倾角	12°20′±45′
	主销后倾角	2°45′±45′
	外倾角	−0°30′±45′
	前束角	0°5′±5′
后轮	外倾角	−1°24′±45′
	前束角	0°10′±5′

14.1.4 2013款起睿骋油液规格

项目			规 格	容量/L
燃油	燃油箱		SC7186A、SC7202A、SC7202B必须使用GB 17930—2011中规定的93号以上汽油，SC7186AB5、SC7202A、SC7202B必须使用DB11/238—2012中92号以上牌号的优质无铅汽油	65
润滑油	发动机	JL486ZQ2	GB11121中规定的SL级5W/30润滑油	4.5
		JL486Q5-J		4.5
		JL486Q5-A		4.5
	变速器	6MT总成	嘉实多BOT130M	2.0～2.2
		6AT总成	AW-1	无需加油
冷却液	散热器、发动机冷却系统		凯密特尔 YJ-40	7.8
洗涤液	洗涤液储水瓶	低配	ZT-30	3
		高配	ZT-30	5
制动液	制动系统		HZY4或DOT4	0.72(AT)，0.74(MT)
转向助力油	转向系统		长城ATFⅢ	约1.05

14.2 逸 动

14.2.1 2013款起逸动天窗初始化设置

当断开蓄电池或者蓄电池电量不足等问题导致天窗工作不正常时，请按下列步骤对天窗进行初始化。

① 把点火开关置于“ON”位置。

② 按住“CLOSE”按钮不放，待天窗玻璃完全关闭并上下跳动一次，直到天窗处于完全倾斜打开为止，整个过程可能持续有7～15s。

③ 按下“SLIDE OPEN”按钮，关闭天窗。

当天窗开启、关闭多个行程后，有可能会出现天窗开启跳动的现象。该现象是天窗自动初始化的表现，属正常。

14.2.2 2013款起逸动车轮定位数据

项 目		数 据
前轮	主销内倾角	13.18°±0.5°
	主销后倾角	4.19°±0.5°
	外倾角	−0.45°±0.5°
	前束角	0.1°±0.1°
后轮	外倾角	−1.5°±0.5°
	前束角	0.2°±0.1°

14.2.3 2013款起逸动油液规格

项目		规 格	容量/L
燃油	燃油箱	SC7169A、SC7169B、SC7169BH、SC7169C、SC7169CY、SC7169E、SC7169BA、SC7158A必须使用GB 17930—2011中规定的93号以上汽油，SC7169BB5、SC7169CB5必须使用DB11/238—2012中92号以上牌号的优质无铅汽油	52

续表

<table>
<tr><th colspan="3">项目</th><th>规 格</th><th>容量/L</th></tr>
<tr><td rowspan="6">润滑油</td><td rowspan="3">发动机</td><td>JL478QEB</td><td rowspan="2">GB11121 中规定的 SL 级 5W/30 润滑油</td><td rowspan="2">3.5</td></tr>
<tr><td>JL478QEA</td></tr>
<tr><td>JL476ZQCA</td><td>符合质量标准为 API 1509 中规定的等级为 SM 级及以上级别，黏度等级符合 SAEJ300 中规定的 5W/40 润滑油</td><td>4</td></tr>
<tr><td rowspan="3">变速器</td><td>MT 总成</td><td>SAE75W/90，API GL-4(嘉实多 BOT130M)</td><td>1.8±0.1</td></tr>
<tr><td>4AT 总成</td><td>AW-1</td><td>3754～4066g，在 20℃时 4.6±0.2</td></tr>
<tr><td>6AT 总成</td><td>AW-1</td><td>5.7±0.2</td></tr>
<tr><td>冷却液</td><td colspan="2">散热器、发动机冷却系统</td><td>凯密特尔 YJ-40</td><td>7.1±0.3</td></tr>
<tr><td>洗涤液</td><td colspan="2">洗涤液储水瓶</td><td>ZT-30</td><td>2</td></tr>
<tr><td>制动液</td><td colspan="2">制动系统</td><td>HZY4 或 DOT4</td><td>约 0.473</td></tr>
<tr><td>转向助力油</td><td colspan="2">转向系统</td><td>长城 ATFⅢ</td><td>约 0.95</td></tr>
</table>

14.3 致尚 XT

14.3.1 2013 款起致尚 XT 电动天窗初始化

当断开蓄电池或者蓄电池电量不足等问题导致天窗工作不正常时，请按下列步骤对天窗进行初始化。

① 把点火开关置于“ON”位置。

② 按住“∨”按钮不放，待天窗玻璃完全关闭并上下跳动一次，直到天窗处于完全倾斜打开为止，整个过程可能持续有 7～15s。

③ 按下“∧”按钮，关闭天窗。

当天窗开启、关闭多个行程后，有可能会出现天窗开启跳动的现象。这是天窗自动初始化的表现，属于正常现象。

14.3.2 2013 款起致尚 XT 车轮定位数据

<table>
<tr><th colspan="2">项 目</th><th>数 据</th></tr>
<tr><td rowspan="4">前轮</td><td>主销内倾角</td><td>13.18°±0.5°</td></tr>
<tr><td>主销后倾角</td><td>4.19°±0.5°</td></tr>
<tr><td>外倾角</td><td>−0.45°±0.5°</td></tr>
<tr><td>前束角</td><td>0.1±0.1°</td></tr>
<tr><td rowspan="2">后轮</td><td>外倾角</td><td>−1.5°±0.5°</td></tr>
<tr><td>前束角</td><td>0.2°±0.1°</td></tr>
</table>

14.3.3 2013 款起致尚 XT 油液规格

<table>
<tr><th colspan="2">项目</th><th>规 格</th><th>容量/L</th></tr>
<tr><td>燃油</td><td>燃油箱</td><td>SC7169A、SC7169B、SC7169BH、SC7169C、SC7169CY、SC7169E、SC7169BA、SC7158A 必须使用 GB 17930—2011 中规定的 93 号以上汽油，SC7169BB5、SC7169CB5 必须使用 DB11/238—2012 中 92 号以上牌号的优质无铅汽油</td><td>52</td></tr>
</table>

续表

项目			规格	容量/L
润滑油	发动机	JL478QEB	GB 11121 中规定的 SL 级 5W/30 润滑油	3.5
		JL478QEA		
		JL476ZQCA	符合质量标准为 API 1509 中规定的等级为 SM 级及以上级别，黏度等级符合 SAEJ300 中规定的 5W/40 润滑油	4
	变速器	MT 总成	SAE 75W/90，API GL-4(嘉实多 BOT130M)	1.8±0.1
		4AT 总成	AW-1	3754～4066g，在 20℃时 4.6±0.2
		6AT 总成	AW-1	5.7±0.2
冷却液	散热器、发动机冷却系统		凯密特尔 YJ-40	7.1±0.3
洗涤液	洗涤液储水瓶		ZT-30	2
制动液	制动系统		HZY4 或 DOT4	约 0.473
转向助力油	转向系统		长城 ATFⅢ	约 0.95

14.4 悦　翔

2012 款起悦翔四轮定位数据：

项　目		规　格
前轮定位参数	前轮前束	0°±0.25°
	前轮外倾角	0°±0.50°
	前轮主销内倾角	13.4°±1°
	前轮主销后倾角	4.4°±1°
后轮定位参数	后轮前束	0.08°(−0°09′～0°21′)
	后轮外倾角	−1°(−2°～−0.5°)

14.5 欧　诺

14.5.1 2012 款起欧诺齿讯自学习

当发动机故障灯常亮，用长安专用诊断仪读故障码为 P1336 时，请按以下步骤进行清除。

① 启动后，故障灯亮，诊断仪显示故障码：P1336。

② 读出故障码：P1336。

③ 当无其他故障时，启动发动机，待水温达到 70℃时，车辆运行时间达到 10s，其他负载全部处于关闭状态时，通过诊断仪进行齿轮学习。

④ 将油门踩到底，转速由 1300r/min→4500r/min 往复循环，在 4500r/min 附近振荡，直到故障灯熄灭。

⑤ 发动机熄火 15s 后重新启动，进行自诊断，清故障码。

14.5.2 2012 款起欧诺中控门锁遥控学习

操作步骤如下。

① 点火钥匙在 6s 内在 ACC 与 ON 之间转换 4 次。

② 回到 OFF 挡，学习钥匙功能被激活，转向灯按照闪烁频率为 360ms-ON/360ms-OFF 工作。

③ 同时按下遥控器的 UNLOCK 键和 LOCK 键（在 20s 内有效）。

④ 学习钥匙成功后，转向灯熄灭，退出学习模式。

注意：

① 若进入密码学习模式后，未成功载入新遥控密码时，则主机维持旧密码设定。如果有载入新遥控密码时，旧密码会被删除。

② 车身控制器每次只能与一个遥控器匹配成功。

14.5.3 2012 款起欧诺车轮定位数据

前轮定位	前束/mm		−2～2	
参数	车轮外倾角		0°30′±45′	
	主销内倾角		12°25′±1.5°	
	主销后倾角		4°35′±1°	
轮胎气压/kPa	前轮胎气压	空载	210	
		满载	250	
	后轮胎气压	空载	240	
		满载	280	
轮胎规格			185/70R14	185/70R14，195/60R15LT，195/60R15
备胎规格、气压/kPa			185/70R14、260	
车轮总成（车轮＋轮胎＋气门嘴）单边残余动不平衡量/g			≤15	

14.6 长安奔奔

2010 款起奔奔 MINI 四轮定位数据：

项目	检测对象		数据
前轮定位（整备质量）	主销后倾角	标准值	2.8°
		公差范围	2.3°～3.3°
	外倾角	标准值	0.5°
		公差范围	0°～1°
	总前束	公差范围	0°～0.34° 0～6.2mm
		如需要，进行调整	0.17°±0.17° 3.1mm±3.1mm
后轮定位（整备质量）	外倾角	标准值	0°
		公差范围	−0.33°～0.33°
	总前束	标准值	0.33°
		公差范围	−0.33°（正前束）～0.33°（负前束） −6.2（正前束）～6.2mm（负前束）

第15章 Chapter 15

东风汽车

15.1 风神 S30

风神 S30 电动天窗初始化：

天窗初始化是在天窗处于“非正常”情况下，通过操作，使机构和电子控制单元内部参数恢复到最初位置并保证相互自动匹配。这种操作是高级操作，适合于专业技术人员或者维修人员。

初始化的类别如下。

• 手动：人为操作执行初始化操作。

• 自动：ECU 在天窗动作过程中自动执行初始化操作，该动作及其对象对操作、功能、性能没有任何影响，且用户不会察觉。

以下情况下天窗需要初始化。

• ECU 第一次被接入电源时。

• 更换 ECU 时，机械机构与 ECU 内参数必须相互匹配。

• 更换天窗机械部件后。

• 霍尔传感器故障，更换后。

• 停止点位置与实际停止点位置不同时。

• 人为强迫初始化时。

初始化方法如下。

按住天窗 Tilt 键使得天窗运行到全翘位置堵转后即完成初始化。

再次初始化：在天窗处于任何位置时，长按 Tilt 键 7s 使天窗运行到全翘位置堵转后即完成再次初始化动作，此时恢复天窗的所有功能。

15.2 风行 CM7-CM8

2014 款起 CM7 四轮定位数据：

项　目	标准值	
	空载	满载
前轮前束	0.08°±0.1°	−0.02°±0.1°
前轮外倾	−0.42°±0.5°	−0.8°±0.5°
主销内倾	11.6°±0.5°	—
主销后倾	4.12°±0.5°	—
侧滑量	(0±3)m/km 以内	
左右车轮最大转角偏差	≤2°	

15.3 风行菱智

2013～2014 款菱智 M3V3 四轮定位：

项　目	说明	数据
前束/mm	在轮胎的中心	0±3
	在轮盘的轮辋	0±1.7
前束角	每个车轮	0°±7′
转弯后束角	当外侧车轮为 20°时的内侧车轮	21°18′
车轮外倾角	左、右之差在 30′以内	0°±30′
主销后倾角	满载时(左、右之差在 30′以内)	3°27′±30′
主销侧倾角	—	15°40′
侧滑/mm	—	0±3
下横臂衬套的压装力/kgf	—	2000 以上
下横臂球节启动转矩/kgf·cm	—	10～46
减振器活塞杆伸出量/mm	—	4.5～5.5
自下横臂安装螺栓的中心至下横臂底的距离/mm	—	94.5
稳定杆球节的转矩/kgf·cm	—	7～20

15.4 风行景逸

15.4.1 2013 款起景逸 X5 油液规格

名称	容量/L	推荐的油液/润滑剂
发动机机油排放和加注		
更换机油滤清器	3.8	SAE 5W/30(北方冬季)、SAE 15W/40(南方全年和北方夏季)SJ 级质量级别以上
不更换机油滤清器	3.3	
冷却系统带储液罐	4～4.5	ELQ-L3
储液罐	0.8	ELQ-L3
手动变速箱液加满至加油口下缘	2.1	80W/90 或 85W/140(南方全年) 75W/90(北方冬季) 80W/90(北方夏季)
动力转向液	0.8	ATF DEXRON 或 DEXRON-Ⅱ油或美孚 ATF220
制动液	加注应适量	DOT3 或 DOT4
多用途润滑脂	加注应适量	通用锂基润滑 2 号

15.4.2 2013 款起景逸 X5 车轮定位数据

项　目		数　据	
前束	前轮(空载/满载)	0.08°±0.04°/−0.03°±0.04°	—
	后轮(空载/满载)	0.08°±0.08°/0.32°±0.08°	—
车轮外倾角	前轮(空载/满载)	−0.3°±0.75°/−0.51°±0.75°	左右差在 0.55°内
	后轮(空载/满载)	−0.75°±0.5°/−1.98°±0.5°	—
主销后倾角	前轮(空载/满载)	5.17°±0.75°/5.40°±0.75°	左右差在 0.75°内
主销内倾角	前轮(空载/满载)	10.1°±0.75°/10.64°±0.75°	—

15.5 纳智捷大 7SUV

15.5.1 2011 款起纳智捷大 7SUV THINK ECU 初始化

(1) THINK＋ECU 初始化目的

① 在检测车辆实际配备部件后，开启或关闭 THINK＋ECU 对应部件功能及选项。

② 设定 THINK＋配备之车型（SUV）功能。

(2) THINK＋在以下情况下需要初始化

① 车辆出厂前。

② 升级 THINK＋ ECU 程序版本后。

③ 更换 THINK＋ ECU 时。

④ 更换 THINK＋系统相关单件时。

(3) 确认车型配置流程

① 操作 THINK＋系统，进入"系统设定"中的"其他设定"。

② 在"其他设定"的项目之下，选取"关于行车电脑"选项。

③ 进入"关于行车电脑"，显示版本信息，按 SK1 进入车型配置画面。

• 当车型配置（ECU Configuration）显示 N/A 时，表示未设定或全功能开启（预设）。

• 当车型配置（ECU Configuration）显示 Ready 时，表示执行过车型配备检测。

• 车型（Car Model）显示现在车型功能。

(4) THINK＋ ECU 初始化步骤

① 将 Auto Detect 程序的 3 个文件（USB Utility. dll、USB Utility. skn、Autorun. exe）放入 U 盘中。

② 启动发动机，执行 AutoDetect 模式，将 U 盘插入车上的 USB Box 插槽，THINK＋ECU 进入 Auto Detect 模式。

③ 在 Auto Detect 模式下，选择"车型重新检测"，接着按下 Enter 键，此时会提示移除 U 盘，并询问是否"确认"或"取消"。

④ 移除 U 盘，选择"确认"，此时将开始重新检测各单件与车型配置。

⑤ 选择车型功能（MPV/SUV）。

⑥ 检测完成后：

• 若按下"主画面"按键则为全功能开启（预设）。储存后会自动回到 THINK＋系统画面，车型配置（ECU Configuration）将显示 N/A。

• 若按下 Enter 键则为储存已检测 THINK＋ ECU 功能，储存后会自动回到 THINK＋系统画面，车型配置（ECU Configuration）将显示 Ready。

• 若按下"上一层"按键则为重新检测车型配备，此时仍留在 Auto Detect 模式。

15.5.2 2011 款起纳智捷大 7SUV 电动天窗初始化

(1) 以下情况需要执行初始化

天窗控制模块第一次与车上蓄电池或任何电源连接时。

(2) 执行初始化步骤

① 点火开关 ON。

② 将天窗置于完全关闭的位置后，按下天窗开关的关闭按钮 5s。

天窗控制模块在进行初始化之后，可将天窗的滑动长度记忆于软件之中，并使天窗具备完整的功能。当每执行25次的天窗关闭操作后，天窗控制模块会自动进行一次零点位置重置。天窗控制模块内部另有位置传感器，能够检测天窗的位置。当天窗电动机/控制模块的电源被断离时，天窗的位置资料将不会丢失。

15.5.3 2011款起纳智捷大7SUV电动窗防夹初始化设定

① 将点火开关ON。

② 以手动方式控制主电动窗开关上的左前电动窗。

③ 让电动窗从最底部上升至顶。

④ 然后放开左前电动窗开关。

⑤ 电动窗防夹初始化设定完成。

15.5.4 2011款起纳智捷大7防盗警报振动灵敏度调整

在防盗报警状态下，振动的灵敏度可分为三种状态："灵敏度高"、"原始状态"及"灵敏度低"。振动的灵敏度可通过调整来改变，步骤如下。

（1）进入调整

- 在10s内将左前车门开启→关闭→开启→关闭→开启。
- 在5s内按下钥匙链上的"上锁"按钮持续2s。
- 喇叭持续鸣叫2s。

（2）调整状态

在进入调整状态后，按下钥匙链上的"上锁"按钮即可调整灵敏度。每按下钥匙链上的"上锁"按钮一次，即会由"灵敏度高"→"原始状态"→"灵敏度低"→"灵敏度高"的状态循环。在调整状态中，喇叭会以0.5s的频率鸣叫，各状态喇叭鸣叫次数如下。

- 灵敏度高：喇叭鸣叫1次。
- 原始状态：喇叭鸣叫2次。
- 灵敏度低：喇叭鸣叫3次。

（3）退出调整

要退出调整状态，可用下列任一方式进行。

- 按下钥匙链上的"上锁"按钮持续2s。
- 在15s内无任何的操作。
- 关闭左前车门。

在确定退出调整状态时，喇叭会持续鸣叫2s，此时防盗器控制模块会记录最后一次所调整的状态。

第16章 Chapter 16

荣威汽车

16.1 R350

16.1.1 上汽荣威、名爵车系保养灯归零

① 荣威 350、750 和名爵 MG3、MG5 直接用专业归零设备选择“是否重置仪表板上的 SIA 警告灯（保养灯归零）”菜单，无需输入保养天数和公里数，重置完成后，仪表会显示 1 个小扳手，同时旁边会显示归零后的里程，10000km（这个千米数是原厂设计固定的，无法更改），如图 16-1 所示。

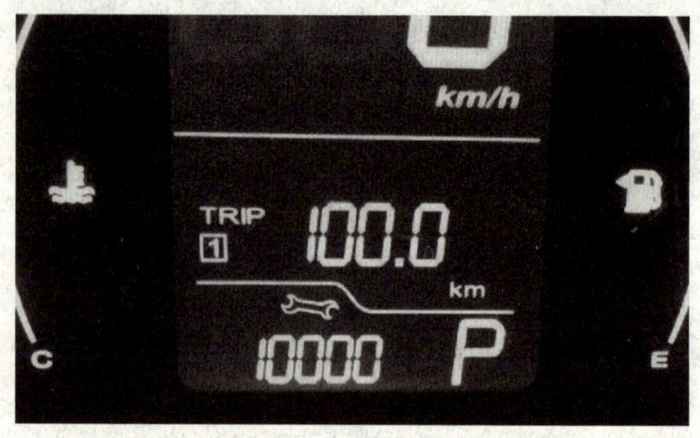

图 16-1 保养归零后的界面

② 荣威 550、名爵 MG6 需要设置距下次保养周期，原厂建议为 1 年，也就是按归零的日期推后 1 年，例如归零那天为 2012.08.01，那么设置保养周期为 2013.08.01 就可以了。当然也可以根据当地的环境需要自由设置。归零成功后仪表盘中间显示屏会显示 10000km 和设置的距下次保养时间，如图 16-2 所示。

③ 荣威 950 目前有 3 款发动机，排量为 2.0L、2.4L、3.0L，归零时按发动机排量选择菜单即可，950 需要输入机油寿命值，一般归零时输入 100 即可。

16.1.2 2010 款起 R350 电动天窗电动机初始化方法

断电后以及使用天窗达到 100 个循环后（电动机向前和向后，方向相反的动作做两次，就认为是一次循环），就需要进行电动机初始化。初始化就是将玻璃板翘起到最高点，继续摒住开关 2s（该动作必须有），看到玻璃板有个轻微的抖动（该动作不一定必须有），初始化结束。

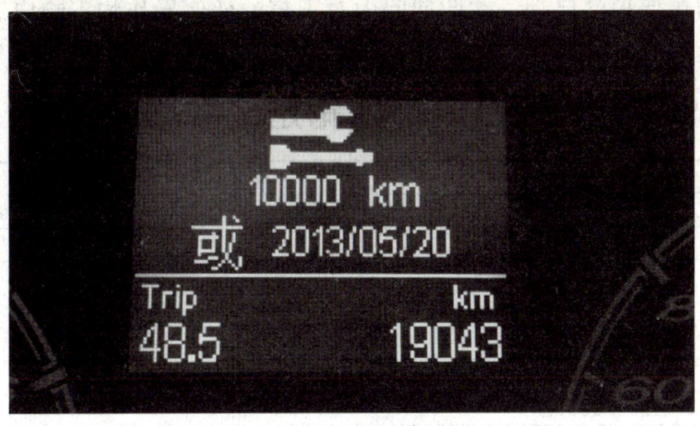

图 16-2 保养周期设置

当然天窗控制程序混乱之后，如发现天窗只能向前而不能向后运动，或者天窗不能一键向后打开，此时均需要初始化天窗电动机。

紧急运行（手动操纵）方法如下。

如果控制系统有故障，拆除前阅读灯罩，可见天窗电动机下侧的一内六角螺钉孔，借助工具（内六角扳手），逆时针旋动即可实现手动开启，顺时针旋动即可实现手动关闭天窗。

16.1.3 2010款起R350四轮定位数据

项目		数据
前悬架	车轮外倾角-空载状态，(左右)外倾角差	−0°20′±50′ 0°±50′
	主销后倾角-空载状态，(左右)主销后倾角差	5°20′±50′ 0°±50′
	主销内倾角，(左右)主销内倾角差	13°5′±50′ 0°±50′
	总前束-空载状态	0°±20′
	前束	0°±10′
后悬架	车轮外倾角-空载状态，(左右)外倾角差	−1°25′±50′ 0°±50′
	止推角	0°±15′
	总前束-空载状态	0°50′±30′
	前束	0°25′±15′

16.2 R550

16.2.1 2009款起R550电动天窗初始化与热保护

（1）天窗初始化

如果天窗被手动操作过，天窗不在原来的零位，天窗需要做初始化。具体步骤如下。

① 逆时针旋转天窗开关（翘起/滑动关闭），天窗运行到翘起位置。松开开关。

② 再次逆时针旋转天窗开关（翘起/滑动关闭），并保持8s，天窗玻璃将再向Tilt Up方向运动，然后返回到翘起位置后停止。松开开关。

执行上述2步后天窗初始化结束。

（2）天窗电动机热保护

为防止电动机过热受损，ECU按下述原则控制着电动机的运行。

• 天窗最大连续运行时间为120s。

• 最小的冷却时间为20s。

如果电动机的热保护已启动，在此期间内对天窗的任何操作均不响应。直到天窗得到充分冷却后才会重新响应各种操作。但在热保护启动后，天窗可接受关闭指令将其关闭。

16.2.2　2009 款起 R550 底盘四轮定位数据

项　目		数　据
前悬架	车轮外倾角-空载状态	−0°21′±30′
	(左右)外倾角差	0°±30′
	主销后倾角-空载状态	3°30′±30′
	(左右)主销后倾角差	0°±36′
	主销内倾角	12°41′±30′
	(左右)主销内倾角差	0°±36′
	总前束-空载状态	0°10′±10′
	前束	0°5′±5′
后悬架	车轮外倾角-空载状态	−0°50′±30′
	(左右)外倾角差	0°±30′
	总前束-空载状态	0°22′±12′
	前束	0°11′±6′
	止推角	0°±6′

16.3　R750

16.3.1　2009 款起 R750 车轮定位数据

项　目		数　据
前轮	车轮外倾角-空载状态	−21′±45′
	主销后倾角-空载状态	3°27′±1°
	主销内倾角	12°33′±30′
	总前束-空载状态	10′±15′
后轮	车轮外倾角-空载状态	−31′±45′
	总前束-空载状态	22′±15′

16.3.2　2009 款起 R750 电动天窗初始化方法

下列两种情况下要重新进行初始化。

（1）功能紊乱

① 天窗在运行过程中断电，ECU 会发生功能紊乱，需要重新初始化。

② 天窗正常运行停止后 5s 内断电，ECU 没有充足的时间存储参数，需要重新初始化。

（2）天窗在使用一段时间后，感觉天窗玻璃不能关闭到位（长时间使用，机械组之间有磨损间隙，一般 2 年左右）

初始化操作步骤如下。

天窗处于任何位置都可以对天窗进行初始化。

① 按住天窗开关中间按钮“_/_”超过 15s，中间不能松手。

② 天窗到达完全翘起位置抖动一下，然后松开按钮。

③ 松开按钮后 1.25s 内再一次按住中间按钮。

④ 天窗来回运行一遍，从完全翘起位置→完全打开位置→完全关闭。

⑤ 等天窗停止运行后，松开按钮。

16.4 R950

16.4.1 2012～2014款R950防夹电动车窗自学习设定

如果车辆的电池被重新充电、断开连接或者未正常工作，将需要对带有防夹功能的电动车窗重新自学习以使用一触操作功能。自学习之前需更换电池或对车辆电池重新充电。

自学习步骤如下。

① 点火开关位于ACC/ACCESSORY或者ON/RUN或者在RAP（保持型附件电源）位置时，关闭所有车门。

② 按住电动车窗开关直到车窗完全打开。

③ 拉起电动车窗开关直到车窗完全关闭。

④ 车窗完全关闭后继续向上提住开关约2s。

上述步骤完成后，车窗即完成自学习。

16.4.2 2012～2014款R950四轮定位数据

项　　目		参数值
前轮	外倾角	−18′±30′
	主销后倾角	4°±30′
	前束角	12′±12′
	主销内倾角(不可调节)	—
后轮	外倾角	−45′±30′
	前束角	6′±12′

16.5 W5

16.5.1 2011款起W5电动天窗复位

如果天窗不正常工作，则检查并复位天窗控制单元。

（1）为了防止部件受损和人员受伤，接触天窗设置

• 操作天窗期间不提供蓄电池电压，保险丝熔断或由于蓄电池变质而导致出现突然的低电压时。

• 维修天窗系统期间由于技术人员的不熟练导致出现设置解除时。

• 出现部件损坏，短路或漏电时。

• 保持天窗开关在OPEN位置时。

（2）天窗设置解除后的现象

• 无自动操作功能。

• 关闭天窗时，即使在结束关闭操作后天窗继续工作至倾斜位置。

• 天窗打开和倾斜程度明显低。

• 操作天窗开关时，天窗不正常工作。

（3）天窗的零点复位

• 使用天窗开关关闭天窗并保持这个位置约10s。如果成功完成零点设置，则可以从这个位置开始正常打开天窗。

• 检查天窗是否完全关闭。使用天窗开关倾斜天窗并保持这个位置约 10s。

• 使用天窗开关关闭天窗。

(4) 复位后检查

• 如果天窗不正常工作，则检查电源系统。

• 如果电源系统处于正常状态时天窗不工作，则检查天窗电动机和天窗控制单元，并按需要更换相关故障部件，首先更换天窗控制单元并操作天窗。如果故障仍出现，应更换天窗电动机。

16.5.2 2011 款起 W5 电动车窗自学习功能

在缺电情况下，“一触”升起和“防夹”模式可能失效，这时可以通过连续短按开关将车窗升至顶端后，持续按开关约 5s，车窗将恢复“一触”升起和“防夹”模式。

不要连续操作车窗开关过长时间，否则电动机会热保护而失效。如出现此情况，等待一段时间到电动机冷却。

16.5.3 2011 款起 W5 底盘四轮定位数据

项目		规格
前轮	前束	0.13°±0.13°
	主销后倾	LH:5.4°±0.4° RH:5.5°±0.4°
	车轮外倾	LH:−0.19°±0.25° RH:−0.29°±0.25°
	主销内倾角	11.03°±0.5°
后轮	外倾角	0°±0.5°
	前束角	−0.16°±0.25°

第17章 Chapter 17

名爵汽车

17.1 MG3

17.1.1 2010款起MG3天窗初始化方法

如果天窗运行程序被打乱，天窗不在原来的零位，天窗ECU需做初始化。具体步骤如下。

① 按下翘起/滑动关闭，天窗运行到翘起位置。

② 再次按下翘起/滑动关闭并保持5s，天窗将向Tilt Up方向运动，然后返回到翘起位置后停止。松开开关，天窗初始化结束。

17.1.2 2010款起MG3四轮定位数据

项目		数据
前轮	车轮外倾角	−29′±30′
	主销后倾角	3°26′±30′
	主销内倾角（不可调）	12°6′±30′
	前束角（单边）	4′±6′
后轮	车轮外倾角-空载状态	−1°15′±30′
	前束角（单边）	15′±9′

17.2 MG6

17.2.1 2009款起MG6电动天窗初始化操作与热保护说明

（1）天窗初始化

如果天窗被手动操作过，天窗不在原来的零位，天窗需要做初始化。具体步骤如下。

① 逆时针旋转天窗开关（翘起/滑动关闭），天窗运行到翘起位置。松开开关。

② 再次逆时针旋转天窗开关（翘起/滑动关闭），并保持8s，天窗玻璃将再向Tilt Up方向运动，然后返回到翘起位置后停止。松开开关。

执行上述2步后天窗初始化结束。

（2）天窗电动机热保护

为防止电动机过热受损，ECU按下述原则控制着电动机的运行。

• 天窗最大连续运行时间为120s。

• 最小的冷却时间为20s。

如果电动机的热保护已启动，在此期间内对天窗的任何操作均不响应。直到天窗得到充分冷却后才会重新响应各种操作。但在热保护启动后，天窗可接受关闭指令将其关闭。

17.2.2 2009 款起 MG6 四轮定位数据

项 目	检测对象	数 据
前轮	车轮外倾角-空载状态，(左右)外倾角差	−0°21′±30′，0°±30′
	主销后倾角-空载状态，(左右)主销后倾角差	3°30′±30′，0°±36′
	主销内倾角，(左右)主销内倾角差	12°41′±30′，0°±36′
	总前束-空载状态，前束	0°10′±10′，0°5′±5′
后轮	车轮外倾角-空载状态，(左右)外倾角差	−0°50′±30′，0°±30′
	总前束-空载状态	0°22′±12′
	前束止推角	0°11′±6′，0°±6′

17.3 MG7

17.3.1 2007 款起 MG7 电动天窗初始化方法

操作过程中，ECU 监控电动机转动并确认玻璃的位置从而设置关闭与打开位置。若 ECU 确定的位置与实际位置不符，则需要进行初始化。

例如在手动操作天窗和更换电动机与驱动齿轮后必须初始化定位功能从而存储正确的操作。在滑动关或倾斜开方式下通过保持开关至少 15s 执行初始化操作。这样使操作机构靠着固定的止动块从而为 ECU 提供位置数据。

成功的初始化条件：

- 如果通过保持滑动关位置开关来初始化，则玻璃板移动至倾斜开位置。
- 如果通过保持倾斜开位置开关，则轻微移动玻璃板。

17.3.2 2007 款起 MG7 四轮定位数据

项目	检测对象	说明	数据
前轮	车轮外倾角-空载状态下		−0.33°±0.75°
	主销后倾角-空载状态下	MG7-非运动款	3.45°±1.0°
		MG7-运动款	4.18°±1.0°
	主销内倾角	MG7-非运动款	12.43°±1°
		MG7-运动款	12.6°±1°
	轮胎前束-空载条件下	MG7-非运动款	0.17°±0.25°
		MG7-运动款	0°±0.25°
后轮	车轮外倾角-空载状态下	MG7-非运动款	−0.5°±0.75°
		MG7-运动款	−1°±0.75°
	推力角		0°±0.1°
	轮胎前束-空载状态下		0.37°±0.25°

第18章 Chapter 18

广汽传祺

18.1 GA3

18.1.1 2013款起GA3电动车窗初始化

若发现电动门窗不能自动升降、防夹功能失效或者门窗不能完全关闭，须对其进行初始化。

上提按钮1直至车窗完全关闭后，再次上提按钮1并保持2～3s即可对其初始化（图18-3）。

18.1.2 2013款起GA3电动天窗手动初始化

在某些情况下（蓄电池突然断电或汽车长期使用后），有可能需要手动对天窗进行初始化。初始化包括手动初始化与自学习两个过程，具体操作如下。

① 操作天窗开关使天窗运行至全翘起（全开）位置。

② 按压天窗开关B端（如果是在全开位置则按压天窗开关A端）并保持10s以上，此时天窗将进入初始化模式（图18-1）。

③ 再次按压天窗开关B端并保持不放，天窗将以步进方式继续翘起（如果是在全开位置，则天窗会先滑动关闭再翘起），直至碰到机械停止点为止，此时天窗会自动往下移动一定距离并停止住。至此，初始化过程已经结束。在此过程中，必须确保按压天窗开关并保持不放。

④ 再次按压天窗开关B端并保持10s以上，此时天窗将进入自学习模式。

⑤ 继续按压天窗开关B端并保持不放，天窗会自动从翘起位置开始全程运行一遍，完成自学习过程。

18.1.3 2013款起GA3车轮数据

（1）车轮定位数据

项　目		数　据
前轮单轮前束角		−1′±5′
后轮单边前束角		6′±5′
车轮外倾角	前轮	−25′±30′
	后轮	−1°5′±30′
主销后倾角	前轮	7°40′±30′
主销内倾角	前轮	12°46′±30′

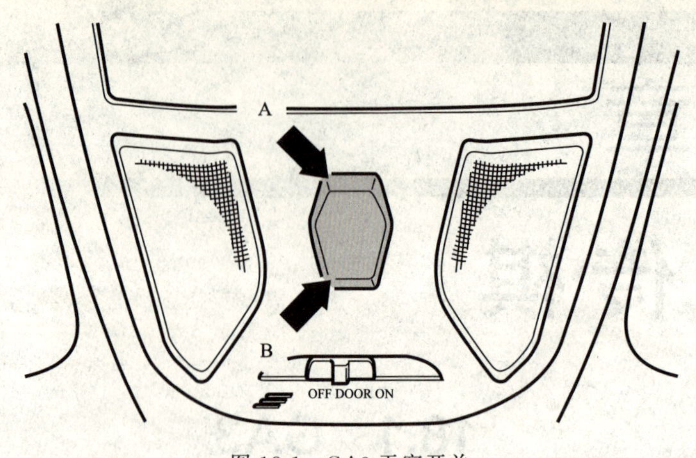

图 18-1 GA3 天窗开关

（2）车辆动平衡数据

名称		残余动不平衡量
前轮	内侧	≤8g
	外侧	≤8g
后轮	内侧	≤8g
	外侧	≤8g

（3）制动片技术数据

名称	参数
前轮制动摩擦片磨损极限(不含摩擦片背板)	2mm
后轮制动摩擦片磨损极限(不含摩擦片背板)	1.5mm

18.2 GA5

18.2.1 2013 款起 GA5 电动车窗初始化

若发现电动门窗不能自动升降、防夹功能失效或者门窗不能完全关闭，须对其进行初始化。

上提按钮 1 直至车窗完全关闭后，再次上提按钮 1 并保持 2～3s 即可对其初始化(图 18-3)。

18.2.2 2013 款起 GA5 电动天窗手动初始化

在某些情况下（蓄电池突然断电或汽车长期使用后），有可能需要手动对天窗进行初始化。初始化包括手动初始化与自学习两个过程，具体操作如下。

① 操作天窗开关使天窗运行至全翘起（全开）位置。

② 按压天窗开关 B 端（如果是在全开位置则按压天窗开关 A 端）并保持 10s 以上，此时天窗将进入初始化模式（图 18-2）。

③ 再次按压天窗开关 B 端并保持不放，天窗将以步进方式继续翘起（如果是在全开位置，则天窗会先滑动关闭再翘起），直至碰到机械停止点为止，此时天窗会自动往下移动一定距离并停止住。至此，初始化过程已经结束。在此过程中，必须确保按压天窗开关并保持不放。

④ 再次按压天窗开关 B 端并保持 10s 以上，此时天窗将进入自学习模式。

⑤ 继续按压天窗开关 B 端并保持不放，天窗会自动从翘起位置开始全程运行一遍，完成自学习过程。

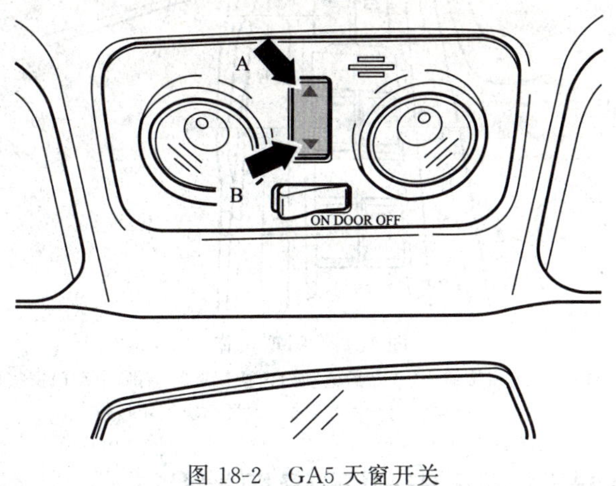

图 18-2　GA5 天窗开关

18.2.3　2013 款起 GA5 车轮数据

（1）车轮定位数据

项　　目		数　　据
前轮单轮前束角		6′±3′
后轮单边前束角		6′±3′
车轮外倾角	前轮	−16′±20′
	后轮	−32′±20′
主销后倾角	前轮	3°9′±30′
主销内倾角	前轮	5°14′±20′

（2）车辆动平衡数据

名　　称		残余动不平衡量
前轮	内侧	≤8g
	外侧	≤8g
后轮	内侧	≤8g
	外侧	≤8g

（3）制动片数据

名　　称	参　　数
前轮制动摩擦片磨损极限(不含摩擦片背板)	2mm
后轮制动摩擦片磨损极限(不含摩擦片背板)	1.5mm

18.3　GS5

18.3.1　2013 款起 GS5 电动车窗初始化

若发现电动门窗不能自动上升、防夹功能失效或者门窗不能完全关闭，须对其进行初始化。

上提按钮 1（见图 18-3）直至车窗完全关闭后，再次上提按钮 1 并保持 2～3s 即可对其初始化。

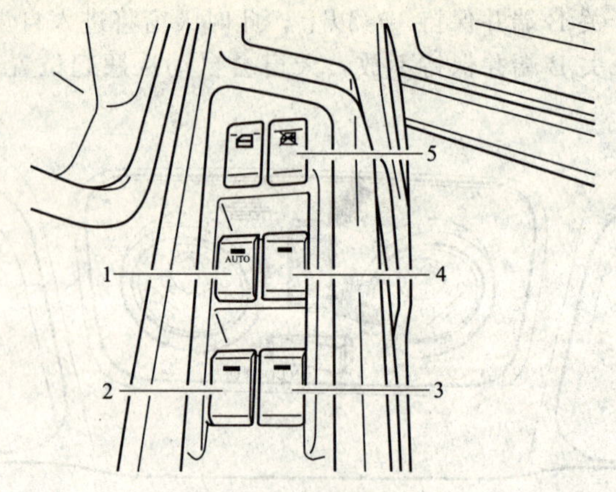

图 18-3 门窗按钮

1—左前电动门窗按钮；2—左后电动门窗按钮；3—右后电动门窗按钮；
4—右前电动门窗按钮；5—乘员车窗锁止按钮

18.3.2 2013 款起 GS5 电动天窗初始化

在某些情况下（蓄电池突然断电或汽车长期使用后），有可能需要手动来对天窗进行初始化。具体操作如下。

① 操作天窗开关使天窗运行至全翘起位置。

② 再向前推天窗开关 B（见图 18-4）端并保持 10s 以上，天窗自动从机械停止点退到默认的全翘起位置。

③ 初始化完成。

初始化完成之后可以令天窗进行自学习，具体操作如下。

① 再次向前推天窗开关 B 端并保持不放。

② 天窗会自动从翘起位置开始全程运行一遍，到全闭合位置停止。

③ 自学习过程完成。

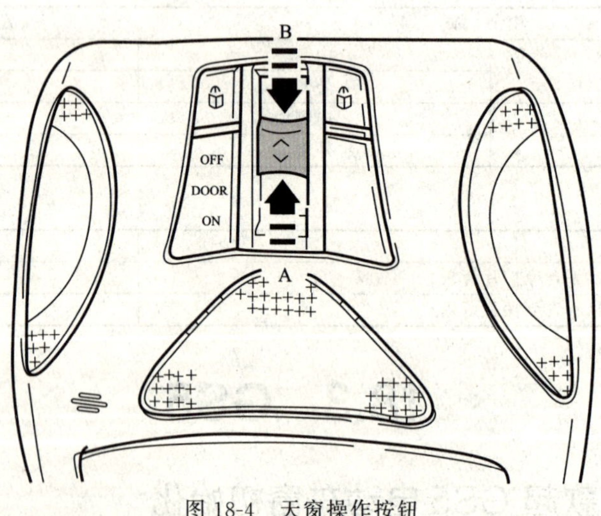

图 18-4 天窗操作按钮

18.3.3 2013 款起 GS5 车轮数据

（1）车轮定位数据

项目		数据
前轮	前轮外倾角	−15′±30′
	前轮单轮前束	6′±3′
	主销后倾角	3°42′±45′
	主销内倾角	5°15′±30′
后轮	后轮外倾角	−46′±30′
	后轮单轮前束	6′±3′

（2）动平衡数据

项目名称		残余动不平衡量数据
前轮	内侧	<8g
	外侧	<8g
后轮	内侧	<8g
	外侧	<8g

（3）制动片数据

名称	参数
前轮制动摩擦片磨损极限(不含摩擦片背板)	2mm
后轮制动摩擦片磨损极限(不含摩擦片背板)	1.5mm

欧洲车系

第1章 Chapter 1

大众汽车

1.1 迈　　腾

1.1.1　2006款起迈腾遥控单元恢复座椅和后视镜位置

对于有记忆功能的电动座椅和后视镜，可将所存储的座椅位置输入到遥控钥匙上，为此先存储座椅和后视镜位置，之后在10s内将该位置输入到遥控钥匙上。再将遥控钥匙从点火开关内拔下，按下遥控钥匙开锁按钮并保持大约2s直到听到输入完成的确认声音。需要注意的是，重新调整座椅的记忆位置后，在10s内不要随便按遥控钥匙按键，否则，遥控器将记忆最后所存储的座椅位置。

1.1.2　2006款起迈腾驾驶侧车窗初始化设定

车窗玻璃基本设定：操作车门玻璃升降器开关至极限位置停留2s即可。

1.1.3　2006款起迈腾电动天窗初始化方法

（1）装有MD2电动机的天窗初始化方法

① 首先将天窗电动机断电：先强制关闭天窗，之后取下顶灯盖板（天窗开关的面板），断开电动机线束插头或断开蓄电池负极线，等待10s后再接上线束或电源。

② 天窗初始化的方法：将开关由关闭位置旋向开启位置约 15°，再迅速旋回到关闭位置，听见电动机有“咯哒”的响声后，按住按钮开关，此时天窗将自动完成一个循环的运行，一个自动循环完成后则表明天窗初始完成。之后关闭点火开关 5～7s 后，天窗记忆完成。

（2）装有 MD4 电动机的天窗初始化方法

① 天窗初始化的方法：将开关在关闭位置按住，等待 25～30s。天窗起翘到最大化。玻璃会抖动一下，这时松开并再次按住开关，此时天窗将下落、开启、关闭一个自动循环，天窗初始完成。

② 如由于误操作，初始化失败，天窗没有动作，请先关闭车钥匙等待 10s，重新按照步骤再操作一次。

（3）两种不同电动机天窗初始化的区别

MD2 电动机初始化前需要先断电，初始化后需关闭点火开关等 5～7s，初始化全过程 60s；MD4 电动机直接按住开关即可初始化，但等待时间较长，初始化全过程需要 70s 左右。

（4）注意事项

① 大众品牌天窗电动机 MD2 与 MD4 的区分，以下面的底盘号为限。底盘号为前一个的车辆使用的是 M2 电动机，后一个的车辆使用的是 MD4 电动机。

速腾/SAGITAR A3073380（灰色内饰），A3070251（米色内饰）。

迈腾/MAGOTAN A3048927（灰色内饰），A3049968（米色内饰）。

高尔夫 A6/GOLF A6A3230545（灰色内饰），A3230755（米色内饰）。

新宝来/NBora A3061163（灰色内饰），A3061161（米色内饰）。

② 天窗在初始化过程中没有防夹功能，勿将手伸入开启的天窗中。

1.1.4 2006 款起迈腾钥匙遥控玻璃升降匹配方法

操作步骤如下。

① 插入钥匙，打开钥匙门。

② 操作多功能方向盘右侧：组合仪表菜单控制机构，如图 1-1 所示。

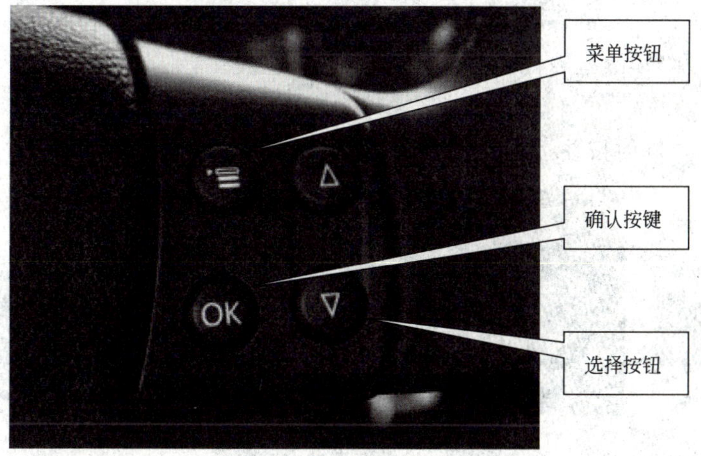

图 1-1 多功能方向盘操作按钮

③ 按菜单按钮进入设置，如图 1-2 所示。

④ 按菜单选择按钮进入舒适系统，按确认按钮选择舒适模式，如图 1-3 所示。

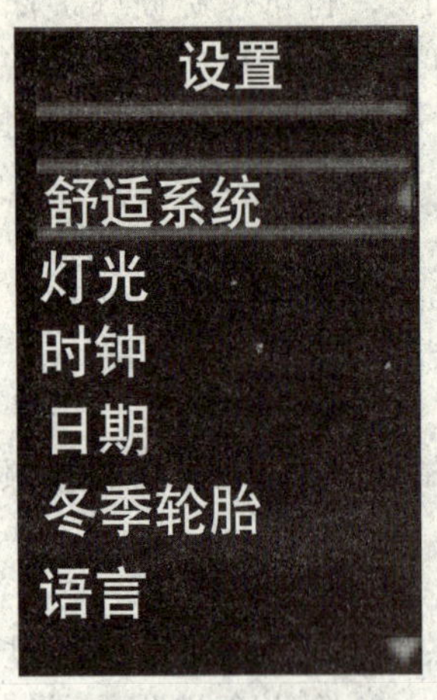

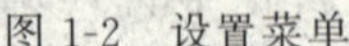

图 1-2 设置菜单

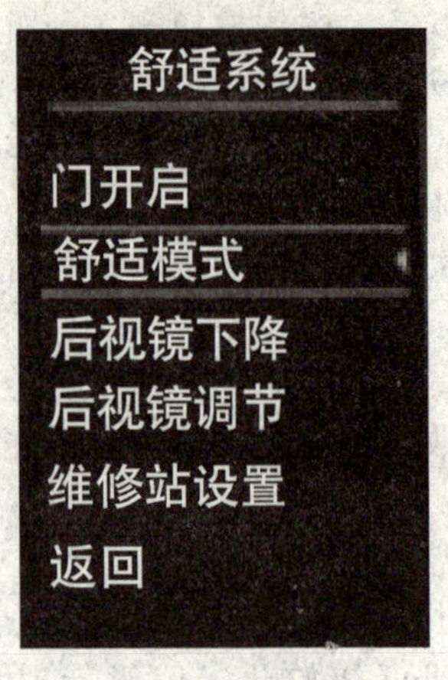

图 1-3 选择舒适模式菜单

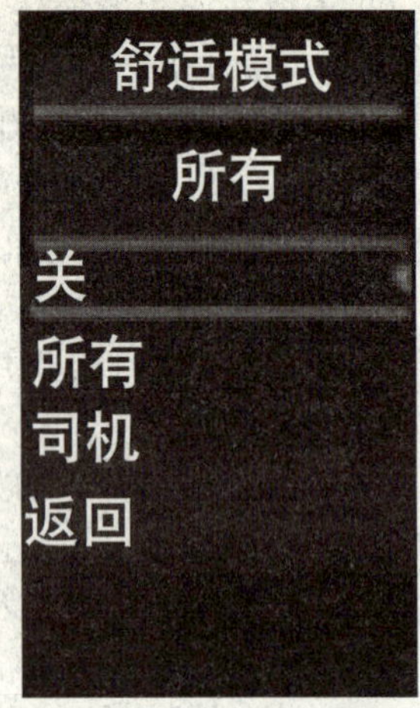

图 1-4 三种选择模式

⑤ 舒适模式有三种，如图 1-4 所示。

⑥ 三种模式的说明：选关模式，插入钥匙门的钥匙将不能遥控 4 门玻璃升降；选所有模式，插入钥匙门的钥匙能遥控 4 门玻璃升降；选司机模式，插入钥匙门的钥匙只能控制驾驶员门玻璃升降。

注意：用户的两把车钥匙可以根据自己需要选择三种模式里的任意一种模式。

1.1.5 2006 款起迈腾舒适性设置

操作方法如下。

① 按菜单选项按钮进入舒适系统。

② 按确认按钮选择舒适模式。舒适模式有三种：选关模式，插入钥匙门的钥匙将不能遥控 4 门玻璃升降；选所有模式，插入钥匙门的钥匙能遥控 4 门玻璃升降；选驾驶员模式，插入钥匙门的钥匙只能遥控驾驶员门玻璃升降。

1.2 速 腾

2006 款起速腾/迈腾保养灯归零：

(1) 手动归零设置

① 钥匙关了，同时按住扳手与清零（右侧）、按钮不放，如图 1-5 所示。

图 1-5 一汽大众迈腾仪表

② 打开钥匙，此时按住仪表的 min（左下侧）就可以了。

③ 只要显示出 * 大众集团 * 字样，就说明清零了。

(2) 使用设备归零

进入“仪表系统”，选择“匹配”。

① 通道 02 改为 00000。

② 通道 42 改为 00150。

③ 通道 43 改为 00150。

④ 通道 40 改为 00075，即为 7500km 保养。

1.3 宝　　来

1.3.1 2008 款起新宝来保养灯归零

① 关闭点火开关。

② 按住里程左下方调节按钮，如图 1-6 所示。

图 1-6 大众新宝来仪表

③ 打开点火开关并松开按钮。

④ 在里程显示屏中显示 OEL。

说明：如此时再次按下里程表旁按钮，显示自动切换到 INSP 显示而不是 OEL 保养归零。

⑤ 将数字时钟转速表盘按钮向右旋转，如果仪表是模拟时钟，那必须将调节钮拔出来。

⑥ 里程显示屏将自动显示出 3 条短线（---）。

⑦ 关闭点火开关，保养灯归零完成。

用远征 X431 可以把 A6L 保养灯归零，但是它还有一个天数不能归零。比如说在一个月前换的机油，首先 17→10→自适应匹配→451 大陆体制，选择 12 其他。

其次就可以设置保养的各项参数。

① 里程最大保养数（km）：17→10→43→进到这里就可以设置千米数，数字是×100 的，如输入 100 那最大保养里程为 10000km。

② 里程最小保养数（km）：17→10→42，方法同上。

③ 里程最大保养数（天数）：17→10→44。

里程最小保养数（天数）：17→10→49。

④ 进入 17 仪表板系统→选择 10 匹配→通道 02，输入 00000 测试后保存，再关闭点火开关重新打开点火开关。

⑤ MMI 显示无保养数据提示，重新进入 14→10→40（维修保养后的里程自适应），输入 100（=5000km）测试后保存。

⑥ 然后进入 41，输入 275（=90 天），这个数据是维修站给设定的，关闭点火开关打开

点火开关，MMI 显示离下次保养还有 5000km，还有 90 天。

1.3.2 2002 款起宝来后视镜与座椅设定方法

2002 年 11 月起生产的宝来豪华型轿车加装了驾驶员侧座椅和后视镜记忆系统。

(1) 系统初始化

① 打开驾驶员侧车门。

② 打开点火开关。

③ 按下“MEM OFF”按钮。

④ 向前拨动座椅靠背调整开关直至停为止。

⑤ 松开按钮；再次向前拨动座椅调整开关，直至仪表响两声后停止。

⑥ 初始化完成。

(2) 座椅和后视镜位置设定方法

① 打开点火开关。

② 按“MEM OFF”红色开关按钮（坐椅开关上）。

③ 按个人需要调整驾驶座椅位置及两侧后视镜，最后选择记忆按钮 1、2 或 3。

④ 按下按钮 3s 后听见“当”的声音后表明设定完成。

(3) 后视镜设定方法

① 打开点火开关。

② 先将后视镜调节开关置于后视镜位置。

③ 挂上倒挡。

④ 按下所选择按钮保持住 3s，听到“当”声音后表明设定完成。

(4) 遥控钥匙存储座椅位置

① 将遥控钥匙从点火开关拔出。

② 按下遥控钥匙开锁按钮并保持 2s，听到响声之后完成。

③ 注意调整座椅之后，10s 内不要按遥控钥匙按钮。

1.4 捷　达

2004 款起捷达前卫 GIF 玻璃升降器自动开/关功能匹配方法：

车窗升降器开关上、下均有两个挡位，随动挡和自动挡。下压或者上提至一挡时，车窗配合开关随动运行；至二挡时，则可用点动方式实现自动全开或者全闭，在升降过程中，如果按一下或者抬一下开关，车窗停止运行。当中控锁/电动窗控制单元断电后，两前门的自动开关功能将消失，必须按照下述步骤操作。

① 首先关闭所有车门及玻璃，用钥匙通过任意前门自车外锁闭。

② 再次打开车门。

③ 闭锁车门，钥匙保持在关闭位置 1s 以上时间。自动升降开关功能将恢复。

1.5 高 尔 夫

2009 款高尔夫 A6 保养归零设置：

① 关闭点火开关，按压里程表侧“SET”按钮。

② 按住按钮打开点火开关，保养周期显示区进入清零模式。

③ 松开按钮，然后在 20s 内按压转速表左下角调节按钮，显示屏稍后即恢复为常规显

示模式。仪表按钮见图 1-7。

图 1-7　大众高尔夫 A6 仪表

1.6 帕　萨　特

1.6.1 帕萨特 B5 保养灯归零

（1）手工归零操作步骤

使用组合仪表上里程和时钟的调整按钮，可以按下面的方法进行归零。

① 关闭车辆点火开关。

② 按下固定在车速表附近的里程按钮，位置见图 1-8。

③ 打开点火开关，松开（放开）里程按钮。

④ 通常是保养灯闪烁 2s 后熄灭，归零结束。

图 1-8　上海大众帕萨特仪表

（2）使用仪器归零操作步骤

① 打开点火开关，连接专用解码器。

② 选择“汽车诊断测试”，选择“国产大众汽车”，进入“仪表板”系统。

③ 选择“自适应匹配”功能按确认按钮进入。

④ 输入匹配通道号：02。

⑤ 按右键输入新的匹配值，把“00001”改为“00000”，确认退出即可。

1.6.2 帕萨特 V6 驾驶员座椅与外后视镜记忆功能设置与调用

(1) 记忆正常驾驶时的驾驶员座椅和外后视镜位置设定

① 将点火开关打开。

② 将驾驶员座椅左侧的“MEMORY OFF”红色按钮按下。

③ 调节驾驶员座椅及外后视镜到最适合的位置，按下驾驶员座椅左侧一个记忆按钮(建议从第一个按钮开始)并保持，直到听见“咚”的提示音表明设置完毕（重复此步骤可以设置另外两个记忆按钮)。

④ 驾驶员座椅上的记忆按钮设定完成后，立即断开点火开关并拔出点火钥匙，在 5s 内按住钥匙上的开启按钮不放，直到听见“咚”的提示音，钥匙的记忆设置完毕［重复步骤③和步骤④可以将设定好的位置记忆在另外的钥匙中，备用钥匙（无遥控功能）则不能设定］。

(2) 设置和记忆预调好的倒车时外后视镜位置

① 在驾驶员座椅上的记忆按钮设定完成后，将外后视镜调节旋钮切换到右外后视镜调节位置。

② 将换挡杆放入到倒挡位置，调整右外后视镜位置（使驾驶人员在倒车时能从车内看到车辆后侧及地面情况)。

③ 按下驾驶员座椅左侧上某一记忆按钮并保持，直到听见“咚”的提示音表明设置完毕，设置的位置被相应记忆按钮记忆。

说明：在调用预调好的倒车外后视镜位置时，外后视镜调节旋钮应先切换到右外后视镜调节位置。

(3) 调用预先设置好的记忆位置

① 在驾驶员车门未关闭的情况下，按压一下驾驶员座椅上已设定好的记忆按钮，驾驶员座椅和外后视镜会自动运行到预先设置好的位置。

② 在驾驶员车门已关闭的情况下，按住驾驶员座椅上已设定好的记忆按钮不放，直到驾驶员座椅和外后视镜会自动运行到预先设置好的位置。

③ 在驾驶员车门已关闭的情况下，按下遥控钥匙的开启按钮，打开驾驶员侧车门，驾驶员座椅会自动调节到此钥匙所记忆的位置（两把主钥匙可以记忆两个位置)。

说明：只有在点火开关断开，而且将“MEMORY OFF”红色开关按下，才可以调用预先设置好的记忆位置。

1.6.3 帕萨特领驭 TPMS 胎压监测系统设定

帕萨特新领驭部分车辆配备了 TPMS 胎压监测系统，该系统能够在车辆任一轮胎胎压出现异常时，通过仪表发出报警以提示用户及时处理，提高车辆行驶的安全性。当 TPMS 系统激活后，任一轮胎胎压过低（低于正常设定胎压 0.4bar）或过高（高于正常设定胎压 0.6bar)，仪表即发出报警提示——故障胎压闪烁、警告灯亮、警告音响一次。

车辆从生产到销售过程中，轮胎胎压存在三种状态：物流胎压约 3.5bar；满载胎压约 3.0bar；半载胎压约 2.2bar（注：前后轴的胎压略有不同)。

为此，为了确保 TPMS 系统处于正常工作状态，在车辆正式使用之前必须确保按以下步骤做好设置。

① 检查车辆四轮胎压是否调至半载胎压状态（四轮胎半载压数据详见个车型油箱盖内侧)。

② 打开点火开关，进入主菜单。

③ 选择胎压设置选项，见图 1-9，短按风窗洗涤拨杆上的图 1-10 所示的按钮 A，选择前轮或后轮（同轴的轮胎压力，需要一同设置)。

④ 短按风窗洗涤拨杆上的图 1-10 所示的按钮 B 上端/下端，调整轮胎压力。

⑤ 完成设定后，按住风窗洗涤拨杆上的按钮 A 并保持 2s 以上，以确认设置信息。

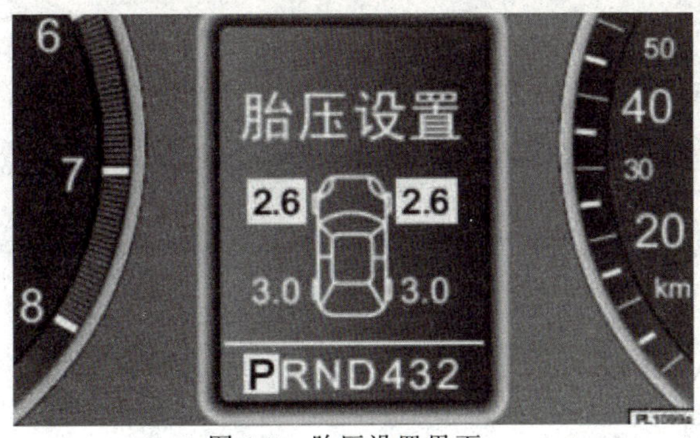

图 1-9 胎压设置界面

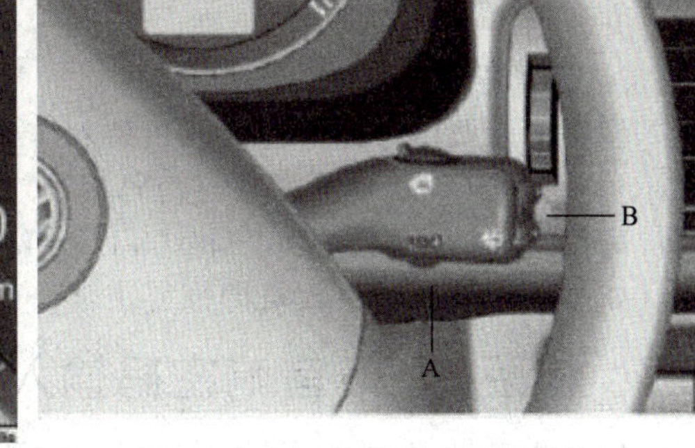

图 1-10 风窗洗涤杆上的设置按钮

此外，在轮胎气压正常的情况下如出现 TPMS 胎压报警，请先进入胎压设置界面（图 1-9）检查胎压报警设置参数是否正确。如需要，请按照上述步骤重新设定。

1.6.4 2011 款起新帕萨特 NMS 天窗玻璃电动机的设定

① 打开点火开关。

② 旋转开关必须位于“天窗关闭”位置。

③ 长按一键关闭，且在整个（大约 10s）过程中，保持在该位置。

④ 当设定时，全程工作一次。

⑤ 在天窗被再次关闭后，完成了设定后，必须松开旋转开关，如图 1-11 所示。

图 1-11 帕萨特 NMS 天窗旋转开关

1.6.5 2011 款起新帕萨特 NMS 移动电话匹配

操作步骤如下。

① 打开点火开关（如有必要的话打开移动电话）。

② 5s 内，在多功能方向盘上的电话键上连续按两下。收音机屏幕上显示“电话”图标并提示“嘟”声。

③ 在移动电话菜单中选择相应的选项，以搜索相匹配的蓝牙装置（免提电话）。

④ 如果移动电话的显示器显示 VWUHV，请输入 PIN 号“0000”接着等待直到听到“嘟”声（高音）匹配完成，并自动连接。若听到“嘟”声（低音），表示匹配失败。请重复以上匹配过程或向经销商咨询详细信息。

⑤ 在连接过程中，其他的移动电话不可以再通过蓝牙连接到免提系统。

1.6.6 帕萨特 B5 音响解码

需人工取消电子锁定的密码系统。

① 开机后显示“SAVE”字样。

② 3s 后会显“1000”。

③ 使用电台调谐存储键将收放机资料卡密码依次输入（点击输入第一位，数字为几则点几个，以此类推，直到屏显数与密码相符）。

④ 后按“SCAN（搜索）”和“TURNING（调谐）”2s 后松开。

⑤ 如密码正确此时收放机即恢复正常。

1.6.7 帕萨特 B5 音响密码输入方法

① 打开收录机。

② 屏幕显示 SAVE 之后显示字符“1000”。

③ 依次按照密码输入。如码为“2345”，则在数字选台键 1 处按 2 下，选台键 2 处按 3 下，选台键 3 处按 4 下，选台键 4 处按 5 下，则显示“2345”。

④ 按住右侧的左右箭头调台键保持几秒钟，听到“嘀”一声响即可。

⑤ 如原车组合仪表与音响不用解码，打开点头开关与音响，再断开音响电源接通即可。

1.7 朗逸-朗行-朗境

1.7.1 2008 款起朗逸保养灯归零

① 关闭点火开关，按住里程表的按钮不要松开，按钮位置如图 1-12 所示。

图 1-12 上海大众朗逸仪表盘

② 打开点火开关再关闭，直到仪表灯熄灭。

③ 再打开点火开关直到 INSP 显示六次后就好。

注意：在等待仪表灯熄灭过程中里程表的按钮是一直按住的。

1.7.2 2008 款起朗逸轮胎气压系统设置

当气压发生改变时，要对轮胎气压检测系统设置。

① 改变轮胎充气压力或更换轮胎后，打开点火开关。

② 按下气压监控开关并保持，直至响起一声提示。

③ 轮胎监测灯亮，表明有一个车轮气压得不到储存值，轮胎气压监测灯闪亮，说明系

统存在故障。

说明：若遇到急速转弯，制动 ABS 被激活，胎压监控显示器暂时关闭，按钮在中央面板下面，换挡杆的左前方。

1.8 桑塔纳

1.8.1 桑塔纳 2000 保养灯归零

① 点火开关关闭。

② 按下里程表复位按键并保持，同时打开点火开关，并保持接通状态。

③ 松开里程表复位按键并再次按下，然后松开，按键位置如图 1-13 所示。

④ 关闭点火开关即可。

图 1-13　上海大众桑塔纳 2000 仪表

1.8.2 桑塔纳 3000 保养灯归零

① 保持点火开关关闭。

② 按下里程表复位按键并保持，同时打开点火开关，并保持接通状态。

③ 松开里程表复位按键并再次按下，然后松开。按钮位置如图 1-14 所示。

④ 关闭点火开关。

图 1-14　上海大众桑塔纳 3000 仪表

1.9 波罗

上海大众波罗保养归零：

(1) 手动归零方法

① 点火开关 KEY OFF。

② 按下速度表下方里程归零钮，按住不放。仪表按钮位置如图 1-15 所示。

③ 点火开关 KEY ON，且持续按住里程归零钮 10s 以上。直到屏幕显示“———”，即表示归零完成。

图 1-15 上海大众波罗仪表

(2) 专业解码器归零

① 连接故障阅读仪 VAG1552。

② 接通点火开关。

③ 进入车辆自诊断。

④ 输入仪表板地址字 17。

⑤ 输入功能 10（匹配）。

⑥ 输入频道号 02。

⑦ 输入匹配值 00000。

⑧ 按下 Q 键存储匹配值。

⑨ 使用 06 功能结束输出。

⑩ 关闭点火开关并断开诊断导线。

⑪ 重新打开点火开关。

⑫ 不再有保养提示。

说明：

① 仪表显示“OIL”是换油保养提示，SANTANA2000 型每 7500km 出现一次，PASSAT、POLO 每 15000km 出现一次。

② 仪表显示“INSP”或“SERVICE”是检修保养提示，SANTANA2000 型每 15000km 出现一次，PASSAT、POLO 每 30000km 出现一次。其中 POLO 在这种状态下会出现一个扳手的图形。

③ 在刚好出现保养提示的公里数时，保养提示无法复位，必须至少超出 1km 才能复位。如，SANTANA2000 在 7500km 时出现保养提示，此时进行了换油保养，然后进行复位，但无法复位，必须使里程表显示 7500km 以外的其他数值，例如 7501km，才能完成复位工作。

1.10 途 安

上海大众途安保养灯归零：

① 关闭点火开关。

② 按住仪表右边的按钮，打开点火开关，显示“SERVICE”。
③ 按住仪表左边的按钮直到显示下一次保养里程，按钮位置如图 1-16 所示。

图 1-16　上海大众途安仪表

1.11　途　　观

大众新款途观、R36、帕萨特、迈腾等调取保养功能菜单方法：
① 可以通过方向盘右侧按键的操作、调出仪表信息中心菜单，如图 1-17 所示。

图 1-17　方向盘右侧功能按钮

② 选择设置菜单，如图 1-18 所示。

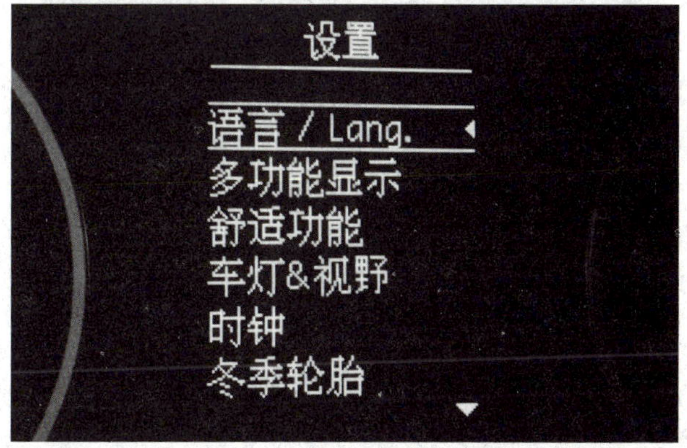

图 1-18　车型设置菜单画面

③ 选择保养，如图 1-19 所示。

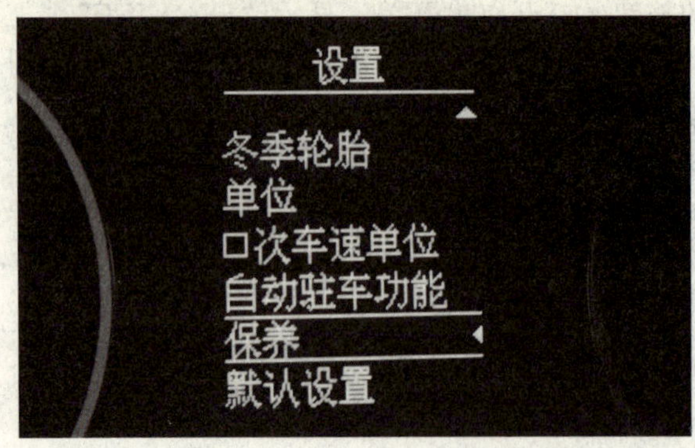

图 1-19　设置菜单下翻选择“保养”

④ 选择信息，如图 1-20 所示。

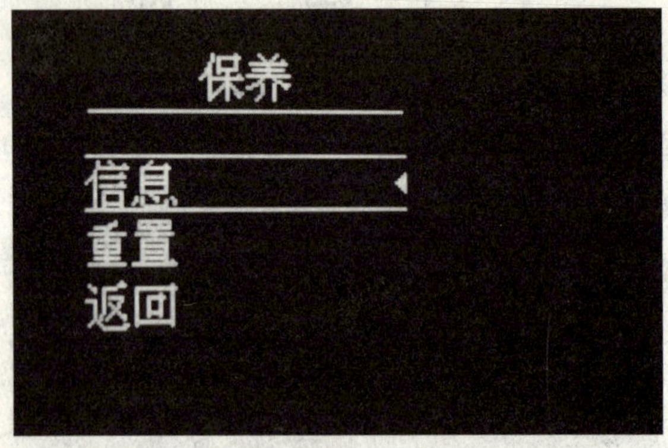

图 1-20　车型保养菜单显示

⑤ 屏幕将会显示距离下次保养的剩余里程数与天数，如图 1-21 所示。

图 1-21　显示屏幕显示里程与天数

1.12　途　锐

1.12.1　2013 款起途锐车轮定位数据

底　盘	标准底盘		舒适型坏路底盘	
PR 编号	1BA	1BA	1BB	1BB
	前部	后部	前部	后部

续表

底盘	标准底盘		舒适型坏路底盘	
总前束(未受压)	$10'^{+5'}_{-2.5'}$	$20'\pm10'$	$10'^{+5'}_{-2.5'}$	$20'\pm10'$
车轮外倾角(不可调节)	$-15'\pm20'$	$-1°20'\pm20'$	$-15'\pm20'$	$-1°20'\pm20'$
右侧和左侧车轮外倾角之间的最大允许偏差	20′	30′	20′	30′
向左和右20°转向角度时的前束角偏差	①	①	①	①
主销后倾角	8°35′	①	8°26′	①
两侧之间最高允许的差值	20′	①	20′	①
位置高度	478.3mm	486.4mm	488.3mm	501.9mm

① 表示不可调节。

1.12.2 2013款起途锐保养归零与复位

复位保养周期指示器，可以在信息娱乐系统中复位显示。

① 接通点火开关。

② 按压信息娱乐按钮(CAR)（汽车）。

③ 短促按压功能按钮(保养)。

④ 或短促按压功能按钮(设置)，紧接着短促按压(保养/检查)。

⑤ 短促按压功能按钮(复位周期性保养)。

⑥ 用(重置)确认查询。

不要在保养周期之间复位保养显示，否则会导致错误显示。

1.13 辉　腾

1.13.1 2013款起辉腾保养复位

复位保养周期指示器如下。

- 关闭点火开关。
- 按压并按住组合仪表上的按钮[0.0]。
- 重新打开点火开关。
- 当组合仪表显示屏中出现字样时，松开按钮[0.0]。
- 按压OK，以确认组合仪表显示器上的信息保养复位。
- 确认保养周期指示器已复位。

不要在保养周期之间重置保养显示，否则会导致错误显示。

如果在适用长效保养时手动重置保养周期指示器，则“按时间或行驶里程的保养”激活。保养周期不能再单独确定，参考保养手册。

当发动机运转时或按下滚花轮后，保养信息在几秒钟后熄灭。

如果汽车蓄电池在带长效保养的汽车上已较长时间断开，则不能再计算下次到期的保养的时间。保养指示器因此可能显示错误的计算结果。在这种情况下要注意最大允许的保养周期。

1.13.2 2013款起辉腾四轮定位数据

底　盘	标准底盘		舒适型坏路底盘	
PR 编号	G11/G12	UA2	G16/G17	1JL
	前部	后部	前部	后部
总前束(未受压)	24′±4′	12′±10′	24′±4′	12′±10′
车轮外倾角(不可调节)	−1°8′±25′	−1°30′±30′	−55′	−1°30′±30′
右侧和左侧车轮外倾角之间的最大允许偏差	30′	30′	30′	30′
向左和右 20°转向角度时的前束角偏差	①	①	①	①
主销后倾角	①	①	①	①
两侧之间最高允许的差值	①	①	①	①
位置高度	407mm	401mm	422mm	416mm

① 表示不能调节。

1.14 CC

2010 款起 CC 保养灯归零：

① 在发动机不启动情况下，压下转速表下面的短程距离计数器复位按钮并按住。

② 将点火开关置于 ON 位置，放开短程距离计数器复位按钮（如图 1-22 所示），显示屏出现“SERVICE”标志。

图 1-22　大众 CC 仪表盘

③ 拉出时钟上的分钟按钮，向右转动分钟按钮，显示屏上出现里程显示。

④ 将发动机熄火，提醒信息复位。

⑤ 将点火开关置于 ON 位置，“SERVICE”标志消失。

1.15 尚　酷

1.15.1 2013款起尚酷机油保养复位

如果换油保养不是由大众汽车合作伙伴进行的，则可以按如下方式将其复位。

(1) 在带有文字信息的汽车上

① 关闭点火开关。

② 按压组合仪表上的按钮[0.0/SET]并按住。

③ 重新打开点火开关。

④ 松开按钮[0.0/SET]。

⑤ 通过车窗玻璃刮水器操纵杆上的按钮[OK/RESET]或多功能方向盘上的按钮[OK]确认组合仪表中的确认询问。

(2) 在不带文字信息的汽车上

① 关闭点火开关。

② 按压组合仪表上的按钮[0.0/SET]并按住。

③ 重新打开点火开关。

④ 松开按钮[0.0/SET]并在约 20s 内按压按钮[⧉/⊕]。

注意：不要在保养周期之间复位保养显示，否则会导致错误显示。

1.15.2 2013 款起尚酷检查复位

如果检查不是由大众进行的，则可以按如下方式将其复位。

(1) 在带有文字信息的汽车上

① 关闭点火开关。

② 接通闪烁报警装置。

③ 按压组合仪表上的按钮[0.0/SET]并按住。

④ 重新打开点火开关。

⑤ 松开按钮[0.0/SET]。

⑥ 通过车窗玻璃刮水器操纵杆上的按钮[OK/RESET]或多功能方向盘上的按钮[OK]确认组合仪表中的确认询问。

⑦ 关闭闪烁报警装置。

(2) 在不带文字信息的汽车上

① 关闭点火开关。

② 接通闪烁报警装置。

③ 按压组合仪表上的按钮[0.0/SET]并按住。

④ 重新打开点火开关。

⑤ 松开按钮[0.0/SET]并在约 20s 内按压按钮[⧉/⊕]。

⑥ 关闭闪烁报警装置。

注意：发动机运行几秒钟后或者按压车窗玻璃刮水器操纵杆上的按钮[OK/RESET]或多功能方向盘上的按钮[OK]，保养信息就会消失。

1.15.3 2013 款起尚酷车轮定位数据

底　　盘	标准底盘	
PR 编号	G11/G12	
项　　目	前部	后部
总前束(未受压)	28′±12′	10′±10′
车轮外倾角(不可调节)	−30′±30′	−1°20′±30′
右侧和左侧车轮外倾角之间的最大允许偏差	30′	30′

项　目	前部	后部
向左和右 20°转向角度时的前束角偏差	1°38′±20′	①
主销后倾角	7°34′±30′	①
两侧之间最高允许的差值	30′	①
位置高度	(404.5±10)mm	(404.0±10)mm

① 表示不能调节。

1.16 甲壳虫

2000～2006 款新甲壳虫保养灯归零：

① 保持压下调节按钮，按钮位置如图 1-23 所示。

② 打开点火开关。

③ 释放调节按钮。

④ “SERVICE”（保养）将显示在短程路程显示器上。

⑤ 保持压下调节按钮，直到“SERVICE”（保养）被擦除。

⑥ 关闭点火开关。

图 1-23　新甲壳虫仪表

第2章 Chapter 2

奥迪汽车

2.1 A3

2.1.1 2012款起A3 SPORTBACK保养复位

在进行保养后，奥迪维修站或专业企业会将保养间隔显示复位。

如果自己更换过机油，那么可以自行复位机油保养显示。在这种情况下，必须按固定保养间隔（15000km或一年）更换机油。要给显示复位时，请在点火开关打开的条件下拉按钮，如图2-1所示。重新按按钮，直到出现“---”。如果5s之内未拉复位按钮，那么会退出显示复位模式。

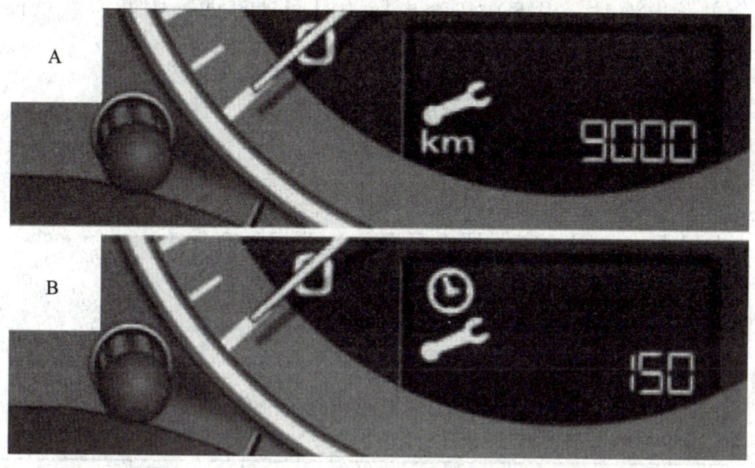

图2-1 A3保养下拉按钮

注意：

① 只有在进行过机油更换后，才将机油更换显示复位。

② 按保养间隔进行保养对于本车（尤其是发动机）的使用寿命和保值来说极其重要。即使行驶里程少，但也不允许超过下次保养的时间期限。

③ 断开车辆的蓄电池时，对下次机油更换的时间计算即被中断。注意保养手册中的内容，以便在长时间停驶时遵守保养期限。

2.1.2 2012款起A3保养周期复位

在进行保养后，奥迪维修站或专业企业会将保养间隔显示复位。

如果自己更换过机油，那么可以自行复位机油保养显示。在这种情况下，必须按固定保养间隔（15000km或一年）更换机油。要给显示复位时，请在点火开关打开的条件下拉按钮，如图2-2所示。显示SERVICE!（保养期限已到!）。现在拉住按钮，直到Oil Change in—km—days出现。如果5s之内未拉复位按钮，那么会退出显示复位模式。

图2-2　保养复位操作按钮

注意：

① 只有在进行过机油更换后，才将机油更换显示复位。

② 按保养间隔进行保养对于本车（尤其是发动机）的使用寿命和保值来说极其重要。即使行驶里程少，但也不允许超过下次保养的时间期限。

③ 断开车辆的蓄电池时，对下次机油更换的时间计算即被中断。注意保养手册中的内容，以便在长时间停驶时遵守保养期限。

2.1.3　2012款起A3应急关闭全景天窗

适用于：装有全景玻璃天窗的汽车。

在关闭时，如果全景天窗识别到阻碍或夹住物体，那么天窗再次自动打开。在去除物体以后，如果第二次仍无法关闭天窗，那么可以应急关闭天窗。

在自动打开之后5s内拉住按钮，直到天窗关闭。

如果提前松开按钮，那么全景天窗重新自动打开。

2.1.4　2012款起A3车轮定位

（1）奥迪A3 Sportback：基础型底盘

前桥			
项　目		设置值	允许误差
内外倾	左侧	−30′	±30′
	右侧	−30′	±30′
前束	总值	10′	±10′
前束差角(20°)	左轮偏转角	1°19′	±20′
	右轮偏转角	1°19′	±20′
后桥(多连杆车桥/组合连杆车桥)			
项　目		设置值	允许误差
内外倾	左侧	−1°20′/−1°	±30′/±10′
	右侧	−1°20′/−1°	±30′/±10′
前束	左侧	12.5′/10′	±5′/±5′
	右侧	12.5′/10′	±5′/±5′
	总值	25′/20′	±10′/±10′

（2）奥迪 A3 Sportback：运动型底盘

前桥			
项　目		设置值	允许误差
内外倾	左侧	−41′	±30′
	右侧	−41′	±30′
前束	总值	10′	±10′
前束差角(20°)	左轮偏转角	1°30′	±20′
	右轮偏转角	1°30′	±20′
后桥(多连杆车桥/组合连杆车桥)			
项　目		设置值	允许误差
内外倾	左侧	−1°20′/−1°	±30′/±10′
	右侧	−1°20′/−1°	±30′/±10′
前束	左侧	12.5′/12′	±5′/±5′
	右侧	12.5′/12′	±5′/±5′
	总值	25′/24′	±10′/±10′

2.1.5 2012 款起 A3 保险丝信息

A3 车内保险丝信息见图 2-3。

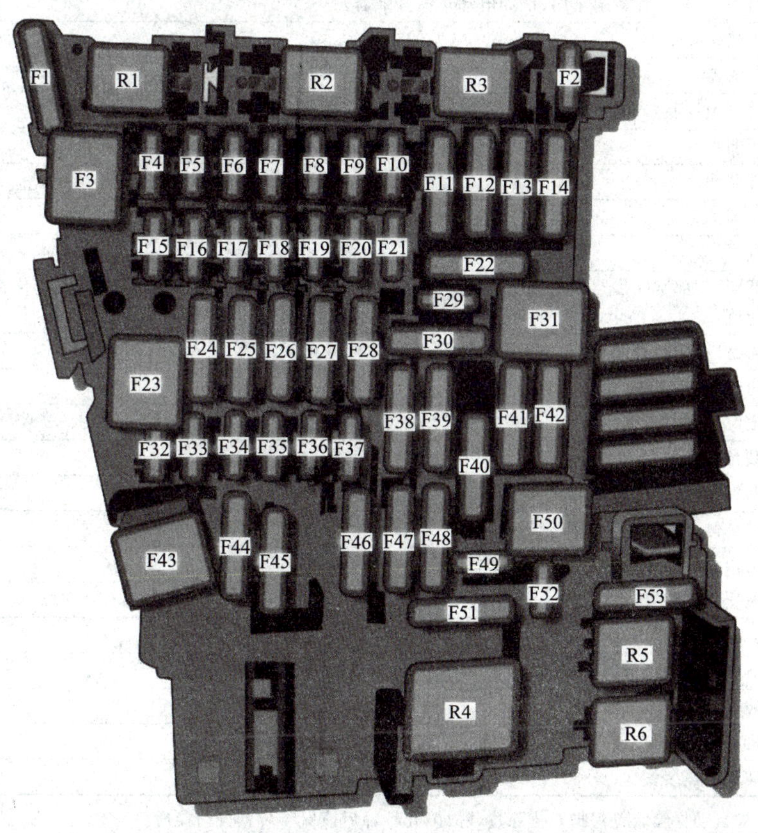

图 2-3　车内保险丝信息

编号	电　　器	电流/A
F2	座椅调节	10
F3	折叠式车顶液压泵(敞篷车)	40
F4	MMI 操控元件、MMI 组件	7.5
F5	网关	5
F6	防盗报警装置	5
F7	空调/暖风操控元件、选挡杆(自动变速箱)、驻车暖风、后窗玻璃加热装置继电器线圈	10
F8	诊断、电子驻车制动器开关、车灯开关、雨水/光线传感器、车内照明	10
F9	转向柱开关模块	1
F10	显示屏	5
F11	驾驶员侧可逆向调节的安全带拉紧器	25
F12	MMI 部件	15/20
F13	减振器调节控制单元	20
F14	空调装置鼓风机	30
F15	电动方向柱锁止装置	10
F16	MMI 部件	7.5
F17	组合仪表	5
F18	倒车镜头	7.5
F19	舒服钥匙系统控制器	7.5
F23	右外部照明	40
F24	全景天窗/折叠式车顶控制器、折叠式车顶锁扣(敞篷车)	20/30
F25	驾驶员侧一扇车门/多扇车门(例如电动车窗升降器)	30
F26	座椅加热	30
F27	音频放大器	30
F28	折叠式车顶控制器、电子装置(敞篷车)	5
F29	车内照明	7.5
F31	左外部照明	40
F32	驾驶员辅助系统	7.5
F33	安全气囊	5
F34	按钮照明、头部空间加热继电线圈(敞篷车)和插座继电器、内部声音、倒车灯开关、温度传感器、机油油位传感器	7.5
F35	诊断、大灯照明距离调节、空气质量传感器、可自动防眩的后视镜	10
F36	右弯道灯/右侧 LED 大灯	15
F37	左弯道灯/左侧 LED 大灯	15
F39	副驾驶员侧一扇车门/多扇车门(例如电动车窗升降器)	30
F40	点烟器、插座	20
F41	副驾驶员侧可逆向调节的安全带拉紧器	25
F42	中央门锁	40
F43	车窗玻璃清洗装置	30
F44	四轮驱动	15
F45	驾驶员侧可电动调节的座椅	15
F47	后窗玻璃刮水器	15
F49	启动机、离合器感应器	5
F53	后窗玻璃加热装置	30

注：电动座椅被自动保险装置保护，排除过载故障几秒钟后该保险装置自动接通。

发动机舱保险丝信息见图 2-4。

图 2-4 发动机舱保险丝盒信息

编号	电器	电流/A
F1	ESC 电控行车稳定控制器	40
F2	ESC 电控行车稳定控制器	40
F3	发动机控制器(汽油/柴油)	15/30
F4	发动机冷却装置、发动机组件、辅助加热器继电器线圈(1+2)、二次空气泵继电器	5/10
F5	发动机组件、油箱系统	7.5/10
F6	制动灯感应器	5
F7	发动机组件、水泵	7.5/10/15
F8	氧传感器	10/15
F9	发动机组件、废气风门、预热时间控制器	5/10/20
F10	喷射阀、燃油控制器	15/20
F11	辅助暖风加热条 2	40
F12	辅助暖风加热条 3	40
F13	自动变速箱控制器	15/30
F15	喇叭	15
F16	点火线圈/CNG 关闭阀(天然气发动机)	20/7.5
F17	ESC 控制器、发动机控制器	7.5
F18	总线端 30(参考电压)	5
F19	前部车窗玻璃刮水器	30
F20	喇叭	10
F22	接线柱 50 诊断	5
F23	启动机	30
F24	辅助暖风加热条 1	40
F31	真空泵	15
F32	LED 大灯	5
F37	驻车暖风	20

2.2 A4-A4L

2.2.1 2000款起A4保养灯归零

(1) A4(2000～2001年欧款车)

车辆的保养灯要用专用的诊断仪器来设定。

INSP检查维护：

① 按下并按住A键。

② 点火开关打开，松开A键。

③ 这时在显示器上显示“SERVICE”或“SERVICE IN ×××× MI”的字样。

④ 然后按下B键消除左边的显示，这时在里程显示器上显示“SERVICE IN 10000 ML”的字样。

⑤ 关闭点火开关。

(2) A4(2001年以后欧款车)

车辆的保养灯要用专用的诊断仪器来设定。

INSP检查维护：

① 按下并按住A键。

② 点火开关打开，松开A键。

③ 这时在显示器上显示“SERVICE”或“SERVICE IN ×××× MI”的字样。

④ 按下B键直到显示器清除和复位，出现新的保养间隔或“SERVICE!”。

⑤ 关闭点火开关。

(3) 部分国产A4

① 按下并按住A键。

② 点火开关打开，松开A键。

③ 这时在显示器上显示“SERVICE”或“SERVICE IN ×××× MI”的字样。

④ 按下B键直到显示器清除和复位，出现“SERVICE!”。

⑤ 关闭点火开关。

2.2.2 A4车窗升降器设定方法

断开蓄电池连接后电动车窗升降器单触功能将消失，按以下步骤激活电动车窗升级器单触功能。

① 打开点火开关，用电动车窗升降开关将车窗完全打开。

② 再次使用电动车窗升降开关关闭车窗，车窗完全关闭后将开关保持在该位置至少1s以激活单触功能。

2.3 A5

2007款起A5保养周期复位：

在进行保养后，奥迪维修站会将显示复位。自己只能复位机油更换显示。此时，必须选择功能按钮(CAR)→保养周期→机油更换复位。在复位机油更换显示后，15000km或一年后必须更换机油（固定保养周期）。

说明：

• 请勿在机油更换周期之间将显示复位，否则会导致错误显示。

• 在汽车蓄电池接线已断开的情况下，保养周期指示器的值仍继续保留。

• 如果出现优先等级为 1 的故障警告（红色符号），那么不能调出剩余里程数。

• 如果保养不是由专业维修站进行的，那么只能将机油更换周期显示设置为每 15000km 的“固定保养周期”。如果要保留“长效保养”，那么必须让专业维修站对机油更换周期显示进行复位。

2.4 A6-A6L

2.4.1 2010 款 A6L、A4L、Q5、Q7 保养灯归零

用 VCDS 或 VAS5054 进 17 仪表系统→匹配功能。

通道 02——输入 0，保存；

通道 55——输入 0，保存；

通道 54——输入 90，保存；

通道 53——输入 0，保存；

通道 52——4 缸发动机输入 50，6 缸发动机输入 70，保存；

通道 51——输入 90，保存；

通道 50——输入 50，保存；

通道 49——输入 90，保存；

通道 45——输入 1，保存；

通道 44——输入 90，保存；

通道 43——输入 150，保存；

通道 42——输入 50～150，一般选择 150，保存；

通道 41——输入 0 保存；

通道 40——输入 0，保存；

通道 39——输入 90（只有 6 缸发动机高配车辆才输入），保存。

2.4.2 2010 款 A6L 保养参数设置

首先仪表→自适应匹配→通道号 45，1 大陆体制，2 其他，选择 1 大陆体制。

其次就可以设置保养的各项参数。

① 里程最大保养数（km）：仪表→自适应匹配→通道号 43，设置千米数，以百位计算，如输入 50，那最大保养里程为 5000km。

② 里程最小保养数（km）：仪表→自适应匹配→通道号 42，方法同上。

③ 里程最大保养天数（天）：仪表→自适应匹配→通道号 44。

④ 里程最小保养天数（天）：仪表→自适应匹配→通道号 49。

保养后里程自适应：仪表→自适应匹配→通道号 02，输入 00000 后保存，再关闭/打开点火开关，仪表盘 MMI 显示屏无保养数据提示，重新进入仪表→自适应匹配→通道号 40，输入 100（＝5000km）测试后保存，再进入通道号 41，输入 275（＝90 天），关闭/打开点火开关后，仪表盘 MMI 屏显示离下次保养还有 5000km，还有 90 天。

2.4.3 2009 款前 A6L 保养灯归零

① 行驶 5000km 或 180 天保养。

② 17 仪表板系统。

③ 10 通道调整匹配：通道号 02，匹配值为 0。

④ 10 通道调整匹配：通道号 42 或 43，匹配值为 150（15000km）。

⑤ 10 通道调整匹配：通道号 44 或 49，匹配值为 365。

⑥ 10 通道调整匹配：通道号 40，匹配值为 100。

⑦ 10 通道调整匹配：通道号 41，匹配值为 185。

2.4.4 2009 款 A6L 保养灯归零

① 行驶 5000km 或 180 天保养。

② 17 仪表板系统。

③ 10 通道调整匹配：通道号 50，匹配值为 50。

④ 10 通道调整匹配：通道号 51，匹配值为 180。

⑤ 10 通道调整匹配：通道号 44 或 49，匹配值为 365。

⑥ 10 通道调整匹配：通道号 02，匹配值为 0。

2.4.5 2010 款 A6L 保养灯归零

① 行驶 5000km 或 180 天保养。

② 17 仪表板系统。

③ 10 通道调整匹配：通道号 50，匹配值为 50。

④ 10 通道调整匹配：通道号 51，匹配值为 180。

⑤ 10 通道调整匹配：通道号 02，匹配值为 0。

⑥ 10 通道调整匹配：通道号 52，匹配值为 400（40000km）。

⑦ 10 通道调整匹配：通道号 54，匹配值为 0。

⑧ 10 通道调整匹配：通道号 53，匹配值为 730。

⑨ 10 通道调整匹配：通道号 55，匹配值为 0。

2.4.6 2009 款 A6L 保养参数设置

新款 A6L 在原有机油保养提示的基础上增加了下次保养提示，方便客户保养维修。比如车辆还有 10000km 换汽油，在下次保养里程设定公里数到后仪表盘就会显示保养两字，而并非是到了换机油的时候。

举例，下次换机油于 7500km 365 天，下次保养于 30000km 730 天，设定方法如下。

① 进入 17 仪表→10 调整→通道号 45，将调整值改为：1。

② 设置保养的各项参数如下。

a. 最大保养里程数（公里）：17 仪表→10 调整→通道号 43，设置公里数，以百位计算，输入 100，那最大保养里程为 10000km。

b. 最小保养里程数（公里）：17 仪表→10 调整→通道号 42，设置公里数，以百位计算，输入 100，那最小保养里程为 10000km。

c. 最大保养天数（天）：17 仪表→10 调整→通道号 44，设置天数，以一天计算，输入 365，那最大保养里程为 365 天。

d. 最小保养天数（天）：17 仪表→10 调整→通道号 49，设置天数，以一天计算，输入

365，那最小保养里程为 365 天。

e. 机油保养里程基本值（km）：17 仪表→10 调整→通道号 50，输入 100。

f. 机油保养天数基本值（天）：17 仪表→10 调整→通道号 51，输入 365。

③ 多媒体交互系统（MMI）显示屏机油保养数据提示调整如下。

a. 17 仪表→10 调整→通道号 02，输入 00000 后保存。

b. 17 仪表→10 调整→通道号 40，输入 00025 保存（=7500km）。

c. 17 仪表→10 调整→通道号 41，输入 00000 保存（=365 天）。

④ 多媒体交互系统（MMI）显示屏下次保养数据提示调整如下。

a. 下次保养里程基本值（km）：17 仪表→10 调整→通道号 52，设置公里数，以百位计算，输入 300。

b. 下次保养里程启动值（km）：17 仪表→10 调整→通道号 53，输入 00000 保存（=30000km）。

c. 下次保养天数基本值（天）：17 仪表→10 调整→通道号 54，设置天数，以天计算，输入 730。

d. 下次保养天数启动值（天）：17 仪表→10 调整→通道号 55，输入 00000 保存（=730 天）。

下次保养设置 30000km730 天只是为了让“保养”两字晚些时候点亮。在原车各通道未被改动情况下，复位 02 改 40、41、53、55 就可完成。

2.4.7 2012 款起 A6L 保养周期调整及保养灯归零

① 2012 款奥迪 A6L 仪表为 UDS 协议，机油保养周期调整和复位与以前输入通道号的方法不同。仪表外观的区分，新仪表发动机转速表和车速表指针默认位置在六点钟方向，如图 2-5 所示。

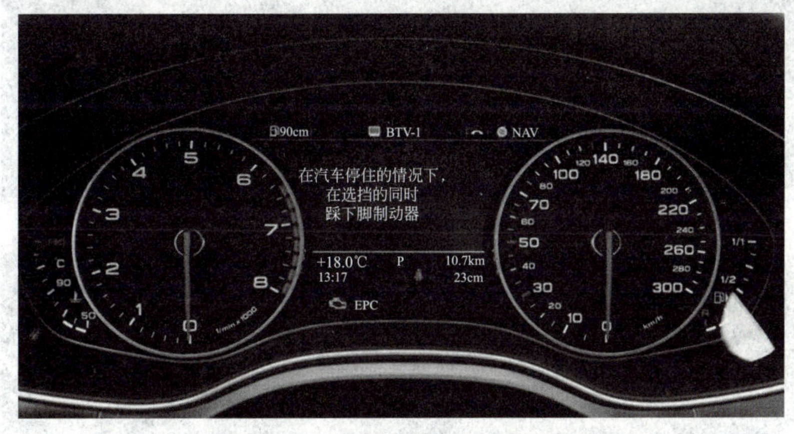

图 2-5 2012 款 A6L 仪表

② 保养周期复位介绍如下。

手工操作（通过多媒体显示屏 MMI 操作）方法如下。

a. 按钮 1 汽车设置进入菜单，按钮 2 返回，按钮 3 转动选择、按压确认，按钮位置如图 2-6 所示。

b. 按按钮 1 进入汽车设置并选择到“保养和检查”，如图 2-7 所示。

c. 通过旋转按钮 3 选择“保养周期”并确定进入下一级界面，如图 2-8 所示。

d. 进入“保养周期”出现图 2-9(a) 的界面，通过旋转按钮 3 调到图 2-9(b) 界面。

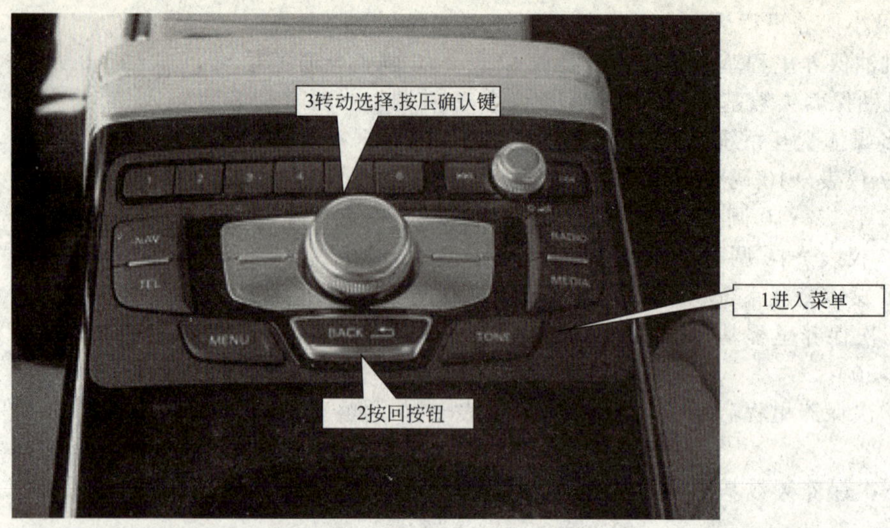

图 2-6　2012 款 A6LMMI 中心按钮

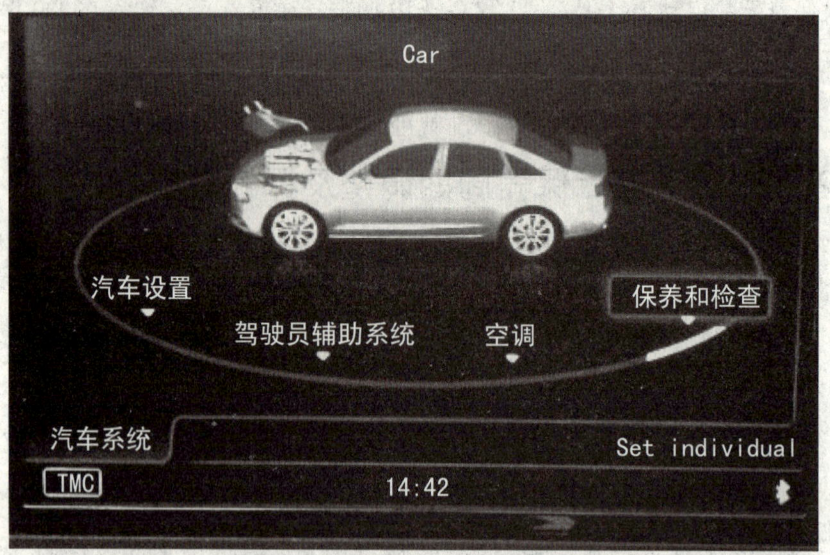

图 2-7　进入系统选择保养与检查

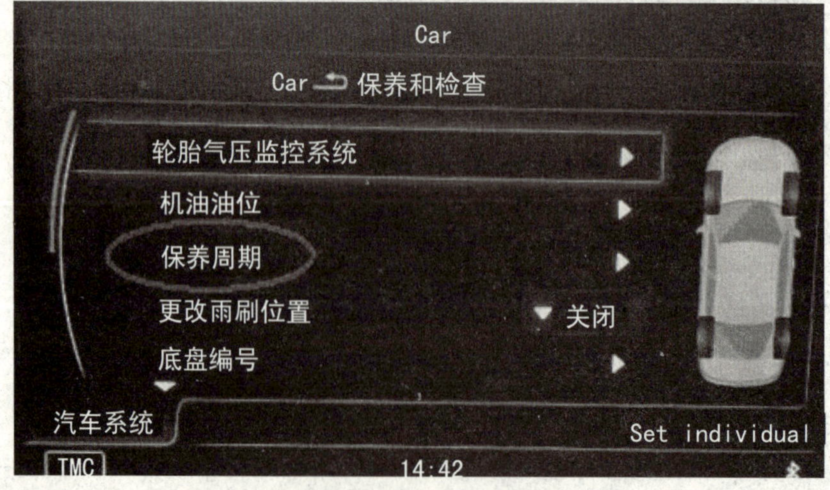

图 2-8　选择保养周期

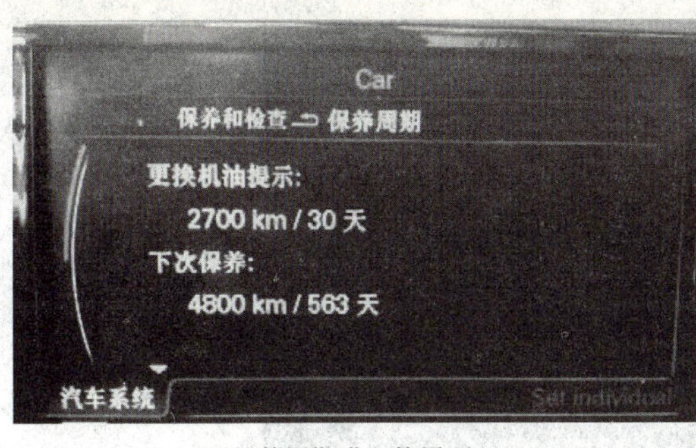

(a) 保养周期进入的界面

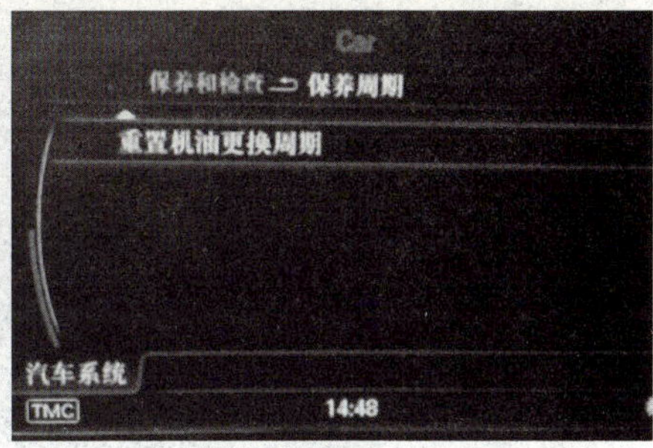

(b) 跳转界面

图 2-9　进入保养周期的设置

e. 到这一步按提示操作就可以，如图 2-10 所示。

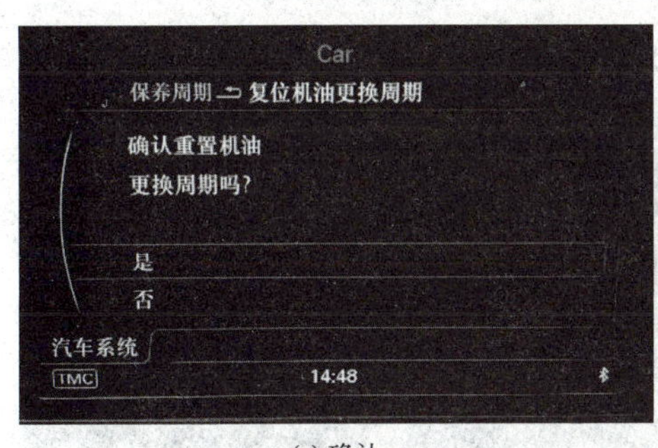

(a) 确认

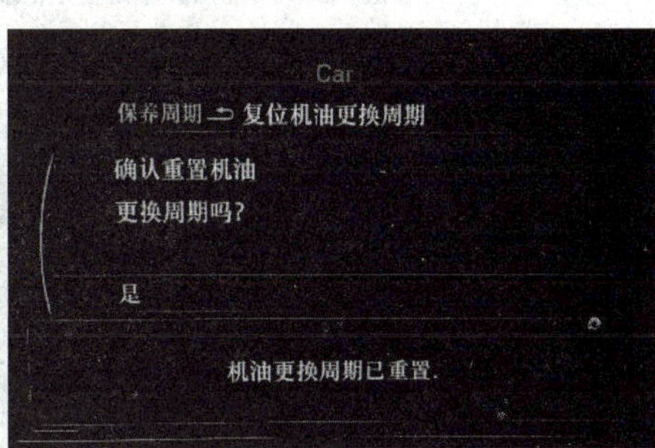

(b) 重置完成

图 2-10　设置机油更换周期复位

f. 保养周期复位到此结束，出现如图 2-11 所示界面。

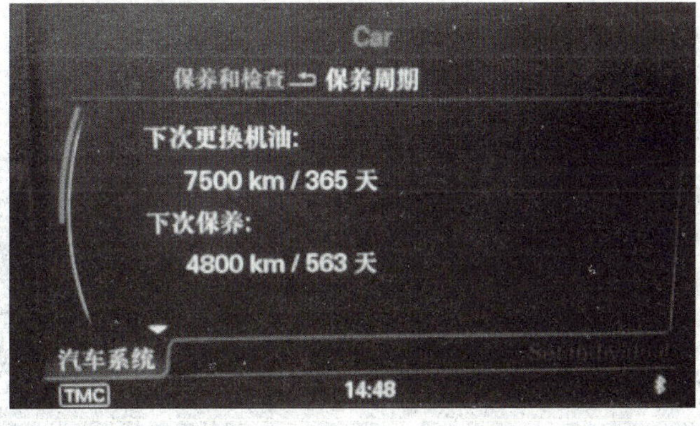

图 2-11　保养周期复位完成

③ 保养周期的更改。复位完成后，如果想更改保养的周期，就需要使用解码器操作。这里以金奔腾解码器操作为例介绍。

a. 连接金奔腾解码器，进入 17 仪表控制单元中，选择“匹配”后出现如图 2-12 所示界面。

b. 保养周期公里数的设定，如图 2-13 所示。一定要注意单位。

c. 保养周期时间的设定，如图 2-14 所示。

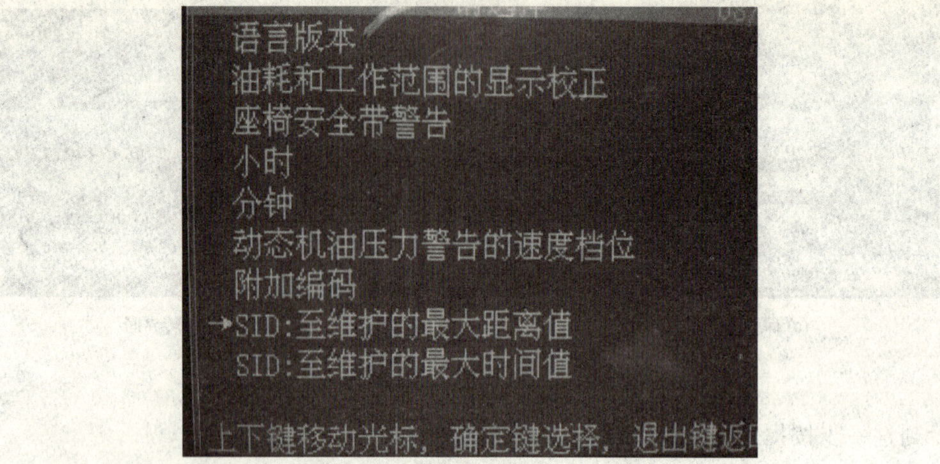

图 2-12　进入系统后选择匹配的界面

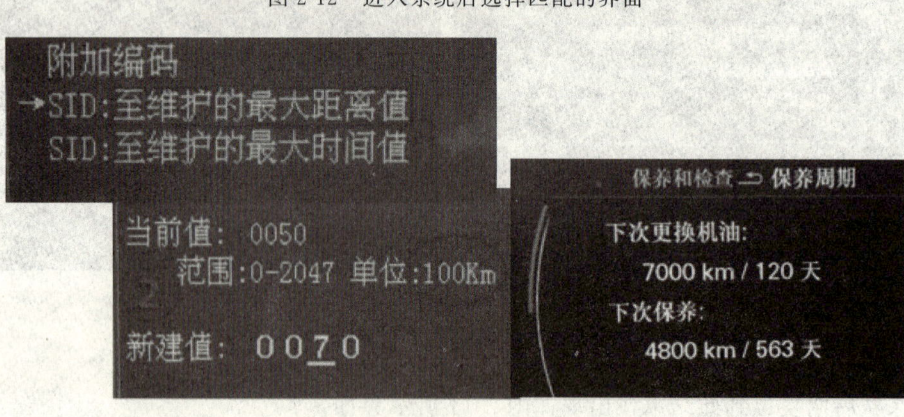

图 2-13　周期公里数设置

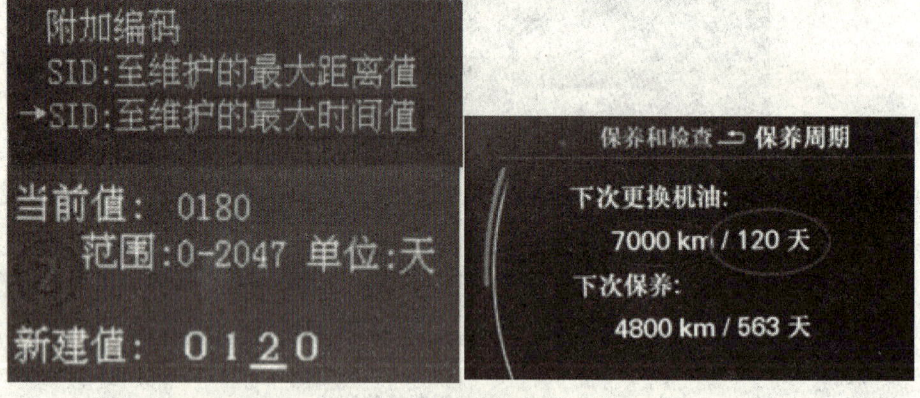

图 2-14　周期时间设置

2.4.8　2009 款起 A6L/A4L2.0T 保养归零

2009 年以前的奥迪保养归零只需进 17 仪表系统→10 通道匹配，02 输入 00，40 输入 50 就可以了。对于 2009 款和 2010 款的就没用了。钥匙打开、关闭，仪表上面“保养”两字还是清除不掉的。因为 MMI 系统（媒体交互界面系统）国内外的保养周期、机油级别都不一样。需要对它们和最大最小保养千米数和天数的周期进行自适应匹配。

① 打开钥匙或着车。

② 进 17 仪表→10 通道调整匹配。

02—00；42—50；43—50；40—00。

51—365；54—365；55—00。

44—365；49—365；41—00。

50—50；52—50；53—00。

完后关闭，打开钥匙，仪表显示距离下次保养还有 90 天/5000km（当其中任何一项快到临界点时，仪表会在关闭钥匙时提醒保养）。对于 A6L 2.4FSI、2.7TDI、2.8FSI、3.0TFSI 归零方法略有不同。

如果客户要求每隔 7500km 保养，则重新进 10 通道调整匹配，02—00。

通道 42 改为 150；

通道 43 改为 150；

通道 40 改为 075；

通道 44 改为 365；

通道 49 改为 365。仪表会提示 7500km 保养。

2009 年新款奥迪 2.8 归零方法，02—00；40—50；50—75（50 组是公里数匹配，75 就等于 7500km）。

2009 年以前的 2007 年的匹配通道：02—00，40—75。

以上是用解码器 X431 操作，其他的设备可能有些不一样。

2.4.9 2000 款后 A6 保养归零

（1）A6（1997～1999 年欧款车）

OIL 机油归零：

① 按下并按住右键。

② 点火开关打开，然后松开右键。

③ 在里程表的显示器上显示“OEL”或“OIL”的字样。

④ 按住左键直到字样被擦除并且被“---”所代替。

INSP 检查维护：

① 按下并按住右键。

② 点火开关打开，松开右键。

③ 再按下左键，然后松开，在里程表的显示器上显示“INSP”的字样。按住左键直到字样被擦除并且被“---”所代替。设置按钮位置如图 2-15 所示。

④ 如果需要，按照上面所述从显示器上清除“OEL”或是“OIL”显示。

图 2-15 1997～2000 款后奥迪 A6 仪表设置按钮

（2）A6（2000 年以后欧款车）

车辆的保养灯要用专用的诊断仪器来设定。

INSP 检查维护：

① 按下并按住右键。

② 点火开关打开，这时在显示器上显示“SERVICE”或“SERVICE IN××××MI”的字样。

③ 松开右键，按下左键重新在里程显示器显示“SERVICE IN 10000MI”的字样。

④ 关闭点火开关。

（3）国产奥迪 A6

关闭点火开关，按住仪表板上右边的按钮，打开点火开关，显示“SERVICE”，按住仪表板上左边的按钮直到显示下一次维护里程后松开即可。

2.4.10 2010 款 A6L 应急拔点火钥匙方法

如果不能拔出点火钥匙（例如由于汽车蓄电池电量耗尽），则必须采用以下步骤。

① 转动点火钥匙到位置 O。

② 用一支圆珠笔和类似的物件压下并按住应急开锁按钮，如图 2-16 所示。

③ 拔出点火钥匙。

图 2-16 A6L 点火插孔触点位置

2.4.11 2010 款 A6L 选挡杆应急解锁方法

① 掀开烟灰缸的盖板，向上拉出烟灰缸内芯，找到固定架中的小盖罩。

② 将这个盖罩松开后从烟灰缸固定夹中取出。

③ 用一把螺丝刀或类似的工具将可接触到的翘板向下按压并保持不动。

④ 按压锁止按钮并将选挡杆放入位置 N。

2.4.12 2010 款 A6L 天窗应急手动关闭方法

在应急情况下，天窗可以手动关闭。

① 将照明单元的盖板小心拉下来。

② 将曲柄从驾驶员侧保险丝的固定支架上取下。

③ 将曲柄插入六角孔内直至限位位置，按住并转动曲柄即可关闭天窗。

2.4.13 2010款A6L副驾驶车门和后车门应急手动上锁方法

① 打开相应车门。

② 用点火钥匙小心地将防护罩拿掉。

③ 将点火钥匙插入孔中，右门为向右转到底（左侧门为向左转到底）。

2.4.14 2010款A6L车窗自动升降功能设定

如果断开后又再次接上汽车蓄电池接线，车窗自动升降功能失灵。恢复方法如下。

① 持续抬起车窗升降开关，使车窗向上移动至限位位置。

② 松开开关，然后再次抬起1s即可。

2.4.15 A6L轮胎气压监控系统设定

每次更改规定都必须启动轮胎充气压力功能，设定方法（存储轮胎充气压力）如下。

① 按压功能按钮“CAR”。

② 在汽车菜单中选择“SYSTEMS”。

③ 选择“轮胎气压监控系统”。

④ 选择“存储轮胎气压”。

更换车轮后必须对调换过的轮胎执行重新学习过程，方法如下。

① 按压功能按钮“CAR”。

② 在汽车菜单中选择“SYSTEMS”。

③ 选择“轮胎气压监控系统”。

④ 选择“调换车轮”。

2.4.16 2005款起A6(C5)车速报警设定方法

当车子仪表显示（MPH），同时有“嘀嘀嘀”声音报警时，说明车速限制报警功能启用，以及车速达到了设定的速度。该功能是可以设定、调整和解除的。

设定方法：以期望的速度驾驶汽车，短暂的按下仪表左键，当松开按钮时，车速报警信号“MPH”周围灯将要亮起。表示车速报警已经设定。

调整方法：要改变报警车速，按行车电脑按钮顶端或底端，该按钮位于刮水器/清洗杠的末端，按“UP”可以提高设置的车速，按“DOWN”可以降低设置的车速。如果几秒内没有按按钮，将保存最后显示的设置。

解除方法：

方法一：以高于5km/h的车速驾驶汽车时，按仪表左键至少1s，即可解除车速报警功能，当解除时，现行设置被替换为带叉的报警符号。

方法二：关闭点火开关，短暂的按下仪表左键，显示屏将被打开，按左键大于2s。显示屏将显示现在设置的报警车速，按下并断开右键，直到现行设置被替换为带叉的报警符号。

2.4.17 2005款起A6(C5)从仪表手动输入防盗密码的方法(应急启动)

① 接通点火开关，拉出仪表的时钟调节按钮（下称左键），同时压下短程行驶里程表复位按钮（下称右键）。

② 仪表上将显示“0000”，且第一个数字在闪烁。

③ 用右键将第一位数字设定 0～9 键的任意数（根据按下右键的时间长度的不同，直到第一位数字达到密码的第一位数值，如 6，里程表显示 6000）。

④ 拉出左键，里程数显示 6000，且第二位数字闪烁。

⑤ 按下右键直到显示的数字和密码的第二位数字相同，如 3。

⑥ 里程数显示 6300，且第三位数字闪烁。

⑦ 按下右键设置密码的第三位，如 5。

⑧ 里程表显示 6350，拉出按钮。里程表显示 6350，且第四位数字闪烁。

⑨ 按下右键，设置密码第四位，如 1，里程表显示 6351。

⑩ 拉出左键，同时按下右键。短期里程表上又显示日行驶里程。

⑪ 输入密码时，防盗器指示灯一直亮着，关闭点火开关，然后启动发动机。

注意：

a. 如果三次将密码输错，防盗器将锁死，组合仪表上的日行驶里程将显示“FAIL”字样。

b. 如果在输入过程中超过 30s 未操作按钮/调节按钮，那么应急启动将被终止。

c. 当应急启动过程顺利完成后，只要 S 触点闭合。45min 内可随意启动发动机。

d. 如果 S 触点断开即拔下了点火钥匙，那么只在 5min 内可启动发动机。

2.4.18 2005 款起 A6(C5)自动座椅调整

① 点火开关打开。

② 将座椅调到所需位置（也可同时把倒车镜调位同步设定）。

③ 按住“Memory”同时按住记忆 1 模式大约 1s 松开，记忆 1 完成。

④ 依次类推，2、3 设定同上面。

⑤ 遥控（和座椅）同步设定，按住 1、2 或 3 任意键，10s 内同时按遥控器约 2s 后松开即成功。

2.4.19 2005 款起 A6(C5)导航系统激活方法

① 同时按下导航系统的“Navigation”和“Display”按钮并保持，直至固定码输入界面显示出来才松开。

② 利用旋转/按压开关在数字行中输入正确数字并通过按压该开关确认。

③ 数字输入完成后，利用旋转/按压开关选择“OK”并通过按压该开关确认。

④ 如果数字密码正确，该系统将进入正常工作状态。

2.4.20 2005 款起 A6(C5)收音机系统功能激活方法

方法一：

① 打开收音机，屏幕显示“ASFE”字样。

② 同时按下“FM2”和“MONO”键，直到显示“CODE”，瞬间变为“1000”。

③ 用选台键 1～4 输入收音机卡上贴的代码。即用按键 1 输入代码第一位，用按键 2 输入第二位，以此类推。

④ 在此同时按下“FM2”和“MONO”键，直到频率显示屏上出现“SAFE”字样，松开按键。其上短时出现一个频率。

⑤ 如果固定码已正确输入收音机，则在拔下点火钥匙时，收音机旁的一个发光二极管应闪亮。

⑥ 如两次密码输入错误，1h 后才能再次输入。

方法二：

① 打开收音机或导航系统。

② 同时按下“TP”和“RDS”按钮并保持住，直至显示区显示“1000”后松开按钮。

③ 用收音机存台按钮1～4分别输入固定码的第1～第4个数字。

④ 同时按下“TP”和“RDS”按钮并保持住，直至频段显示区显示“SAFE”后松开按钮。

⑤ 短时后将有一个频率自动显示出来。

⑥ 该方法适用于装有“合唱队 chrus”、“音乐会 concert”、“交响乐 symphony”音响系统的车辆。

2.5 A7

2.5.1 2013款起A7保养归零

如果自己更换过机油，那么可以自行复位机油保养显示。在这种情况下，必须按固定保养间隔（15000km或一年）更换机油。如果要将显示复位，请选择功能按钮CAR→控制按钮或Car Systems（汽车系统）→Service & Control（保养和检查）→Service Interval（保养周期）。向下转动控制旋钮到Reset Oil Change Interval（复位机油更换间隔）并按控制旋钮。

2.5.2 2013款起A7天窗应急关闭方法

应急关闭电动滑动/外翻式天窗介绍如下。

适用于带有移动/外翻式天窗的汽车。

如果在关闭过程中识别到夹住了什么物体，那么移动/外翻式天窗再次自行打开。在这种情况下，可以接着应急关闭。

在自动打开之后5s内拉住按钮，直到天窗关闭。

如果提前松开按钮，则滑动/外翻式天窗会再次自动打开。

2.5.3 2013款起A7车窗激活

在断开过车辆蓄电池后，必须再次激活车窗的自动升高和降低功能。

① 拉住车窗升降器开关，直到车窗完全升高。

② 松开开关并再次拉住它至少1s。

2.6 A8-A8L

A8空气悬架举升模式设定方法

① 接通点火开关，按功能键CAR。

② 保持一定时间后，中央信息显示系统屏幕出现“ADAPTIVE AIR SUSPENSION”（自适应空气悬架）。

③ 按功能按钮SETUP，出现功能菜单“ADAPTIVE AIR SUSPENSION”。

④ 通过设置旋转/按压操作按钮将菜单调整到所需要的操作模式——CARJACK MODE（汽车千斤顶模式），同时选择ON选项，设置结束。此时可以利用千斤顶进行车辆举升。

带自适应空气悬挂系统的奥迪A8在进行维修作业时，要将空气悬挂设定到举升模式，否则有可能会引起空气悬挂系统的异常甚至损坏现象。

2.7 Q3

2.7.1 2013 款起 Q3MMI 重新启动(复位)

通过一个按钮组合恢复 MMI 的功能。图 2-17 所示为重新启动的按钮组合。

① 同时按住功能按钮 TONE 1、旋/压式控制钮 2 和右上侧控制按钮 3。

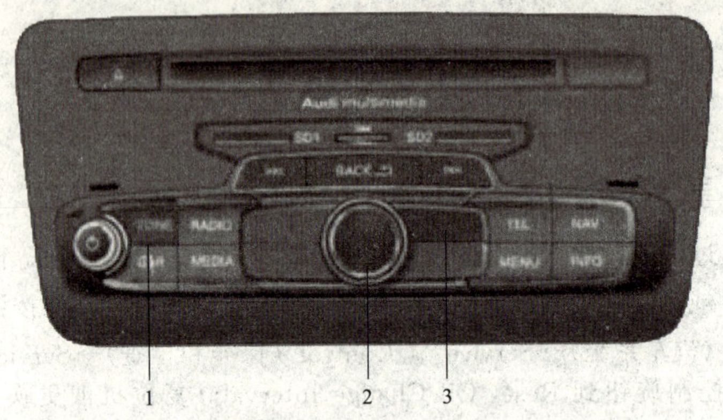

图 2-17 MMI 重启组合按钮

② 重新松开按钮。MMI 系统关闭，然后重新启动。

2.7.2 2013 款起 Q3 保养复位归零

如果自己更换过机油，那么可以自行复位机油保养显示。在这种情况下，必须按固定保养间隔（15000km 或一年）更换机油。

为了将显示器复位，按以下步骤操作。

① 通过组合仪表选择下次更换机油的显示，查询保养内容。按住按钮 0.0 至少 3s。

② 在带信息娱乐系统的汽车上也可以在 CAR（汽车）菜单中将机油更换指示复位。为此选择：功能按钮 CAR →控制按钮 Systems（系统）或 Car Service（汽车系统）→Service & Control（保养和检查）→Service Interval（保养周期）。向下转动控制旋钮到 Reset Oil Change Interval（复位机油更换间隔）并按控制旋钮。

2.7.3 2013 款起 Q3 电动车窗激活

在断开过车辆蓄电池后，必须再次激活车窗的自动升高和降低功能。

① 拉住车窗升降器开关，直到车窗完全升高。

② 松开开关并再次拉住它至少 1s。

③ 按压车窗升降器开关，直到车窗完全降下。

④ 松开开关并再次按压它至少 1s。现在可以正常关闭车窗。

2.8 Q5

2.8.1 2009 款起 Q5 电动天窗初始化

① 打开点火开关。

② 确保滑动天窗完全关闭，滑动天窗调节开关必须处于“滑动天窗已关闭”的位置。

③ 将图 2-18 所示的滑动天窗调节开关往下按，并在整个初始化（约 20s）过程中固定在该位置（即保持按下）。

④ 在初始化时，玻璃盖首先关闭，接着向后移动约 200mm。

⑤ 玻璃盖再次闭合后，初始化程序结束，松开滑动天窗调节开关。

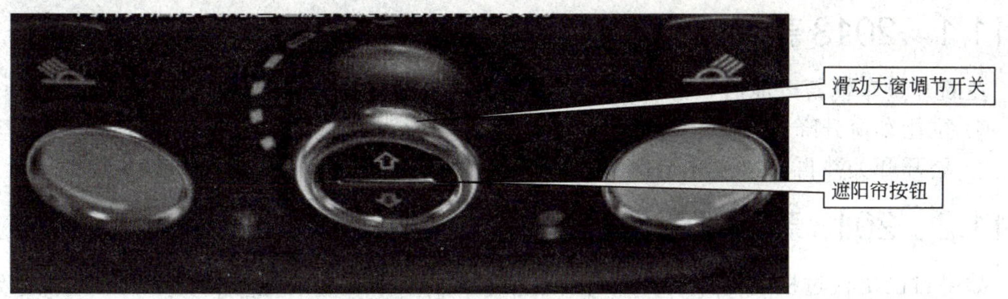

图 2-18　奥迪 Q5 天窗开关按钮

2.8.2　2009 款起 Q5 车顶遮阳帘初始化

① 打开点火开关。

② 按图 2-18 所示的车顶遮阳帘按钮，关闭防晒遮阳帘，并在整个初始化（约 20s）过程中固定在该位置。

③ 在初始化时，车顶遮阳帘关闭，接着向后移动约 200mm。

④ 车顶遮阳帘再次闭合后，初始化程序结束，松开车顶遮阳帘按钮 2。

2.9　Q7

Q7 机油保养灯归零：

如果装备了定期保养型仪板表，则可用手动方法重新设定。

① 压下里程表右下侧三键中中间的保养灯归零按键。

② 接通点火开关（置于 ON 位）。

③“SERVICE”，或“SERVICE IN ××××MI”将出现在液晶显示器上。

④ 释放归零按键。

⑤ 压下右下侧三键中右边的保养灯设置按键，重新设置显示，并且“SERVICE IN 10000MI”字符将出现在液晶显示器上。

⑥ 断开点火开关（置于 OFF 位）即可。

2.10　R8

2.10.1　2013 款起 R8 更换机油后的保养归零

与 TT 车型方法相同，内容请参考本章 2.11.2 小节。

2.10.2　2013 款起 R8 车窗激活

在断开过车辆蓄电池后，必须再次激活车窗的自动升高和降低功能。

① 拉住车窗升降器开关，直到车窗完全升高。

② 松开开关并再次拉住它至少 1s。

2.11 TT

2.11.1 2013 款起 TT 车窗升降器激活

在断开过车辆蓄电池后，必须再次激活车窗的自动升高和降低功能。

① 拉住车窗升降器开关，直到车窗完全升高。

② 松开开关并再次拉住它至少 1s。

2.11.2 2013 款起 TT 保养复位

如果自己更换过机油，那么可以自行复位机油保养显示。在这种情况下，必须按固定保养间隔（15000km 或一年）更换机油。要给显示复位时，请在点火开关打开的条件下拉按钮，如图 2-19 所示。显示 SERVICE! （保养期限已到!），现在拉住按钮，直到 Oil Changein---km---days 出现。如果 5s 之内未拉复位按钮，那么会退出显示复位模式。

图 2-19 TT 复位按钮

第3章 Chapter 3

斯柯达汽车

3.1 明　　锐

3.1.1 2014 款起明锐轮胎气压监测系统基本设置

轮胎气压监测系统的基本设置如下。

• 胎压报警之后，在路况允许并确保安全的情况下应立即停车检查，检查轮胎及胎压是否可以继续行驶，如果无法继续行驶，请联系就近的上海大众（斯柯达）授权经销商进行维修。

• 轮胎气压调整后，请按油箱盖内标准胎压值调整胎压。

• 将车辆熄火等待数秒并重新打开点火开关，长按设定按钮 SET(1) 超过 2s，在听到“哒”的提示音后完成对胎压监测系统的标定。

在基本设置完成后，车辆一般正常行驶约 1h 后，轮胎气压监测系统将具备对轮胎漏气的监控能力。

3.1.2 2014 款起明锐车轮定位数据

<table>
<tr><td colspan="2" rowspan="3">车辆型号</td><td>SVW7146ARD</td><td>SVW7146BRD</td><td>SVW7146CRD</td><td>SVW7166CSD</td></tr>
<tr><td>SVW7166DSD</td><td>SVW7206EPD</td><td>SVW7206FPD</td><td>SVW7186CJD</td></tr>
<tr><td>—</td><td>SVW7166ESD</td><td>SVW7166FSD</td><td>—</td></tr>
<tr><td rowspan="10">空载时前后轮定位参数</td><td rowspan="5">前轮</td><td colspan="2">前束（双轮、可调）</td><td colspan="2">10′±10′</td></tr>
<tr><td colspan="2">车轮外倾角（可调）</td><td colspan="2">−30′±30′</td></tr>
<tr><td colspan="2">左右轮外倾角最大允差</td><td colspan="2">30′</td></tr>
<tr><td colspan="2">主销后倾角（不可调）</td><td colspan="2">7°34′±30′</td></tr>
<tr><td colspan="2">主销内倾角（不可调）</td><td colspan="2">14°48′±1°20′</td></tr>
<tr><td rowspan="5">后轮</td><td rowspan="2">前束（双轮、可调）</td><td>出厂检验 ZP8</td><td colspan="2">8′±10′</td></tr>
<tr><td>DIN700 20</td><td colspan="2">10′±10′</td></tr>
<tr><td rowspan="2">车轮外倾角（可调）</td><td>出厂检验 ZP8</td><td colspan="2">−1°00′±30′</td></tr>
<tr><td>DIN700 20</td><td colspan="2">−1°20′±30′</td></tr>
<tr><td colspan="2">左右轮外倾角最大允差</td><td colspan="2">30′</td></tr>
<tr><td colspan="2">检测方法</td><td colspan="4">采用车轮定位检测台测试</td></tr>
</table>

<table>
<tr><td colspan="2" rowspan="3">车辆型号</td><td>SVW7206DJD</td><td>SVW7166GSD</td><td>SVW7166HSD</td><td>SVW7146DRD</td></tr>
<tr><td>SVW7146FRD</td><td>SVW7146ERD</td><td>SVW7166JSD</td><td>SVW7186EJD</td></tr>
<tr><td>—</td><td>SVW7166KSD</td><td>SVW7206FJD</td><td>—</td></tr>
<tr><td rowspan="3">空载时前后轮定位参数</td><td rowspan="3">前轮</td><td rowspan="2">前束（双轮）</td><td>出厂检验 ZP8</td><td colspan="2">20′±5′</td></tr>
<tr><td>DIN700 20</td><td colspan="2">10′±10′</td></tr>
<tr><td colspan="2">车轮外倾角</td><td colspan="2">−30′±30′</td></tr>
</table>

续表

车辆型号		SVW7206DJD	SVW7166GSD	SVW7166HSD	SVW7146DRD
		SVW7146FRD	SVW7146ERD	SVW7166JSD	SVW7186EJD
		—	SVW7166KSD	SVW7206FJD	—
空载时前后轮定位参数	前轮	左右轮外倾角最大允差		30′	
		主销后倾角(不可调)		7°34′±30′	
		主销内倾角(不可调)		14°48′±1°20′	
	后轮	前束(双轮)	出厂检验 ZP8	8′±10′	
			DIN700 20	10′±10′	
		车轮外倾角	出厂检验 ZP8	−1°00′±30′	
			DIN700 20	−1°20′±30′	
		左右轮外倾角最大允差		30′	
检测方法		采用车轮定位检测台测试			

3.2 晶 锐

3.2.1 2014 款起晶锐四轮定位数据

空载时前后轮定位参数	前轮	前束(双轮)	出厂检验 ZP8	20′±5′
			DIN700 20	10′±10′
		车轮外倾角(不可调)		−28′±30′
		左右轮外倾角最大允差		30′
		主销后倾角(不可调)		4°28′±30′
		主销内倾角(不可调)		13°48′±1°20′
	后轮	前束(双轮,不可调)	出厂检验 ZP8	17′±10′
			DIN700 20	21′±10′
		车轮外倾角(不可调)		−1°30′±20′
		左右轮外倾角最大允差		20′

3.2.2 2014 款起晶锐车内保险丝

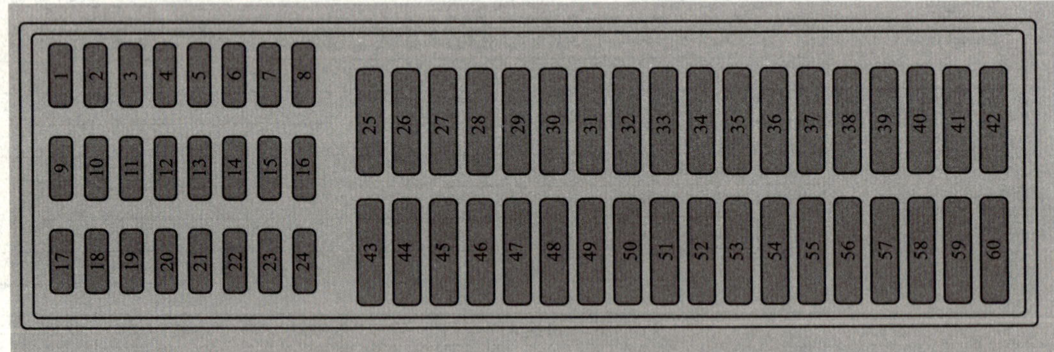

编号	电量强度/A	电 器
1	5A	左侧组合尾灯/左大灯、驻车灯功能
2	5A	右侧组合尾灯/右大灯、驻车灯功能、后风窗加热开关、副驾座椅加热开关、主驾座椅加热开关、收音机、变速箱换挡机构
3	5A	AEKO 换挡机构牌照灯、主驾摇窗机开关背光、副驾摇窗机开关背光、后门摇窗机开关背光、后门摇窗机开关背光、副驾摇窗机开关背光
4	15A	左大灯-近光灯功能
5	15A	右大灯-近光灯功能
6	15A	左大灯-远光灯功能

续表

编号	电量强度/A	电　器
7	15A	右大灯-远光灯功能
8	—	—
9	5A	安全气囊控制器
10	5A	ABS控制器、风扇控制器
11	5A	离合踏板制动灯传感器、定速巡航
12	5A	诊断口
13	5A	仪表
14	5A	发动机控制器继电器
15	5A	电动液压转向助力系统
16	5A	倒车雷达控制器
17	15A	左大灯高度调节作用
18	15A	右大灯高度调节作用
19	5A	车身控制器信号、收音机
20	7.5A	仪表&诊断&空调
21	15A	驻车灯停车灯供电
22	7.5A	车身控制器供电
23	10A	内顶灯供电
24	7.5A	后视镜加热供电
25	7.5A	空调
26	5A	导航供电、收音机、变速箱
27	5A	换挡机构、AEKO换挡机构、倒车灯
28	5A	自动挡倒车灯信号、倒车灯信号
29	—	—
30	10A	点烟器电源
31	15A	后盖转接线、后风窗清洗电动机
32	5A	门板耦合件、后视镜调节
33	15A	大灯开关、雾灯供电
34	30A	转向柱&大灯开关
35	7.5A	转向柱开关前风窗加热喷嘴
36	30A	继电器
37	30A	主继电器
38	—	—
39	10A	发动机预装线对接塑壳
40	15A	发动机预装线对接塑壳
41	7.5A	前氧后氧对接塑壳 AKF 阀
42	5A	发动机控制器制动灯传感器
43	7.5A	AEKO换挡机构
44	20A	收音机供电
45	25A	双跳灯/刹车灯供电
46	7.5A	AEKO换挡机构
47	15A	喇叭供电
48	25A	前风窗雨刮电动机供电
49	25A	集控门锁供电
50	20A	副驾门板耦合件(副驾摇窗电动机供电)
51	30A	主驾门板耦合件(主驾摇窗电动机供电)
52	30A	主驾门板耦合件(主驾摇窗机开关供电)
53	30A	后盖转接线、后风窗清洗电机
54	5A	主驾门板耦合件(电动摇窗机触发开关)
55	5A	风扇控制器
56	25A	左右座椅加热继电器

续表

编号	电量强度/A	电　器
57	5A	—
58	10A	左右座椅加热开关
59	30A	空调继电器
60	30A	点火开关

3.3 昊　锐

3.3.1 2012款起昊锐仪表板部件

昊锐仪表板部件如图 3-1 所示。

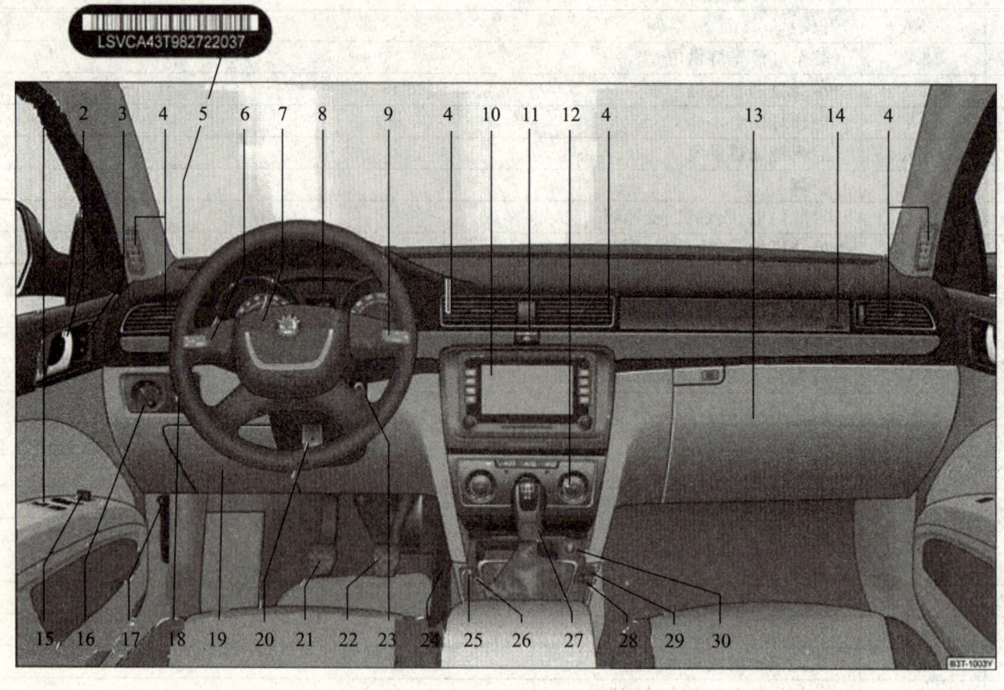

图 3-1　昊锐仪表板部件分布

1—电动车窗玻璃升降器；2—车门内开扳手；3—中央集控门锁按钮；4—出风口；5—车辆识别代码；
6—转向信号灯与远光灯拨杆-定速巡航装置；7—方向盘-喇叭-驾驶员正面安全气囊；
8—组合仪表-指示灯和警告灯；9—风窗玻璃刮水器拨杆；10—收音机；
11—危险警报灯装置开关；12—空调设备；13—前排乘员侧储物箱；
14—前排乘员正面安全气囊；15—外后视镜调节旋钮；16—灯光开关；
17—发动机舱盖解锁拉手；18—背景灯光照明和大灯照射距离调节旋钮；
19—驾驶员侧杂物箱；20—方向盘调节机构；21—离合器踏板；
22—制动踏板；23—点火开关/启动按钮；24—油门踏板；25—ASR/ESP 开关；
26—轮胎气压监测系统开关；27—换挡杆；28—智能泊车辅助系统；
29—前后驻车辅助系统开关；30—烟灰盒和点烟器

3.3.2 2012款起昊锐车内保险丝

昊锐车内保险丝如图 3-2 所示。

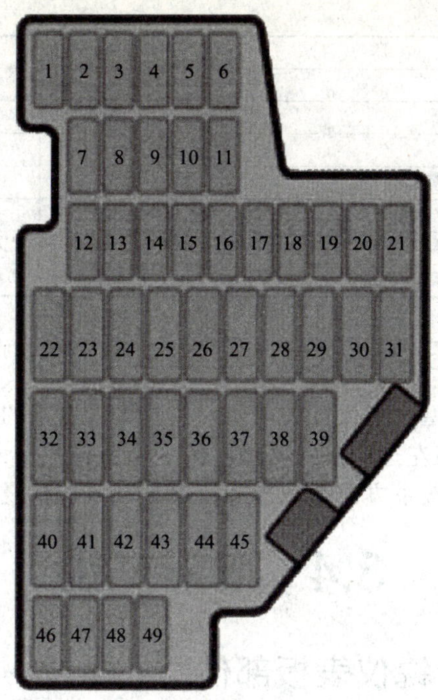

图 3-2　昊锐车内保险丝

编号	电量强度/A	电　　器
1	7.5A	1.8T&2.0T 燃油泵控制器
		1.8T&2.0T 发动机控制器
		诊断口
2	5A	ESP 开关
		1.4T 燃油泵控制器
		1.4T 发动机控制器
		胎压监测开关
		ASR 开关
3	5A	安全气囊控制器
4	5A	倒挡开关
		空气质量传感器
		空调压力传感器
		内后视镜
		机油状态传感器
5	5A	大灯高度调节控制器
		PLA 控制器
6	5A	左前大灯
		LWR/Dimer 开关
		右前大灯
		AQ250 自动变速箱控制器
		仪表
		网关
		变速箱控制器
		转向机控制器供电
7	10A	空气质量传感器
10	10A	左 AFS 大灯
11	10A	右 AFS 大灯

编号	电量强度/A	电　　器
12	10A	左集控门锁
		右集控门锁
		雨量传感器
13	7.5A	大灯开关(近光灯、远光灯)
		诊断口
		电子时钟
		后风窗加热继电器控制端
14	15A	BCMB K1. ZV
15	7.5A	BCMB K1. 30P
16	7.5A	Klimatronic 自动空调控制器供电
		Klimatic 半自动空调/手动空调控制器供电
17	10A	右后中央集控锁
		左后中央集控锁
20	5A	Kessy 控制器
21	10A	电子转向柱锁
22	40A	自动空调鼓风机
23	30A	左前摇窗机
		右前摇窗机
24	10A	自动变速箱换挡标杆
		自动变速箱控制器
25	25A	后风窗加热继电器供电端
26	25A	行李厢 12V 电源
27	15A	燃油泵控制器
29	5A	收音机
32	30A	左后摇窗机
		右后把遥窗机

编号	电量强度/A	电　　器	编号	电量强度/A	电　　器
33	25A	天窗电动机	39	20A	变速箱总成
36	20A	SRA 泵继电器	40	40A	半自动空调/手动空调鼓风机电源
		SRA 泵	41	25A	中央通道后 12V 电源
37	20A	前座椅加热控制器			中央通道前点烟器
38	20A	后座椅加热控制器	42	5A	大灯开关(前后雾灯)
39	20A	变速箱控制器	46	5A	左后座椅底座,靠背加热
		变速箱控制器			右后座椅底座,靠背加热

3.3.3　昊锐保养灯归零

不带多功能方向盘的车型：点火开关关闭，按住仪表右边的按钮，打开点火开关（仪表出现一个扳手），再按下仪表左边的按钮就可以了。重新打开点火开关，看归零成功没有。

多功能方向盘的车型：按下方向盘右边“返回键”再选择设置→保养→重设，就好了。

3.4　昕　　锐

3.4.1　2014 款起昕锐仪表板部件

昕锐仪表板部件如图 3-3 所示。

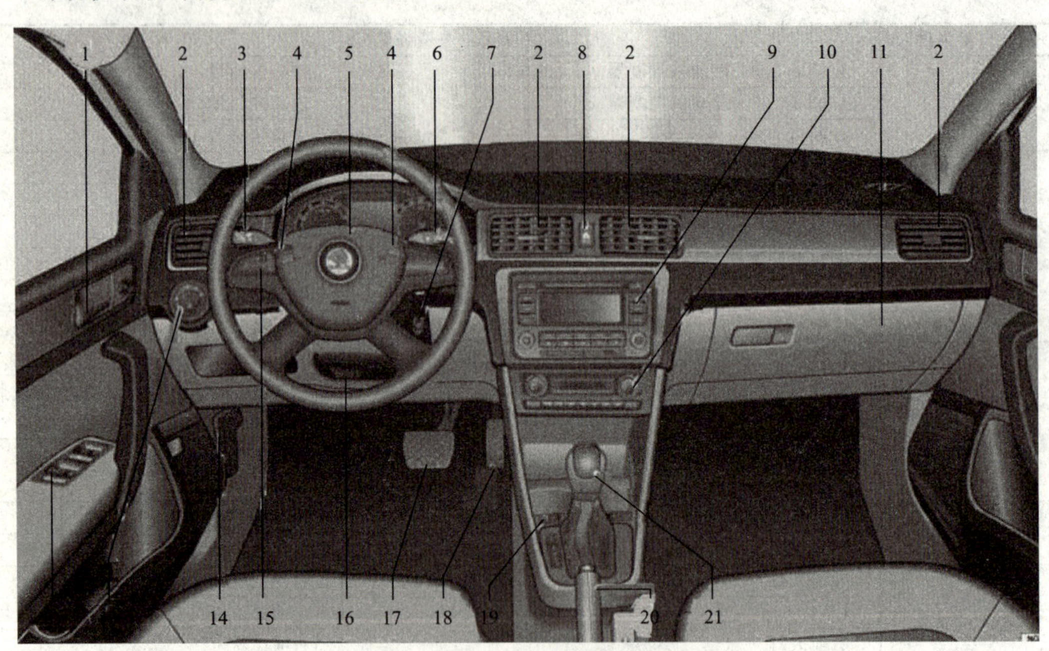

图 3-3　昕锐仪表板部件

1—车门内开扳手；2—出风口；3—操作杆（远光灯、远光灯变光功能、转向灯、停车灯、定速巡航装置）；4—喇叭（仅在点火开关已打开的情况下工作）；5—方向盘-驾驶员前部安全气囊；6—车窗玻璃刮水器和车窗玻璃清洗器的操作杆，带用于操作信息显示的按钮；7—点火开关/启动按钮；8—用于打开和关闭危险警报灯的按钮；9—收音机；10—操作元件，用于手动空调、自动空调；11—前排乘员侧杂物箱；12—电动车窗玻璃升降器；13—车灯开关（车灯、驻车灯和近光灯、雾灯）；14—发动机舱盖解锁拉手；15—多功能方向盘的操作元件（音响系统的音量位置、收音机静音切换或激活语音控制、调出电话主菜单或接听电话、用于操作音响系统的按钮）；16—方向盘调节机构；17—制动踏板；18—油门踏板；19—座椅加热按钮；20—手制动杆；21—变速箱挡杆（手动变速箱、自动变速箱）

3.4.2 2014 款起昕锐四轮定位数据

空载时前后轮定位参数	前轮	前束(双轮)	出厂检验 ZP8	20′±5′
			DIN 700 20	10′±10′
		车轮外倾角(不可调)		−15′±30′
		左右轮外倾角最大允差		30′
		主销后倾角(不可调)		4°40′±30′
	后轮	前束(双轮,不可调)	出厂检验 ZP8	$6'^{+10'}_{-7'}$
			DIN 700 20	$10'^{+10'}_{-7'}$
		车轮外倾角(不可调)		−1°27′±20′
		左右轮外倾角最大允差		20′

3.4.3 2014 款起昕锐保险丝信息

车内保险丝见图 3-4。

图 3-4 保险丝盒中的保险丝

仪表板内保险丝盒的保险丝分配如下。

编号	电流强度	电　　器
1	5A	左侧停车灯和左侧尾灯
2	10A	右侧转向柱开关
3	5A	Motronic 控制单元
4	15A	转向柱电子装置控制单元
6	7.5A	仪表板中的控制单元
7	7.5A	牌照灯
		大灯照明距离调节器
		车灯开关
		空调器控制单元
		Tiptronic 开关
		点烟器
		车载电网控制单元
		58D 接线柱
		可加热驾驶员座椅调节器
		可加热副驾驶员座椅调节器
		收音机
		车窗升降器开关
		后视镜调节开关
		行李厢盖开锁开关

续表

编号	电流强度	电　　器
8	5A	右侧停车灯
		右侧尾灯
9	5A	ABS控制单元
10	15A	车载电网控制单元
11	5A	大灯照明距离调节器
		大灯照明距离调节伺服电动机
		后视镜调节开关
12	5A	副驾驶员车门中的车窗升降器开关
		驾驶员侧车门控制单元
13	15A,10A	多功能开关
		自动变速箱控制单元
		Tiptronic 开关
14	7.5A	安全气囊控制单元
18	5A	左侧后雾灯灯泡
		仪表板中的控制单元
19	5A	车载电网控制单元
		收音机
20	10A	仪表板中的控制单元
		主继电器
21	5A	车载电网控制单元
22	15A	Climatronic 控制单元
		诊断接口
		点火钥匙拔出锁止电磁铁
23	7.5A	Motronic 控制单元
		车载电网控制单元
		前部车内照明灯
		行李厢照明
24	10A	车载电网控制单元
25	10A	诊断接口
		散热器风扇控制单元
		空调器控制单元
		高压传感器
		空调器电磁离合器
26	5A	转向辅助控制单元
27	10A	收音机
		倒车灯开关
		驻车灯开关
		驻车辅助控制单元
28	15A	氧传感器加热装置
29	15A	车载电网控制单元
30	10A	活性炭罐电磁阀 1
		凸轮调节阀 1
31	10A	喷油阀
32	20A	Motronic 控制单元
33	5A	制动信号灯开关
		离合器踏板开关
		空调器继电器
34	15A	Tiptronic 开关
		自动变速箱控制单元
35	30A	Tiptronic 开关
		自动变速箱控制单元

续表

编号	电流强度	电器
36	30A	车载电网控制单元
37	15A	车灯开关
		左侧转向柱开关
38	15A	远光灯
		仪表板中的控制单元
39	10A	右侧近光灯灯泡
40	40A	新鲜空气鼓风机开关
		新鲜空气鼓风机控制单元
41	20A	带功率输出级的点火线圈
42	20A	点烟器
43	15A	可加热驾驶员座椅调节器
		可加热副驾驶员座椅调节器
		可加热前座椅控制单元
44	10A	左侧近光灯灯泡
45	20A	收音机
46	30A	滑动天窗控制单元
		车载电网控制单元
47	30A	车载电网控制单元
48	30A	车载电网控制单元
49	15A	车载电网控制单元
		预供给燃油泵
		燃油泵继电器
50	25A	驾驶员侧车门控制单元
51	25A	副驾驶员侧车门控制单元

3.5 野帝

2014 款起野帝仪表架部件见图 3-5。

图 3-5 野帝仪表架部件

1—车门内开扳手；2—外后视镜调节旋钮；3—出风口；4—转向信号灯与远光灯拨杆-定速巡航装置；5—多功能方向盘操作元件；6—组合仪表-指示灯和警告灯；7—方向盘-喇叭-驾驶员正面安全气囊；8—风窗玻璃刮水器拨杆；9—空调设备；10—危险警报灯开关；11—仪表板上的储物箱；12—收音机；13—前排乘员侧储物箱；14—前排乘员正面安全气囊；15—副驾驶员车门内的电动车窗升降器；16—电动车窗玻璃升降器开关；17—保险丝盒（在仪表板侧面）；18—灯光开关；19—发动机舱盖解锁拉手；20—驾驶员侧的储物箱；21—大灯照明距离调节器；22—方向盘调节机构；23—离合器踏板；24—点火开关；25—制动踏板；26—油门踏板；27—中央集控门锁按钮；28—换挡杆；29—ASR/ESP 开关；30—前后驻车辅助系统开关；31—OFF ROAD 功能按钮；32—轮胎气压监测系统开关；33—智能泊车辅助系统

3.6 速　　派

2001 款前与 2003 款后明锐、速派天窗初始化设定：

有些带天窗的车型，在拆卸天窗或者用摇柄摇动天窗而改变原有位置后，可能出现天窗无法正常关闭现象。可用以下方法重新设定解决。

① 2001 款以前天窗开关不带舒适位置的车型，可以用如下方法进行设定：天窗开关打到全关位置后，待天窗动作完全停止，无论天窗停在什么位置，按住天窗开关，直到天窗完全关闭，且向上翘起后关闭，设定完成。

② 对于 2003 款以后天窗开关带舒适位置（如图 3-6 所示）的车型，记忆位置改变后，手动到全开位置，天窗又会自动返回，这是因为天窗控制单元内部霍尔位置传感器失去记忆，导致舒适单元进入紧急状态而使天窗无法正常关闭。

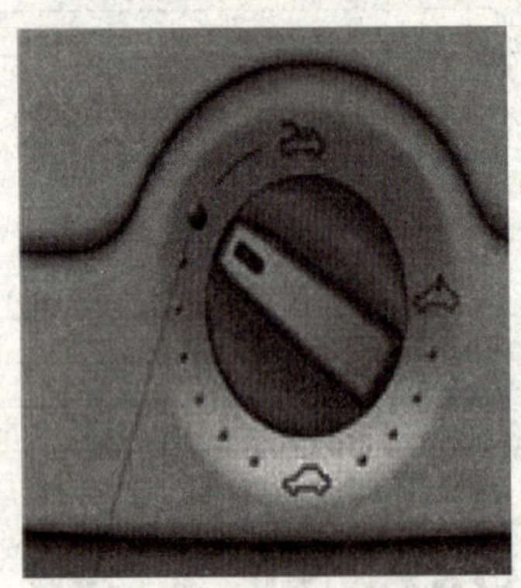

图 3-6　天窗开关“舒适位置”

解决办法：电脑消除故障记忆，如有必要，拔出舒适单元连接插头，5s 后再插回即可。

第4章 Chapter 4

奔驰-迈巴赫-smart汽车

4.1 A级车

4.1.1 2013款起A级车复位侧车窗

在下列情况下，必须复位各侧车窗：侧车窗在完全关闭后重新稍稍开启；侧车窗无法再次完全开启或关闭。

① 关闭所有车门。

② 将点火开关中的钥匙旋转至位置1或2。

③ 拉动车门控制面板上相应的开关直到侧车窗完全关闭。

④ 继续按住开关1s。

⑤ 如果侧车窗重新悄悄开启，则立即拉动车门控制面板上相应的开关直到侧车窗完全关闭。

⑥ 继续按住开关1s。

⑦ 如果松开按钮后，相应的侧车窗仍然关闭，表明侧车窗已正确复位。否则，请重复上述步骤。

4.1.2 2013款起A级车复位滑动天窗

如果滑动天窗或遮阳帘移动不顺畅，可复位滑动天窗和遮阳帘。

① 将点火开关中的钥匙旋转至位置1或2。

② 沿箭头3（图4-1）的方向反复拉动开关至阻力点，直到滑动天窗完全关闭。

③ 在此位置继续拉住开关1s。

④ 沿箭头3的方向反复拉动开关至阻力点，直至遮阳帘完全关闭。

⑤ 在此位置继续拉住开关1s。

⑥ 确保滑动天窗和遮阳帘可再次完全开启和关闭。否则，请重复上述步骤。

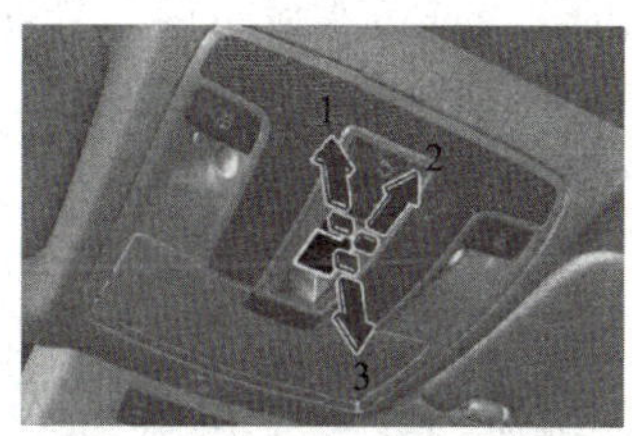

图4-1 天窗操作按钮

4.1.3 2013款起A级车车轮定位数据

项目		数据
前轮	外倾角	−1.38°～−0.67°
	主销后倾角	6.67°～8.03°
	前束	0.03°～0.37°
后轮	外倾角	−2.29°～−1.71°
	前束	−0.28°～0.80°

4.1.4 A系列W169/B系列W245保养灯归零

① 点火开关转到“1”挡位置。

② 按压图4-2的“系统选择按钮”，直到仪表板“多功能显示屏”显示公里数。

图4-2　奔驰B系列多功能操作键

③ 快速按压“仪表照明调光器和复位按钮”3次，在仪表板“多功能显示屏”上会出现蓄电池电压信息。

④ 按压“前进/后退按钮”，直到“多功能显示屏”出现“SERVICE MENU”菜单。

⑤ 按压用于设置特定功能和进行音量控制的“＋/－按钮”，选择“CONFIRMATION”菜单项和“TOTAL SERVICE整套保养标尺”。

⑥ 按压下方的“系统选择按钮”，选择“SERVICE CONFIRMED”菜单项并确认。

⑦ 按压上方的“系统选择按钮”，选择“SERVICE MENU”菜单项。

⑧ 按压设置具体功能和音量控制的“＋/－按钮”，选择“ADDITIONAL WORK”菜单项。

⑨ 按压“系统选择按钮”确认，此时多功能显示屏显示各种保养。

⑩ 按压设置具体功能和音量控制的“＋/－按钮”，选择“SERVICE 3”。

⑪ 按压下方的“系统选择按钮”确认。

⑫ 按压设置具体功能和音量控制的“＋/－按钮”，选择发动机机油级别，如选择“OIL QUALITY 229.5”或“STANDARD OIL”，或对应的发动机仅一个机油级别，则不会出现机油级别的选择。

⑬ 按压下方的“系统选择按钮”，“多功能显示屏”显示“POSITION CONFIRMED”。

⑭ 按压下方的“系统选择按钮”，“多功能显示屏”显示里程或温度。

⑮ 关闭点火开关，保养归零结束。

4.2 B级车

4.2.1 2010款B200保养灯归零

① 钥匙置于一挡。

② 快速按仪表上左侧按钮 3 次，出现蓄电池电压信息。

③ 按方向盘左侧上下箭头键，出现 SERVICE MENU。

④ 再按方向盘右侧＋或－键，选择 ADDIT WORK。

⑤ 按方向盘最左下侧键，出现 SERVICE1—20。

⑥ 按方向盘最左下侧键，出现 CONFIRM 的英文字母。

⑦ 关闭点火开关，完成。

4.2.2 奔驰 B 系列轮胎气压查看方法

① 将点火开关置于“ON”位置。

② 重复压下方向盘的“系统选择按钮”（见图 4-3），直到“多功能显示屏”上显示主里程和短程里程表。

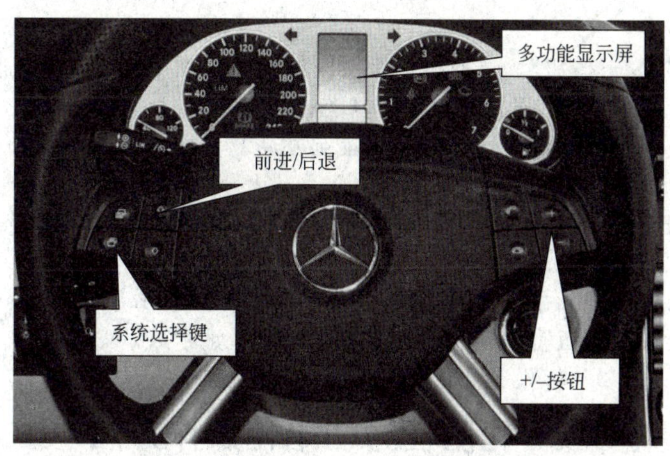

图 4-3 奔驰 B 系列（B200）方向盘和仪表

③ 重复压下“前进后退按钮”，多功能显示屏显示促进轮胎气压损失警告系统（RDW）的提示信息。

④ 使用设置特定功能和音量控制“＋/－按钮”，选择轮胎气压损失警告系统即可。

4.3 C 级车

4.3.1 C 系列 W203/CLK 系列 W209 保养灯归零

2003 款以后的奔驰 CLK 系列 W209 也适合使用以下操作方法。

① 将点火开关置于“Ⅰ”挡。

② 压下方向盘上的“系统选择按钮”，直到“多功能显示屏”上显示千米数值，如图 4-4所示。

③ 快速压下组合仪表上的归零按钮 3 次，直到听到响声，“多功能显示屏”上显示蓄电池电压。

④ 将点火开关置于“Ⅱ”挡。

⑤ 压下“前进/后退按钮”，直到“多功能显示屏”显示“SERVICE DISPLAY”（维修显示菜单）。

⑥ 短暂压下组合仪表左侧的调光旋钮一次，“多功能显示屏”将显示对应发动机所使用

图 4-4　奔驰 W203 方向盘和仪表

的机油型号。

⑦ 重复压下“+/-按钮”，选择机油级别。选择项根据不同的发动机型号而有所区别，如“STANDARD”、“QUAL. 229. 3”或“QUAL. 229. 5”。

⑧ 压下“前进/后退按钮”确认，“多功能显示屏”将显示“Confirmoil reset，press R button for 3s（按下 R 按钮 3s，完成机油归零）”。

⑨ 保持压下组合仪表左侧的调光按钮 3s，“多功能显示屏”上显示“Service confirmed”。

⑩ 压下上面的“前进/后退按钮”，“多功能显示屏”上显示“Service display”。

⑪ 压下“系统选择按钮”，“多功能显示屏”上显示千米数。

⑫ 点火开关置于“0”位置。

4.3.2　2009 款 C200 轮胎压力初始化操作方法

① 检查所有轮胎气压是否在标定值内。

② 打开车门进入主驾驶，打开点火开关。

③ 按方向盘左右、上下翻键及确认键，检查所有轮胎气压是否在标定值内，如图 4-5 所示。

图 4-5　北京奔驰 C200 多功能方向盘

④ 点击方向盘左边 OK 键。

⑤ 仪表显示菜单【显示】、【音频】、【电话】、【保养】、【设置】、【信息】、【轮胎压力】。

⑥ 选择【轮胎压力】进入菜单，菜单显示【取消】，点选【是】。

⑦ 最后点击左右键选择【是】，点击方向盘的 OK 键即可，轮胎压力初始化完成。

4.4 CLK 级车

4.4.1 2013 款起 CLK 复位侧车窗

如果侧车窗无法再完全关闭，则必须复位每个侧车窗。

① 关闭所有车门。

② 将点火开关中的钥匙旋至位置 1 或 2。

③ 拉动车门控制面板上相应的开关，直到侧车窗完全关闭。

④ 在此位置继续拉住开关 1s。

如果侧车窗再次稍稍开启：

⑤ 立即拉动车门控制面板上相应的开关，直到侧车窗完全关闭。

⑥ 在此位置继续拉住开关 1s。

⑦ 松开了按钮后，如果相应的侧车窗保持关闭状态，说明侧车窗已正确复位。否则，应重复上述步骤。

4.4.2 2013 款起 CLK 复位滑动天窗

如果滑动天窗或遮阳帘移动不畅，可复位滑动天窗和遮阳帘。

① 将点火开关中的钥匙旋至位置 1 或 2。

② 沿箭头 2（图 4-6）的方向按动按钮☰至阻力点，直至滑动天窗开启约 10cm。

③ 沿箭头 3 的方向反复拉动开关☰至阻力点，直到滑动天窗完全关闭。

④ 继续拉住开关☰ 1s。

⑤ 沿箭头 2 的方向按动按钮☰至阻力点，直至遮阳帘开启约 10cm。

⑥ 沿箭头 3 的方向反复拉动开关☰至阻力点，直至遮阳帘完全关闭。

⑦ 继续拉住开关☰ 1s。

⑧ 确保滑动天窗和遮阳帘可以再次完全开启和关闭。否则，应重复上述步骤。

图 4-6 CLK 天窗操作按钮

4.4.3 2013 款起 CLK 车轮定位数据

车轮定位值	前轮外倾角	−0.74°～−0.5°
	后轮外倾角	−1.93°～−1.52°

续表

车轮定位值	前轮前束	0°～0.34°
	后轮前束	0.06°～0.2°
	前轮主销后倾角	9.59°～10.01°
制动系统参数	制动踏板自由行程的合理范围/mm	5～10
	制动摩擦副的合理使用范围/mm	2.8～3
	车轮动平衡要求(最大设计车速大于100km/h的机动车)/g	8

4.5 CLS级车

4.5.1 CLS系列W219保养灯归零

① 将点火开关置于“Ⅰ”挡位置。

② 重复压下多功能方向盘上的“系统选择按钮”直到“多功能显示屏”显示千米数和温度。

③ 快速压下组合仪表的调光按钮3次，此时可听到一声响，且多功能显示屏上出现电压显示。

④ 将点火开关置于“Ⅱ”挡位置。

⑤ 压下下方的一个“前进/后退按钮”，此时在多功能显示屏出现“Service display（维修显示）”。

⑥ 快速压下组合仪表左侧的调光旋钮1次，多功能显示屏上将显示对应发动机所使用的机油型号。

⑦ 压下多功能方向盘右侧的“+/-按钮”，选择机油级别。选择项根据不同的发动机型号而有所区别，例如“STANDARD”、“QUAL. 229.3”或“QUAL. 229.5”。

⑧ 压下上面的“前进/后退按钮”进行确认，多功能显示屏上将显示“Confirm oil reset，press R button for 3s（按下R按钮3s，完成机油复位）”。

⑨ 保持压下组合仪表左侧的调光按钮3s，多功能显示屏上显示“Service confirmed”。

⑩ 压下上面的“前进/后退按钮”，多功能显示屏上显示“Service display”。

⑪ 压下上面的“系统选择按钮”，多功能显示屏上显示千米数。

⑫ 关闭点火钥匙。以上操作按钮位置如图4-7所示。

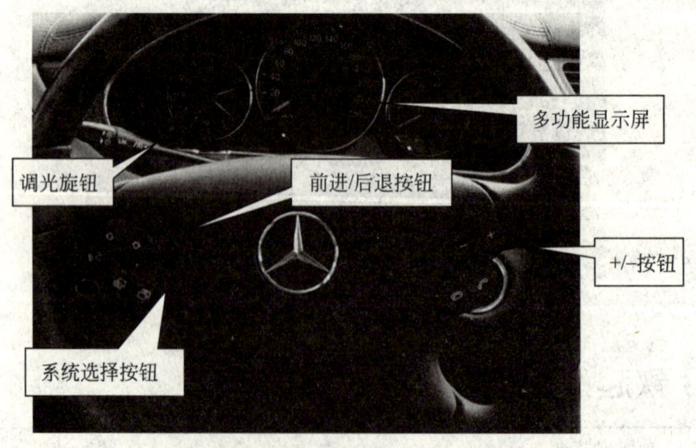

图4-7 奔驰CLS系列W219仪表与方向盘

4.5.2 新款 C 级、E 级、GLK 级、CLS 级系列车型保养灯归零

① 可以通过方向盘左侧按钮的操作、调出仪表信息中心菜单，方向盘按钮如图 4-8 所示。

图 4-8　车辆方向盘操作按钮

② 通过方向盘左侧功能键的左、右键调出仪表信息中心菜单并跳至“保养”菜单，如图 4-9 所示。

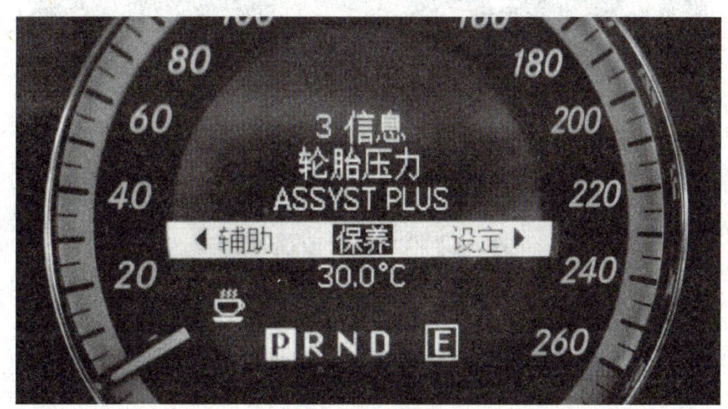

图 4-9　仪表保养菜单显示

③ 通过上下键调整至“ASSYST PLUS”，然后按 OK 键，如图 4-10 所示。

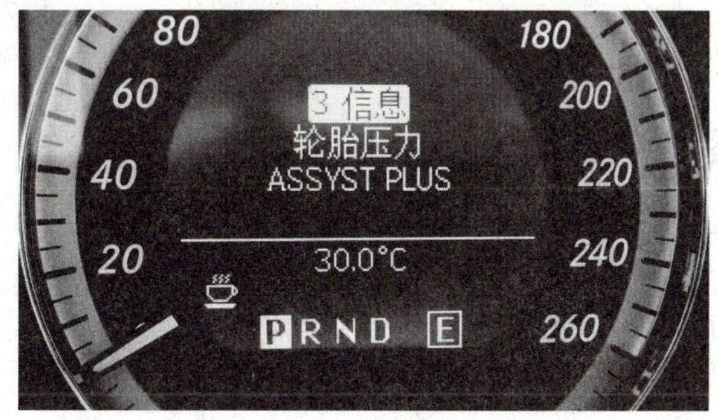

图 4-10　调节仪表显示菜单到 ASSYST PLUS 项

④ 仪表盘会显示当前距离下次保养剩余的千米数，如图 4-11 所示。

⑤ 用专业保养归零设备复位后，仪表将显示新的保养里程数据，如图 4-12 所示。

图 4-11　显示保养剩余千米数

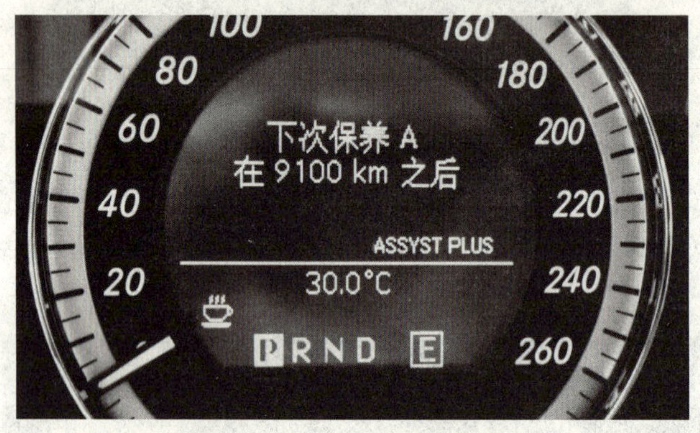

图 4-12　仪表显示新的保养里程

4.6　E 级车

4.6.1　E 系列 W210 保养灯归零

奔驰新 C 系列（202）及 E 系列（210）保养归零操作如下。

① 将点火开关 KEY ON，然后按下按键（仪表左侧边上＋/－键低面的键）2 次，再将点火开关 KEY OFF。

② 按键不要放，然后将点火开关 KEY ON，等待会听到“哔”声，然后放开按键即可。

4.6.2　W211 系列 E240 保养灯归零及油位检查

（1）2003 年 8 月 31 日以前生产的车型操作方法

① 将点火开关置于“ON”位置。

② 压下方向盘上的前进/后退键直到多功能显示屏上显示千米数。

③ 保持压下仪表左侧里程表归零按钮，直到仪表信息显示屏显示“SERVICE MENU”（保养菜单）。

④ 使用“＋”或“－”键，选择主菜单上的“CONFIRMATION”（确认）。

⑤ 压下系统选择按钮确认。

⑥ 通过压下系统选择按钮选择“CONFIRM”（确认）。

⑦ 通过压下“+”和“−”键，对于发动机 112、113、271 选择“STANDARD OIL”或“OIL QUALITY 229.5”。

⑧ 压下系统选择按钮进行确认，直到多功能显示屏上显示“SERVICE CONFIRMED”（已确认保养）。

⑨ 重复压下系统选择键，直到多功能显示器恢复正常的显示。

⑩ 将点火开关置于“OFF”位置。

（2）2003 年 9 月 1 日以后生产的车型操作方法

① 将点火开关置于第 1 挡。

② 压下方向盘上的系统选择按钮直到多功能显示屏上显示公里或温度数值。

③ 压下组合仪表上的归零按钮约 3s，直到听到一声响，多功能显示屏上显示电压。

④ 压下前进/后退按钮（向下的，如图 4-13 所示），直到显示“SERVICE MENU”菜单。

⑤ 重复压下“+”或“−”键，选择“CONFORMAITON”（确认）菜单。

⑥ 压下系统选择按钮确认。

⑦ 压下下面一个系统选择按钮确认。多功能显示屏上将显示“SERVICE CONFIRMED”。

⑧ 重复压下上面一个系统选择按钮，直到多功能显示屏上显示“SERCVICE MENU”。

⑨ 使用“+”或“−”按钮，选择“SPECIAL OPERATIONS”（特殊操作）。

⑩ 压下多功能方向盘上的系统选择按钮（下面一个）确认。

⑪ 使用“+”或“−”按钮，选择主菜单上的“SERVICE13”。

⑫ 压下多功能方向盘上的系统选择按钮（下面一个）确认。

⑬ 使用“+”或“−”按钮，选择机油归零菜单“STANDARD OIL”或“OIL GRADE 229.5”。

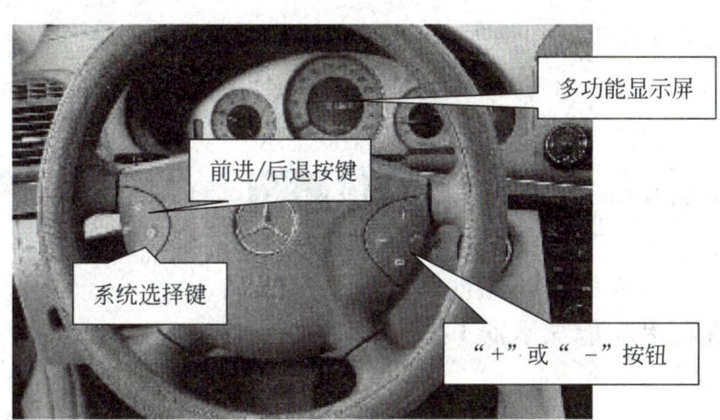

图 4-13　奔驰 E240 方向盘

（3）机油油位的检查方法

由于 2003 款以后奔驰 E 系列 W211 车辆没有机油油尺，因此需要借助仪表多功能显示屏读取机油的油位。操作方法如下。

① 车辆处于水平路面，发动机处于正常工作温度，且熄火 2min 以上。

② 将点火开关置于“ON”位置。

③ 重复压下方向盘上的系统选择按键，直到多功能显示器上显示千米数。

④ 重复压下方向盘上的“前进/后退”按键，直到“Engine oil level measurement running”出现在显示器上。

⑤ 现在多功能显示器上显示发动机机油油位。正常大约需要 8L 机油。

4.6.3 E系列W211机油液位查看方法

操作前提条件：车辆停在水平路面上，发动机处于正常工作温度，并且熄火8min以上，否则机油液位可能显示不准确。

① 打开点火开关。

② 重复压下图4-14中的“系统选择按钮”确认直到“多功能显示屏”上显示“Engine oil level measurement in progress”。

③“多功能显示屏”显示机油油位。

图4-14 W211方向盘

4.7 G级车

2006款起G级车复位保养：

如果车辆不是在梅赛德斯-奔驰特许服务中心进行保养，可以自行复位保养指示。

① 开启点火开关。多功能显示器上出现标准显示。

② 反复按下多功能方向盘上的按钮 ▽ 或 △，直到保养符号 🔧 或 🔧 与保养到期日一起出现。

③ 按下仪表盘左侧的复位按钮几秒钟。

④ 以下信息出现在多功能显示器上：

SERVICEINTERVAL…

(保养时间间隔)

TO RESET：(复位：)

PRESS R-BUTTON FOR 3 SEC.

(按下R按钮3s。)

⑤ 按下复位按钮进行确认。现在，保养指示显示新的数值。

4.8 GL级车

4.8.1 2013款起GL级车滑动天窗复位

如果滑动天窗复位后不可以完全开启或关闭，请联系具有资质的专业服务中心。

如果滑动天窗移动不顺畅，应将其复位。

① 将点火开关中的钥匙旋转至位置 1 或 2。

② 全升起滑动天窗后部。

③ 按住开关[ ] 1s。

④ 滑动天窗可再次完全开启和关闭。

⑤ 如不行，请重复上述步骤。

4.8.2 2013 款起 GL 级车复位全景式滑动天窗和遮阳帘

如果全景式滑动天窗和遮阳帘复位后无法完全开启或关闭，请联系具有资质的专业服务中心。

如果全景式滑动天窗或遮阳帘移动不顺畅，可复位全景式滑动天窗和遮阳帘。

① 将点火开关中的钥匙旋转至位置 1 或 2。

② 沿箭头 3（图 4-15）的方向反复拉动开关[ ]至阻力点，直到全景式滑动天窗完全关闭。

③ 在此位置继续拉住开关[ ] 1s。

④ 沿箭头 3 的方向反复拉动开关[ ]至阻力点，直到遮阳帘完全关闭。

⑤ 在此位置继续拉住开关[ ] 1s。

⑥ 确保全景式滑动天窗和遮阳帘可以再次完全开启。

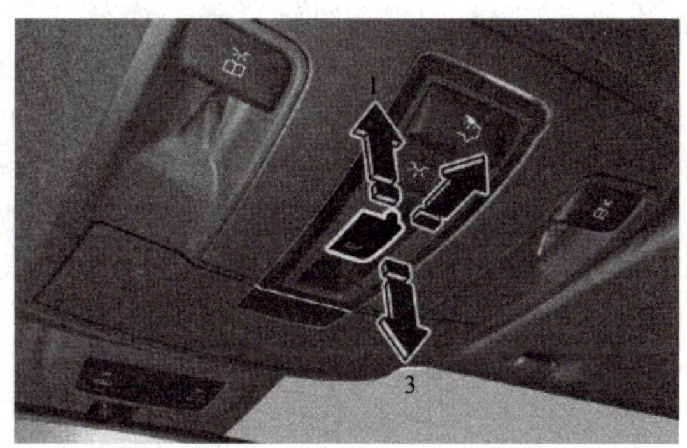

图 4-15 GL 级车天窗操作开关

⑦ 否则，请重复上述步骤。

4.8.3 2013 款起 GL500/GL63/AMG 车轮定位数据

项 目	数 据
前轮外倾角	−1.95°～1.11°
后轮外倾角	−2.63°～0.31°
前轮前束	0.07°～2.14°
后轮前束	0.05°～0.66°
前轮主销后倾角	3.68°～6.60°

4.9 GLK 级车

2013 款 GLK300 保养归零：

① 打开点火开关至 ON 挡位，按下方向盘左侧的“OK”按钮并保持，同时按住右侧的“接听”或“挂断”电话按钮将近 5s。

② 从仪表板上的多功能显示屏中选择“ASSYST PLUS WORKSHOP”（辅助保养），并按“OK”键确认。

③ 按动“向前”或“向后”按钮选择“SERVICE DONE”然后按“OK”按钮。

④ 按动“向前”或“向后”按钮选择“SERVICE DUE”，然后按“OK”按钮确认。如果要增加当前服务范围之外的条款，可以按动“向前”或“向后”按钮选择“FURTHER SERVICE”。

⑤ 执行完上述操作后，按动“向前”或“向后”按钮选择“FULL SERVICE”，或者“SINGLE-SERV. SELECTION”然后按“OK”按钮。

⑥ 按压方向盘左侧“返回”按钮返回到主菜单，关闭点火开关。

4.10 M 级车

4.10.1 ML500 机油保养归零

① 点火开关处于 2 挡，在 1s 内快速按下里程表归零按钮（仪表左侧按钮）两次。

② 继续按住按钮然后点火开关打到“OFF”位，再把点火开关打到 2 位，并保持按住按钮，在 10s 内会听到一声“哔”的响声，接着显示保养间隔里程，表示归零成功。

奔驰 W221S350 更换机油后保养灯归零介绍如下。

奔驰公司自 S 系列 W220 后，又于 2005 年开发了新款 W221 的奔驰轿车 S500。这款轿车的保养灯归零方法与 W220 相比，有较大的不同。具体归零方法如下。

① 将点火开关置于第一挡。

② 同时压下并保持多功能方向盘上的“OK”按钮和右侧电话“接听/结束”按钮约 5s，此时仪表显示“Vehicle Data Roller Test”、“ASSYST Plus Workshop”。

③ 选择“ASSYST Plus Workshop”，并按下“OK”按钮确认。

④ 通过按下“前进/后退”按钮选择“Service Performed”（或“Service Done”），并按下“OK”按钮确认。

⑤ 通过按下“前进/后退”按钮选择“Due Service”或“Other Services”，并按下“OK”按钮确认。说明：若全部预期维修项目已完成，则选择“Due Service”，否则，若个别项目未完成，则选择“Other Services”。

⑥ 如果之前选择了“Other Services”（或“Further Service”），则增加附加的维修项目到当前维修菜单。

⑦ 通过按下“前进/后退”按钮选择“Complete（Full）Service”或“Individual（Single）Service Selection”，并按下“OK”按钮确认。说明：若全部预期维修项目已完成，则选择“Complete（Full）Service”；若个别项目未完成，则选择“Individual（Single）Service Selection”。

⑧ 压下“回退”和“SBS”关闭按钮，回到主菜单。

4.10.2 W129/M163 保养灯归零

① 点火开关开到第一挡。

② 按下归零键。

③ 点火开关开到第二挡。

④ 10s 后听到一声信号响声并显示 7500mile（12000km）。

⑤ 释放归零键。

4.10.3 ML 系列 W164/R 系列 W251 保养灯归零

此操作方法适合 2006 款以后的 ML 系列 W164 底盘车型和 R 系列 W251 底盘车型。

① 点火开关转到“Ⅰ”挡位置。

② 按压“系统选择按钮”(图 4-16)，直到“多功能显示屏”出现里程或温度显示。

③ 快速按压组合仪表上的“短里程复位按钮 R” 3 次，在“多功能显示屏”上出现蓄电池电压信息，并可听到声音信号。

④ 按压“前进/后退按钮”，直到“多功能显示屏”出现“SERVICE MENU”。

⑤ 按压用于设置特定功能和进行音量控制的“+/一按钮”，选择“CONFIRMATION”菜单项。

⑥ 按压下方的“系统选择按钮”，选择“COMPLETE SERVICE”菜单项。

⑦ 按压下方的“系统选择按钮”，选择“SERVICE CONFIRMED”菜单项。

⑧ 按压上方的“系统选择按钮”，选择“SERVICEMENU”菜单项。

⑨ 按压“+/一按钮”，选择“SPECIAL WORK”菜单项。

⑩ 按压“系统选择按钮”确认。

⑪ 按压“+/一按钮”，选择“SERVICE3”。

⑫ 按压下方的“系统选择按钮”确认，如图 4-16 所示。

⑬ 按压“+/一按钮”，选择发动机机油级别，如选择“OIL QUALITY 229.5”或“STANDARD OIL”。若对应的发动机仅一个机油级别，则不会出现机油级别的选择。

⑭ 按压“系统选择按钮”，“多功能显示屏”显示“POSITION CONFIRMED”。

⑮ 按压“系统选择按钮”，“多功能显示屏”显示里程或温度。

⑯ 关闭点火开关，保养归零结束。

图 4-16　奔驰 W164 系列方向盘按钮布置

4.10.4 ML350 胎压归零

① 点火开关置于 ON 挡。

② 按选择键选轮胎压力“TYRE PRESSURE”或出现“驾驶几分钟后显示轮胎压力”(TYRE PRESSURE DISPLAYED AFTER DRIVING，FOR SEVERAL MINUTES)。

③ 按下仪表复位键“R”显示“重启轮胎监测器?”(RESTART TYRE PRESSURE MONITOR?)，“确认或取消”(YES/CANCEL)。

④ 按下“+”号，多功能显示器出现以下信息：轮胎压力监测器重新启用（TYRE

PRESSURE MONITOR RESTARTED)。取消按“－”号，按钮如图 4-17 所示。

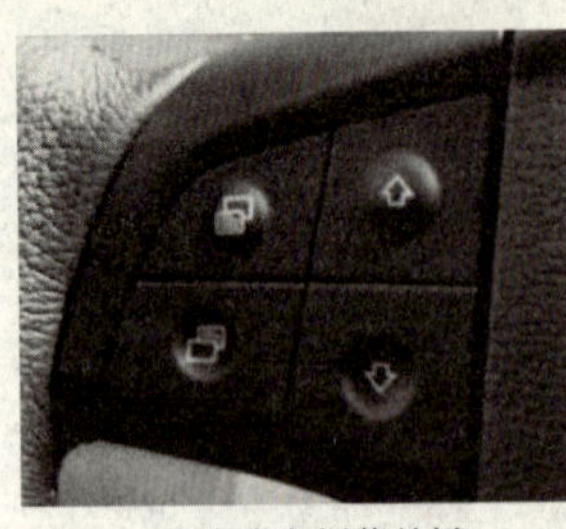
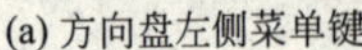
(a) 方向盘左侧菜单键

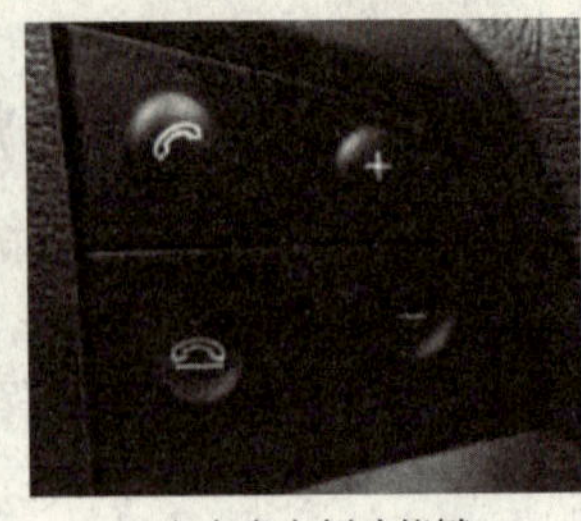
(b) 方向盘右侧功能键

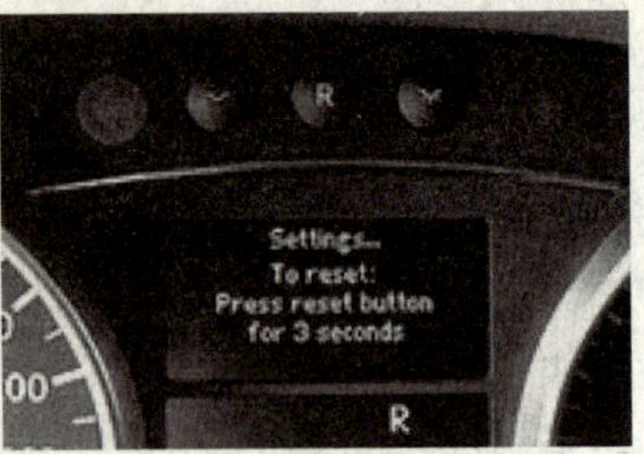

(c) 仪表板内侧上方复位键“R”

图 4-17　奔驰 ML350 方向盘按键分布与仪表盘 R 键位置

4.10.5　ML 系列 W164TPC 轮胎胎压设定

轮胎气压监控系统 TPC，全称为“Tire Pressure Check”，意思是轮胎压力检查。W211 底盘的胎压监控电脑 TPC 安装在尾箱左前方。激活即 Activation，就是从 TPC 电脑记忆中清除旧的轮胎压力数值，为每个轮胎存储新的轮胎压力数值。激活过程如下。

① 车子静止，轮胎气压正确。

② 点火开关打开，不启动。

③ 使用方向盘上的前后翻页按钮（　）直到仪表显示 0mph。

④ 按方向盘上的上下按钮，直到显示轮胎气压。

⑤ 按下仪表板左方的归零按钮。

⑥ 按下方向盘上的“＋”按钮进入下一个菜单。

⑦ 完成 10～30min 的路试后，仪表显示实际压力值，同时 TPC 系统已激活，存储新的轮胎压力值。若设定的轮胎压力值不正确，则仪表显示胎压检查“Tire Pressure Check”。

4.11　R 级车

4.11.1　R350 机油保养归零

① 将点火开关置于 1 挡。

② 反复按系统选择按钮，直到显示屏显示基本里程和温度。

③ 短时间按下分里程按钮 3 次，显示屏出现电压显示。

④ 按前后滚动按钮直到出现保养菜单“service menu”。

⑤ 反复按用于特殊设定和音量控制的“＋”和“－”按钮，选择菜单项目“configuration”。

⑥ 按系统选择按钮进行确认，显示屏显示“configuration”。

⑦ 按下系统选择按钮进行确认，多功能显示屏显示“service confirmed”。

⑧ 反复按系统选择按钮，直到显示屏显示“service menu”。

⑨ 按用于特殊设定和音量控制的“＋”和“－”按钮，选择特殊功能“special work”。

⑩ 按下系统选择按钮进行确认。

⑪ 按用于特殊设定和音量控制的“＋”和“－”按钮，选择“service 3”。

⑫ 按下系统选择按钮进行确认。

⑬ 按用于特殊设定和音量控制的“＋”和“－”按钮，见图 4-18，选择使用机油的规格。

图 4-18　奔驰 R350 方向盘和仪表

⑭ 按下系统选择按钮进行确认。

⑮ 反复按系统按钮直到显示基本里程和温度。

4.11.2　R 系列 W251 机油液位显示/轮胎气压查看

奔驰轮胎气压归零操作方法如下。

在改变了轮胎气压或更换了车轮轮胎后，由充气检测功能自动为轮胎气压监测器（TPMRDK）控制单元检测新气压值。手动重新启动仅在自动充气检测出现故障时作为临时解决方案使用。

① 将点火开关置于“ON”位置。

② 重复压下“系统选择按钮”，直到“多功能显示屏”上显示总里程和短途里程。

③ 重复压下“前进/后退按钮”，多功能显示屏显示车外温度。

④ 使用“+/–按钮”，选择相应菜单：

a. 机油液位显示。

b. 重新启动轮胎气压监测：显示“TIRE PRESSURE MONITORING REACTIVATION WITH（重新启动轮胎气压监测）”。

c. 车外温度显示。

d. 冷却液温度显示。

e. 保养范围。

⑤ 压下“系统选择按钮”确认，“多功能显示屏”显示相应的菜单；以上相关按钮位置参考图 4-16。

⑥ 将点火开关关闭。

4.11.3　奔驰 R 级胎压归零

① 用方向盘上的左面四个按键（两个主菜单，两个分菜单，见图 4-19），即“功能选择键”进行操作。

② 点火钥匙 KEY ON，用主菜单按钮选到公里数菜单。

③ 用分菜单上下按钮（上下选择均可），选到 Run flat indicator active Menu R-Button。

④ 按下仪表正中间的 R 键。

⑤ 按方向盘右侧的“+”和“–”，选到“YES”。

⑥ 关闭钥匙即可。

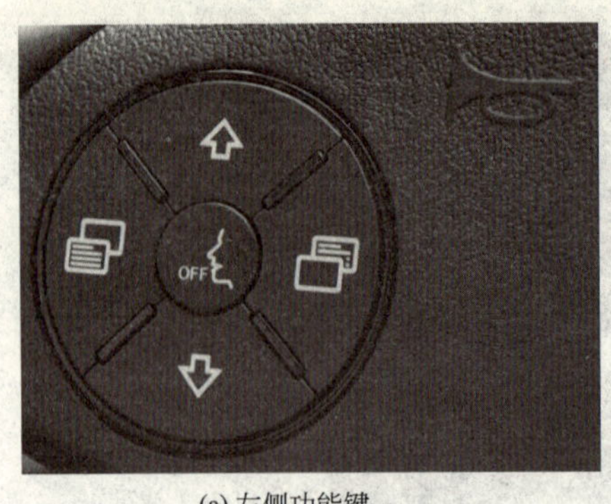

(a) 左侧功能键

(b) 右侧功能键

图 4-19　奔驰 R 级车方向盘功能键

4.12　S 级车

4.12.1　S350 保养灯归零

① 将点火开关置于 1 挡。

② 同时压下并保持多功能方向上的“OK”按钮和右侧电话“接听/结束”按钮约 5s，这时仪表显示“Vehicle Data Roller Test ASSYST Plus Workshop”。

③ 选择“ASSYST Plus Workshop”，并按下“OK”按钮确认。

④ 按下“前进/后退”按钮选择“Service Performed”（或“Service Done”），并按下“OK”按钮确认。

⑤ 通过按下“前进/后退”按钮选择“Due Service”或“Other Services”并按下“OK”按钮确认。

说明：若全部预期维修项目已完成，则选择“Due Service”；若个别项目未完成，则选择“Other Services”。

⑥ 如果之前选择了“Other Services”或“Further Service”，则增加附加的维修项目到当前维修菜单。

⑦ 通过按下“前进/后退”按钮选择“Complete（Full）Service”。若个别项目未完成，则选择“Individual（Sinale）Service Selection”。

⑧ 压下“回退”和“SBS”关闭按钮，回到主菜单。

⑨ 将点火开关置于“OFF”位置，按键位置如图 4-20 所示。

4.12.2　W220 保养灯归零

① 打开钥匙。

② 按一下方向盘左边的菜单键。

③ 再用上、下键选到保养归零。

④ 再按仪表右侧的 R 键。相关操作按钮位置如图 4-21 所示。

4.12.3　S 系列 W221 保养灯归零

奔驰公司自 S 系列 W220 后，于 2005 年开发了新款 W221 的奔驰 S350。这款轿车的保养灯归零方法与 W220 相比有较大的不同。具体操作方法如下。

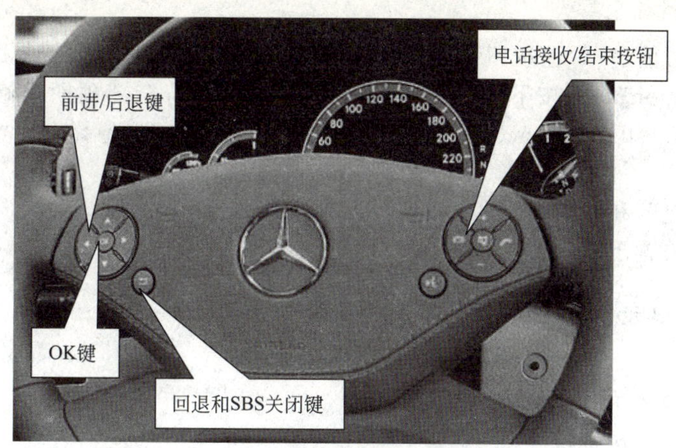

图 4-20　奔驰 S350 方向盘

图 4-21　奔驰 W220 系列（S300L）方向盘

① 将点火开关置于第一挡。

② 同时压下并保持多功能方向盘上的“OK”按钮（图 4-22）和右侧电话“接听/取消”按钮约 5s，此时仪表显示“Vehicle Data Roller Test、ASSYST Plus Workshop”。

图 4-22　奔驰 W221（S350）多功能方向盘

③ 选择“ASSYST Plus Workshop”，并按下“OK”按钮确认。

④ 通过按下“前进/后退按钮”选择“Service Performed”（或“Service Done”），并按下“OK”按钮确认。

⑤ 通过按下“前进/后退按钮”选择“Due Service”或“Other Services”，并按下“OK”按钮确认。说明：若全部预期维修项目已完成，则选择“Due Service”，否则，若个别项目未完成，则选择“Other Services”。

⑥ 如果之前选择了“Other Services”（或“Further Service”），则增加附加的维修项

目到当前维修菜单。

⑦ 通过按下“前进/后退按钮”选择“Complete（Full）Service”或“Individual（Single）Service Selection”，并按下“OK”按钮确认。说明：若全部预期维修项目已完成，则选择“Complete（Full）Service”；若个别项目未完成，则选择“Individual（Single）Service Selection”。

⑧ 压下“后退”和“SBS”关闭按钮，回到主菜单。

⑨ 将点火开关置于“OFF”位置。

4.12.4 2000款S320保养灯归零

方法一：

① 将点火开关置于“ON”位置。

② 按仪表板左边按键按2次。

③ 再将点火开关置于“OFF”位置。

④ 按住右边按键不放，等听到仪表里发出一声响声后松开即可。仪表板速度表下方左右调节按钮如图4-23所示。

图4-23 奔驰S320仪表

方法二：

如果钥匙打到1挡时，仪表板上有个“小扳手”的符号出现，后面还有“−100”（“小扳手”符号表示保养期限已到，“−100”是超出保养期限100km)，需要执行保养期限复位操作，具体步骤如下。

① 接通点火开关。

② 在1s内按仪表右边按键2次，断开点火开关。

③ 按住按键不放，接通点火开关。

④ 等大约10s，会听到“哔”一声响，显示下一次的保养里程。

⑤ 松手即可。

4.12.5 S320拆装电池后的设定

① ESP或BAS灯亮起，用仪器检测，在转向控制系统中会读出故障码为：转向盘系统故障——转向盘角度传感器未学习。

② 天窗无一键触发（自动）功能，学习方法：按下天窗向上按钮，持续3s以上。

③ 电动窗无自动功能设定法：点火开关置“ON”位，按下电动窗开关第一段自动开窗户一下，等开到底后，按第二段5s以上，再按关窗户第一段1次，等关闭后，再按第二段

5s 以上，并等待 15min 以后即完成设定。

④ 座椅、转向盘、后视镜、椅背无法由按键操作到正常位置的学习设定方法：操作按键到两侧顶端位置，持续 3s 以上。

4.12.6 S600 红外遥控重新设定

① 将点火开关置于“OFF”，关闭所有车窗和车门。

② 按下遥控器上的按键 2s，然后放开。

③ 30s 内用原车钥匙将车门锁上和开锁。

④ 再按遥控器上的按键一次即可。

4.12.7 W220/S320 断电之后设定方法

① 因电瓶电压过低或断电引起的故障现象，须做同步设定。如 ESP 或 ABS 灯亮起，用仪器检测，在方向盘控制系统中会读出故障码为“方向盘系统故障：方向盘角度传感器未学习”，即方向盘角度传感器失去记忆。学习设定方法如下：方向盘向左及向右转到底，然后放置中央即可。

② 天窗无一键触发功能（自动功能）学习方法：将天窗开关“向上”按键压下持续 3s 以上。

③ 电动窗无自动功能设定方法：点火开关置于 ON 位置，按下电动窗开关第一段自动开窗户一下，等窗户开到底后，按第二段 5s 以上，再按关窗户第一段一次，等窗户关闭后，再按第二段 5s 以上，并等待 15min 后即设定完成。

④ 座椅、方向盘、后视镜、椅背无法由按键操作到正常位置的学习设定方法：操作按键到两侧顶端位置持续 3s 以上。

4.12.8 W220 节气门怠速自适应

① 关闭所有用电设备，启动发动机怠速运转，直到热机，电子风扇开始运转。

② 达到正常工作温度之后，将点火开关转至 ON 位，保持 60s 以上，再将点火开关转至 OFF 位，保持 10s 以上。

③ 进行路试，将挡位升至 3 挡或 4 挡，发动机转速超过 3500r/min，然后将发动机转速降到 1200r/min，如此反复三次即可。

4.12.9 S 系列 W220 机油液位查看方法

① 将点火开关置于“ON”位置。

② 重复压下“系统选择按钮”，直到“多功能显示屏”上显示千米数。

③ 重复压下“前进/后退按钮”，直到多功能显示屏上显示“CORRECT MEASUREMENT ONLY WHEN VEHICLE IS，STATIONARY AND ONTHE LEVEL”。在大约 3s 后显示“ENGINE OIL MEASUREMENT RUNNING”。

④“多功能显示屏”上将显示机油液位是否正常。

⑤ 将点火开关关闭。

4.13 SL 级车

4.13.1 2013 款起 SL 级车复位侧车窗

如果蓄电池供电曾经中断，侧车窗必须复位。

① 开启点火开关。

② 拉动电动车窗的开关，直到侧车窗完全关闭，并且保持开关在此位置约 1s。

注意：必须复位每个侧车窗。

4.13.2 2013 款起 SL 级车维修指示复位

若用户的梅赛德斯-奔驰汽车未在梅赛德斯-奔驰特许服务中心进行维修，则可以自行复位维修指示。

① 开启点火开关。多功能显示器上出现标准显示。

② 反复按下方向盘上的按钮 或 ，直到维修符号 或 出现在多功能显示器的左侧，并且维修期限出现在右侧。

图 4-24 复位按钮位置

③ 按压复位按钮 1 几秒钟（图 4-24）。

在多功能显示器中看到以下信息：“Do you want to reset service interval”（是否要复位维修周期?)。按下复位按钮进行确认。

④ 确认时，要按住复位按钮，直到听到信号声。将在维修指示中看到一个新的数值。

如果曾在无意中复位了维修指示，可以到专业的特许服务中心（例如梅赛德斯-奔驰特许服务中心）进行更新。

4.13.3 2013 款起 SL 级车车轮数据

项目		数据
车轮定位值	前轮外倾角	−1.8°～−0.84°
	后轮外倾角	−2.82°～−1.57°
	前轮前束	0.015°～0.185°
	后轮前束	0.05°～0.322°
	前轮主销后倾角	11.33°～12.67°
制动数据	制动踏板自由行程的合理范围/mm	5～10
	制动摩擦副的合理使用范围/mm	2.8～3
动平衡数据	车轮动平衡要求(最大设计车速大于 100km/h 的机动车)/g	8

4.14 SLK 级车

4.14.1 SLK 系列 W171 保养灯归零

① 将点火开关置于“Ⅰ”挡。

② 重复压下方向盘上的“系统选择按钮”，直到“多功能显示屏”上显示公里或温度数。

③ 快速压下组合仪表上的归零按钮 3 次，直到听到响声，“多功能显示屏”上显示蓄电池电压。

④ 压下“前进/后退按钮”，直到显示“SERVICE MENU”菜单。

⑤ 重复压下“+/-按钮”，选择“CONFIRMATION”确认。

⑥ 压下方向盘上的“系统选择按钮”确认，菜单显示“OVERALL SERVICE”。

⑦ 压下方向盘下方的“系统选择按钮”确认，直到“多功能显示屏”上显示“SERVICE CONFIRMED”。

⑧ 压下方向盘上方的“系统选择按钮”确认，直到“多功能显示屏”上显示“SERVICE MENU”。

⑨ 使用“+/-按钮”，选择“SPECIAL OPERATIONS”。

⑩ 压下方向盘下方的“系统选择按钮”确认。

⑪ 使用“+/-按钮”，选择“SERVICE 3”。

⑫ 压下方向盘下方的“系统选择按钮”确认。

⑬ 使用“+/-按钮”，选择机油归零菜单“STANDARD OIL”或“OILGRADE 229.5”。

⑭ 压下下方的“系统选择按钮”确认，信息“ITEM CONFIRMED”将出现在“多功能显示屏”上。

⑮ 重复压下方向盘上的“系统选择按钮”，直到“多功能显示屏”上显示千米或温度数值。

⑯ 关闭点火钥匙。

4.14.2 2013 款起 SLK 级车维修指示复位

自行清除维修指示方法如下。

按下仪表盘左侧的复位按钮 R，维修指示消失。

4.14.3 2013 款起 SLK 级车车轮数据

项目		数据
车轮定位值	前轮外倾角	-1.49°～-1.48°
	后轮外倾角	-1.71°～-1.5°
	前轮前束	0.165°
	后轮前束	0.272°～0.275°
	前轮主销后倾角	11.23°～11.57°
制动数据	制动踏板自由行程的合理范围/mm	5～10
	制动摩擦副的合理使用范围/mm	2.8～3
动平衡	车轮动平衡要求(最大设计车速大于 100km/h 的机动车)/g	8

4.15 SLS 级车

4.15.1 2013 款起 SLS 级车复位后视镜

如果蓄电池已经断开或电量耗尽，则必须复位外部后视镜。否则，当在车载电脑中选择锁车时折合后视镜功能时，外部后视镜将无法折合。

① 使用启动/停止按钮选择钥匙位置 1。

② 点按按钮 4（图 4-25）。

图 4-25　复位后视镜

4.15.2　2013 款起 SLS 级车车轮定位数据

项　目		数　据
车轮定位值	前轮外倾角	−1.8°
	后轮外倾角	−2°
	前轮前束	−0.42°～−0.18°
	后轮前束	0.15°
	前轮主销后倾角	11.23°
制动数据	制动踏板自由行程的合理范围/mm	5～10
	制动摩擦副的合理使用范围/mm	2.8～3
动平衡	车轮动平衡要求(最大设计车速大于 100km/h 的机动车)/g	8

4.16　唯雅诺

4.16.1　2003 款起唯雅诺保养灯归零

① 将点火开关转到 ON，在 1s 内压下“0”按钮（如图 4-26 所示）2 次，再将点火钥匙转到 OFF。

② 压住“0”按钮不放，将点火钥匙转到 ON，保持压住“0”按钮。

③ 仪表板上会出现维修保养灯的符号及里程数或日期。

④ 在 10s 内会有“哔”的一声响，此时保养灯及新的里程数或日期会闪烁约 10s，此时放开“0”按钮即可。

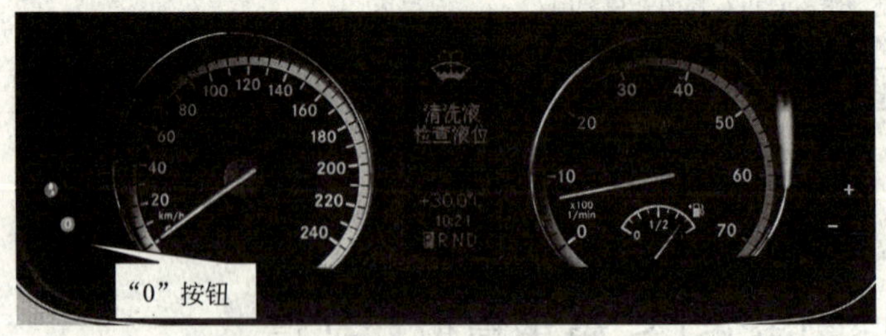

图 4-26　唯雅诺仪表

4.16.2　2003 款起唯雅诺重新设置侧面车窗

断开蓄电池后，必须对侧面车窗进行重新设置。

① 拉两个电动车窗开关，直到侧面车窗完全关闭。

② 将开关按住大约 1s。

侧面车窗已经重新设置。

4.16.3 2003 款起唯雅诺重新设置滑动/举升式天窗

出现以下情况后，必须重新设置滑动/举升式天窗。

① 由于蓄电池断开，造成电源中断。

② 可以用曲柄通过手摇方式关闭天窗。

③ 天窗开启得不平顺。

④ 一个故障。

重置操作如下。

① 将点火开关上的钥匙转到位置 1 或者 2。

② 按下滑动/举升式天窗开关。等到滑动/举升式天窗关闭，然后按住滑动/举升式天窗开关大约 3s。

滑动/举升式天窗已经重新设置。

4.16.4 2003 款起唯雅诺保险丝信息

唯雅诺保险丝信息如下。

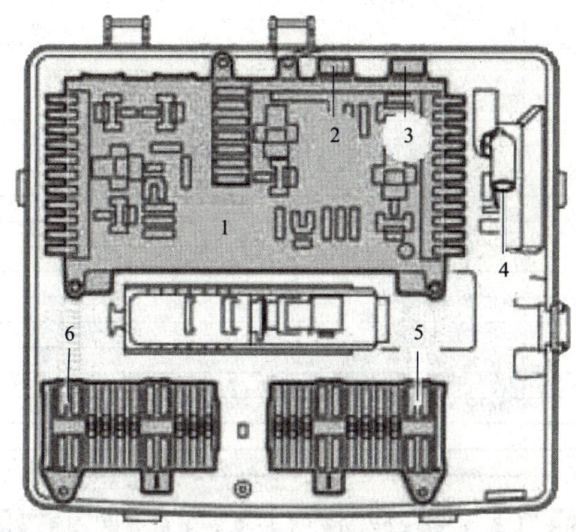

1—主保险丝；2—保险丝盒 F4；3—保险丝盒 F5；4—主保险丝 F1；5—保险组块 F34；6—保险组块 F35

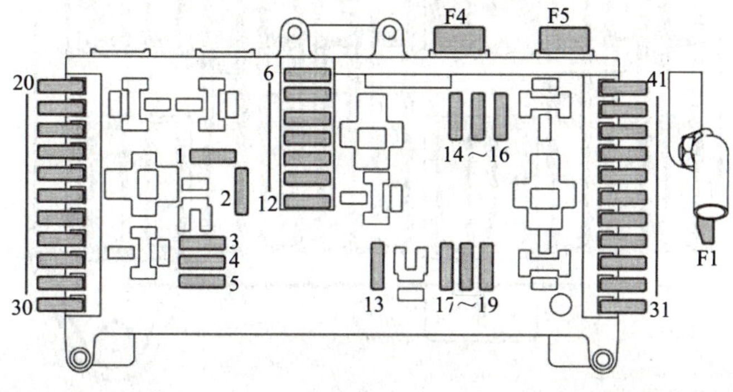

续表

序号	电流值	用电装置
1	30A	风窗刮水器,前部
2	15A	喇叭
3	5A	制动灯开关
4	7.5A	暖风
5	5A	诊断插座,旋钮式照明开关,组合仪表
6	5A	发动机部件
7	30A	后车窗刮水器
8	10A	端子 87(1)
9	15A	端子 87(2)
10	10A	端子 87(3)
11	7.5A	端子 30Z 发动机
12	30A	后窗电加热
13	7.5A	点火开关/组合仪表制动系统
14	7.5A	
15	5A	前照灯照明距离控制
16	25A	启动机
17	15A	燃油泵
18	15A	点烟器/手套箱,收音机
19	5A	—
20	15A	点火系统(汽油发动机)
21	7.5A	自动变速箱换挡
22	7.5A	行车记录仪
23	10A	安全气囊控制装置
24	未指定	—
25	5A	挂车控制装置
26	5A	分离继电器
27	5A	端子 15,车身/设备制造厂家
28	10A	变速箱控制装置
29	未指定	—
30	未指定	—
31	10A	ATA 喇叭
32	5A	移动电话/VICS 插座
33	10A	安全气囊,儿童座椅自动识别
34	5A	端子 15(备用),车身/设备制造厂家
35	7.5A	顶置式控制面板
36	10A	调节腰部支撑(座椅)
37	7.5A	照明盖子
38	7.5A	后舱娱乐设备
39	未指定	—
40	10A	柴油控制装置
41	10A	柴油控制装置
F1	150A	端子 30,电气系统、发电机
F4	60A	冷气风扇(在冷却装置内)
F5	40A	辅助气泵

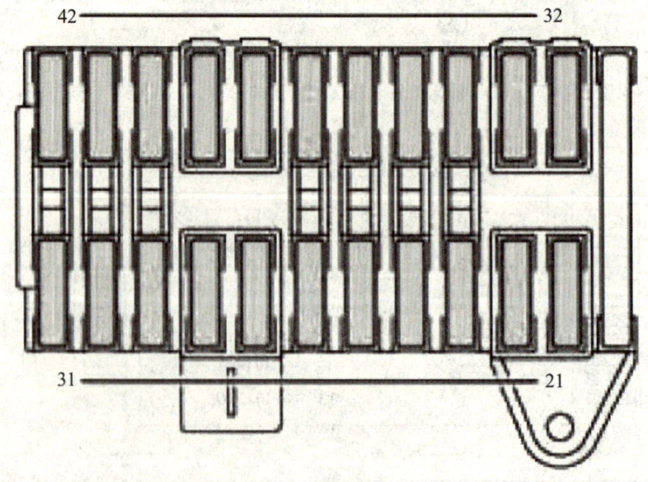

续表

序号	电流值	用电装置
21	5A	照明灯旋钮开关和控制面板上部
22	7.5A	后舱环境
23	10A	内部照明灯
24	7.5A/25A	顶置式控制面板和滑动/举升式天窗
25	25A	全景式滑动天窗
26	5A	附加暖风无线电接收器
27	7.5A	冷气,后部
28	15A	后舱娱乐用插座
29	7.5A	移动电话/通话机(Linguatronic)
30	30A	座椅电加热控制装置
31	5A	行车记录仪
32	未指定	—
33	10A	诊断插座
34	未指定	—
35	5A	Tempmatic 型空调/冷气系统
36	30A	前照灯洗涤系统
37	10A	ATA 电喇叭
38	20A	转向锁
39	40A	风机,前部
40	25A	ABS(防抱死制动系统)控制装置
41	40A	ABS(防抱死制动系统)控制装置
42	15A	收音机/动态导航系统(COMAND)

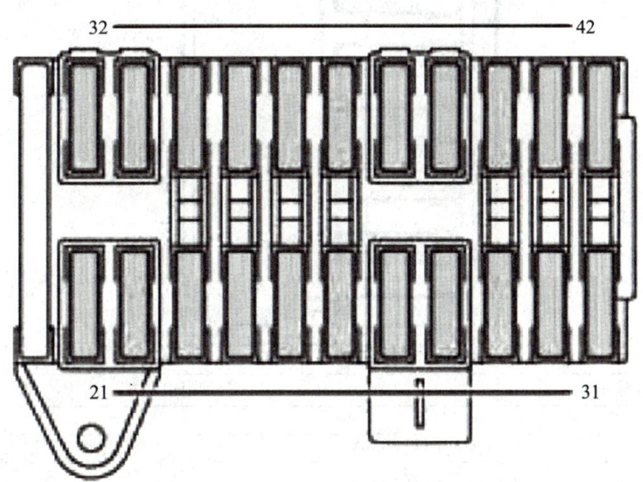

序号	电流值	电　　器
21	15A	12V 插座,供车辆内部使用,左侧
22	15A	12V 插座,供车辆内部使用,右侧
23	30A	挂车电源插座
24	25A	挂车识别装置
25	30A	座椅调节,驾驶员
26	30A	座椅调节,副驾驶员
27	30A	电动式滑动门,左侧
28	30A	电动式滑动门,右侧
29	30A	风机,后部
30	40A	空气弹簧悬架系统
31	10A	电子辅助驻车(PTS)功能

续表

序号	电流值	电　器
32	5A	轮胎充气压力监控系统
33	未指定	—
34	5A	移动电话控制装置/VICS＋TV 信号放大器
35	20A	附加暖风控制装置
36	未指定	—
37	5A	冷气系统，后部
38	未指定	—
39	未指定	—
40	15A	12V 插座，右后
41	10A	车顶闪光灯控制装置
42	未指定	—

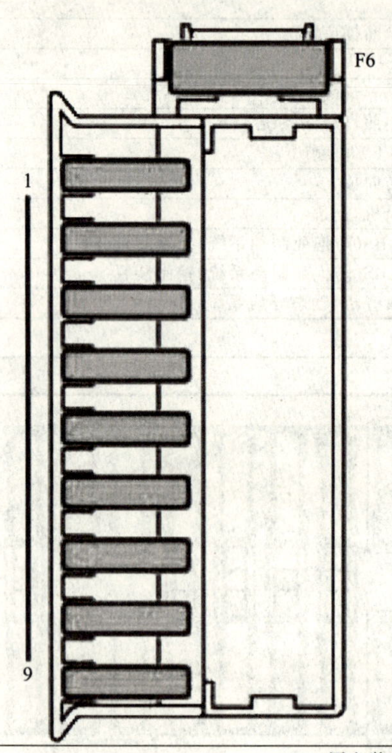

序号	电流值	用电装置
F6	80A	SAM-SRB
1	25A	车门控制面板，左侧
2	25A	车门控制面板，右侧
3	25A	PSM(可编程电子控制装置)
4	25A	PSM(可编程电子控制装置)
5	15A	12V 插座，位于副驾驶员坐垫上
6	未指定	—
7	7.5A	Fun/Marco Polo 的定时和照明
8	25A	附加暖风，用于 Fun/Marco Polo
9	25A	可升降车顶，用于 Fun/Marco Polo

4.16.5　2003 款起唯雅诺油液规格

发动机油用量/L				
排量	Viano CDI 2.0	Viano CDI 2.2	Viano 3.0	Viano 3.2
发动机(包括机油滤)	8.5	8.5	10	10

发动机油用量/L				
发动机(不包括机油滤)	8.3	8.3	9.5	9.5
冷却液用量/L				
冷却液,标准	9	9	8	8
冷却液,配附加暖风	11	11	10	10
暖风-冷气				
前散热器/L	0.43	0.43	0.43	0.43
后散热器/L	0.3	0.3	0.3	0.3
前舱冷气制冷剂(没有配备后冷气系统) 前舱冷气制冷剂(配备后冷气系统)/g	530 820① 850②	530 820① 850②	530 820① 850②	530 820① 850②

① 短车身和中等长度车身。

② 长车身。

4.17 迈巴赫

4.17.1 2005款起迈巴赫仪表台部件

迈巴赫仪表台部件见图4-27。

图4-27 迈巴赫仪表台部件

1—照明开关；2—清洁大灯；3—组合开关、远光灯、转向信号、风挡玻璃雨刮器；4—定速巡航控制杆、定速巡航控制、限距控制系统、电子限速功能；5—多功能方向盘；6—喇叭；7—仪表盘；8—声控系统控制杆（见专门的操作手册）；9—点火开关；10—驻车定位系统警告显示；11—通风隔栅，上部为手套箱；12—上方控制面板；13—电话存放箱；14—手套箱；15—锁止/解锁手套；16—中央控制台；17—调节方向盘；18—方向盘加热开/关；19—开启/关闭行李厢盖；20—驻车制动器；21—开启发动机罩；22—松开驻车制动器；23—车门控制面板

迈巴赫仪表指示符号见图 4-28。

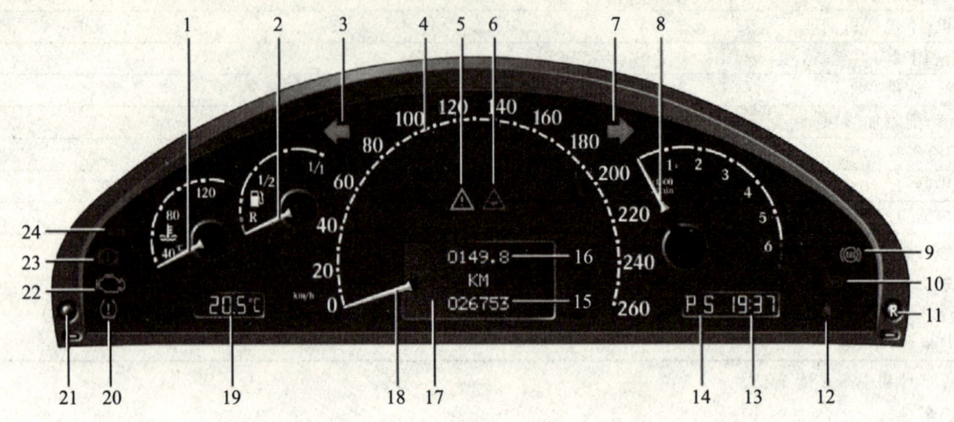

图 4-28 迈巴赫仪表指示符号

1—冷却液温度表；2—带储备燃油警告灯的燃油表；3—左侧转向信号指示灯；4—信号段；5—ABS/ESP 警告灯；6—车距警告灯①；7—右侧转向信号指示灯；8—转速表；9—ABS 警告灯；10—远光指示灯；11—复位按钮；12—安全带警告灯；13—时钟；14—换挡杆位置和换挡模式显示；15—总里程表；16—分里程表；17—多功能显示器；18—车速表；19—车外温度显示；20—轮胎压力警告灯；21—仪表照明旋钮；22—发动机诊断警告灯；23—制动系统指示灯；24—SRS 警告灯

① 对于不要限距控制系统（Distronic）的车辆，信号灯在发动机运转时熄灭，但无功能作用。

4.17.2 2005 款起迈巴赫复位保养

若在迈巴赫服务中心以外的地方对车辆进行了保养，可以自行复位保养指示。

① 开启点火开关，多功能显示器上出现标准显示。

② 反复按下多功能方向盘上的按钮 [▽] 或 [△]，直到保养符号 [扳手] 或 [扳手] 与保养到期日出现在多功能显示器中。

③ 按住仪表盘右侧的复位按钮 R 约 2s。

将在多功能显示器中看到以下信息：

“Do you want to reset service interval?”（是否要复位保养间隔？）

“CONFIRM BY PRESSING R.”（请按复位按钮进行确认。）

④ 按住复位按钮 R 进行确认，直到听到信号声。保养指示中显示新值。

4.17.3 2005 款起迈巴赫电动天窗复位

① 从保险丝盒内取出滑动/倾斜式玻璃天窗保险丝。

② 重新插回保险丝。

③ 开启点火开关。

④ 沿开启方向按下滑动/倾斜式玻璃天窗开关，直到天窗停止。

⑤ 沿升起方向按下滑动/倾斜式玻璃天窗开关，直到天窗后部完全升起。

⑥ 继续按住滑动/倾斜式玻璃天窗开关约 1s。

⑦ 检查并确认滑动/倾斜式玻璃天窗能再次完全开启（自动）。

⑧ 如果滑动/倾斜式玻璃天窗不能完全开启（自动）：

再次复位滑动/倾斜式玻璃天窗。

4.17.4　2005款起迈巴赫系统复位操作

如果蓄电池供电曾被中断过（例如重新接线），则必须执行以下操作。

① 复位 ESP。

在车辆停止时，将方向盘从一侧的止动位转到另一侧的止动位。

注意确保方向盘能够到达止动位，且车轮没有碰到障碍物（如路缘）。

② 设置时钟。

③ 复位侧车窗。

将电动车窗开关按至关闭位置，直到侧车窗完全关闭，并按住开关约 1s。

④ 复位外部后视镜。

a. 确保钥匙在点火开关中处于第 1 挡位置。

b. 点按后视镜折叠按钮。

必须进行复位，从而使“锁止时折合后视镜”功能起作用。

⑤ 复位滑动/倾斜式玻璃天窗。

a. 从保险丝盒内取出滑动/倾斜式玻璃天窗保险丝。

b. 重新插回保险丝。

c. 沿开启方向按下滑动/倾斜式玻璃天窗开关，直到天窗停止。

d. 沿升起方向按下滑动/倾斜式玻璃天窗开关，直到天窗后部完全升起。然后继续保持 1s。滑动/倾斜式玻璃天窗复位。

4.17.5　2005款起迈巴赫油液容量

冷却液		
各车型冷却系统的容积/L		
车型	迈巴赫 57、迈巴赫 62	迈巴赫 57S
冷却液，大循环	17.0	17.0
冷却液，低温度循环	2.2	2.45
具有防冻保护效果的防腐剂/防冻剂含量（浓度）/L		
车型	迈巴赫 57、迈巴赫 62	迈巴赫 57S
低至−37℃（50%），大循环	8.5	8.5
低至−45℃（50%），大循环	9.4	9.4
低至−37℃（50%），增压空气冷却器低温循环	1.1	1.2
低至−45℃（50%），增压空气冷却器低温循环	1.2	1.3

4.18　smart

4.18.1　2011款起 smart 保险丝信息

smart 汽车保险丝信息见图 4-29、图 4-30。

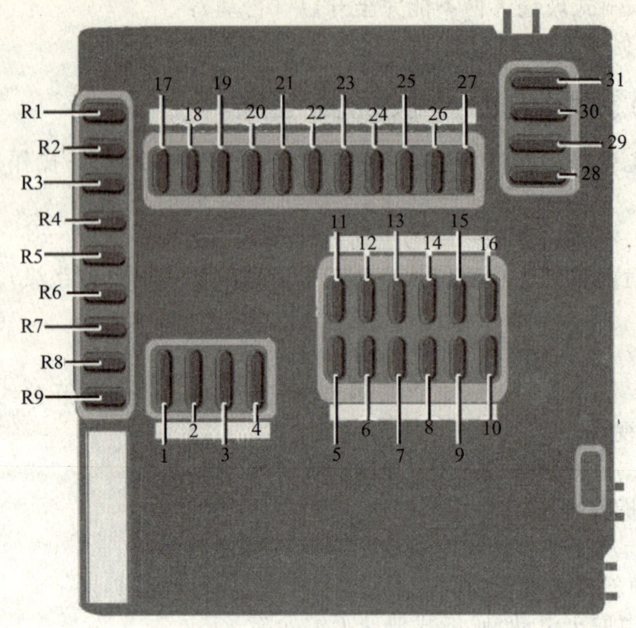

图 4-29 保险丝盒前部

1～35—保险丝；R1～R9—备用保险丝槽

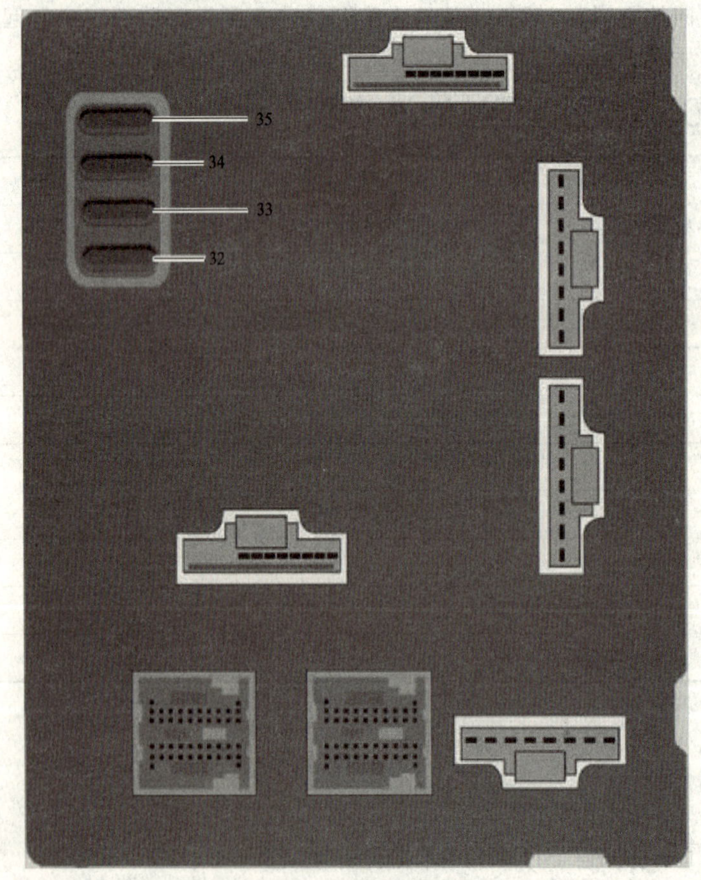

图 4-30 保险丝盒后部

编号	电气设备	电流值/A	颜色编码
1	发动机部件	25	无色
2	前风挡玻璃雨刮器	25	无色
3	电动车窗	20	黄色
4	车内鼓风电动机	25	无色
5	前雾灯	10	红色
6	右侧驻车灯、右侧尾灯、车牌照明	7.5	棕色
7	左侧驻车灯、左侧尾灯	7.5	棕色
8	发动机部件	25	无色
9	发动机部件	7.5	棕色
10	发动机部件	15	蓝色
11	ESP 控制单元	25	无色
12	左侧控制杆功能、开关条功能、车载诊断系统插座、变速箱控制单元、停止启动功能控制单元、外部后视镜加热、防盗警报系统、雨量光线传感器、附加仪表、中央门锁、仪表盘、后雾灯	10	红色
13	—	—	—
14	中冷器风扇电动机、制冷压缩机	15	蓝色
15	收音机系统、超低音扬声器、音响系统、软顶篷	15	蓝色
16	带燃油传感器的燃油泵	15	蓝色
17	后车窗雨刮器	15	蓝色
18	ESP 控制单元、动力转向控制单元、防护系统、仪表盘	10	红色
19	发动机控制单元、变速箱控制单元、停止启动功能、车载诊断系统插座	7.5	棕色
20	加热空调控制面板、外部后视镜调节、风挡玻璃清洗液泵、收音机系统、座椅加热、倒车灯、右侧控制杆功能、软顶篷开关	10	红色
21	12V 插座、点烟器	15	蓝色
22	左侧近光灯	7.5	棕色
23	右侧近光灯	7.5	棕色
24	制动灯、后雾灯	15	蓝色
25	右侧远光灯	7.5	棕色
26	左侧远光灯	7.5	棕色
27	发动机部件	7.5	棕色
28	后车窗加热、前散热器的风扇电动机	40	橙色
29	软顶篷①	30	绿色
30	变速箱控制单元	40	橙色
31	喇叭、中央门锁	20	黄色
32	—	—	—
33	点火开关	50	红色
34	ESP 控制单元	40	橙色
35	动力转向控制单元	30	绿色
R1	外部后视镜加热	7.5	棕色
R2	—	—	—
R3	LED 日间行驶灯	5	浅棕色
R4	—	—	—
R5	—	—	—
R6	—	—	—
R7	车内照明	5	浅棕色
R8	环绕立体声系统	20	黄色
R9	座椅加热控制单元	25	无色

① 仅适用于 fortwo 敞篷版。

4.18.2 2011 款起 smart 车轮定位数据

项目	52kW mhd fortwo 硬顶版	62kW fortwo 硬顶版	52kW mhd fortwo 敞篷版
前轮外倾角	−0.23°(−14′)～−0.1°(−6′)	−0.23°(−14′)～−0.1°(−6′)	−0.23°(−14′)～−0.1°(−6′)
后轮外倾角	2°	2°	2°

续表

项目	52kW mhd fortwo 硬顶版	62kW fortwo 硬顶版	52kW mhd fortwo 敞篷版
前轮前束 后轮前束	0.167°(10′) 0.4°(24′)～0.5°(30′)	0.167°(10′) 0.4°(24′)～0.5°(30′)	0.167°(10′) 0.4°(24′)～0.5°(30′)
前轮主销后倾角	7.83°(7°50′)	7.83°(7°50′)	7.83°(7°50′)
制动踏板自由行程的合理范围/mm	5～10	5～10	5～10
制动摩擦副的合理使用范围/mm	2.8～3	2.8～3	2.8～3
车轮动平衡要求(最大设计车速大于100km/h 的机动车)/g	8	8	8

第5章 Chapter 05

宝马-劳斯莱斯-MINI汽车

5.1 1系列

2012 款起宝马 1 系列轮胎失压显示 RPA 初始化设置：

通过初始化设置可将设定的轮胎充气压力设置为用于识别轮胎失压的参考值。可通过确认充气压力开始初始化设置。

在带雪地防滑链行驶时不要初始化该系统。

① 汽车起步前直接启动发动机，但不要开动汽车。

② 反复向上或向下短促按压转向信号灯控制杆上的按钮 1，见图 5-1，直至显示相应的符号和“RESET”（复位）。

图 5-1　复位操作按钮

③ 按压按钮 2，以便确认已选择轮胎失压显示。

④ 按压按钮 2 大约 5s，直至如图 5-2 所示的显示出现。

图 5-2　复位显示界面

⑤ 起步。

在行驶中，进行的初始化随时都可以中断。在接下来的行驶中，初始化继续自动进行。

5.2 2系列

5.2.1 2012款起2系列电动车窗初始化

例如车外危险或者车窗结冰时不能正常关闭，按如下操作。

① 拉动开关超过压力作用点并保持。当关窗力超过某个特定值时，防夹保护受限，车窗微开。

② 在4s之内再次拉动开关超过压力作用点并保持。车窗在无防夹保护下关闭。

5.2.2 2012款起2系列初始化天窗系统

可在车辆停止以及发动机运转时初始化系统。

在初始化时无防夹功能关闭车顶。

保持关闭区域畅通无阻：关闭玻璃天窗时要观察并注意关闭区域畅通无阻，否则会有受伤危险。

向上拉并按住开关（见图5-3），装置初始化结束。

图5-3 天窗复位操作按钮

- 15s内开始初始化，当车顶完全关闭后，过程结束。
- 车顶关闭时没有防夹保护。

5.2.3 2012款起2系列初始化轮胎失压显示RPA

初始化时，设置的轮胎气压会作为识别轮胎失压的参考值。通过确认充气压力开始初始化。

带雪地防滑链行驶时，不要对系统初始化。

①“车辆信息”。

②“车辆状态”。

③ (! INT)“进行重置”。

④ 启动发动机，不要起步行车。

⑤ 用“进行重置”开始初始化。

⑥ 起步行车。

初始化程序会于车辆行驶期间完成；此过程可以随时中断。继续行驶时，初始化会自动继续进行。

5.3 3系列

5.3.1 E46新3系保养指示灯归零

宝马新3系（底盘号E46）保养灯（SII，Service Inter-Val Indicator），可采用仪表板内的单次旅程归零按钮进行手工归零。具体操作过程如下。

① 点火开关OFF。

② 先按下归零按钮，如图5-4所示的“12”。

③ 转动点火钥匙至1挡位置。

④ 按住归零按钮持续5s，直到“OIL SERVICE”或“INSPECTION”与“RESET”字样出现。

⑤ 松开归零按钮。再次按下归零按钮，维持5s不放，直到“RESET”开始闪烁。

⑥ 松开归零按钮，再按住归零按钮。

⑦ 新的保养间隔将显示。

⑧ 再按一下归零按钮出现“END SIA”字样。

⑨ 点火开关OFF。

图5-4 宝马E46车系仪表

1—燃油表；2—用于转向信号的指示灯；3—车速表；4,7,13—指示灯和报警灯；5—转速表和油耗指示表；6—冷却液温度表；8—时间/保养周期显示/车外温度显示调节钮；9—自动变速箱/自动换挡控制的手动变速箱SMG选挡杆及模式显示；10—分行驶里程表/里程表/时钟/保养周期/车载电脑显示；11—检查控制；12—分行驶里程表置零

5.3.2 2008款320i（E46）刹车片报警手工清除方法

① 点火开关打到“OFF”位置。

② 按住仪表板上右侧按钮不放。

③ 点火开关打到“ON”位置。

④ 仪表板上显示“TEST-01”，松开右侧按钮。

⑤ 按住左侧按钮，一直按到 19 项，仪表显示“LOCK-00”，松开左侧按钮。

⑥ 按右侧按钮 1 次松开，仪表显示“LOCK-ON”。

⑦ 再按左侧按钮到 21 项，仪表显示“LOCK-00”，松开左侧按钮。

⑧ 再按右侧按钮 1 次松开，仪表显示“LOCK-ON”。

⑨ 点火开关打到“OFF”位置，归零结束。

5.3.3 宝马 3 系保养灯归零

① 点火开关 OFF。

② 先按下车速表左下方归零按钮，如图 5-5 所示。

③ 转动点火钥匙至 1 挡位置。

④ 按住按钮持续 5s 直到仪表显示“OIL SERVICE”或“INSPECTION”与“RESET”字样。

⑤ 松开按钮。

⑥ 再次按下按钮，维持 5s 不放。直到“RESET”开始闪烁。

⑦ 松开按钮，再按住按钮。

⑧ 新的保养间隔将显示。

图 5-5　宝马 3 系仪表

5.3.4 华晨宝马 320 刹车片报警灯复位

① 点火开关打到“OFF”位置。

② 按住仪表板上右侧按钮不放。

③ 点火开关打到“ON”位置。

④ 仪表板上显示“TEST-01”，松开右侧按钮。

⑤ 按住左侧按钮，一直按到 19 项，仪表显示“LOCK-00”，松开左侧按钮。

⑥ 按右侧按钮 1 次松开，仪表显示“LOCK-ON”。

⑦ 再按左侧按钮到 21 项，仪表显示“LOCK-00”，松开左侧按钮。

⑧ 再按右侧按钮 1 次松开，仪表显示“LOCK-ON”。

⑨ 点火开关打到“OFF”位置，归零结束。

5.4 5系列

5.4.1 华晨宝马530保养灯归零

① 点火开关转至OFF挡。

② 按住里程复位键并保持。

③ 将点火开关转至ON挡等待。

5.4.2 F底盘新5系保养归零方法

宝马新5系搭载了F底盘，保养归零方法很简单，就是打开钥匙按住仪表盘左边的按钮，位置如图5-6所示，一直按住就会出现保养菜单，然后选择要归零的项目再按一下，出现“复位”，再按住按钮，直到保养复位完成。

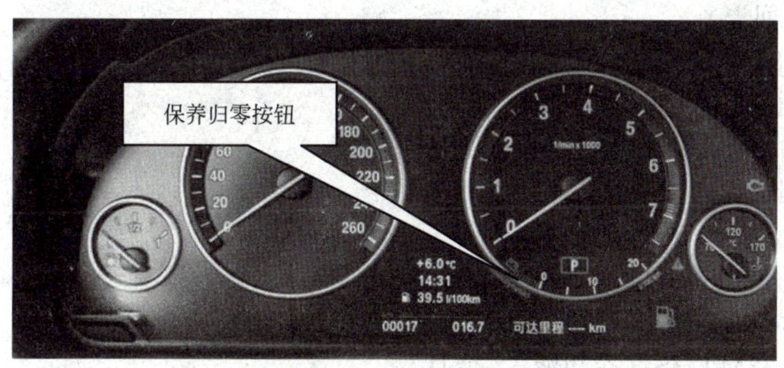

图5-6 新5系仪表

注意事项：

① 复位前要把仪表盘上所有的提示信息消去，就是调成显示正常行车时的信息，然后才能调出保养菜单。

② 中央导航屏幕上的保养提示在做完保养复位后还不会消除，重新开锁下车就行了。

③ 不要乱用复位仪器复位，有的宝马车用保养复位仪复位后保养日期回到了2000年的。

④ 刹车片归零的时候，如果报警线磨断了没更换，是不能保养归零的。

5.4.3 宝马5系保养灯归零

① IG ON（插入点火钥匙，按下点火钥匙座左边的“START/STOP”键）。

② 按下仪表左上方的归零按钮，约8s后松开。

③ 此时仪表左上区液晶显示屏幕会显示如下：

RETURN（回退）

BR. FLUID 8MTHS（刹车油8个月）

ENG. OIL 30Tkm（发动机油3万千米）

FR. BRAKE 40Tkm（前刹车片4万千米）

R. BRAKE 40Tkm（后刹车片4万千米）

VEH. CHLK 50Tkm（车身检查5万千米）

MICROFIL 60Tkm（过滤器6万千米）SPKPLUGS 60Tkm（火花塞6万千米）

COOLANT 32MTHS（冷却液32个月）

注意：当超过所规定的公里数或日期时，LCD中央显示区会显示保养信息，且进行仪表归零时，归零主菜单会显示“!”提醒字样。如前刹车片更换时间超过或未做归零时，会显示“FR. BRAKE 40Tkm!”。

④ 按一下并松开该归零按钮（也可按下转向灯开关上的B、C两个按钮）。

⑤ 选择“ENG. OIL 30Tkm”该引擎机油归零项目后，再保持按住归零按钮，直到仪表右上区显示屏幕上显示如下：“RETURN、RESET ENGINE OIL”。

⑥ 此时按一下归零按钮选择“RESET ENGINE OIL”，并再次保持按住该归零按钮直到屏幕显示“ENGINE OIL RESET OK”后，机油保养灯归零程序完成。

⑦ 当再次启动时，仪表会瞬间显示“售后服务3万千米”。

5.4.4 宝马523i保养灯归零

① 先把遥控钥匙插入，然后不要踩刹车按一下“START/STOP ENGINE”键，仪表灯全亮。

② 然后按住仪表左上方的归零按钮约8s后仪表中央液晶屏幕会显示：

RETURN（回退）

BR. FLUID 8MTHS（刹车油8个月）

ENG. OIL 30Tkm（发动机机油3万千米）

FR. BRAKE 40Tkm（前刹车片4万千米）

R. BRAKE 40Tkm（后刹车片4万千米）

VEH. CHLK 50Tkm（车身检查5万千米）

MICROFIL 60Tkm（过滤器6万千米）

SPKPLUGS 60Tkm（火花塞6万千米）

COOLANT 32MTHS（冷却液32个月）

注意：当超过所规定的公里数或日期时，LCD中央显示区会显示保养信息，且进行仪表归零时，归零主菜单会显示“!”提醒字样。如前刹车片更换时间超过或未做归零时，会显示“FR. BRAKE 40Tkm!”。

③ 按一下并松开该归零按钮（也可按下转向灯开关上的B、C两个按钮），选择“R. BRAKE 40Tkm”后，再保持按住归零按钮，直到仪表右上区显示屏幕上显示如下：

RETURN

RESET R. BRAKE。

④ 此时按一下归零按钮选择“RESET R. BRAKE”，并再次保持按住该归零按钮直到屏幕显示“R. BRAKE REST OK”。

5.4.5 5系列轮胎压力监控系统初始化

① 打开点火开关；

② 调用“i”菜单；

③ 选择“车辆设置”并按压控制器；

④ 选择“RPA”并按压控制器；

⑤ 选择“轮胎压力”并按压控制器；

⑥ 选择“是”并按压控制器；

⑦ 车辆行驶并出现“运行启动”，几分钟之后显示消失。

5.4.6 E39仪表板制动片指示灯复位

方法一：

① 点火开关关闭。

② 等待 1min 以上打开。

③ 打开之后 30s，警告灯会熄灭，此时立刻启动发动机，即可消除警告灯。

方法二：

① E39 配有 CCM 系统性能如下：故障警告灯出现 CONG 时，第一优先顺序等级<>符号闪烁。

② 按下检查按键，此时 CCM 监控屏会显示“CHECK BRAKE LININGS”，检查制动片的指示。

③ 检查制动片，必要时予以更换，更换后，如警告灯仍然亮着，必须依照“方法一”或进行下一个步骤来进行归零。

④ 按仪表上的一个检查按键（图 5-7），3s 后，进入测试模式，在里程电脑屏幕上显示 TEST1 闪烁，再按 TWSZ 键进入“TEST19”，此时屏幕上的“ON”/“OFF”交替闪烁。

⑤ 在“ON”时按下检查键 3s，直接恢复正常模式，警告灯便熄灭。

图 5-7　宝马 E39 仪表板上检查键位置

1—指示灯和报警灯；2—检查（CHECK）键；3—用于自动变速箱的选挡杆显示和模式显示；4—车外温度显示

5.4.7　2012 款 523i 电动玻璃防夹功能初始化

将玻璃下降到最低，等待 15s，这时直接往上升到底就可以了。操作时车门、机盖、后备厢门必须关好，钥匙在 ACC 电瓶灯亮的一挡，不行的话多操作几次。

5.4.8　2011 款 520L(F18 底盘)后刹车片更换及复位方法

① 解除制动按钮，拆掉轮胎，将刹车分泵取下。

② 拆掉后刹车分泵，用 E40 专用工具将电子制动电动机拆下来（2 个螺栓），再将分泵上的电子制动轴用 E30 专用工具顺时针转动，直到转紧为止。

③ 然后用刹车专用工具将刹车分泵压回去（也可用起子轻轻撬回）。

④ 将新刹车片装好，电子制动电动机装上分泵，正常安装。

⑤ 装好后多按几下电子制动按钮，必要时上路试车，进行复位。

⑥ 仪表中刹车报警灯的复位方法：

将点火开关打开（不能启动），用手按住左下方的黑色按钮（此按钮可进行机油、刹车片、刹车油等复位）直到仪表中出现后制动片复位的字样，松掉再按住，直到复位成功。

5.5 6系列

5.5.1 2012款起6系列电动车窗初始化

例如车外危险或者车窗结冰时不能正常关闭，按如下操作。

① 拉动开关超过压力作用点并保持。

当关窗力超过某个特定值时，防夹保护受限，车窗微开。

② 在4s之内再次拉动开关超过压力作用点并保持。车窗在无防夹保护下关闭。

5.5.2 2012款起6系列滑动天窗初始化

与2系列车型相同，内容请参考本章5.2.2小节。

5.5.3 2012款起6系列执行重置轮胎压力监控RDC

在每次轮胎气压校正和更换轮胎或车轮后都要重新复位系统。

①“车辆信息”。

②“车辆状态”。

③ (! INT)“胎压初始化”。

④ 启动发动机，不要起步行车。

⑤ 利用“胎压初始化”执行重置。

⑥ 起步行车。

轮胎以灰色显示并显示该状态。

在短时间驾驶超过30km/h之后，就会接受所设定的轮胎气压，并将其视为理想值。行车过程中自动完成重置。重置完成后，在控制显示屏上轮胎以绿色显示并显示“已启动”。

可以随时中断行车。继续行驶时，重置会自动继续。

5.6 7系列

5.6.1 2004款735（新7系E65）机油保养灯归零方法

① 插入点火钥匙，不要踩制动踏板，按下点火钥匙左边的“START/STOP ENGINE”按钮（图5-8）。

② 按住仪表左上方的归零按钮，约8s后松开，仪表左上方液晶显示屏显示：RETURN（回退）；BR. FLUID 8 MTHS（制动液8个月）；ENG. OIL 30 Tkm（发动机油3万千米）；FR. BRAKE 40Tkm（前制动片4万千米）；R. BRAKE 40Tkm（后制动片4万千米）；VEH. CHIK 50Tkm（车身检查5万千米）；MICROFIL 60Tkm（过滤器6万千米）；SP KPLUGS 60Tkm（火花塞6万千米）；COOLANT 32MTHS（冷却液32个月）。

注意：当超过规定的里程数或周期时，中央液晶显示区会显示保养信息，进行保养信息归零时，归零主菜单会显示“!”提醒字样。例如，前制动片超过规定更换时间或未进行归零操作时，仪表上会显示“FR. BRAKE 40Tkm!”。

③ 按一下归零按钮（也可以按下转向灯开关上的B、C两个按钮），选择“ENG. OIL

30 Tkm”（发动机油 3 万千米）后，再按住归零按钮，直到仪表右上区屏幕上显示“RETURN、RESET ENG. OIL”，此时按下归零按钮选择“RESET ENG. OIL”，并再次按住归零按钮并保持，直到屏幕显示“ENG. OIL RESET OK”，制动报警灯归零程序即完成。

④ 当再次启动时，仪表会瞬间显示“售后服务 3 万千米”。

(a) START/STOP ENGINE按钮

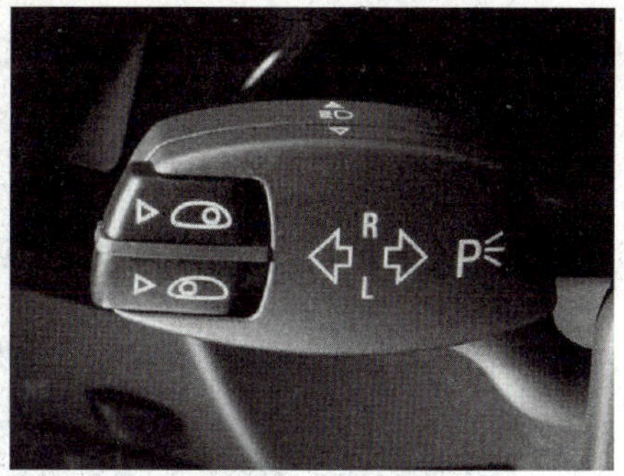

(b) 转向灯开关

图 5-8　宝马 E65 点火开关与转向开关

5.6.2　新款 745 保养灯归零

① 按住左边仪表盘上按钮，直到左下方出现信息。仪表样式如图 5-9 所示。

② 按一下左上按钮，使左下方信息翻动。

③ 出现 RETURN 信息时，按住按钮。

④ 仪表盘左上边信息区会出现各种归零项目，如“BRAKE OIL”。

⑤ 翻动选择要归零项目，按住按钮，选择要归零的项目。

图 5-9　宝马新款 745 仪表

5.6.3　E60/E61、E65 车系保养项目复位

① 组合仪表：常规的保养项目可通过组合仪表完成复位，包括更换机油，火花塞，前制动摩擦片、后制动摩擦片等多个项目，均为英文显示。其操作步骤如下。

a. 打开点火开关至 2 挡，按住组合仪表左上方的按钮，如图 5-10 中所示的“1”（即分行驶里程复位按钮），约 10s 后仪表左上侧便会显示 OIL CHARGE 等英文信息，即复位模式开启。

b. 松开按钮，再按住按钮，便可选定 OIL CHARGE 项目，此时仪表右侧将出现

RESET 的信息提示。

c. 松开按钮，再按一下按钮，即完成机油更换周期的复位。

d. 按照上面的操作步骤，逐次将其他的保养项目进行复位。复位完成后的项目，在所显示的信息后面，会出现“O”字符，表示该项目的复位已完成。

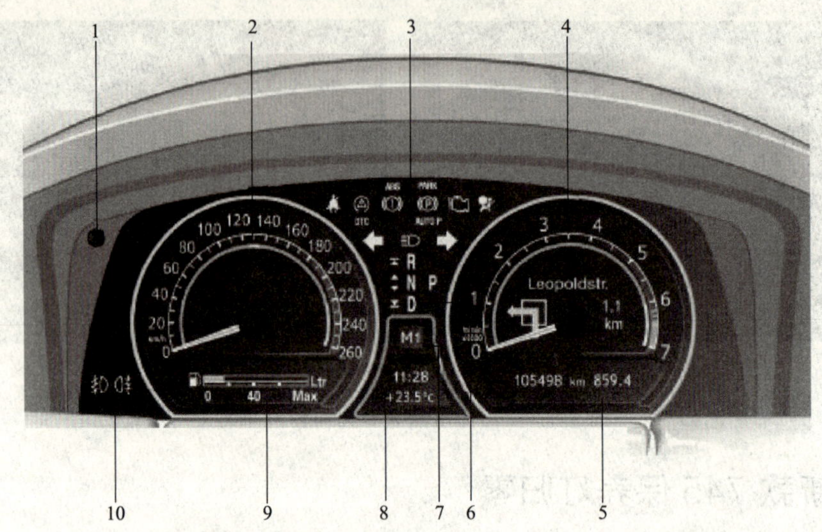

图 5-10　宝马 E65 仪表

1—调出里程表并将分行驶里程表设定为零；2—车速表；3—指示灯和报警灯；4—转速表；5—车载电脑显示区；6—变速箱挡位；7—自动变速箱模式显示区；8—车外温度和时钟、指示灯和报警灯显示区；9—燃油表和车载电脑；10—雾灯

② 中央信息显示屏 CID：法定的保养项目，如年检和尾气检测，若超过时间期限，将在组合仪表中以车辆外形的符号进行提示。这两个保养项目通过操作 CID 的按钮（控制器）完成复位，该按钮位于中央扶手座上，如一个转轮形状，如图 5-11 所示。其操作步骤如下。

图 5-11　CID 控制器按钮

a. 打开点火开关至 2 挡，CID 处于初始界面。操作按钮选下“车用数据”菜单项目（或“设置”菜单项目）。

b. 旋转按钮选定“保养”，按一下按钮，进入保养菜单界面。此时可看到所有的保养项目，并以颜色进行提示：红色的代表已过期，黄色的代表即将过期，绿色的代表还未过期。

c. 旋转按钮选定“年检”项目，按一下按钮，进入该项的保养设置界面。

d. 旋转按钮选定“设置”，按一下按钮，月份和年份显示出来。

e. 旋转按钮以调整月份，按一下按钮确定，再旋转按钮以调整年份，按一下按钮确定。

年检项目设置完成。

f. 依上面步骤设置“尾气检测”保养项目。

5.6.4 E65/E66天窗初始化方法

① 宝马E65/E66轿车在下列情况要对活动天窗进行初始化。

a. 进行机械运行例如手动操作或在模块被拆下后改变了天窗位置。

b. 天窗运行时发生电源中断。

c. 更换了活动天窗模块或活动天窗框架。

d. 调整了活动天窗框架。

② 宝马E65/E66轿车要使活动天窗具有完全的功能需要进行2步初始化。

a. 标准化设置。标准化设置即活动天窗模块测得活动天窗的“升高”机械终端位置并存储。模块由此终端位置计算出其他位置。识别特性线即活动天窗模块测得要移动活动天窗所需的力并存储。

b. 初始化。将操作开关按到“升高”位置并按住，15s后活动天窗驱动装置在“升高”方向接通，并向“升高”方向运行到终端位置。此位置信息存储在模块中；驱动装置在“升高”位置停止5s，然后向“关闭”方向运行。这样就识别了“从升高处关闭”的特性线。然后驱动装置返回到“打开”的终端位置并向关闭方向运行，这样就识别了“关闭”特性线。

注意：整个过程中不能松开开关，如果松开开关必须重复该过程。防夹功能在初始化过程中失效。

5.6.5 E65、E66车窗和天窗的初始化

（1）车窗初始化设置

只要对车窗进行了维修工作等，就应该对车窗进行初始化设置，过程如下：保证蓄电池工作电压在12V以上。按下“开”按键15～25s放开，“关”上车窗并保持，初始化将开始进行直到结束。具体步骤如下。

① 将开关切换至位置“点动式打开”（第二个开关挡）上并按住。

② 在达到车窗下部终端位置时将开关按住15～25s。

③ 松开开关，并立即将开关切换至“点动式关闭”（第二个开关挡）上并按住。

④ 车窗现在先到达上部终端位置，然后到达下部终端位置，最后又重新回到上部终端位置上。

⑤ 在车窗重新达到上部终端位置之后，初始化设置完成。

说明：在各个车门的车窗升降开关上都要进行初始化设置。

（2）标准化-特性线识别

当进行标准化设置时，电动车窗升降器的机械极限位置将被识别和存储。初始化设置即标准化和特性线识别在一个操作过程中连贯进行。在标准化后直接进入特性线学习。在学习特性线时识别和存储电动车窗升降器机械关闭力以确保防夹功能正确。

发生以下情况后要对车窗进行初始化。

① 发生功能故障，如无点动自动功能、不能打开、无防夹功能或无便捷功能。

② 在更换电动车窗升降器的驱动装置或车门模块之后。

③ 在对电动车窗升降器进行机械操作之后。

警告：在初始化设置时无防夹功能！说明：更新雨刷片前先将雨刷臂放在维修模式（将雨刷臂竖起）。接通并重新断开总线端（Terminal R）将刮水器柄向上按压约3s直到雨刷臂竖起。

(3) 天窗初始化设置-标准化

① 沿"升高"方向按动开关并保持按住。

② 在活动天窗延迟启动或突然停止时，向"升高"方向按住开关。

③ 在达到升高的极限位置后仍继续按住开关约 15s。

④ 当活动天窗在升高的极限位置上还再次向上短促上压时，标准化设置才算完成。

⑤ 如果接着还要学习特性线，则继续向"升高"方向按住开关。在其他情况下可以松开开关。

(4) 特性线识别可按下列步骤手动完成

① 在进行标准化设置之后继续向"升高"方向按住开关。

② 在进行标准化设置之后，让活动天窗在升高的极限位置上停 5s，接着移向位置"关闭"。

③ 再将活动天窗移动至"开启"极限位置，并立即返回"关闭"位置。

④ 松开开关。

5.6.6 E65 恢复电话 GTI 设定方法

E65 配备的电话是 SIEMENS 公司生产的，此款电话常见的故障是电话无法接收和打出，或者用免提功能正常，但拿起无线话筒却无法接收和打出。

方法一：将无线按键或话筒（SBDH）取出，检查其电池电源，必须在 3V 以上。

方法二：有些驾驶员使用的手机 SIM 卡是老式的，此 SIM 卡所需电源为 5V，此时购买一张新的 SIM 卡即可。注意 SIM 卡插入的方向。

方法三：上述检查如无问题，检查话筒嵌入座的 WDCT 开关（必须弹出话筒才可看见）。WDCT 开关左边是 O，右边是 1，开关必须在 1 位置，如驾驶时不小心将此开关拨到 O，电话的免提功能可用，手提功能会显示接收不到 GSM 网络信号。

方法四：重新注册，无线按键式听筒（SBDH），注销和注册可通过原厂仪器 DIS 中的控制单元功能自动进行。操作程序如下。

① 从弹出盒中取出听筒。

② SBDH 的显示器上出现德文"Bitts Anmetden"（请注册）。

③ 关闭 SBDH。

④ 通过 DIS 测试仪或 MODIC 上的控制单元功能选择"HILER ANMETDEN"（听筒注册）。

⑤ 30s 内重新接通 SBDH。

⑥ SBDH 的显示器械上出现"BittsAnmetden"（请注册）。

⑦ 确认注册后输入装置代码"0000"进行注册。

⑧ 在显示器内显示"ANMETDEN"（正在进行注册，一小段时间后注册结束）。

⑨ 如果 SIM 卡已插入，则出现界面，若没有则显示"Bitte setzen sie thre kantetti"。

手工注册和注销 SBDH 操作程序如下。

① 注销 SBDH：每次注册前必须先注销 SBDH，同时按住话筒上的"1、4、7"和电源键，再按下"OK"确认键两次即可。

② 注册 SBDH：将弹出盒中的 WDCT 开关拨至位置"1"。

③ 打开点火开关至"ACC"并等待电话系统的工作准备就绪。

④ 断开总线端 K1、R（总点火开关关闭），10s 内将 WDCT 开关重新拨至"O"位。

⑤ 在 1～5s 内 WDCT 开关重新拨至"1"位。

⑥ 接下来 30s 内接通 SBDH，话筒显示器上显示"Bitts Anmetden"（请注册）。

⑦ 按下"OK"确认注册。

⑧ 输入装置代码（厂方设置：0000）按下"OK"进行确认。

⑨ 显示器上出现“Anmetden taeuft”(注册进行中)，即刻 SBDH 显示操作画面。

方法五：常见故障以上方法都可解决，如还不能正常使用，建议更换 SIM 卡插座即可。以上方法也适用于 BMW525i、530i、535i、540i 以及 E65、E66 底盘的 735/745 车型。

5.7 M 系列

E92/E93 发动机机油量查看方法：

宝马 E92/E93 发动机取消了机油尺，要查看发动机机油量的方法分为两种。

方法一：

① 连接诊断电脑。

② 选择正确底盘号。

③ 选择发动机系统。

④ 选择读数据流。

⑤ 查看发动机油量。

⑥ 正常值为 45～60mm。

方法二：

① 打开点火开关。

② 按下中控台控制按钮，见图 5-12，出现保养需求的信息菜单。

图 5-12　宝马 E93 330i 中控台按钮

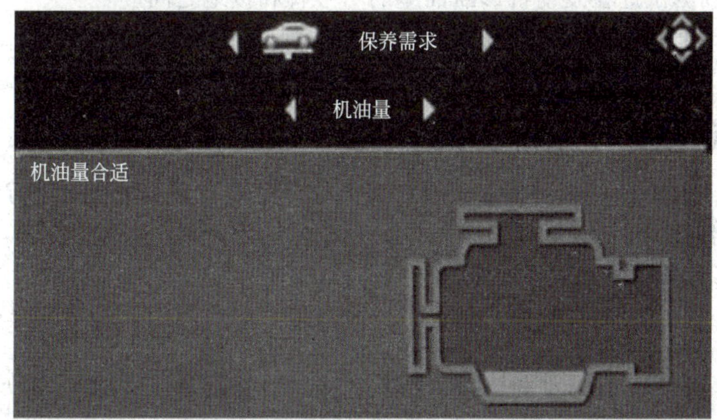

图 5-13　显示发动机机油量

③ 按钮向后拉，显示屏出现机油的字样。

④ 按钮向右旋转选择机油量。

⑤ 再按下按钮，屏幕出现如图 5-13 所示画面，提示机油量是否合适。

5.8 X 系列

5.8.1 2000～2003 款 X5 保养灯归零

(1) 机油保养指示灯

① 点火开关打开（ON)。

② 连接 LED 测试灯于发动机诊断插座的 7 号脚和接地之间。诊断插座位于左侧或右侧转向柱附近或位于发动机舱壁上。

③ 3s 后，5 个绿色发光管点亮。

④ 关闭点火开关（OFF)。

(2) 检查保养指示灯

① 点火开关打开（ON)。

② 连接 LED 测试灯于发动机诊断插座的 7 号脚和接地之间，诊断插座位于左侧或右侧转向柱附近或位于发动机舱壁上。

③ 12s 后，5 个绿色发光管点亮。

④ 关闭点火开关（OFF)。

(3) 检查保养指示灯和时钟符号

E46：保养间隔指示灯只能由专用的诊断设备归零。

E46 以外：

① 点火开关打开（ON)。

② 连接 LED 测试灯于发动机诊断插座的 7 号脚和接地之间，诊断插座位于左侧或右侧转向柱附近或位于发动机舱壁上。

③ 12s 后，5 个绿色发光管点亮。

④ 关闭点火开关（OFF)。

⑤ 等待 20s。

⑥ 点火开关打开（ON)。

⑦ 连接 LED 测试灯在发动机诊断插座的 7 号脚和接地之间。

⑧ 12s 后，5 个绿色发光管点亮。

⑨ 关闭点火开关（OFF)。

5.8.2 2000 款起 X5 保养灯归零

E46、E39、E53，这些车可通过组合仪表上的分里程表显示按钮来进行保养周期显示复位操作，具体操作步骤如下。

① 点火钥匙打到位置“0”。

② 按住分里程显示器的按钮（在组合仪表上左下侧，如图 5-14 所示)，并将点火钥匙旋转至位置“1”。

③ 继续按住按钮约 5s，直到显示“OILSERVICE”（换油保养）或“INSPEKTION”（保养检查)，待“RESET”(复位）或“RE”闪烁。

④ 在显示器闪烁时短时间按住按钮，以使保养周期复位；在显示器短暂显示新的周期

图 5-14　宝马 X5 仪表

后，转而显示制动液更换周期；在显示器上出现下列信息：时钟符号和“RESET”（复位）或“RE”闪烁。

⑤ 再次按住按钮约 5s，直到显示“RESET”（复位）或“RE”闪烁；在显示器闪烁时短暂按住按钮，以使制动液周期复位，在显示器短暂地显示了新的周期后，最后在显示器上出现约 2s 下面信息：“END SIA”。

5.9　Z 系列

宝马 Z4 保养灯归零：

接通点火开关（关闭所有车门），在仪表的左下角有一个黑色按钮，等仪表显示日期时间后按住不放，会出现一个图标，如果不是想要的，那再按 1 次就会跳过，如果是的话，就长按，等它显示“确定要复位？”时，松开再长按即可。

5.10　劳斯莱斯古思特

5.10.1　古斯特天窗初始化

初始化系统方法如下。

① 向上拉并按住开关（见图 5-15），装置初始化结束。

② 15s 内开始初始化，当车顶和滑动遮光板完全关闭后，过程结束。

③ 车顶关闭时没有防夹保护。

注意：

① 可在停车、发动机运转时初始化系统。小心有夹伤危险。

② 关闭玻璃天窗时要观察并注意关闭区域畅通无阻，否则会有受伤危险。

5.10.2　古斯特初始化胎压显示

初始化时，设置的轮胎气压会作为识别轮胎失压的参考值。通过确认充气压力开始初始化。

带雪地防滑链行驶时，不要对系统初始化。

图 5-15 天窗操作按钮

在控制显示屏上：

①“车辆信息”。

②“车辆状态”。

③ (!)INIT “确认轮胎压力”。

④ 启动发动机、不要起步行车。

⑤ 用“胎压初始化”开始初始化。

⑥ 起步行车。

初始化程序会于车辆行驶期间完成；此过程可以随时中断。

继续行驶时，初始化会自动继续进行。

5.10.3 古斯特车轮定位数据

项　　目	总前束	车轮外倾
前桥	16′±10′	−0°12′±20′
后桥	14′±10′	1°50′±20′

5.11 劳斯莱斯魅影

5.11.1 魅影胎压报警系统初始化

初始化时，设置的轮胎气压会作为识别轮胎失压的参考值。通过确认充气压力开始初始化。

带雪地防滑链行驶时，不要对系统初始化。

在控制显示屏上：

①“车辆信息”。

②“车辆状态”。

③ (!)INIT “进行重置”。

④ 启动发动机、不要起步行车。

⑤ 用“进行重置”开始初始化。

⑥ 起步行车。

初始化程序会于车辆行驶期间完成；此过程可以随时中断。

继续行驶时，初始化会自动继续进行。

5.11.2 魅影天窗初始化

初始化系统：可在车辆停止以及发动机运转时初始化系统。

注意有夹伤危险，小心操作。

关闭滑动遮光板时要观察并注意关闭区域畅通无阻，否则会有受伤危险。将开关向前推至压力作用点并按住，直到初始化结束。

- 10s 内开始初始化，并在滑动遮光板完全关闭后结束。
- 滑动遮光板是在没有防夹保护的情况下关闭的。

5.12 劳斯莱斯幻影

5.12.1 幻影车轮调整值

项目	前桥	后桥
总前束角	16′±8′	12′±10′
轴夹角	—	0′±12′
外倾角	−12′±8′	−1°30′±20′
最大左/右外倾角差	20′	30′

5.12.2 幻影初始化轮胎故障显示

轮胎漏气指示器用来在行驶过程中监视劳斯莱斯车轮胎中的充气压力。当某个轮胎充气压力明显下降时，系统就会发出警告信息。

为了使轮胎漏气指示器正确发挥作用，必须事先进行下列操作。

① 检查所有轮胎中的充气压力，与标准充气压力表进行对比，如有必要应进行校正。

② 然后选择中央显示屏上的“轮胎气压”并确认。显示屏上就会出现询问。

③ 发动机运行时（汽车停止）：选择“放置”和确认。行驶几公里之后，轮胎漏气指示器就会识别出轮胎的正确充气压力。

当某个轮胎的充气压力明显下降时，会在信息显示屏中出现相应的警告信息。

5.13 MINI

5.13.1 2008 款 MINI 保养灯归零

① 先按住仪表上按钮不放，再插入钥匙打开一挡。

② 等仪表上跳出里程，等它闪烁时放开按钮，然后再按一下按钮，完成。

5.13.2 2013 款起 MINI 车轮胎压初始化

初始化时，设置的轮胎气压会作为识别轮胎失压的参考值。通过确认充气压力开始初始化。带雪地防滑链行驶时，不要对系统初始化。

①“车辆信息”。

②“车辆状态”。

③ “确认轮胎压力”，界面如图 5-16 所示。

④ 启动发动机，但不要起步行车。

⑤ 用 “胎压初始化” 开始初始化。

⑥ 起步行车。

初始化程序会于车辆行驶期间完成；此过程可以随时中断，继续行驶时，初始化会自动继续进行。

图 5-16 胎压初始化界面

5.13.3 2013 款起 MINI 车轮定位值

项目	数据(普通底盘/运动底盘)	项目	数据(普通底盘/运动底盘)
前桥		后桥	
总前束(最小/最大)	18′±10′	总前束(最小/最大)	20′±8′/20.2′±8′
车轮外倾	−30′±30′/−36′±30′	车轮外倾	−1°45′±20′/−2°6′±20′

第6章 保时捷汽车

Chapter 6

6.1 卡　　宴

6.1.1 2009款前卡宴保养灯归零

① 点火开关打到ON位置，并立即压下调节按钮2次。

② 点火开关打到OFF位置。

③ 当点火开关打到ON位置，同时压下并保持着调节按钮。

④ 10s后，新保养间隔将出现在显示器上，并伴随发出一响声信号。

⑤ 释放调节按钮。

⑥ 点火开关OFF。

⑦ 按住仪表上的里程归零键（图6-1）不放，然后打开钥匙。

⑧ 此时仪表上显示“service rest”，按下雨刮开关上的ENTER键即可。

图6-1　卡宴仪表（一）

6.1.2 卡宴轮胎压力复位操作步骤

第一步：打开点火开关，仪表显示如图6-2所示。

第二步：按方向盘右侧组合开关上的MENU键，调出系统设置主菜单，并选择Tyre pressure（轮胎压力）按OK键，如图6-3所示。

图 6-2　卡宴仪表（二）

第三步：如图 6-4 所示，选择 Settings（设定）进入下一步骤。

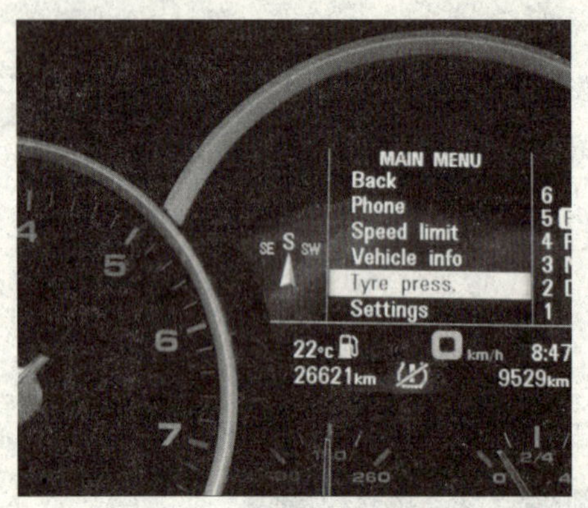

图 6-3　进入轮胎压力菜单

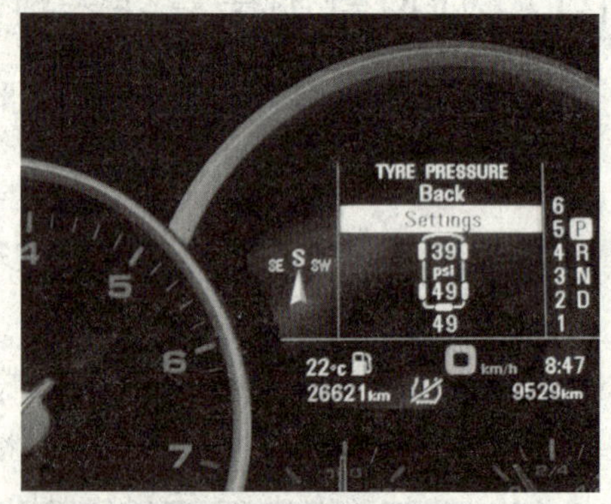

图 6-4　进入设定菜单

第四步：如图 6-5 所示，选择相应选项（Tyres-轮胎 Winter-冬季轮胎 20inch-20 英寸）进入下一步骤。

第五步：如图 6-6 所示选择 Spare wheel（备胎）进入下一步骤。

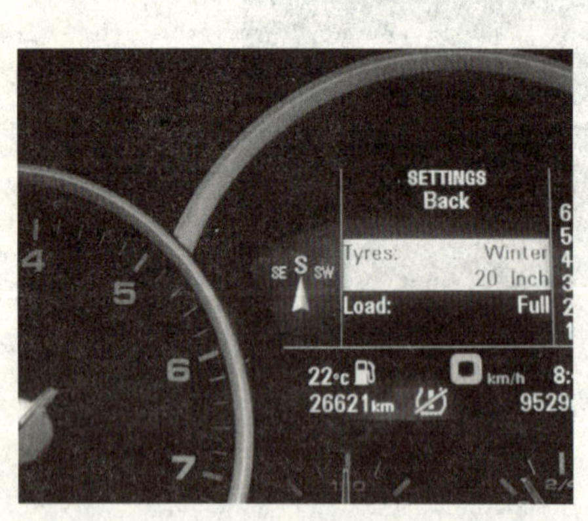

图 6-5　选择轮胎类型

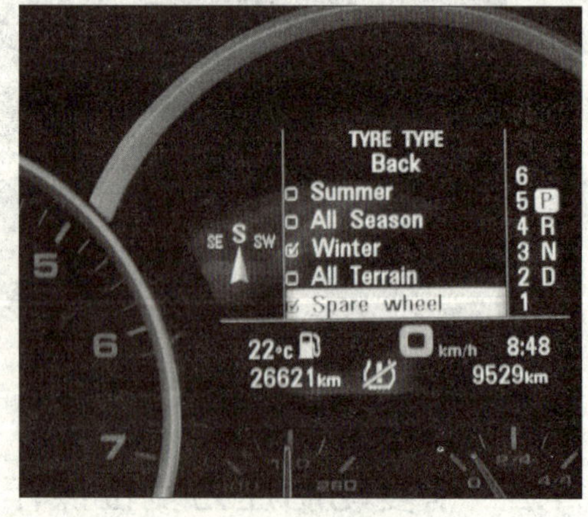

图 6-6　选择备胎菜单

第六步：选择 Sealing set（补胎设定），见图 6-7。

第七步：启动车辆，行驶数分钟，仪表出现如图 6-8 提示（是否确认补胎设定），选择

Yes，成功设定轮胎压力。

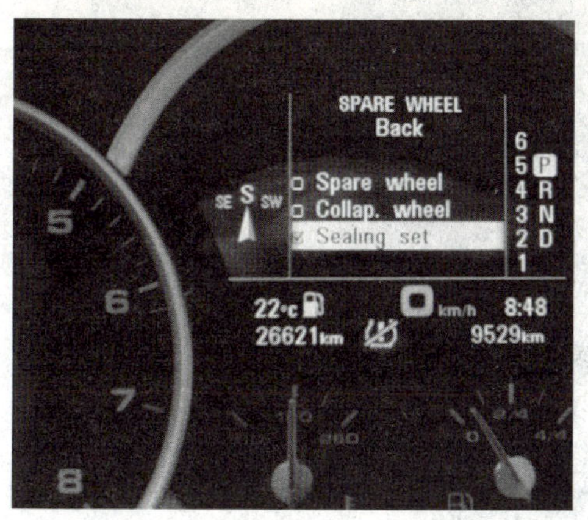

图 6-7 进入补胎设定菜单

图 6-8 轮胎压力设定提示

6.1.3 卡宴电动车窗和天窗复位方法

（1）车窗复位

如果蓄电池被断开又重新连接，门窗的最终位置记忆丢失。车窗的单触式操作功能被停用。对所有车窗执行以下操作步骤。

① 通过拨动摇杆开关将车窗完全关闭一次。

② 再次拨动摇杆开关。车窗的上极限位置已被存储。

③ 通过按动摇杆开关将车窗完全打开一次。

④ 再次按下摇杆开关。车窗的下极限位置已被存储。

（2）全景式天窗复位

车辆蓄电池断开又再次连接之后或车辆蓄电池亏电的情况下或跨接启动后，全景式天窗系统的极限位置记忆丢失。

小心：关闭全景式天窗系统时存在伤害风险。外力限制器失效，且天窗部件将以最大力量关闭。全景式天窗系统关闭时应确保不会造成人员伤害。

复位操作步骤如下。

① 关闭点火装置。

② 将旋钮转动到位置 A，如图 6-9 所示。

③ 打开点火装置。

④ 将旋钮保持在位置 A。关闭过程在大约 5s 之后开始。将旋钮保持在该位置直到遮阳卷帘和所有天窗部件均完全关闭。整个过程持续大约 20s。

操作注意事项：如果该过程中断，必须从头开始执行存储极限位置的操作。

6.1.4 卡宴设定全景天窗极限位置的方法

在未设定电动机极限位置前千万不要打开天窗总成。两个后天窗段有碰撞的危险！当超过最大的操作持续时间（>40s）时，故障代码 0409（旋转开关紧急按钮信号一直显示）会被存储在控制单元中。必须充分完成初始化，否则将无法对天窗进行带电操作。如果中断或停止初始化，整个过程都必须重复一遍。

具体操作步骤如下。

① 打开点火开关，并将旋转开关转到位置“Close roof fully”（完全关闭天窗）处。一

图 6-9　全景式天窗调节开关挡位

A—完全关闭全景式天窗系统；B—完全打开滑动式天窗部件；
C—完全打开全景式天窗系统；D—将滑动/举升式天窗部件打开到举升位置；
E—完全打开滑动/举升式天窗部件

直等到天窗停在任一位置。

② 将旋转开关保持在此位置。大约 5s 后开始执行关闭操作。一直按住旋转开关，直到关闭遮阳板和天窗。遮阳板先关闭；然后天窗总成的盖关闭，短暂打开后再度关闭。只有在松开旋转开关后，天窗总成后盖才关闭。

③ 短暂打开然后再度关闭天窗，以缓解密封件的张力。

6.1.5　新款卡宴日行灯关闭方法

现在新款的卡宴用 5054 或 VCDS 或 5053 都可以进很多地址，下面举例用 VCDS 进去。

① 进入 09。

② 选编码服务。

③ 把长编码的第一项打勾的去掉，本来编码是 F3 开头的，去掉后编码变为 F2 开头。

④ 完成，退出，日行灯马上就不亮了。

6.1.6　卡宴车系四轮定位数据

检测项目	车型数据			
	Cayenne、Cayenne S、Cayenne S Hybrid、Cayenne Turbo、Cayenne Turbo S 前桥	Cayenne、Cayenne S、Cayenne S Hybrid、Cayenne Turbo、Cayenne Turbo S 后桥	Cayenne GTS 前桥	Cayenne GTS 后桥
未压缩的前束角（每个车轮）	$5'^{+3'}_{-2'}$	10′±5′	$5'^{+3'}_{-2'}$	10′±5′
外倾角	−15′±20′	−1°20′±20′	−25′±20′	−1°20′±20′
主销后倾角	8°35′±30′	—	9°05′±30′	—
主销内倾角	11°	—	11°	—

6.2 卡　曼

6.2.1 卡曼车系制动片与制动盘检测数据

项目	Cayman	Cayman S	保时捷陶瓷复合制动系统(PCCB)
前制动盘直径	315mm	330mm	350mm
后制动盘直径	299mm	299mm	350mm
新制动盘厚度(前)	28mm	28mm	34mm
制动盘磨损限值(前)	26mm	26mm	33.7mm
新制动盘厚度(后)	20mm	20mm	28mm
制动盘磨损限值(后)	18mm	18mm	27.7mm
新制动片厚度(前)	约 12mm	约 12mm	约 12mm
制动片磨损限值(前)	2mm	2mm	2mm
新制动片厚度(后)	约 12mm	约 12mm	约 12mm
制动片磨损限值(后)	2mm	2mm	2mm

6.2.2 卡曼车系四轮定位数据

项目		车型数据		
		Cayman、Cayman S PASM±0mm	Cayman、Cayman S PASM−10mm	Cayman、Cayman S PASM−20mm
前桥	未压缩的前束角(总体)	$2'\pm5'$	$2'\pm5'$	$2'\pm5'$
	外倾角	$-30'\pm15'$	$-30'\pm15'$	$-50'\pm15'$
	主销后倾角	$8^{\circ}{}^{+30'}_{-45'}$	$8^{\circ}10'{}^{+30'}_{-45'}$	$8^{\circ}20'{}^{+30'}_{-45'}$
后桥	未压缩的前束角(每个车轮)	$8'\pm5'$	$8'\pm5'$	$8'\pm5'$
	外倾角	$-1^{\circ}30'\pm15'$	$-1^{\circ}30'\pm15'$	$-1^{\circ}40'\pm15'$

6.2.3 卡曼完全无电后的帮电启动方法

① 打开驾驶室左下保险丝盒。

② 找到红色的电源正极接触点和黄色的保险丝取出来。

③ 用保险丝夹取出红色的正极电源接触点。

④ 将正极帮电线夹钳牢固夹在接触点的铜质接触点上。

⑤ 负极帮电线夹钳牢固地夹在左前门锁扣上。

⑥ 确保帮电电瓶连接正确，将钥匙插入点火开关，当听到方向锁解锁声音，说明供电正常。

⑦ 拔下钥匙，按压遥控器前机盖解锁键，解锁前机盖。

⑧ 打开前机盖，旋开快速锁扣，取下盖板。

⑨ 除去驾驶室帮电电瓶和工具。

⑩ 给车辆电瓶帮电辅助启动发动机，确保正负板安装正确。

注意事项：确保正负板连接正确，启动车辆后，让辅助电瓶继续保持连接 2min 左右，设定摇窗机等基本功能，调整时间日期，转角传感器学习设定。

6.3 帕纳梅拉

6.3.1 2010年后卡宴、帕纳梅拉保养灯归零

① 按行驶公里数不同，保养项目也不同，原厂设计为三种提醒形式，具体如下。

a. 更换机油保养 10000km、365 天归零。

b. 中间保养 30000km、730 天归零。

c. 主保养 60000km、1460 天归零。

按原厂要求保养后，需用专业归零设备对其保养项目做归零复位。

② 调取保养功能菜单方法如下。

a. 通过方向盘确认/上下翻页键的操作，调出仪表信息中心菜单，如图 6-10 所示。

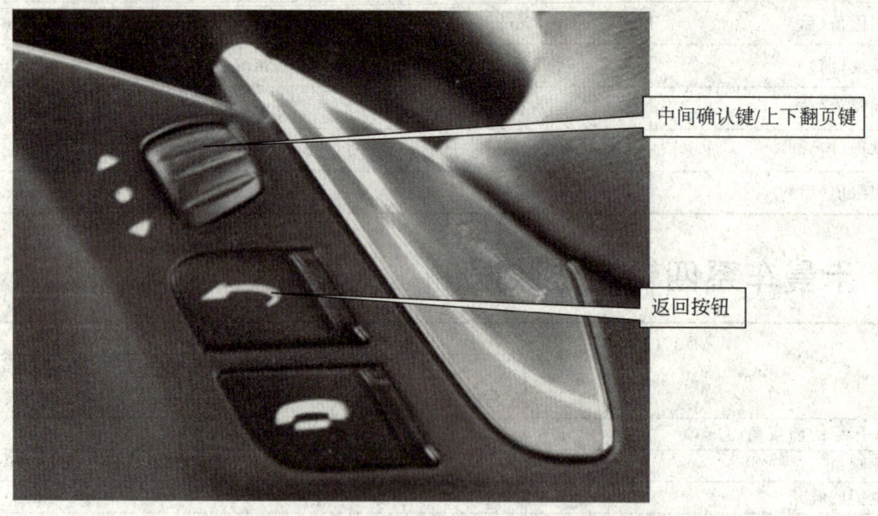

图 6-10 保时捷卡宴方向盘右侧功能按钮

b. 通过确认/上下翻页键调到“车辆、信息”，如图 6-11 所示。

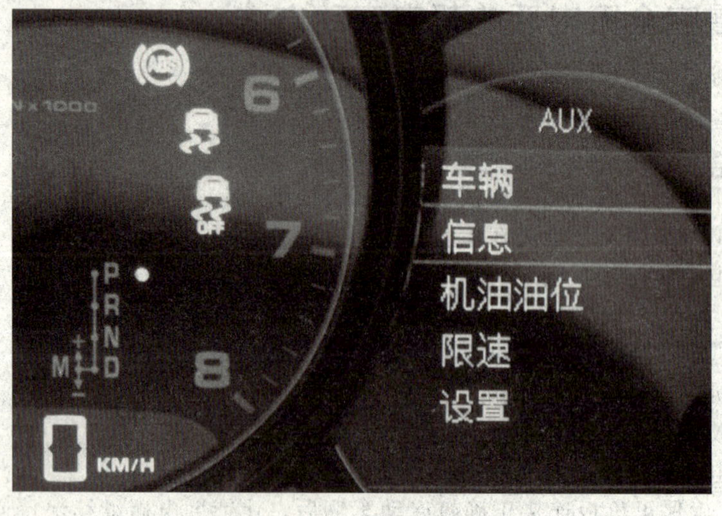

图 6-11 卡宴车辆信息菜单页面

c. 通过确认/上下翻页键在“信息”菜单调到“保养周期”，如图 6-12 所示。

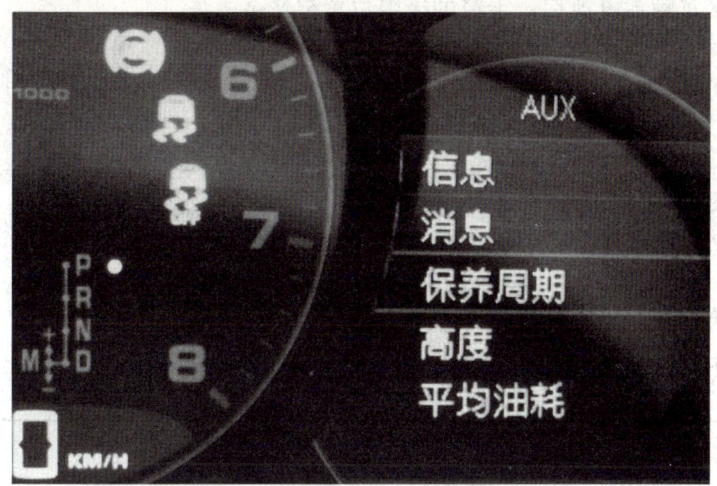

图 6-12 卡宴保养周期菜单

d. 通过确认/上下翻页键即可看到三种类型保养的具体千米数和时间，如图 6-13 所示。

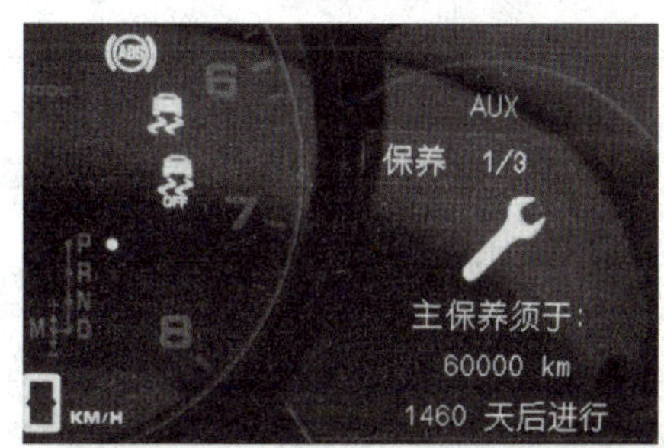

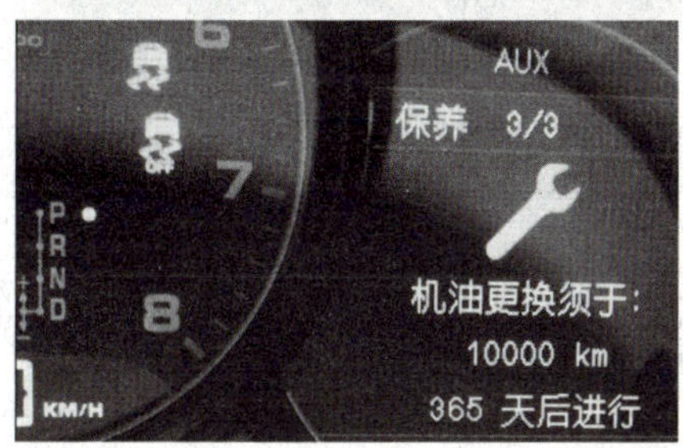

图 6-13 卡宴三种保养类型菜单

6.3.2 帕纳梅拉电动车窗和天窗复位操作

(1) 电动车窗复位

如果蓄电池被断开又重新连接，车窗的极限位置会丢失。车窗的单触式操作功能被停用。对所有车窗执行以下操作步骤可以恢复车窗功能。

① 通过拉动跷板开关将车窗完全关闭一次。

② 如果车窗完全关闭，再次短暂拉动跷板开关。

③ 通过按动跷板开关将车窗完全打开一次。

(2) 电动天窗复位

如果车辆蓄电池没电或进行了跨接启动、紧急操作或更换了可倾斜/滑动式天窗的保险丝，则断开/连接车辆蓄电池后，天窗的极限位置记忆会丢失。

① 打开点火装置。

② 沿关闭方向向前按下按钮并保持在该位置。约 10s 后，开始存储极限位置。按住按钮，直到天窗完全停止移动。此程序最多需花费 20s。

注意事项：

① 如果在天窗完全停止移动之前松开按钮，则应再次启动存储过程。

② 天窗复位时，天窗以最大闭合力关闭。关闭可倾斜/滑动式天窗时应确保不会造成人员受伤（遭到挤压或碰撞）。

③ 做以上操作时，车辆必须静止。

6.3.3 帕纳梅拉车系制动片与制动盘检修数据

标准制动系统	车型数据	
	Panamera、Panamera 4、Panamera S Executive、Panamera 4S Executive、Panamera S E-Hybrid	Panamera GTS、Panamera Turbo Executive
前制动盘直径	360mm	390mm
后制动盘直径	330mm	350mm
新制动盘厚度(前)	36mm	38mm
制动盘磨损限值(前)	34mm	36mm
新制动盘厚度(后)	28mm	28mm
制动盘磨损限值(后)	26mm	26mm
新制动片厚度(前)	约 16. 8mm	约 16. 8mm
制动片磨损限值(前)	9. 72mm	9. 72mm
新制动片厚度(后)	约 15. 8mm	约 15. 8mm
制动片磨损限值(后)	8. 88mm	8. 88mm
保时捷陶瓷复合制动系统(PCCB)	Panamera、Panamera 4、Panamera S Executive、Panamera 4S Executive、Panamera S E-Hybrid	Panamera GTS、Panamera Turbo Executive
前制动盘直径	390mm	410mm
后制动盘直径	350mm	350mm
新制动盘厚度(前)	38mm	38mm
制动盘磨损限值(前)	37. 75mm	37. 75mm
新制动盘厚度(后)	28mm	28mm
制动盘磨损限值(后)	27. 7mm	27. 7mm
新制动片厚度(前)	约 15. 8mm	约 15. 8mm
制动片磨损限值(前)	9. 9mm	9. 9mm
新制动片厚度(后)	约 16. 53mm	约 16. 53mm
制动片磨损限值(后)	8. 23mm	8. 23mm

6.3.4 帕纳梅拉车系四轮定位数据

项目	数　据			
	Panamera、Panamera 4、Panamera S Executive、Panamera 4S Executive、Panamera S E-Hybrid、Panamera Turbo Executive		Panamera GTS	
	前桥	后桥	前桥	后桥
未压缩的束角(总体)	15′±5′	—	15′±5′	—
未压缩的束角(每个车轮)	—	5′±5′	—	5′±5′
外倾角	−20′±15′	−1°30′±15′	−32′±15′	−1°48′±15′
主销后倾角	7°05′±30′	—	7°05′±30′	—
主销内倾角	11°13′	—	11°13′	—

6.4 Boxster

6.4.1 Boxster 车系四轮定位数据

检测项目		车型数据	
		Boxster、Boxster S PASM±0mm	Boxster、Boxster S PASM−10mm
前桥	未压缩的束角(总体)	2′±5′	2′±5′
	外倾角	−30′±15′	−30′±15′
	主销后倾角	8°±30′	8°10′±30′
后桥	未压缩的束角(每个车轮)	8′±5′	8′±5′
	外倾角	−1°30′±15′	−1°30′±15′

6.4.2 Boxster 车系制动片与制动盘检测数据

检测项目	Boxster	Boxster S	保时捷陶瓷复合制动系统(PCCB)
前制动盘直径	315mm	330mm	350mm
后制动盘直径	299mm	299mm	350mm
新制动盘厚度(前)	28mm	28mm	34mm
前制动盘磨损限值	26mm	26mm	33.7mm
新制动盘厚度(后)	20mm	20mm	28mm
后制动盘磨损限值	18mm	18mm	27.7mm
新制动片厚度(前)	约 12mm	约 12mm	约 12mm
前制动片磨损限值	2mm	2mm	2mm
新制动片厚度(后)	约 12mm	约 12mm	约 12mm
后制动片磨损限值	2mm	2mm	2mm

6.5 911

6.5.1 911 轮胎气压系统学习

更换车轮、车轮发射器或更新轮胎设置后，轮胎气压监控系统开始“学习”车轮。在此过程中，轮胎气压监控系统识别轮胎及其安装位置。行车电脑显示信息“TPC inactive-system learning”（TPC 未激活-系统学习中）。

轮胎气压监控系统需要一段时间来学习车轮。

在这期间，行车电脑不提供当前轮胎气压。

• 行车电脑中的 Tyre pressure（轮胎气压）功能显示为直线。

• 冷态下（20°C）的轮胎需要的气压在 Tyre pressure（轮胎气压）菜单中的 Info pressure（气压信息）显示中指示。

• 车辆自身车轮已被识别且轮胎气压警示灯熄灭后，轮胎气压警告立即出现，不显示轮胎气压和安装位置信息。

轮胎气压监控系统将识别出的车轮分配给正确的车轮安装位置后，立即显示位置和气压监控信息。

车轮学习程序只在车辆行驶时进行。

手动检查所有车轮的轮胎气压并将轮胎气压校正到需要的气压值。

6.5.2 911 车系行李厢盖的紧急解锁方法

如果蓄电池已放完电，只能借用救援蓄电池的帮助开启行李厢盖。

解锁行李厢盖步骤如下。

① 用车匙从车门锁解锁车辆。

② 从左侧保险丝盒上取下塑料护盖。

③ 如图 6-14 所示用塑料夹钳 A（黄色）拔出保险丝盒中的正极端子 C（红色）。

④ 用红色跨接导线将救援蓄电池的正极端子接至保险丝盒中的正极端子 C。如果车辆本来处于锁止状态，连接负极导线时报警喇叭将会响起。

⑤ 如图 6-15 所示，用黑色跨接导线将救援蓄电池的负极端子接至车门止动器 D。

图 6-14 用塑料夹拔出正极端子

A—塑料夹持器（黄色）；

C—正极端子（红色）

图 6-15 连接蓄电池黑色跨接线

⑥ 按下遥控器上的按钮约 2s，解锁行李厢盖。防盗警报系统被关闭。

⑦ 首先断开负极导线，然后再断开正极导线。

⑧ 将正极端子 C 推入保险丝盒中，并装上保险丝盒盖。

6.5.3 997系Carrera型制动片保养检测数据

名称	类型	尺寸	磨损极限
前衬块厚度	Carrera	约12mm	约2mm
	Carrera S	约12mm	约2mm
后衬块厚度	Carrera	约10.5mm	约2mm
	Carrera S	约12mm	约2mm
新制动盘厚度(前)	Carrera	28mm	26mm
	Carrera S	34mm	32mm
新制动盘厚度(后)	Carrera	24mm	22mm
	Carrera S	28mm	26mm

6.5.4 911车型四轮定位数据

检测项目		车型数据	
		911 Turbo Coupe、911 Turbo Cabriolet	911 Turbo S Coupe、911 Turbo S Cabriolet
前桥	未压缩的束角(总体)	5′±5′	5′±5′
	外倾角	−50′±15′	−35′±15′
	主销后倾角	8°10′±30′	8°10′±30′
后桥	未压缩的束角(每个车轮)	10′±5′	10′±5′
	外倾角	−1°45′±15′	−1°45′±15′

6.5.5 911车系制动片和制动盘检测参数

检测项目	标准制动系统	保时捷陶瓷复合制动系统(PCCB)
前制动盘直径	380mm	410mm
后制动盘直径	380mm	390mm
新制动盘厚度(前)	34mm	36mm
制动盘磨损限值(前)	32mm	—
新制动盘厚度(后)	30mm	32mm
制动盘磨损限值(后)	28mm	—
新制动片厚度(前)	约12mm	约12mm
制动片磨损限值(前)	2mm	2mm
新制动片厚度(后)	约12mm	约12mm
制动片磨损限值(后)	2mm	2mm

第7章 Chapter 7

标致汽车

7.1 207

7.1.1 2013款起207保养灯归零

每次保养完成后，保养指示灯必须归零。请按照以下步骤将保养指示灯归零。

① 关闭点火开关。

② 按住单次里程表归零按钮，如图7-1所示。

③ 打开点火开关，里程显示屏将开始倒计数。

④ 显示屏显示"=0"时，松开按钮，保养"扳手"指示灯熄灭。

图7-1 207保养归零操作按钮

7.1.2 2013款起207遥控器初始化

① 关闭点火开关。

② 再接通点火开关。

③ 立即按下按钮A（见图7-2）并保持数秒钟。

④ 关闭点火开关并从防盗点火锁上取下遥控钥匙。遥控器初始化完成。

7.1.3 2013款起207电动天窗初始化

在进行过断开蓄电池的操作后，或天窗功能异常时，需要对系统进行初始化。

① 按住按钮A（见图7-3）直到最大倾斜位置，然后再次按下按钮A直到完全开启后，继续保持按住按钮5s。

② 按住按钮B直到最大倾斜位置，然后再次按下按钮直到完全关闭。

7.1.4 2013款起207车轮定位与动平衡数据

（1）车轮定位

图 7-2 207 遥控器钥匙

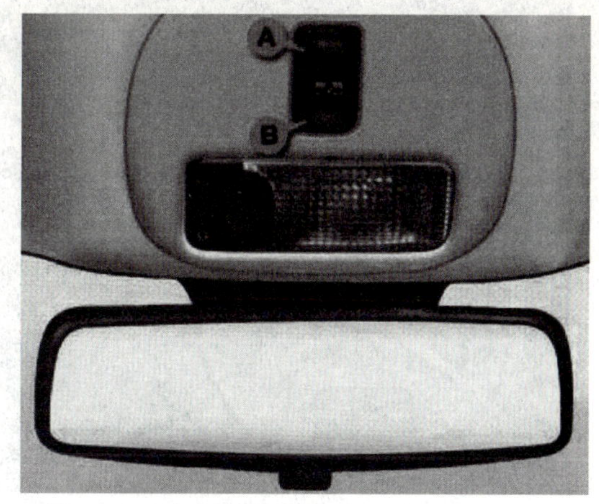

图 7-3 207 电动天窗操作按钮

项目		数据	
		两厢	三厢
前轮	车轮外倾角	0.1°±0.5°	
	主销内倾角	9.3°±0.5°	
	主销后倾角	3.1°±0.5°(185/65 R14);3.2°±0.5°(185/60 R15)	
	前束	(0±1)mm	(−1.5±1)mm
后轮	车轮外倾角	−1.5°±0.5°	
	前束	(3.3±1)mm	(5.3±1)mm

注：车轮定位参数为车辆装载 4 个 68kg 乘员加上 28kg 行李状态下的数值。

（2）动平衡数据

轮辋的静平衡和动平衡	轮辋尺寸/in	14	15
	静不平衡量/g·cm	450	500
	内侧动不平衡量/(g/边)	15	15
	外侧动不平衡量/(g/边)	25	25
车轮总成动平衡		≤10g/边	
平衡块要求		卡式不超过 50g,粘贴式不超过 80g	

7.2 307

7.2.1 2013 款起 307 保养灯归零

① 在每次定期保养做完之后，按以下步骤进行保养指示灯归零操作。

a. 关闭点火开关。

b. 按下组合仪表上的单次计程表归零按钮，并使按钮保持被按下的状态。

c. 打开点火开关。

d. 里程表显示屏开始倒计数。当显示屏显示“0000.0”时，松开按钮，此时组合仪表上显示屏中表示保养操作的扳手指示灯应熄灭。

注意：此操作完成后，如果要断开蓄电池，必须将车辆上锁并至少等待 5min，否则归零不会被控制单元记录下来。

② 单次计程表（日里程表）归零：接通点火开关，按住组合仪表上的单次计程表归零按钮直到所显示的里程数为零。按钮位置如图 7-4 所示。

图 7-4　东风标致 307 仪表

7.2.2　2013 款起 307 遥控器初始化

断开车辆蓄电池、更换遥控器电池后或遥控器发生故障时，应该对遥控器进行初始化。

① 关闭点火开关。

② 再接通点火开关。

③ 立即按下遥控器上锁车按钮几秒钟。

④ 关闭点火开关并从点火开关上取下遥控钥匙。

遥控器初始化完成。

7.2.3　2013 款起 307 电动车窗初始化

重新连接蓄电池后或电动车窗出现故障时，应进行电动车窗初始化。

① 首先保持上拨开关直到车窗完全关闭。

② 车窗完全关闭后继续保持开关上拨位置大约 1s。

③ 在车窗降到底以后，按住开关 1s 以上。

在上述操作过程中，防夹功能不起作用。

7.2.4　2013 款起 307 电动天窗防夹初始化

在重新接上蓄电池后，若防夹功能出现故障，需将防夹功能初始化。

① 将操纵旋钮置于倾斜开启最大位置（右边第三个挡位）。

② 等待天窗打开至最大倾斜程度。

③ 按住操纵旋钮至少 1s。

天窗关闭过程中，若发生意外打开（例如结冰），需等待天窗停止后，再排除意外情况。请按如下步骤操作。

① 把旋钮转到“0”位置同时立即按下。

② 将旋钮按住直至天窗完全关闭。

进行这些操作的过程中，安全防夹功能不起作用。

7.2.5　2013 款起 307 车轮定位数据

（1）车轮定位

项目		数据	项目		数据
前轮	车轮外倾角	0°±0.5°	前轮	前束	(−2.5±1)mm
	主销内倾角	11.7°±0.5°	后轮	车轮外倾角	−1.7°±0.5°
	主销后倾角	5.3°±0.5°		前束	(6±1)mm

注：车轮定位参数为车辆装载 4 个 68kg 乘员加上 28kg 行李状态下的数值。

（2）动平衡数据

项目		数据
轮辋的静平衡和动平衡	静不平衡量/g·cm	500
	内侧动不平衡量/(g/边)	15
	外侧动不平衡量/(g/边)	25
平衡块总重要求		卡式不超过 50g，粘贴式不超过 80g
车轮总成动平衡		≤10g/边

7.3　308

7.3.1　2014 款起 308 保养归零

每次保养之后，指示器必须归零。

请按照以下程序操作。

① 关闭点火开关。

② 按住“/000”按键，见图 7-5。

③ 接通点火开关，里程表开始倒计数。

④ 当中央显示屏上显示“=0”的时候，松开按键；显示屏上的扳手符号消失。

图 7-5　308 归零按钮

归零操作完成后，如果需要断开蓄电池，请先将车门锁止并等待 5min，归零操作生效后再断开蓄电池。

7.3.2　2014 款起 308 遥控器初始化

断开蓄电池、更换遥控器电池或者遥控器出现故障的时候，将无法用遥控器解锁、锁止和定位汽车。

但可以用钥匙锁止或解锁汽车。出现以上情况时，应该初始化遥控器。

遥控器初始化步骤如下。

① 关闭点火开关。

② 将钥匙转到 2 挡位置（接通）。

③ 同时按下锁止键，持续几秒钟。

④ 关闭点火开关，拔出点火钥匙。

遥控器初始化完成。

7.3.3 2014 款起 308 驾驶员一触式电动车窗初始化

重新连接蓄电池或发生故障后，必须重新初始化电动车窗。

① 上拨开关，直到车窗完全关闭。

② 车窗关闭之后，开关保持状态大约 1s。

③ 按下开关，车窗下降到底。

④ 车窗到达底部之后，再次按下开关，持续大约 1s。

在上述操作的过程中，防夹功能不起作用。

7.3.4 2014 款起 308 天窗防夹初始化

断开蓄电池或发生故障后，需要重新初始化防夹功能。

在天窗完全关闭时：

① 按住开关 B（可参见图 7-3），直至天窗完全倾斜开启。

② 按住开关 B 至少 10s。

③ 松开开关 B；6s 之内再次持续按住开关 B。

④ 4s 之后，天窗按如下顺序运动：

关闭→平行→开启→关闭。

⑤ 天窗停止运动后松开按键。

操作过程中，防夹功能不起作用。

7.3.5 2014 款起 308 车轮动平衡

项目		参数
轮辋的静平衡和动平衡	静不平衡量/g·cm	550
	内侧动不平衡量/(g/边)	15
	外侧动不平衡量/(g/边)	25
车轮总成动平衡		≤10g/边
平衡块总重要求		卡式≤50g，粘贴式≤80g

7.4 408

7.4.1 2013 款起 408 保养归零

每次保养之后，指示器必须归零。请按照以下程序操作。

① 关闭点火开关。

② 按住“CHECK（🔧/000）”按键，见图 7-6。接通点火开关。中央显示屏开始倒计数，当中央显示屏上显示“=0”的时候，松开按键；小显示屏上的扳手符号消失。

归零操作完成后，如果要断开蓄电池，请先将车辆上锁并等待 5min，归零操作生效后

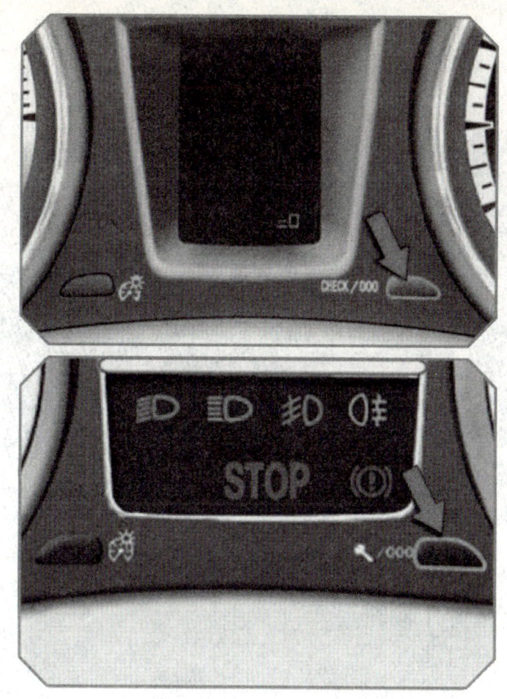

图 7-6　408 仪表盘归零按钮

再断开蓄电池。

7.4.2　2013 款起 408 行程归零

当需要归零行程数据显示时，按住端部控制按钮（见图 7-7）超过 2s。

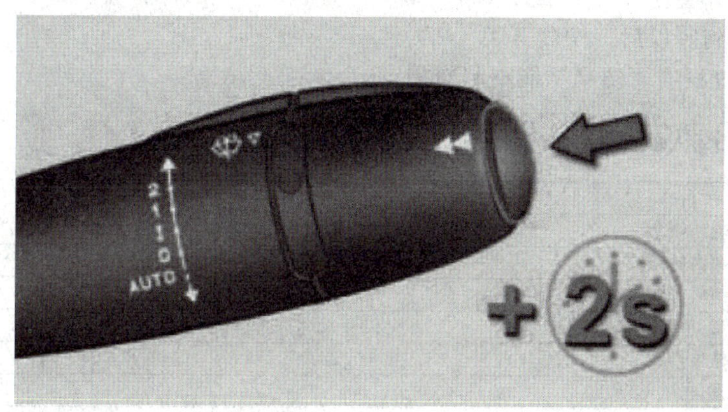

图 7-7　408 行程归零按钮

行程“1”和“2”是相互独立的，可以单独使用。可分别用于日行程计算和月行程计算。

7.4.3　2013 款起 408 遥控器初始化

断开蓄电池、更换遥控器电池或者遥控器出现故障的时候，将无法用遥控器解锁、锁止和定位汽车。

但可以用钥匙锁止或解锁汽车。出现以上情况时，应该初始化遥控器。

遥控器初始化步骤如下。

① 关闭点火开关。

② 旋转钥匙到接通位置，如图 7-8 所示。

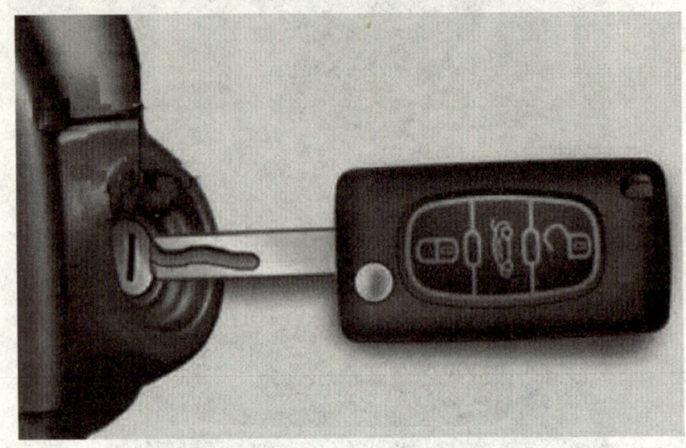

图 7-8　408 点火开关位置示意图

③ 立即按下锁止按键保持几秒钟。

④ 关闭点火开关，拔出钥匙。

遥控器初始化完成。

7.4.4　2013 款起 408 电动车窗初始化

重新连接蓄电池后或电动车窗出现故障时，应进行电动车窗初始化。

① 首先保持上拨开关直到车窗完全关闭。

② 车窗完全关闭后继续保持开关上拨位置大约 1s。

③ 然后按住开关使车窗下降。

④ 在车窗降到底以后，按住开关 1s 以上。

在上述操作过程中，防夹功能不起作用。

7.4.5　2013 款起 408 四轮定位数据

项目		数据
前轮	车轮外倾角	左－0.2°(＋0.6°/－0.4°)右－0.2°(＋0.4°/－0.6°)
	主销内倾角	左 12.7°(＋0.4°/－0.6°)右 12.7°(＋0.6°/－0.4°)
	主销后倾角	5.1°(＋0.5°/－0.5°)
	前束	(－2.5±1)mm
后轮	车轮外倾角	－1.8°(＋0.5°/－0.5°)
	前束	(5.9±1)mm

注：车轮定位参数为车辆装载 4 个 68kg 乘员加上 28kg 行李状态下的数值。

7.4.6　408 保养灯归零

每次保养之后，指示器必须归零。请按照以下程序操作。

① 关闭点火开关。

② 按住“CHECK/000”按键，如图 7-9 所示。

③ 接通点火开关，中央显示屏开始倒计数。

④ 当中央显示屏上显示“＝0”的时候，松开按键；小显示屏上的扳手符号消失。

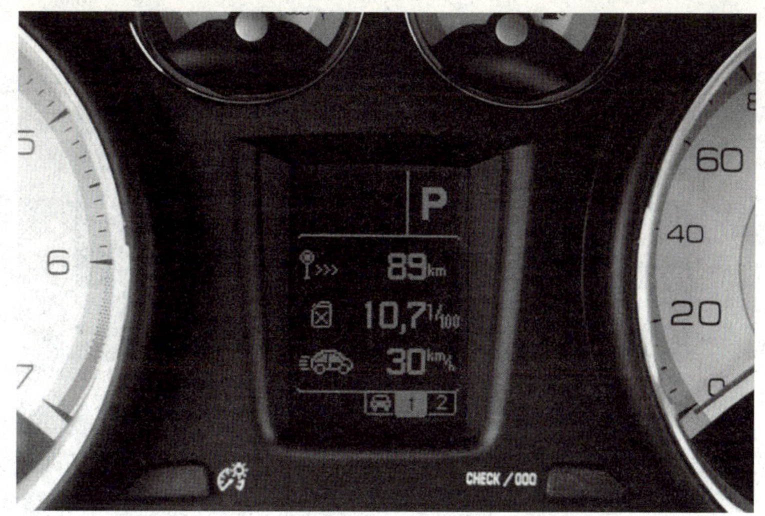

图 7-9　CHECK/000 查看保养信息以及归零按钮

7.4.7　408 电动车窗和天窗初始化

（1）电动车窗初始化

重新连接蓄电池后或电动车窗出现故障时，应进行电动车窗初始化。

① 首先保持上拨开关直到车窗完全关闭。

② 车窗完全关闭后继续保持开关上拨位置大约 1s。

③ 然后按住开关使车窗下降。

④ 在车窗降到底以后，按住开关 1s 以上。

（2）电动天窗初始化

在重新接上蓄电池后，若防夹功能出现故障，需将防夹功能初始化。

① 将操纵旋钮置于倾斜开启最大位置（右边第三个挡位）。

② 等待天窗打开至最大倾斜位置。

③ 按住操纵旋钮至少 1s。

操作过程中，防夹功能不起作用。

7.4.8　408 节气门初始化

电子节气门清洗后需要进行初始化学习，这里用 DiagBox6.15 初始化节气门。详细步骤如下。

① 先接好诊断仪，接通车辆电源（不点火），如图 7-10 所示。

② 打开 DiagBox6.15，选标致→408。

③ 电脑读取车辆 VIN 信息，连车通信成功。

④ 选择 DiagBox→“维修”。

⑤ 电脑自动进行全局测试。

⑥ 从全局测试电控单元表单中，选择第二项：喷射装置/点火开关，MM6LPB。

⑦ 继续进入下级列表，选择 MM6KP→MM6KP RFJ（408 2.0EW10A）。

⑧ 进入下一步，有 4 个选项。直接选“读取并清除故障码”，如发现故障，先清除干净，然后再读取，直到未发现故障。

⑨ 按屏幕左下角“返回”按钮。

图 7-10　诊断器与车辆连接

⑩ 返回前面 4 个选项，选择“维修包维修”→“自适应初始化”，进入“自适应初始化”。

诊断器屏幕提示：在下列操作之后自适应数值被初始化。

• 下载至发动机 ECU。

• 更换上游或下游氧传感器、电动节气门或喷射器或油门踏板传感器或汽缸参考传感器。

• 发动机管理 ECU 的更换。

强制要求：必须满足下列条件。

• 发动机切勿在持续 10min 内启动。

• 发动机必须处于冷态。

• 空调必须设置为关闭。

• 将诊断设备连接至电源。

如果操作流程没有正确执行：将不能检测失火，车况也会受到影响。

⑪ 诊断电脑提示：关闭车辆电源，等待 60s。

⑫ 诊断电脑提示：打开点火开关并等待 15s。

⑬ 在 15s 后，选择右下角“对勾”确认。

⑭ 诊断电脑提示，进入空气部分编程：启动发动机并让其以怠速运行，关闭所有电气设备、空调，直到冷却风扇接通。

⑮ 诊断器显示提示，燃烧点火不良现象诊断编程：当风扇总成接通后，等待它停止，然后将发动机转速提高到 5000r/min，松开油门踏板，允许发动机返回怠速，初始化完成。

⑯ 怠速运行到风扇开始运作，短暂运作后，风扇停下来。

⑰ 按照先前的指令：挂空挡，踩油门，慢慢将转速提高到 5000r/min。

⑱ 5000r/min 运行数秒后，松开油门，转速落到怠速直到稳定。

⑲ 初始化完成。

7.5　508

7.5.1　2013 款起 508 保养归零

每次保养后，保养指示器必须归零。

请按以下程序操作。

① 关闭点火开关。

② 按住“000”按键，如图7-11所示。

图7-11 508保养归零按钮

③ 接通点火开关，里程表开始倒计数。

当显示屏显示“初始化已完成”时，松开按键，扳手符号消失。

该操作结束后，如果需要断开蓄电池，请先锁止车辆并等待5min，归零操作生效后再断开蓄电池。

7.5.2 2013款起508行程归零

当显示需要的行程信息时，将雨刮组合开关末端按键按住2s以上，或按住方向盘左侧滚轮进行归零。

行程“1”和“2”是相互独立的，可单独使用。

例如：行程“1”可计算每日行程，行程“2”可计算每月行程。又如：行驶距离达到9999公里时，需手动清零。否则其他里程电脑数据将不再计算。

7.5.3 2013款起508遥控器初始化

断开蓄电池后、更换遥控器电池或遥控器故障时，将无法用遥控器解锁、锁止或定位车辆。此时：

首先，使用钥匙解锁或锁止车门。

然后，初始化遥控器。

如果问题依然存在，请尽快联系东风标致特约服务商。

初始化遥控器步骤如下。

① 接通点火开关。

② 马上按下遥控器上的锁止按键，持续几秒钟。

③ 关闭点火开关。

遥控器初始化完成。重新初始化电子钥匙。

① 按下STAR/STOP键。

② 马上按下电子钥匙上的锁止键，持续几秒钟。

③ 再次按下STAR/STOP键。

电子钥匙初始化完成。

7.5.4 2013款起508电动车窗初始化

每次重新连接蓄电池后，必须初始化防夹功能。

以上操作过程中，防夹功能不起作用。

将车窗玻璃完全降下，随后升起，每拨动一次开关，玻璃上升几厘米，重复操作直至玻璃完全关闭。

车窗玻璃到达关闭位置后，持续拉住开关至少1s。

7.5.5 2013款起508天窗初始化

重新连接蓄电池或天窗运动过程中出现故障时，需要初始化天窗。

① 将旋钮转至完全倾斜开启位置。

② 等待天窗完全开启。

③ 立即按下旋钮，持续3s以上。

天窗关闭过程中，若意外打开，天窗停止运动后，应立即进行以下操作。

① 将旋钮转到完全关闭位置。

② 立即按下旋钮。

③ 长按旋钮直至天窗完全关闭。

进行这些操作时，防夹功能不起作用。

7.5.6 2013款起508车轮定位数据

项目		参数	
前轮	车轮外倾角	左−0.4°±0.5°	右−0.7°±0.5°
	主销内倾角	左14.7°±0.5°	右15.3°±0.5°
	主销后倾角	3.8°±0.5°	
	前束	(1±1)mm	
后轮	车轮外倾角	−1.88°±0.5°	
	前束	(5.5±1)mm	

注：车轮定位参数为车辆装载4个68kg乘员加上28kg行李状态下的数值。

7.5.7 508里程指示器归零

(1) 里程数归零

按“CHECK”按键，保养信息显示几秒钟，随后消失。显示屏A区域显示总里程数，B区域显示单次里程数，如图7-12所示。

持续按“000”键几秒钟，单次里程数归零，如图7-13所示。

(2) 行程归零

当显示需要的行程信息时，将雨刮组合开关末端按键按住2s以上，或按住方向盘左侧滚轮进行归零，如图7-14所示。行程“1”和“2”是相互独立的，可单独使用。

例如：行程“1”可计算每日行程，行程“2”可计算每月行程。行驶距离达到9999公里时，需手动清零。否则其他里程电脑数据将不再计算。

7.5.8 508驾驶员座椅迎宾功能激活设置

508的3级车有驾驶员座椅迎宾功能：关闭点火开关，打开驾驶员侧车门，驾驶员座椅自动后移，方便驾驶员下车。下一次打开驾驶员侧车门，接通点火开关，驾驶员座椅自动前移至记忆位置。

图 7-12　总里程与分里程

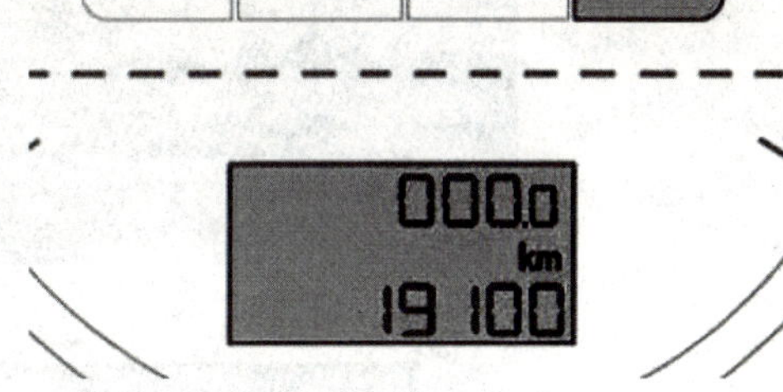

图 7-13　分里程归零操作

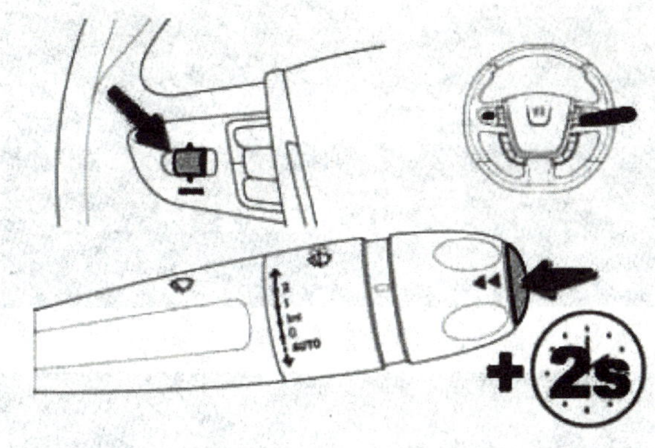

图 7-14　行程归零操作

此功能在出厂时设置为关闭。

注意：驾驶员座椅移动时，应注意避免有人或物体阻碍座椅的移动。

激活的具体步骤如下。

① 打开点火开关（按下启动按钮），如车辆已经进入经济模式，启动发动机解除经济模式，见图 7-15。

图 7-15　解除经济模式

② 按下如图 7-16 所示的方向盘上 CONFIG 配置按钮，进入组合仪表显示屏上的菜单。

③ 进入主菜单，选择“车辆参数”，见图 7-17。

④ 如果在“车门解锁方式”菜单里有“驾驶员舒适功能”和“仅行李厢解锁”两项，勾选“驾驶员舒适功能”，选 OK 确认（如图 7-18 所示），驾驶员座椅迎宾功能激活。

如果在“车门解锁方式”菜单里只有一项“仅行李厢解锁”，见图 7-19，则需用 DiagBox 诊断仪进行配置。

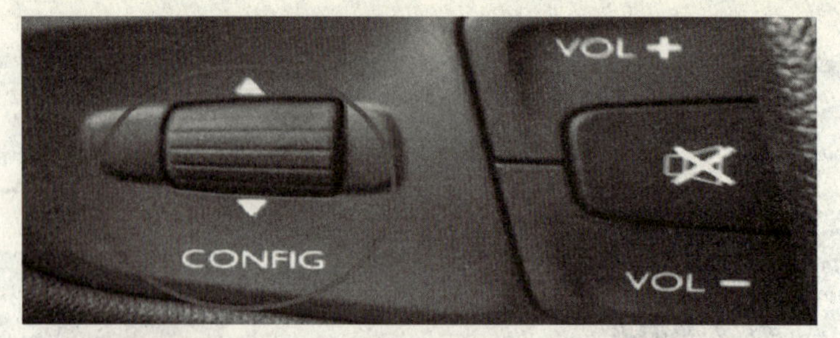

图 7-16　按配置按钮进入菜单

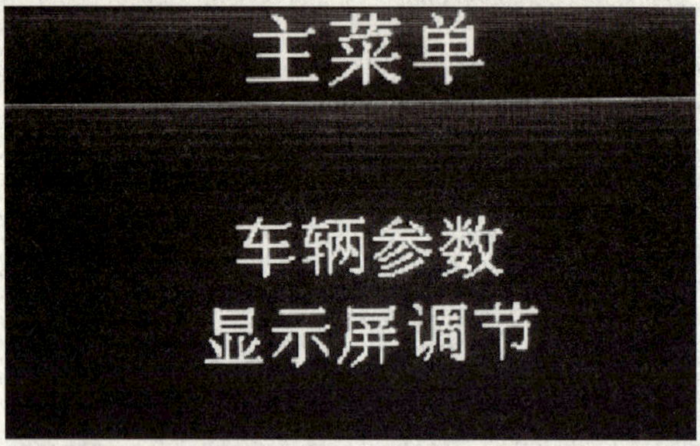

主菜单

车辆参数

显示屏调节

图 7-17　进主菜单选择车辆参数

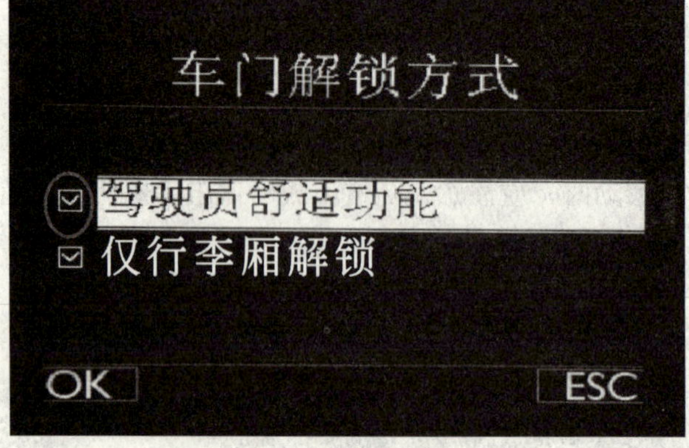

图 7-18　勾选驾驶员舒适功能

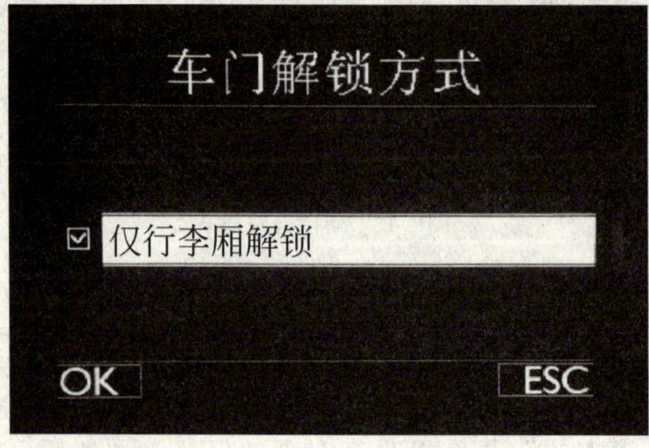

图 7-19　只有“仅行李厢解锁”的菜单

7.6 2008

7.6.1 2014款起2008保养归零

每次保养后，保养指示器必须归零。请按以下程序操作。

① 关闭点火开关。

② 按住调节按钮，见图7-20。

③ 接通点火开关，里程表开始倒计数。

当显示屏显示“=0”时，松开按键，扳手符号消失。

图7-20 2008仪表设置按钮

7.6.2 2014款起2008里程归零

操作方法与508车型相同，内容请参考本章7.5.7小节。

7.6.3 2014款起2008初始化遥控器

断开蓄电池后、更换遥控器电池或遥控器故障时，将无法用遥控器解锁、锁止或定位车辆。此时：

首先，使用钥匙解锁或锁止车门。然后，初始化遥控器。

初始化遥控器步骤如下。

① 接通点火开关。

② 马上按下遥控器上的锁止按键，持续几秒钟。

③ 关闭点火开关。

遥控器初始化完成。遥控器所有功能被激活。

7.6.4 2014款起2008更换电子钥匙电池后初始化

重新初始化电子钥匙步骤如下。

① 按下START/STOP键。

② 马上按下电子钥匙上的锁止键，持续几秒钟。

③ 再次按下START/STOP键。

电子钥匙初始化完成。

7.6.5 2014 款起 2008 左前电动车窗初始化

每次重新连接蓄电池后，必须初始化防夹功能。

① 将车窗玻璃完全降下，随后升起，每拨动一次开关，玻璃上升几厘米，重复操作直至玻璃完全关闭。

② 车窗玻璃到达关闭位置后，持续拉住开关至少 1s。

7.6.6 2014 款起 2008 车轮定位数据

项目		数据
前轮	车轮外倾角	−1.24°±0.5°
	主销内倾角	11.7°±0.5°
	主销后倾角	4.5°±0.5°
	前束	(1±1)mm
后轮	车轮外倾角	−1.84°±0.5°
	前束	(4.2±1)mm

注：车轮定位参数为车辆装载 4 个 68kg 乘员加上 28kg 行李状态下的数值。

7.6.7 2014 款起 2008 车轮动平衡数据

项目		参数	
轮辋的静平衡和动平衡	轮辋尺寸/in	15	16
	静不平衡量/g・cm	500	550
	内侧动不平衡量/(g/边)	15	15
	外侧动不平衡量/(g/边)	25	25
车轮总成动平衡		≤10g/边	
平衡块要求		卡式不超过 50g,粘贴式不超过 80g	

7.7 3008

7.7.1 2014 款起 3008 保养归零

每次保养后，保养指示器必须归零。请按以下程序操作。

① 关闭点火开关。

② 按住单次里程表归零按键，见图 7-21。

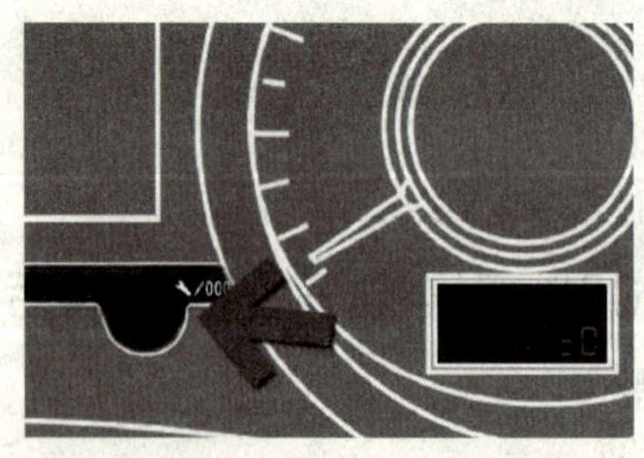

图 7-21 3008 里程表归零按钮

③ 接通点火开关，里程表开始倒计数。

当显示屏显示“=0”时，松开按键，扳手符号消失。

该操作结束后，如果需要断开蓄电池，请先锁止车辆并等待5min，归零操作生效后再断开蓄电池。

7.7.2 2014款起3008行程归零

操作方法与508车型一样，内容请参考本章7.5.7小节。

7.7.3 2014款起3008遥控器初始化

断开蓄电池、更换遥控器电池或遥控器出现故障的时候，将无法使用遥控器解锁、锁止和定位车辆。此时：

首先，用钥匙锁止或解锁车门。

然后，初始化遥控器。

如果故障依然存在，请尽快联系东风标致授权销售服务商。

初始化步骤如下。

① 关闭点火开关。

② 将钥匙转到2挡位置（接通电源）。

③ 同时按下锁止键，持续几秒钟。

关闭点火开关，拔出点火钥匙。遥控器初始化完成。

7.7.4 2014款起3008全景天窗初始化

断开蓄电池或发生故障后，需要初始化防夹功能。

（1）全景天窗

① 向前按下A（见图7-22）使全景天窗处于完全关闭的状态，然后松开按键。

② 随后保持向前按下A不超过阻力点，10s后天窗将反弹一小段距离。

③ 松开按键，天窗将保持在关闭位置。

④ 6s内再次向前按下A不超过阻力点并保持，4s后天窗会完全打开，随后返回至完全关闭状态。

（2）全景天窗遮阳帘

① 按下B（见图7-23）使全景天窗遮阳帘处于完全关闭状态，然后松开按键。

② 随后保持按下B不超过阻力点，10s后全景天窗遮阳帘将反弹一小段距离。

③ 松开按键，全景天窗遮阳帘将保持在关闭位置。

④ 6s内再次按下B不超过阻力点并保持，4s后全景天窗遮阳帘会完全打开，随后返回至完全关闭状态。

注意：在初始化的过程中，全景天窗及全景天窗遮阳帘防夹功能不起作用。

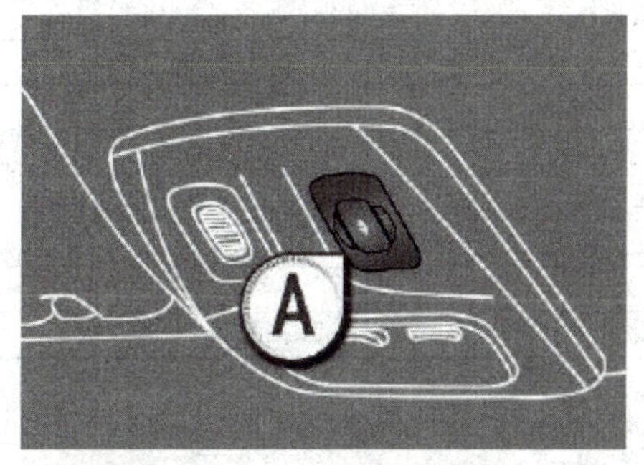

图7-22 前阅读灯处的开关A

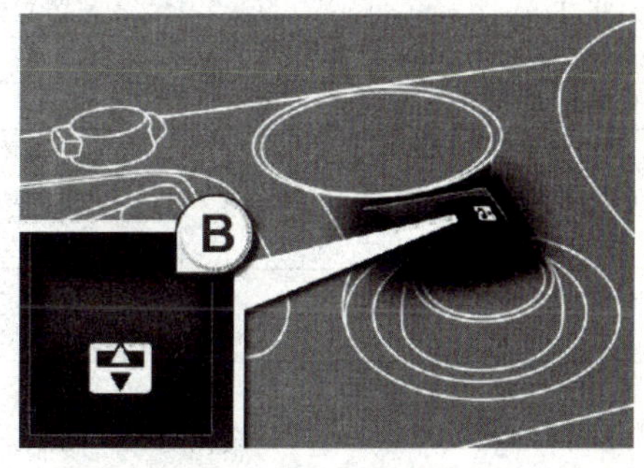

图7-23 中央扶手处按键B

(3) 普通天窗初始化

① 按下 A（见图 7-24）直至天窗完全倾斜开启。

图 7-24 开关 A 位置

② 按住 A 保持至少 1s。

操作过程中，防夹功能不起作用。

7.7.5 2014 款起 3008 智能导航系统初始化

关闭点火开关，关闭车门，用遥控器锁定车辆，等候 3min 以后再解锁车辆，打开点火开关，智能导航系统会重新启动。

当智能导航系统出现异常时，请按住 CD 弹出按钮 5s 以上，强制系统重新启动。

7.7.6 2014 款起 3008 车轮定位数据

项目		参数
前轮	车轮外倾角/(°)	左轮：−0.24(+0.6/−0.4) 右轮：−0.24(+0.4/−0.6)
	主销内倾角/(°)	左轮：12.7(+0.4/−0.6) 右轮：12.7(+0.6/−0.4)
	主销后倾角/(°)	4.9±0.5
	前束/mm	−2.5±1
后轮	车轮外倾角/(°)	−1.84±0.5
	前束/mm	6.5±1.2

7.7.7 2014 款起 3008 车轮信息

项目	主胎	备胎
轮胎规格	225/50 R17	215/60 R16
轮辋	铝轮辋	钢轮辋
前胎气压/bar	2.2(空载)/2.3(满载)	—
后胎气压/bar	2.1(空载)/2.6(满载)	—
备胎气压/bar	—	2.6
防滑链规格	9mm	—
轮辋的静平衡和动平衡	静不平衡量/g·cm	600
	内侧动不平衡量/(g/边)	15
	外侧动不平衡量/(g/边)	25
车轮总成动平衡		≤10g/边
平衡块总重要求		卡式≤50g，粘贴式≤80g

第8章 Chapter 08

雪铁龙汽车

8.1 C2

8.1.1 2013款起C2保养归零

由服务站在每次完成保养后实施这一项工作。如果自己进行保养，也可以按以下程序归零。

① 关闭点火开关。

② 持续按下按键1，见图8-1。

图8-1 C2归零按钮

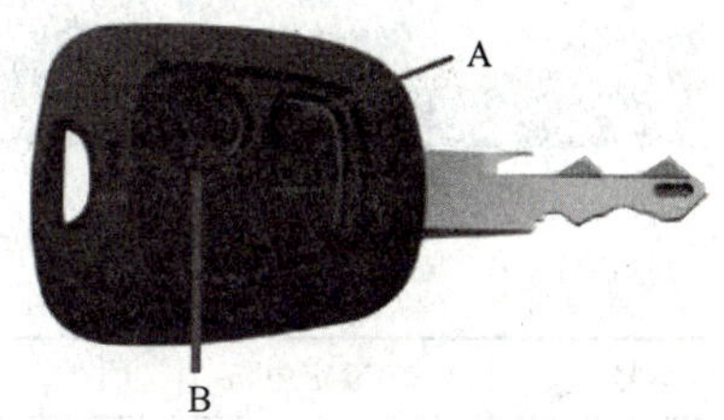

图8-2 C2遥控器钥匙

③ 打开点火开关。

④ 持续按下按键1，直到里程数显示为“=0”，保养“扳手”消失。

⑤ 关闭点火开关。

8.1.2 2013款起C2遥控器初始化

换好电池后，需要对遥控器初始化。

方法是：打开点火开关，然后马上持续按控制按钮A（见图8-2）约10s，即可重新激活遥控器。

注意：遥控器钥匙含电子防盗启动功能。连续3次开闭遥控器，遥控器功能会自动进入休眠，约30s之后恢复正常。

8.1.3 2013款起C2天窗初始化

在功能紊乱、意外断电或蓄电池电缆脱开又重新接上的情况下，天窗需要重新初始化。

天窗初始化的方法如下。

① 接通点火开关，持续按压键B，位置见图8-3，玻璃移动至完全倾斜通风位置，运动停止；放开按键后再持续按压键B，玻璃移动至最大打开位置，运动停止。

图 8-3　C2 天窗操作按钮

② 当天窗移动最大打开位置后再持续按住键 B，保持 5s。

③ 持续按压键 A，玻璃向关闭方向移动，玻璃移动至完全倾斜通风位置，运动停止。

放开按键后再持续按压键 A，玻璃将会移动至完全关闭位置，初始化即完成。

注意：天窗内的电动机运行超过规定的极限时间会自动进入热保护，当到达规定的冷却时间后，恢复正常功能，不需要重新初始化。

8.1.4　2013 款起 C2 保险丝信息

C2 保险丝信息见图 8-4、图 8-5。

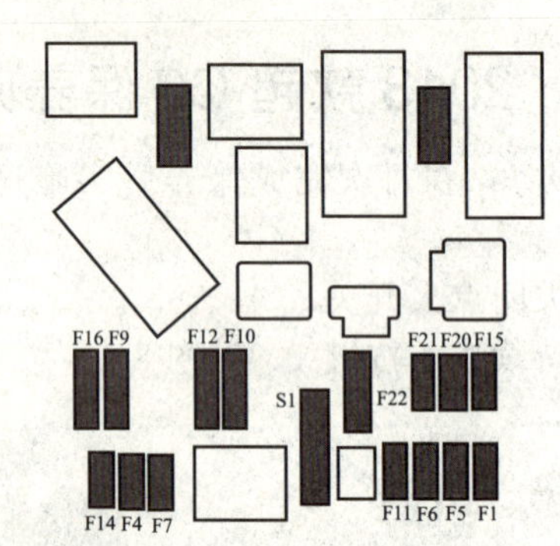

图 8-4　C2 仪表板下保险丝盒

编　　号	额定电流	功　　能
F1	15A	警报器
F4	20A	行李厢照明-汽车音响
F5	15A	自动变速器诊断
F6	10A	冷却液液面-自动变速器-汽车音响
F7	15A	驾校附件-售后安装报警装置
F9	30A	后电动玻璃升降器
F10	40A	后风窗玻璃除霜器
F11	15A	后刮水器
F12	30A	前电动玻璃升降器-天窗
F14	10A	发动机伺服盒-气囊
F15	15A	组合仪表-空调-汽车音响
F16	30A	车门锁止/解锁开关
F20	10A	右制动灯
F21	15A	左制动灯-第 3 制动灯
F22	20A	车内前顶灯-杂物箱照明-点烟器
S1	分路保险丝	仓库位置短接片

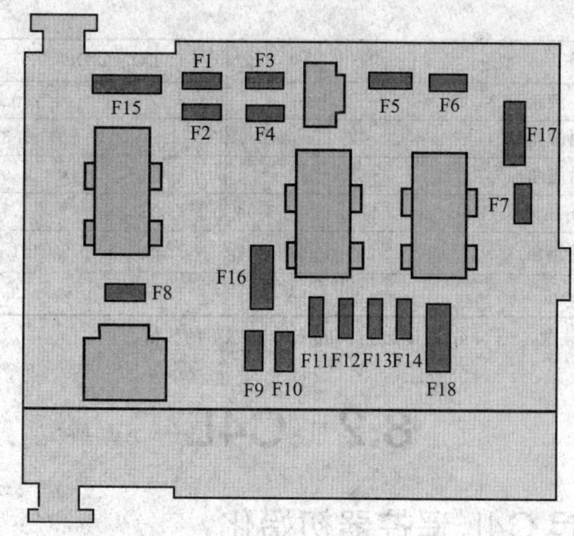

图 8-5　C2 发动机舱保险丝盒

编号	额定电流	功　能
F1	10A	倒挡灯开关
F2	15A	炭罐电磁阀-燃油泵
F3	10A	ABS 电控单元
F4	10A	BVA 电控单元-发动机电控单元
F5	—	未用
F6	15A	前雾灯
F7	—	未用
F8	20A	冷却风扇继电器-发动机电控单元-发动机控制电磁阀
F9	15A	左近光灯
F10	15A	右近光灯
F11	10A	左近光灯
F12	15A	右近光灯
F13	15A	喇叭
F14	10A	前后风窗玻璃清洗泵
F15	30A	氧传感器-发动机电控单元-点火线圈-发动机控制电磁阀
F16	—	未用
F17	30A	刮水器(高速/低速)
F18	40A	空调鼓风机

8.1.5　2013 款起 C2 轮胎信息与定位数据

（1）车轮信息

轮胎类型	行驶轮胎		备用轮胎
轮胎型号	185/65 R15	185/65 R14	185/65 R14
轮辋材料	15in 钢轮辋	14in 钢轮辋	14in 钢轮辋
前胎气压/bar	2.3(空载)/2.3(满载)		3.0
后胎气压/bar	2.3(空载)/3.0(满载)		

（2）动平衡数据

轮辋的静平衡和动平衡	轮辋尺寸/in	14	15
	静不平衡量/g·cm	450	500
	内侧动不平衡/(g/边)	15	15
	外侧动不平衡/(g/边)	25	25
车轮总成动平衡		≤10g/边	
平衡块要求		卡式不超过 50g，粘贴式不超过 80g	

(3) 定位数据

车　　型		DC7148DB	DC7168DB
前轮	车轮外倾角/(°)	0±0.5	
	车轮内倾角/(°)	9.3±0.5	
	主销后倾角/(°)	2.9±0.5	
	前束/mm	−1.5±1	
后轮	车轮外倾角/(°)	−1.5±0.5	
	前束/mm	3.3±1	

注：车轮定位参数为车辆装载4个68kg乘员加上28kg行李状态下的数值。

8.2 C4L

8.2.1 2014款起C4L遥控器初始化

如果蓄电池电缆断开过、遥控器电池电量不足或遥控器出现故障，则可能无法解锁、锁止或搜索车辆。

- 使用钥匙在锁芯上解锁或锁止车辆。
- 重新初始化遥控器。

如仍存在问题，请迅速联系服务站。

初始化步骤如下。

① 盖上盖板并卡好。

② 关闭点火开关。

③ 将钥匙转至“M”位置（点火开关）。

④ 立刻长按“闭锁”符号部位5s。

⑤ 关闭点火开关，拔出钥匙。

遥控器所有功能被激活。

8.2.2 2014款起C4L车窗初始化

蓄电池断开后或功能不良时，应该重新初始化车门玻璃的防夹功能。

① 用控制键使玻璃完全下降，然后上升，只是上升几厘米。

② 重新按控制键，直到完全关闭。

8.2.3 2014款起C4L天窗初始化

在蓄电池电缆断开后或出现故障时，需要初始化防夹功能。

在天窗完全关闭时：

① 按下键B（见图8-6）直到天窗位于完全翘起位置时松手。

② 再长按键B至少10s，直到天窗玻璃出现小摆动，再松开。

③ 6s之内再次按下键B，并持续按住。

④ 4s之后，天窗按如下顺序进行：

关闭→滑动打开→关闭，最终停止在关闭位置。

⑤ 松开按键，初始化自学习完成。

注意：在这些操作过程中，完全防夹功能不发挥作用。

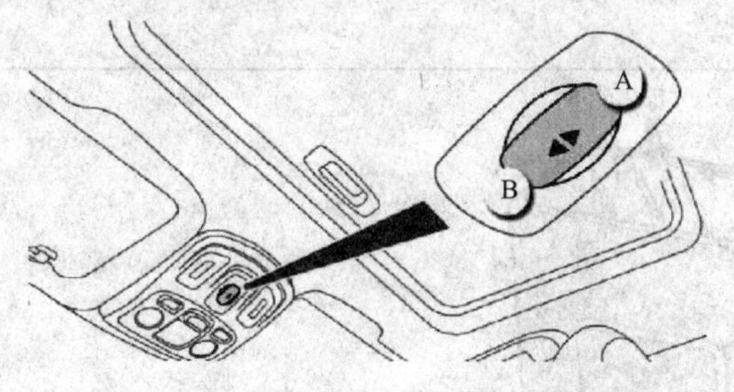

图 8-6　C4L 天窗操作按钮

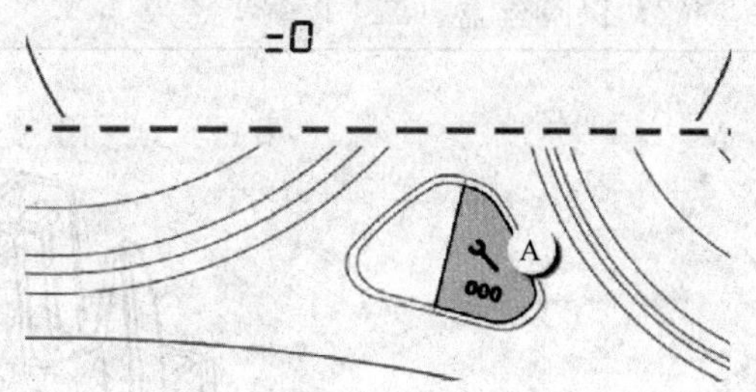

图 8-7　C4L 里程表归零按钮

8.2.4　2014 款起 C4L 保养归零

每次保养后，保养指示器必须归零。

请按以下程序操作。

① 关闭点火开关。

② 按住日里程表归零按键 A，见图 8-7。

③ 打开点火开关，里程表开始倒计数。

④ 当显示屏显示“=0”并且扳手符号消失时，松开按键。

在提示保养信息期间不能做这项操作。

该操作结束后如果需要断开蓄电池，请先锁止车辆并等待至少 5min，归零操作先生效后再断开蓄电池。

8.2.5　2014 款起 C4L 保险丝信息

仪表台中的保险丝见图 8-8。

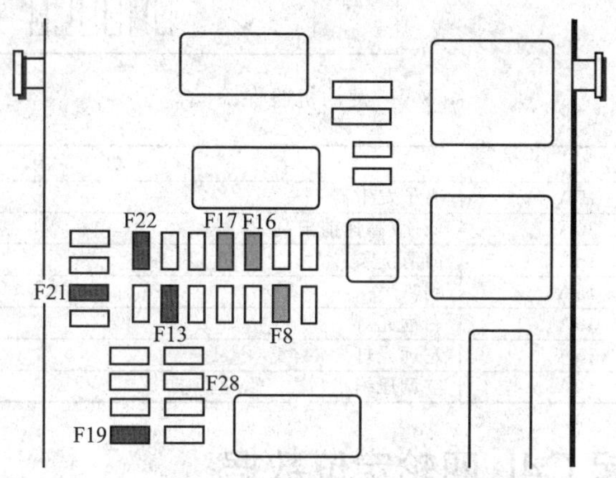

图 8-8　仪表台中的保险丝盒

（1）保险丝盒（一）

编　　号	容　　量	功　　能
F8	3A	报警器警笛、报警器电控单元
F13	10A	点烟器
F16	3A	后阅读灯、杂物箱照明灯
F17	3A	遮阳板照明灯、前阅读灯
F19	5A	组合仪表
F21	10A	自动空调系统电控单元
F22	5A	后驻车辅助
F28	15A	音响

（2）保险丝盒（二）

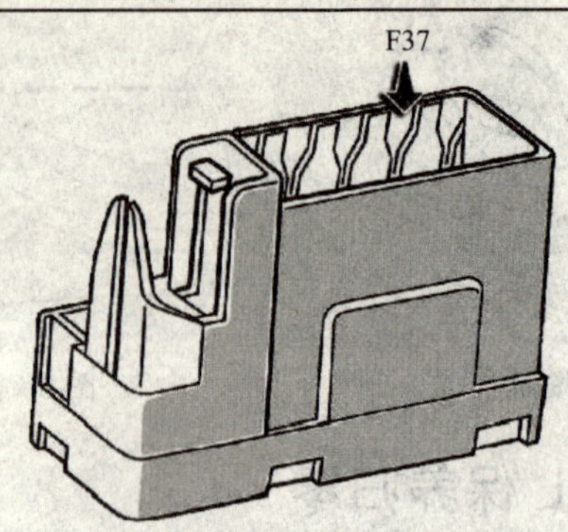

编　　号	容　　量	功　　能
F37	3A	灯光调节器、外后视镜调节

发动机舱中的保险丝见图 8-9。

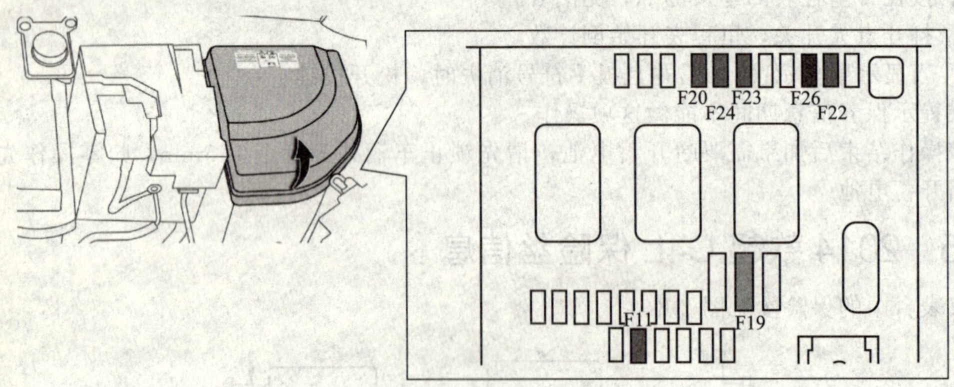

图 8-9　发动机舱保险丝盒

编　　号	容　　量	功　　能
F11	15A	离子发生器
F19	30A	低速/高速前雨刮
F20	15A	前清洗泵
F22	15A	喇叭
F23	15A	右远光灯
F24	15A	左远光灯
F26	10A	空调压缩机

8.2.6　2014 款起 C4L 四轮定位数据

项　　目		数　　据
前轮	车轮外倾角	左：－0.3°(＋0.6°/－0.4°)　右：－0.3°(＋0.4°/－0.6°)
	主销内倾角	左：13.0°(＋0.4°/－0.6°)　右：13.0°(＋0.6°/－0.4°)
	主销后倾角	5.2°(＋0.5°/－0.5°)
	前束/mm	－2.5±1
后轮	车轮外倾角	－1.7°±0.5°
	前束/mm	6.5±1
最大爬坡度(满载)/(°)		30
制动踏板自由行程/mm		5.4
制动盘最大允许磨损量/mm		2

8.2.7 2014 款起 C4L 车轮参数

<table>
<tr><th>轮胎类型</th><th>行驶轮胎</th><th>备用轮胎</th><th>行驶轮胎</th><th>备用轮胎</th></tr>
<tr><td>轮胎型号</td><td>215/55 R16</td><td>195/65 R15</td><td>215/50 R17</td><td>215/55 R16</td></tr>
<tr><td>轮辋规格</td><td>7J×16 铝轮辋</td><td>6J×15 钢轮辋</td><td>7.5J×17 铝轮辋</td><td>7J×16 钢轮辋</td></tr>
<tr><td>前胎气压/bar</td><td>2.2(空载)/2.2(满载)</td><td>—</td><td>2.4(空载)/2.4(满载)</td><td>—</td></tr>
<tr><td>后胎气压/bar</td><td>2.2(空载)/2.6(满载)</td><td>—</td><td>2.1(空载)/2.5(满载)</td><td>—</td></tr>
<tr><td>备胎气压/bar</td><td>—</td><td>3.0</td><td>—</td><td>3.0</td></tr>
<tr><td>静不平衡量/g·cm</td><td colspan="2">550</td><td colspan="2">600</td></tr>
<tr><td>内侧动不平衡量/(g/边)</td><td colspan="2">15</td><td colspan="2"></td></tr>
<tr><td>外侧动不平衡量/(g/边)</td><td colspan="2">25</td><td colspan="2"></td></tr>
<tr><td>车轮总成动平衡</td><td>≤10g/边</td><td>—</td><td colspan="2"></td></tr>
<tr><td>平衡块要求</td><td colspan="4">卡式≤50g,粘贴式≤80g</td></tr>
<tr><td>防滑链规格/mm</td><td colspan="2">12</td><td colspan="2">—</td></tr>
</table>

8.2.8 C4L 电动车窗与天窗初始化

(1) 车窗初始化

蓄电池断开后或功能不良时，需要重新初始化车门玻璃的防夹功能。

① 用控制键使玻璃完全下降，然后上升，只是上升几厘米。

② 重新按控制键，直到完全关闭。

(2) 天窗初始化

在蓄电池断开后或出现故障时，需要初始化防夹功能。在天窗完全关闭时：

① 按控制键 B（如图 8-10 所示）直到天窗位于完全翘起位置时松手。

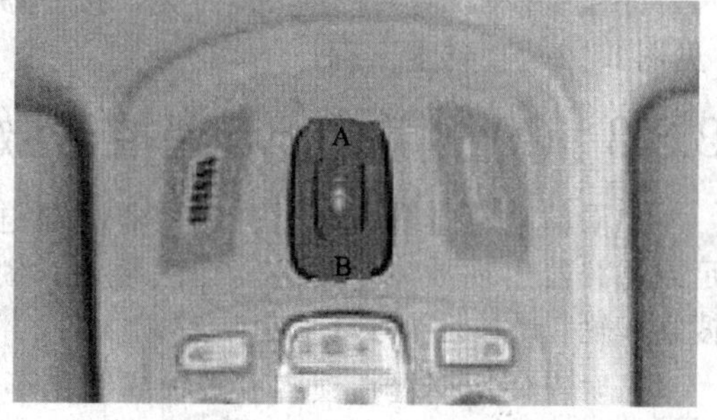

图 8-10 控制键 B 位置

② 再长按控制键 B 至少 10s，直到天空玻璃出现一个小摆动，再松开按钮 B。

③ 6s 之内再次按下按键 B，并持续按住。

④ 4s 之后，天窗按如下顺序运行：关闭→滑动打开→关闭，最终停止在关闭位置。

⑤ 松开按键。

8.3 C5

8.3.1 2013 款起 C5 保养归零

每次保养后，保养指示器必须归零。请按如下程序进行归零操作。

① 关闭点火开关。

② 持续按下里程表归零按钮，见图 8-11。

③ 打开点火开关，里程表显示开始倒计数。

当显示出现“=0”时，放开按钮，“扳手”熄灭。

操作完成后，等待至少 5min，以保证归零设置完全储存。

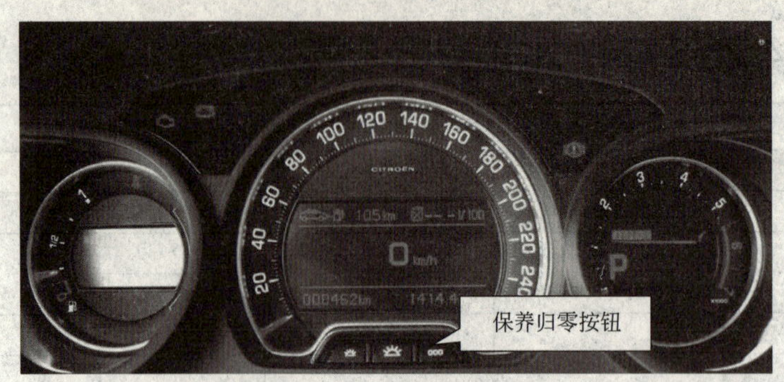

图 8-11 保养归零按钮

8.3.2 2013 款起 C5 里程归零

当关闭点火开关，打开驾驶门或给汽车开锁、上锁时，仪表盘上显示总里程 A 与计程里程 B（图 8-12），显示时间 30s。

显示驾驶员最后一次将计数装置归零后的行车里程数，该行驶里程显示数值最大为 1999.9 公里，之后自动归零从头开始计数。

计程里程归零：打开点火开关，按下按钮 E（见图 8-12）直到零出现。

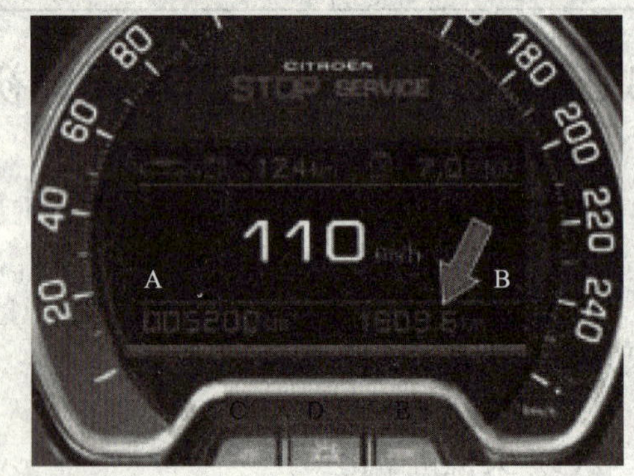

图 8-12 C5 里程表显示

8.3.3 2013 款起 C5 遥控器激活

如果蓄电池电缆断开过、遥控器电池电量不足或遥控器出现故障，则可能无法解锁、锁止或搜索车辆。

这时应使用钥匙在锁芯上解锁或锁止车辆；重新初始化遥控器。

如仍存在问题，请迅速联系服务站。

初始化步骤如下。

① 关闭点火开关。

② 将钥匙转至“M”位置（点火开关）。

③ 立刻长按“闭锁”符号部位十几秒钟。

④ 关闭点火开关，拔出钥匙。遥控器所有功能被激活。

8.3.4 2013 款起 C5 电动车窗初始化

车门玻璃上升过程中，如果遇到障碍，车门玻璃会自动停止上升，随即下降。

如车门玻璃无法自动完全关闭，则必须对此操作进行初始化。

初始化方法如下。

① 拉控制键直到车门玻璃停止上升运动。

② 放开控制键然后再次拉住控制键直到车门玻璃完全关闭。

③ 车门玻璃关闭之后继续拉住控制键不放约 1s。

④ 按下控制键使车门玻璃下降到最低位置。

⑤ 当车门玻璃到达最低位置后，再次按住控制键不放约 1s。

在这些操作过程中，安全防夹功能不发挥作用。

8.3.5 2013款起C5电动天窗初始化

初始化和天窗自学习介绍如下。

在蓄电池电缆断开后或出现故障时，需要初始化防夹功能。

在天窗完全关闭时：

① 按控制键B（见图8-10）直到天窗位于完全翘起位置时松手。

② 长按控制键B至少10s，直到天窗玻璃出现一个小摆动，再松开按键B。

③ 6s之内再次按下键B，并持续按住。

④ 4s之后，天窗按如下顺序运行：

翘起关闭 → 滑动开启 → 滑动关闭，最终停止在关闭位置。

⑤ 松开按键，动作完成，初始化和自学习成功。

在这些操作过程中，安全防夹功能不发挥作用。

如在天窗关闭过程中有人或物体被夹住，则必须进行反向操作。

8.3.6 2013款起C5车轮数据

（1）车轮定位

项　　目		数　　据	
前轮	车轮外倾角	左：0.4°±0.5°	右：−0.7°±0.5°
	主销内倾角	左：15.6°±0.5°	右：15.9±0.5°
	主销外倾角	4.3°±0.5°	
	前束/mm	1±1	
后轮	车轮外倾角	−2°±0.5°	
	前束/mm	4±1	

注：车轮定位参数为车辆装载4个68kg乘员加上28kg行李状态下的数值。

（2）车轮信息

轮胎型号	225/60 R16 98V		225/55 R17 97V	
车轮类别	行驶车轮	备胎	行驶车轮	备胎
轮辋材料	铝合金轮辋	钢轮辋	铝合金轮辋	
前胎气压/bar	2.3(空载)/2.3(满载)	3.0	2.3(空载)/2.3(满载)	3.0
后胎气压/bar	2.3(空载)/2.8(满载)		2.3(空载)/2.8(满载)	
制动踏板自由行程/mm	≤5.1			

注：225/55 R17轮胎表面花纹具有方向性，不要左右互换。

（3）动平衡数据

项　　目		数　　据	
轮辋的静平衡和动平衡	轮辋尺寸/in	16	17
	静不平衡量/g·cm	550	600
	内侧动不平衡量/(g/边)	15	15
	外侧动不平衡量/(g/边)	25	25
车轮总成动平衡		≤10g/边	
平衡块要求		卡式不超过50g，粘贴式不超过80g	
防滑链型号		T110	—

8.3.7 2000~2004款C5保养灯归零

① 点火开关OFF。

② 按住调节按钮（如图8-13所示）。

图 8-13　雪铁龙 C5 仪表

③ 点火开关 ON。

④ 保持按钮压下 10s。

⑤ 显示屏将出现“0”或“spanner”字母，完成。

8.4　C6

8.4.1　2005 款起 C6 保养归零

雪铁龙售后服务的工作人员会在每次养护后将保养指示器归零。如果自行进行养护，则归零程序如下。

① 关闭点火开关。

② 用力按住按钮 A（见图 8-14）不要松手。

图 8-14　C6 归零按钮

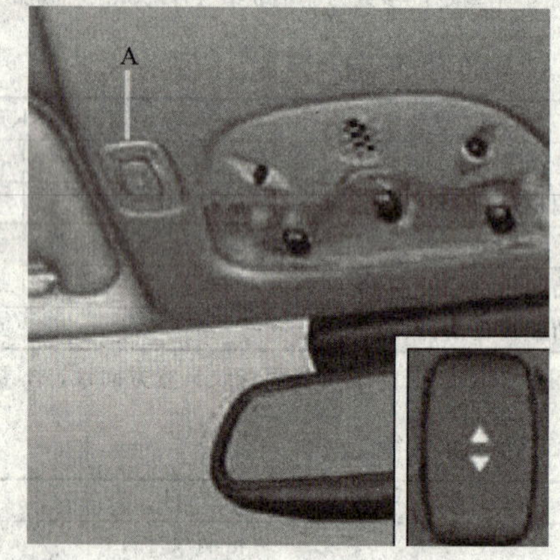

图 8-15　天窗操作按钮

③ 接通点火开关。

④ 持续按住按钮 A，直至显示屏出现“0”，这时保养“扳手”图形消失。

提示：如果自上次更换机油养护后，下次养护时间已到，而保养里程数还没到，则保养小扳手开始点亮，同时仪表盘显示“0”。

8.4.2　2006 款起 C6 天窗防夹初始化

防夹手装置可以随时停止滑动中的天窗。如遇到障碍物，天窗便会向相反方向滑动。

如果电源线被断开或发生了故障，需要重新初始化防夹手功能。

为此，请将按钮 A（见图 8-15）按至第二挡，使天窗完全打开，随后继续按住按钮 A 至少 1s。

注意：在此操作过程中，防夹手功能不起作用。

8.4.3 2005 款起 C6 保险丝信息

（1）仪表板下的保险丝（保险丝盒 B，图 8-16）

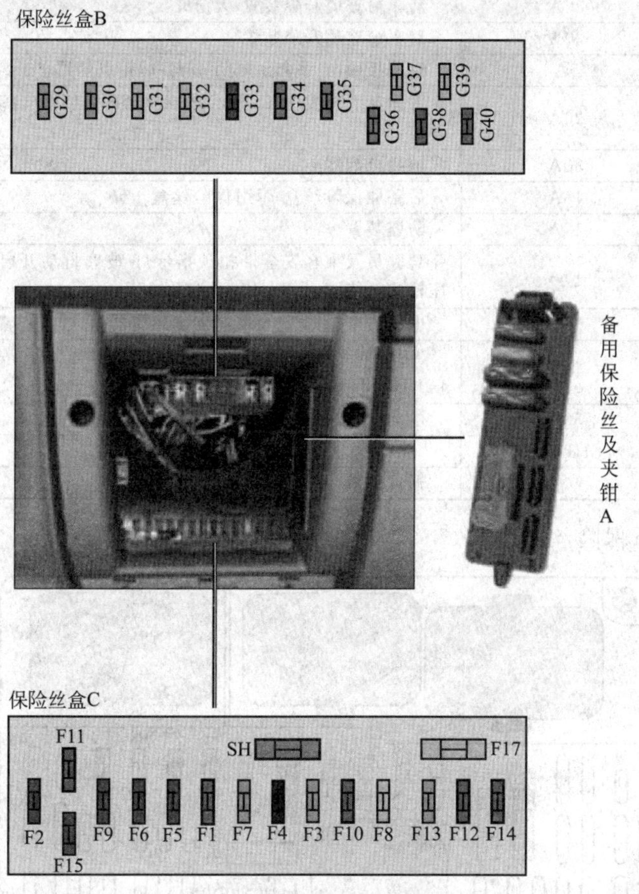

图 8-16 C6 仪表板下保险丝盒

编号	电流	电器
G29	5A	轮胎缺气探测-6 碟 CD 光盘更换机
G30	5A	诊断装置插座
G31	5A	不同用途传感装置
G32	25A	扩音器
G33	10A	液压悬挂系统
G34	15A	自动变速箱
G35	15A	前排乘客座椅加热
G36	15A	驾驶员座椅加热
G37	—	—
G38	30A	驾驶员电动座椅
G39	—	—
G40	30A	乘客电动座椅

（2）仪表板下的保险丝（保险丝盒 C，图 8-16）

编　　号	电　　流	电　　器
F1	—	—
F2	—	—
F3	5A	安全气囊
F4	10A	制动系统-电动安全罩-车速限制/巡航装置-镀铬电动后视镜-诊断装置插座-多功能显示屏角度控制电动机
F5	30A	前车窗玻璃升降装置-天窗
F6	30A	后车窗玻璃升降装置
F7	5A	遮阳板照明-手套盒照明-顶灯-后排点烟器
F8	20A	方向盘上的按钮-显示屏-玻璃自动开启装置(自动微降)-报警器-自动收音机
F9	30A	前排点烟器
F10	15A	后备厢保险丝盒-牵引保险丝盒
F11	15A	防盗装置
F12	15A	驾驶员及乘客安全带扣锁指示灯-玻璃自动开启装置(自动微降)-电动座椅-泊车辅助系统-JBL 音响系统
F13	5A	电动安全罩-雨量及照明亮度感应器-前挡风玻璃雨刮器-BSM 模块电源
F14	15A	AFIL 越线报警系统-空调-仪表盘-视野显示-安全气囊-蓝牙(遥控通信)-BHI 继电器
F15	30A	电动闭锁装置-儿童安全装置
F16	SHUNT	—
F17	40A	通风系统

（3）发动机罩下保险丝见图 8-17。

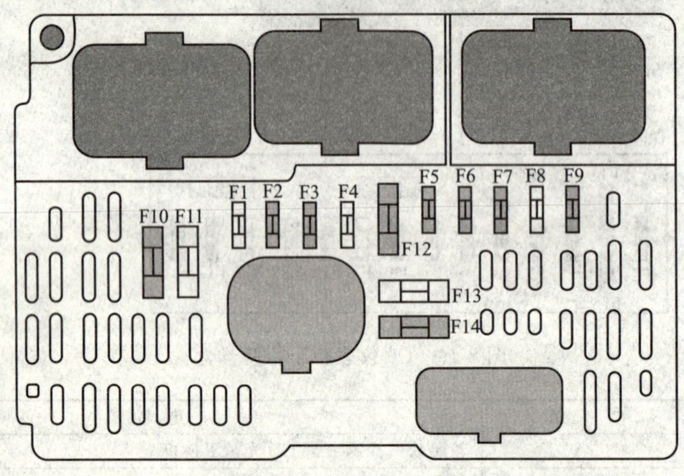

图 8-17　发动机罩下保险丝盒

编　　号	电　　流	电　　器
F1	20A	发动机监控-风扇机组
F2	15A	声响报警器
F3	10A	玻璃清洗泵
F4	20A	前大灯清洗泵
F5	15A	油箱泵(汽油机)-预热-喷油(柴油机)
F6	10A	制动系统
F7	10A	自动变速箱

续表

编　号	电　流	电　器
F8	20A	启动机
F9	10A	电动安全罩-双功能随动转向氙气大灯
F10	30A	喷油嘴-点火线圈-电磁阀(汽油机)-发动机监控-燃料输送(柴油机)
F11	40A	空调(换气装置)
F12	30A	前挡风玻璃雨刮器
F13	40A	BSI供电系统
F14	—	—

(4) 后备厢下保险丝见图8-18。

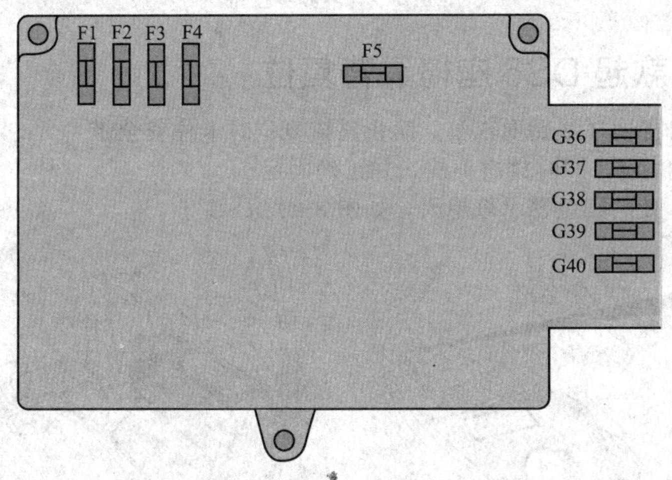

图8-18　后备厢下保险丝盒

编　号	电　流	功　能
F1	15A	油箱门
F2	—	—
F3	—	—
F4	15A	导流控制板
F5	40A	后车窗加热
G36	15A/25A	左后座位(躺椅)/座椅加热
G37	15A/25A	右后座位(躺椅)/座椅加热
G38	30A	后排座位(躺椅)电动调节
G39	30A	点烟器-后排附件插座
G40	25A	电动泊车制动

8.5 DS5

8.5.1 2013款起标致3008/雪铁龙DS5保养灯归零

每次保养后，保养指示灯必须归零，按以下步骤操作。

① 关闭点火开关。

② 按住单次里程表归零按键，如图8-19所示。

③ 接通点火开关，里程表开始倒计数。

④ 当显示屏显示“=0”时，松开按键，扳手符号消失。

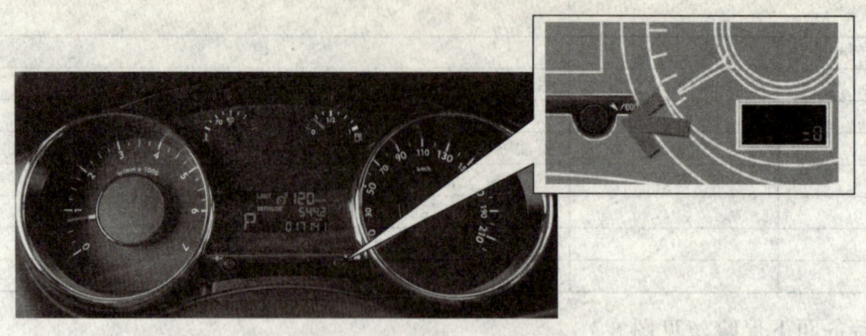

图 8-19 保养归零按钮

8.5.2 2013 款起 DS5 座椅靠背复位

① 保持安全带导向环 2 贴向汽车，防止座椅复位时卡住安全带。

② 重新竖起椅背 4，同时放回头枕，并正确固定。

③ 确认按键 3 处的红色警示灯熄灭，如图 8-20 所示。

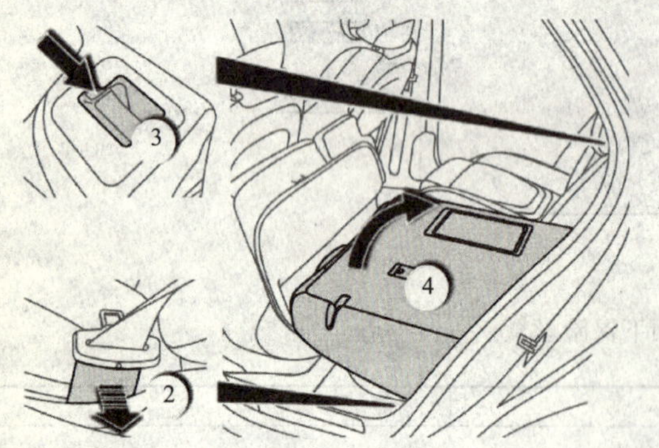

图 8-20 操作部件位置（一）

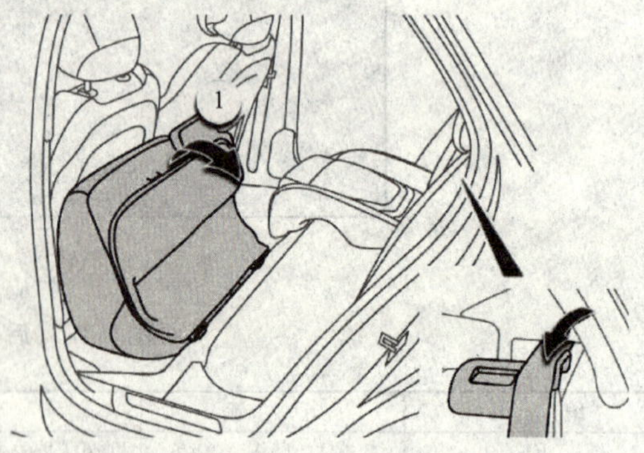

图 8-21 操作部件位置（二）

④ 放回座垫 1，如图 8-21 所示。

⑤ 松开安全导向环 2。

⑥ 将安全带重新放入导向环。

8.5.3 2013 款起 DS5 电动车窗和天窗初始化

（1）车窗初始化

电池重新连接后，必须对防夹功能进行初始化。防夹功能在如下操作过程中无法启用。

① 完全开启车窗，然后将其升起，每次按下控制键车窗将升起几厘米。

② 重复操作指导车窗完全关闭，车窗关闭后继续按键至少 1s。

（2）全景天窗初始化

如果在遮阳帘移动时它的电源被切断，安全防夹功能必须重新进行初始化。

① 操作控制杆直到遮阳帘完全关闭。

② 按住并保持至少 3s。直到遮阳帘进行微小的移动，确认初始化完成。

如果遮阳帘在关闭操作中停止并立即重新打开：

① 操作控制杆直到遮阳帘完全打开。

② 然后操作控制杆直到遮阳帘完全关闭。

安全防夹功能在这些操作中处于关闭状态。

8.6 赛 纳

8.6.1 2004 款起赛纳保养归零

如果自行保养，请按以下步骤将保养提示器归零。

① 关闭点火电源。

② 按住按钮 1（见图 8-22）不动。

③ 接通点火电源。

④ 先显示剩余里程数，然后下次保养里程数闪烁。

⑤ 按住按钮 1 不动，一直到提示器显示“＝0”且保养提示灯消失。

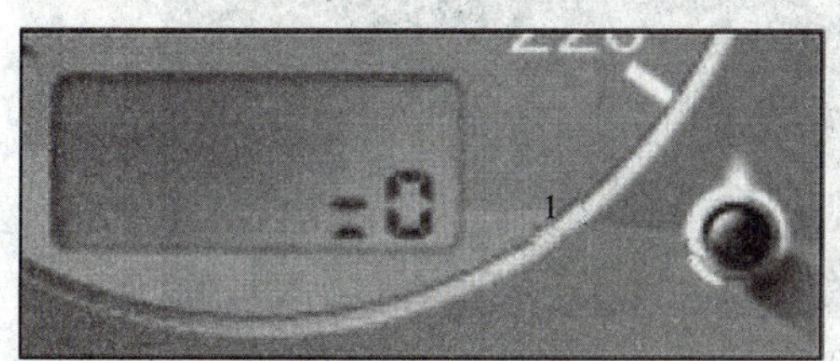

图 8-22 赛纳归零按钮

图 8-23 赛纳车窗操作按钮

8.6.2 2004 款起赛纳车窗防夹功能初始化

在断开蓄电池后，要将防夹功能重新初始化：用按钮 A（见图 8-23）将门玻璃完全降下来，然后再升上去，如果它只能上升几厘米，再按按钮 A 直到完全关闭。

如果在上升过程中，门玻璃不合时宜地又降下来，快速地点一下按钮 A 直到门玻璃完全升上去。

在该初始化操作过程中，防夹保护装置不起作用。

8.6.3 2004 款起赛纳天窗防夹

当天窗滑行关闭时碰到障碍，防夹装置会使天窗停止，随后打开。

如果天窗不按开关的命令正常工作，应重新初始化防夹功能。

方法是：将开关打到最大的开度或开启角度，当天窗达到全开位置后，按住开关并保持至少 1s。

8.7 爱 丽 舍

2004 款起爱丽舍节气门体怠速学习：

① 先打开点火开关到“M”位置，并保持“M”位 30s（不关闭点火开关、不踩油门）。

② 关闭点火开关 15s（计算机在 EEPROM 中记下节气门初始化参数，这时处于电力支

持阶段），在这 15s 内不要重新打开点火开关。

③ 如果操作不当，计算机就不能准确地控制节气门的开度，发动机将“跛行”。出现这种情况后，必须用 PROXIA 进行自动调节装置的初始化后才能恢复正常。

8.8 毕 加 索

8.8.1 2007 款起毕加索保养灯归零

毕加索轿车仪表板上的保养灯为扳手形状，如图 8-24 所示的 4，每次在接通点火开关 2s 内，会闪亮，同时在里程表处显示距下一次维护还剩余的里程数，2s 后消失。

保养灯归零方法如下。

① 点火开关置于 OFF 位（不打开）；归零按钮位置如图 8-24 所示。

② 用手指按住里程清零按钮不动。

③ 点火开关置于 ON 位（打开）。

④ 里程显示 10、9、8、…倒计数直到 0 为止。

⑤ 松开清零按钮，关闭点火开关，拔出点火钥匙，保养提示灯熄灭。

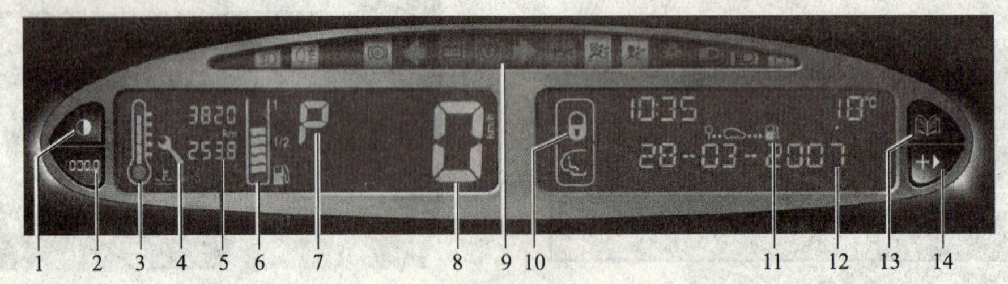

图 8-24 雪铁龙毕加索仪表

1—夜晚驾驶按钮；2—计程里程表归零按钮；3—水温表；4—保养提示灯；5—计程里程表/总里程表；6—燃油表；7—自动变速器挡位显示；8—车速表；9—指示灯；10—电动中央门锁指示灯；11—仪表板电脑；12—信息区；13—显示器功能切换控制按钮；14—显示器功能调节按钮

8.8.2 2007 款起毕加索电动玻璃升降器防夹功能初始化

蓄电池断开再接上后，电动玻璃升降器需进行初始化操作。

① 完全降下玻璃。

② 按动升降开关让玻璃上升。

③ 如玻璃的上升自动中断，放松升降开关。

④ 再次按动升降开关使玻璃上升。

⑤ 对升降开关按动和放松直到玻璃完全升到顶。

8.8.3 2007 款起毕加索天窗电动机初始化

在更换或拆装天窗电动机后需要进行初始化。

① 天窗处于全关闭状态。

② 点火开关置于“M”或“A”位置。

③ 按住天窗开关关闭按键 4s。

8.8.4 2007 款起毕加索天窗防夹功能设定

适用于 2004 款车型，步骤如下。

① 将天窗开关按键置于开启位置。

② 将点火开关置于“M”或“A”位置，如图 8-25 所示。

③ 按住开启按键待天窗运行至开启极限位置后保持 1s。

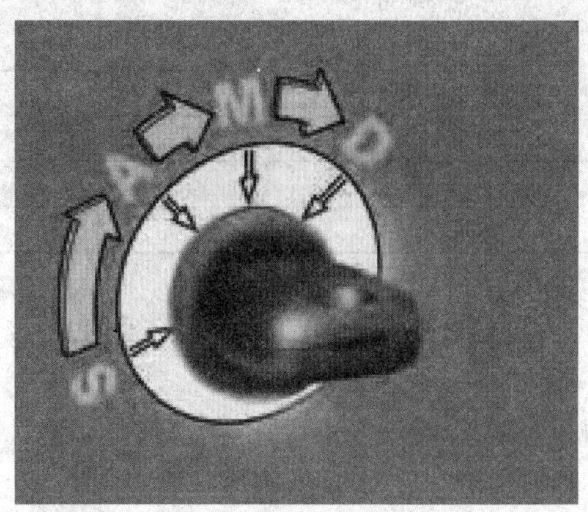

图 8-25　毕加索点火开关挡位

S—方向盘锁；A—电气附件工作位置；M—运行位置；D—启动位置

8.9　富　　康

8.9.1　2005 款起富康天窗编程

以下步骤先确定汽车电源已经开启。

① 持续按住▲按钮（见图 8-26）至天窗完全开启。

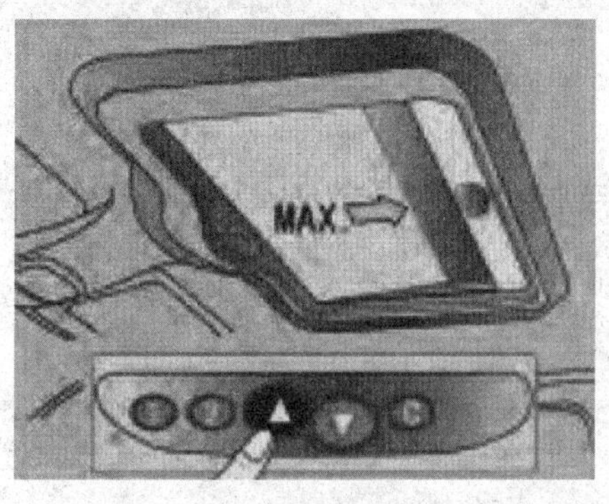

图 8-26　富康天窗按钮（一）

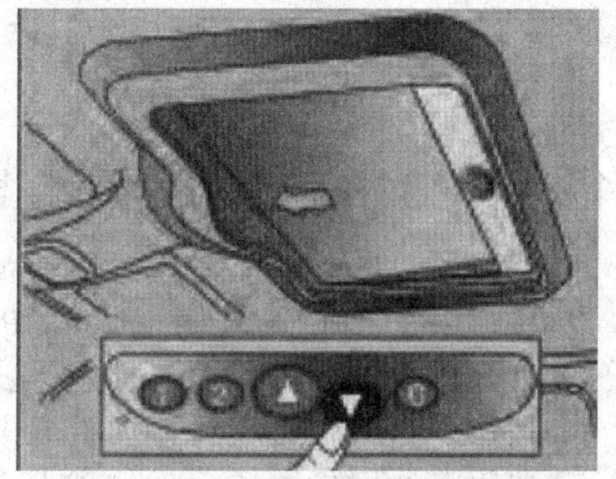

图 8-27　富康天窗按钮（二）

② 持续按住▼按钮（图 8-27）至天窗完全关闭。

注意：当整车出现断电情况后必须对天窗进行编程。

③ 轻触▲或▼按钮（小于 0.1s），玻璃面板自动开启到最大位置或自动完全关闭。

④ 在玻璃面板的自动滑移过程中，轻触按钮▲或▼（小于 0.1s），玻璃面板将停止在现有位置上。

⑤ 天窗在任何开启位置时，轻触 C 按钮（见图 8-28）（小于 0.1s），玻璃面板将自动完全关闭。

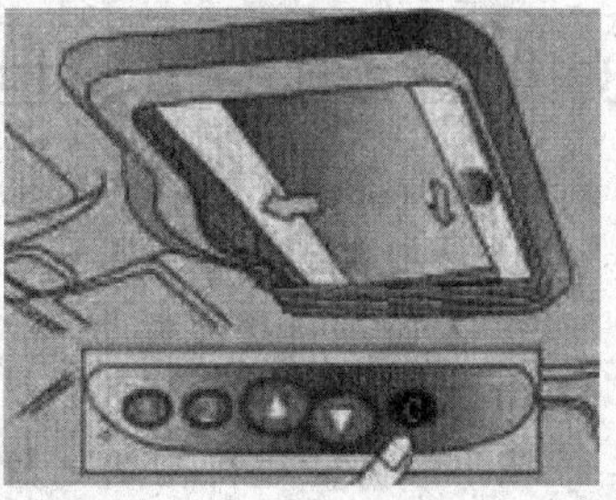

图 8-28　富康天窗按钮（三）

8.9.2 2005款起富康车轮定位数据

项　　目		数　　据
前轮	车轮外倾角	2′±30′
	主销内倾角	10°37′±30′
	主销后倾角	2°58′±30′
	前束/mm	2±1
后轮	车轮外倾角	−1°20′±15′
	前束/mm	3.4±1

8.10 凯　　旋

2007款起凯旋发动机电脑初始化与飞轮自学习方法：

(1) 发动机电控单元初始化

① 连续启动发动机3次，如果发动机故障灯仍亮，则需要清除发动机电控单元中的故障并做初始化。

② 连续启动发动机3次，如果发动机故障灯熄灭，则不需要清除发动机电控单元中的故障（使其保留便于再次查询）并做初始化。

(2) 飞轮自学习

为避免转速传感器误报而导致P1336故障的发生，车辆需要进行飞轮的自学习。自学习程序为：

① 热机状态，挂2挡（对于自动变速箱车型可调到手动模式的2挡）行驶。

② 将发动机转速加速到不低于5000r/min，之后松开油门踏板，让发动机进入断油模式，转速回到1500r/min以下就完成了飞轮的自学习。

8.11 世　　嘉

8.11.1 2010款起新世嘉、凯旋保养灯归零

① 关闭点火开关，钥匙置于“S”位置（就是锁方向盘，可插入、拔出钥匙的那挡）。

② 按住中控时速屏幕下方的“TRIP”按键不放。

③ 打开点火开关。

④ 按住“TRIP”键直到“0”出现并且“扳手”消失。

⑤ 关闭点火开关。

⑥ 松开“TRIP”键，“TRIP”键位置如图8-29所示。

8.11.2 2010款起世嘉电动天窗初始化及自学习设定

下列情况需要进行初始化及自学习。

① 蓄电池电极电缆断开过。

② 天窗运行功能异常。

③ 天窗系统维修后。

按下列方法进行初始化及自学习。

① 将点火开关置于运行位置（M挡）。

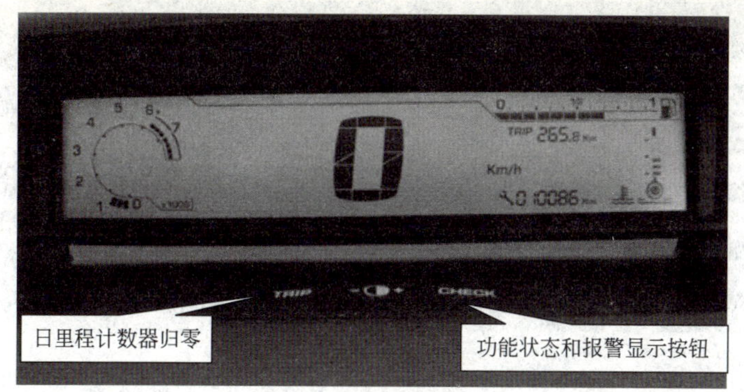

图 8-29 新世嘉仪表台

② 按键 A（如图 8-30 所示），将天窗玻璃运行到完全翘起位置。

③ 再持续按住键 A 超过 8s，看到天窗玻璃小幅度来回运动或听到“咔、咔”声，运动或声音停止，初始化结束。

④ 初始化结束后，5s 之内再次持续按键 A，天窗开始学习。

⑤ 3s 后天窗玻璃将进行：翘起关闭→滑动打开→滑动关闭动作，最终停在关闭位置。

⑥ 自学习结束后松开按键。

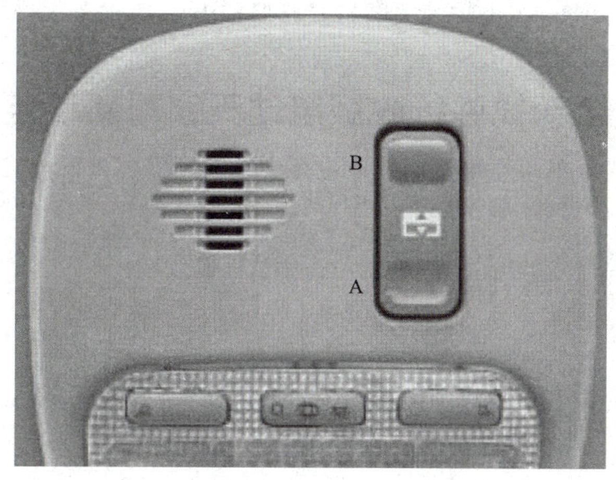

图 8-30 天窗操作按键 A 位置

第9章 Chapter 9

路虎-捷豹汽车

9.1 路虎揽胜

9.1.1 2014 款全新揽胜行政版电动车窗重新设定

如果蓄电池断开、电量耗尽或供电中断，将需要进行车窗复位。

重置步骤如下。

① 完全关闭车窗。

② 松开开关，然后将开关上拉到关闭位置并保持 1s。

③ 对每个车窗重复此程序。

9.1.2 2014 款全新揽胜行政版电动天窗重新设定

当天窗部分打开时，如果蓄电池断接或电源中断，则需要进行校准。蓄电池重新连接或电源供电恢复后，可按下列步骤来校准天窗。

① 打开点火开关。

② 在车顶和遮阳帘关闭的情况下，按住车顶开关前部 20s。

③ 20s 后，天窗将开始移动。释放此开关。在 5s 之内按住车顶开关前部，直到遮阳帘和天窗完成完整的打开/关闭循环。

注意：遮阳帘将先打开然后再关闭。

④ 遮阳帘停止移动后，释放开关。天窗现在可按常规方法操作。

9.2 路虎揽胜运动版

9.2.1 2014 款起揽胜运动版仪表控制台信息

揽胜运动版仪表台部件如图 9-1 所示。

9.2.2 2014 款起揽胜运动版电动车窗初始化

如果蓄电池断开、电量耗尽或供电中断，将需要进行车窗复位。重置步骤如下。

① 完全关闭车窗。

② 松开开关，然后将开关上拉到关闭位置并保持 1s。

③ 对每个车窗重复此程序。

9.2.3 2014 款起揽胜运动版电动天窗初始化

当天窗部分打开时，如果蓄电池断接或电源中断，则需要进行校准。

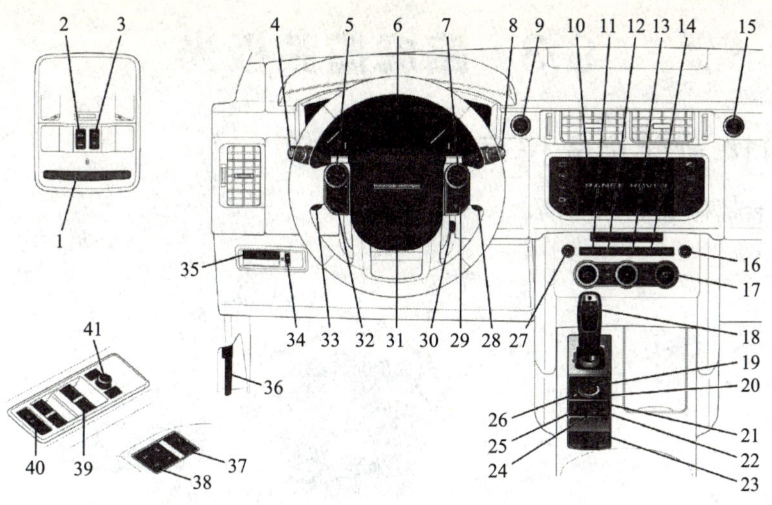

图 9-1　揽胜运动版仪表台控制部件

1—前车内灯；2—全景车顶开关；3—顶篷遮阳帘开关；4—照明/方向指示器/行车计算机；5—信息中心控制；6—仪表板、报警灯和信息中心；7—巡航控制/自适应巡航控制；8—刮水器/清洗器控制钮；9—发动机启动/停止；10—触摸屏；11—前部气候控制；12—气候控制菜单；13—危险报警灯；14—前加热/气候座椅菜单；15—杂物箱释放器；16—CD 弹出；17—气候控制；18—换挡杆；19—全地形反馈适应系统；20—高/低挡域变速器；21—自动限速器（ASL）；22—智能停止/启动；23—电动驻车制动器；24—空气悬架控制按钮；25—动态稳定控制系统（DSC）关闭；26—陡坡缓降控制（HDC）；27—打开/关闭音频系统以及音量；28—拨杆换挡升挡；29—加热型方向盘；30—转向柱调节器；31—喇叭；32—电话和语音识别；33—拨杆换挡降挡；34—内部照明控制按钮；35—尾门释放（手动）[打开/关闭（电动）]；36—发动机罩释放杆；37—中央锁定开关；38—驾驶位置记忆；39—车窗控制按钮；40—后车窗隔离和儿童车门锁；41—后视镜调节器/电动折叠后视镜

蓄电池重新连接或电源供电恢复后，可按下列步骤来校准天窗。

① 打开点火开关。

② 在车顶和遮阳帘关闭的情况下，按住车顶开关前部 20s。

③ 20s 后，天窗将开始移动。释放这个开关。在 5s 之内按住车顶开关前部，直到遮阳帘和天窗完成完整的打开/关闭循环。

注意：遮阳帘将先打开然后再关闭。

④ 遮阳帘停止移动后，释放开关。天窗现在可按常规方法操作。

9.2.4　2014 款起揽胜运动版车轮定位数据

项　目	所　有　车　型
车轮定位-前	0.15°±0.2°
车轮定位-后	0.3°±0.2°
车轮外倾角-左前	−0.76°±0.75°
车轮外倾角-右前	−0.76°±0.75°
车轮外倾角-左后	−1.5°±0.75°
车轮外倾角-右后	−1.5°±0.75°
车轮纵倾角-左前	3.92°±0.75°
车轮纵倾角-右前	3.92°±0.75°

注：所有数据均指车内无人、加满液压油和冷却液、满箱燃油、轮胎充气到正常压力时的值。

9.3 路虎揽胜极光

9.3.1 2014款起极光仪表控制台信息

极光仪表台部件如图 9-2 所示。

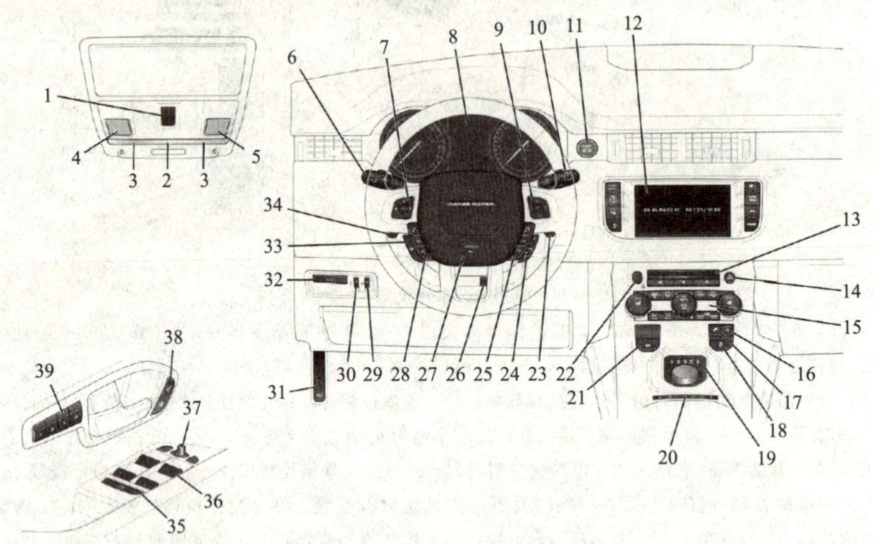

图 9-2 极光仪表台控制部件

1—车顶遮阳帘开关；2—前内部门控灯；3—前地图/阅读灯；4—故障呼叫按钮；5—SOS紧急呼叫按钮；6—外部车灯和行车计算机控制；7—音频/视频系统控制按钮；8—仪表板和信息中心；9—仪表板菜单控制按钮；10—刮水器和清洗器控制按钮；11—START/STOP（启动/停止）按钮；12—触摸显示屏；13—音频系统；14—危险警告灯开关；15—供暖、通风和空调控制按钮；16—智能停止/启动按钮；17—陡坡缓降控制（HDC）按钮；18—动态稳定控制（DSC）按钮；19—自动变速器换挡杆；20—全地形反馈适应系统控制；21—电动驻车制动器；22—音频打开/关闭/音量控制；23—升挡拨杆；24—自适应巡航控制按钮；25—巡航控制或自适应巡航控制按钮；26—转向柱的调整杆；27—喇叭；28—电话和语音控制按钮；29—前照灯调平控制按钮；30—车内灯照明控制按钮；31—发动机罩释放杆；32—尾门释放/打开按钮；33—加热型方向盘按钮；34—降挡拨杆；35—后车窗隔离开关；36—车窗开关；37—后视镜调整/电动折叠控制；38—中央锁闭/解锁按钮；39—驾驶位置记忆按钮

9.3.2 2014款揽胜极光刮水器维修位置设定

更换前刮水器刮片之前，必须按照如下步骤将刮水器臂设定在“维修”位置。

① 确保关闭了点火开关。

② 将点火开关打开，然后再次关闭。

③ 立即向下拉刮水器控制杆，以启动单次刮水操作，并再次打开点火装置。刮水器将移到维修位置。

④ 新零件安装好后关闭点火。这会使刮水器回到停驻位置。

注意：更换刮水器刮片时，智能钥匙必须留在车内。

9.3.3 2014款揽胜极光电动车窗重置设定

如果蓄电池断开或电源中断，则必须重置车窗。

一旦电源恢复，请按照如下步骤进行重置。

① 完全关闭车窗。

② 松开开关，然后将开关上拉到关闭位置并保持 1s。

③ 对每个车窗重复此程序。

9.3.4 2012 款起揽胜极光保养灯归零

① 接通点火开关。

② 用转向盘右侧的 5 个键（4 个方向键，1 个 OK 键）和转向开关尾部的 i 键，如图 9-3 所示，调出服务功能菜单中的 VIN 码和报警状态。

③ 选择报警状态，按住转向盘右侧 5 个键中的向下键和转向开关尾部的 i 键，保持 5s 以上。

④ 然后启动车辆，检查保养灯是否被归零，如果保养灯没有归零再重复上述各步骤。

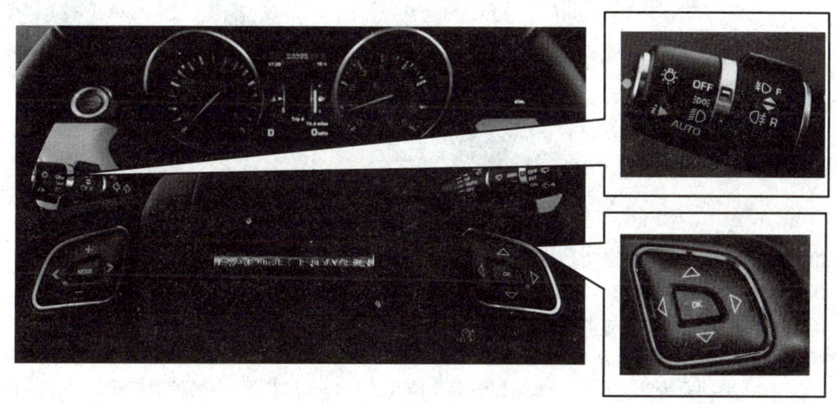

图 9-3 揽胜极光多功能方向盘与组合开关

9.4 路虎发现 4

9.4.1 2014 款起发现 4 仪表控制台信息

图 9-4 为发现 4 仪表台控制部件。

9.4.2 2012 款起发现 4 电动车窗重置

如果蓄电池断接、完全放电或电源中断，则需要重置车窗。

重置步骤如下。

① 完全关闭车窗。

② 松开开关，然后将开关上拉到关闭位置并保持 1s。

③ 在每个车窗上重复此程序。

9.4.3 2010 款起发现 4 电动天窗重置设定

在天窗部分打开时，如果蓄电池断接或电源中断，则需要进行校准。

蓄电池重新连接或电源供电恢复后，可按下列步骤来校准天窗。

① 打开点火开关。

② 在天窗关闭的情况下，点按开关前部。天窗将打开到倾斜位置。

③ 按住天窗开关前部，并保持 20s。

④ 20s 后，天窗将开始移动。一直按下开关前部，直至完全打开/关闭循环完成。

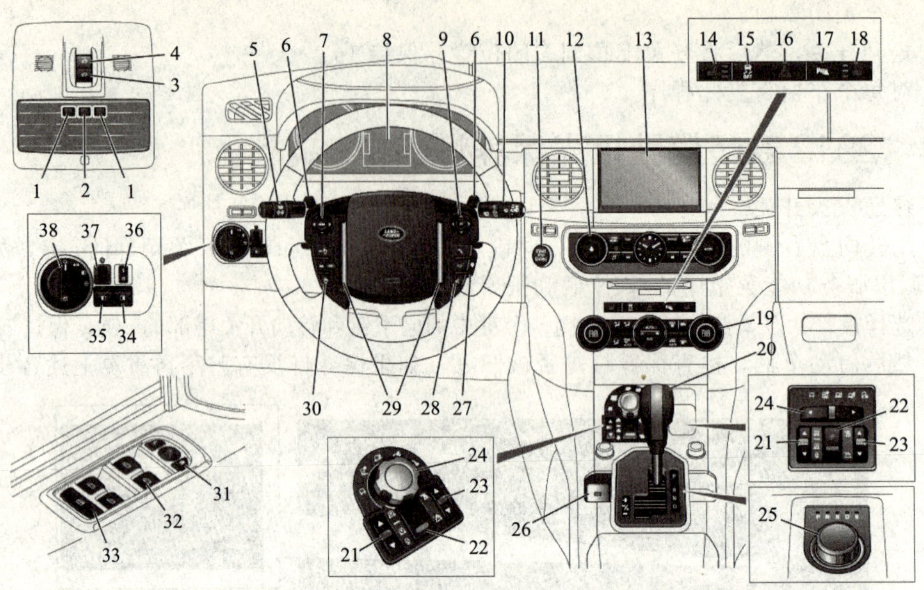

图 9-4 发现 4 仪表台控制部件

1—地图/阅读灯开关；2—内部照明灯主开关；3—天窗关闭开关；4—天窗打开开关；5—远光灯/方向指示灯/行车计算机开关；6—换挡拨杆；7—音频系统控制按钮：标准系统/触摸屏系统；8—仪表组和信息中心；9—车辆信息菜单控制按钮；10—刮水器/清洗器控制按钮；11—START/STOP（启动/停止）按钮；12—音频系统和控制按钮；13—显示屏/触摸屏；14—加热型左侧座椅开关；15—稳定性控制关闭开关；16—危险报警灯控制开关；17—驻车辅助系统开关；18—加热型右侧座椅开关；19—加热器/空调控制按钮；20—换挡杆-6 速变速器；21—分动箱开关-8 速变速器；22—陡坡缓降控制（HDC）开关；23—空气悬架控制按钮；24—地形反馈（Terrain Response）控制按钮；25—换挡旋钮-8 速变速器；26—电子驻车制动器；27—加热型方向盘开关；28—语音识别和电话开关；29—喇叭开关；30—巡航控制开关；31—电动后视镜控制按钮；32—电动车窗控制按钮；33—电动后车窗隔离开关；34—后雾灯开关；35—前雾灯开关；36—前照灯水平调整控制按钮（卤素灯）；37—仪表板照明调光器控制按钮；38—外部照明灯主控制按钮

⑤ 天窗停止运动后，释放开关。此时，天窗可正常操作。

9.4.4 2012 款起发现 4 油液信息

（1）油液规格

项　目	车　型	规　格
发动机机油	柴油发动机车辆	仅限符合 WSS-M2C934-B 规格的 SAE5W/30 如无法获得，可使用符合 ACEA：C2 规格的机油
	V8 汽油发动机车辆	仅限符合 WSS-M2C925-A 规格的 SAE5W/20
变速器油	6 速变速器	壳牌 ATF M1375.4
	8 速变速器	壳牌 ATF L12108
分动箱机油	所有车辆	壳牌 ATF 0753
前差速器机油	所有车辆	嘉实多 SAF-XO
后差速器机油	非锁定型	嘉实多 SAF-XO
	电子锁定	嘉实多 SAF Carbon Mod Plus
助力转向液	所有车辆	Texaco Cold Climate PAS 油液
制动液	所有车辆	壳牌 DOT4 ESL。如无法获得，可使用符合 ISO 4925 6 级和 Land Rover LRES22BF03 要求的低黏度 DOT4 合成制动液
挡风玻璃清洗器	所有车辆	带防冻保护功能的挡风玻璃清洗液
冷却液	所有车辆	Castrol SF 防冻剂和水各占 50%的混合液

（2）油液容量

项　目	车　型	容　量
燃油箱(可使用)	柴油机车辆	82L(18gal)
	汽油机车辆	86L(19gal)
发动机机油加注与过滤器更换	柴油机车辆	5.7L(10pt)
	V8 汽油发动机	8.0L(14pt)
手动变速箱	所有车辆	1.6L(2.8pt)
自动变速箱	所有车辆	一次加注终身使用
分动箱	所有车辆	1.5L(2.64pt)
前差速器(续添)	所有车辆	0.56L(1pt)
后差速器(续添)	非锁定型	1.18L(2.08pt)
	电子锁定	1.72L(3.03pt)
清洗器储液罐	3.0L 柴油发动机和 V8 汽油发动机	5.6L(9.8pt)
	2.7L 柴油发动机	6.3L(11pt)
冷却系统(再加注)	2.7L 柴油发动机	16.7L(29.4pt)
	3.0L 柴油发动机	11.5L(20.2pt)
	V8 汽油发动机	17L(30pt)

9.5　路虎发现 3

9.5.1　2005 款起发现 3 电动天窗初始化

注意：确保蓄电池电压介于 11～14V 之间。如果需要，将认可的适用蓄电池充电器连接至车辆蓄电池。

车辆需要至少放置在车间 1h，温度必须介于 5～30℃之间。

① 打开点火开关。

注意：在初始化过程中，请不要释放车顶天窗面板开关。

如果 60s 后车顶天窗面板未工作，请执行以下操作。连接认可的诊断工具，读取故障诊断码（DTC），然后清除 DTC。

② 按住顶篷打开面板开关前部。

注意：在车顶天窗面板初始化过程中，可能会出现时间延迟。

循环时间将取决于玻璃面板位置。

③ 初始化流程：

- 车顶天窗面板将关闭。
- 车顶天窗面板将打开至倾斜位置。
- 车顶天窗面板将完全打开。
- 车顶天窗面板将完全关闭。

④ 车顶天窗面板完全关闭后，释放车顶天窗面板开关。

⑤ 检查车顶天窗面板是否工作正常。

⑥ 关闭点火开关。

⑦ 如果已安装，请断开并卸下适用的蓄电池充电器和诊断工具。

9.5.2　2005 款起发现 3 制动片检测数据

（1）前盘式

项　　目	规　　格
制动盘类型	通风
制动盘直径	
V6 汽油机和 V6 柴油机、V8 汽油机	320mm(12.6in)、344mm(13.5in)
制动盘厚度	30.0mm(1.18in)
新使用限度	27.0mm(1.063in)
制动盘最大偏转-制动盘安装	0.05mm(0.002in)
制动钳类型	滑动式销，双活塞
活塞直径衬块最大厚度	48.0mm(1.8in)
制动衬块磨损警告导线	3.0mm(0.12in)
位置	前左侧制动衬块
激活	衬块的 75%使用寿命

（2）后盘式

项　　目	规　　格
制动盘类型	通风
制动盘直径	
V6 汽油和 V6 柴油机、V8 汽油机	325mm(12.7in)、344mm(13.5in)
制动盘厚度-所有发动机	20.0mm(0.78in)
新使用限度	17.0mm(0.67in)
制动盘最大偏转-制动盘安装	0.09mm(0.003in)
制动钳类型	滑动式销，单活塞
活塞直径衬块最大厚度	45.0mm(1.7in)
制动衬块磨损警告导线	3.0mm(0.12in)
位置	后右侧制动衬块
激活	衬块的 75%使用寿命

9.6　路虎神行者 2

9.6.1　2014 款起神行者 2 仪表台控制部件

神行者 2 仪表台部件如图 9-5 所示。

9.6.2　2006～2011 款神行者天窗设定方法

① 打开点火开关。

② 按下并按住天窗关闭开关至天窗完全关闭，并按住开关 20s。

③ 天窗完全打开后立刻完全关闭。

④ 松开开关。

⑤ 确保天窗完全打开。

⑥ 确保天窗完全关闭。

⑦ 否则重复上述步骤。

⑧ 关闭点火开关。

9.6.3　2012 款起神行者 2 车窗初始化

如果蓄电池断开、电量耗尽或供电中断，将需要对车窗复位。重置步骤如下。

① 完全关闭车窗。

② 松开开关，然后将开关上拉到关闭位置并保持 1s。

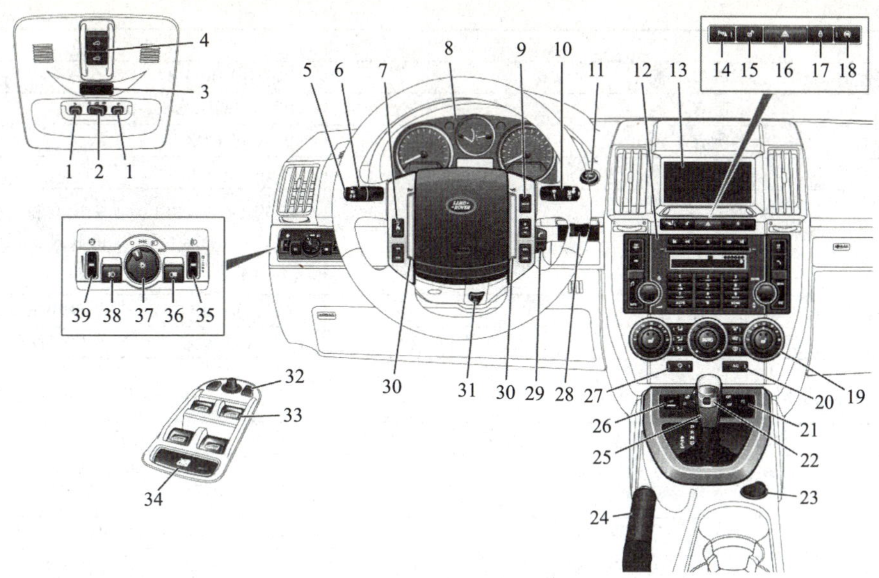

图 9-5　神行者 2 仪表台控制部件

1—地图/阅读灯开关；2—内部照明灯主开关；3—乘客安全气囊警告灯；4—天窗开关；5—行车计算机开关；6—远光灯/方向指示灯；7—巡航控制开关；8—仪表组和信息中心；9—音频控制按钮；10—刮水器/清洗器控制钮；11—START/STOP（启动/停止）按钮；12—音频系统和控制按钮；13—显示屏；14—驻车辅助开关；15—中央锁闭/解锁；16—危险报警灯控制开关；17—中央锁闭；18—停止/启动系统关闭按钮；19—主气候控制面板；20—空调打开/关闭按钮；21—动态稳定性控制打开/关闭按钮；22—全地形反馈适应系统控制；23—电源插座；24—手制动器杆；25—换挡杆；26—陡坡缓降控制（HDC）开关；27—气候控制再循环开关；28—遥控器对接端口；29—电话控制钮；30—喇叭按钮；31—转向柱调整杆；32—车外后视镜调整控制按钮；33—车窗开关；34—车窗隔离开关；35—前照灯水平调整控制钮；36—后雾灯开关；37—外部照明灯主控制按钮；38—前雾灯开关；39—仪表板照明调光器控制按钮

③ 对每个车窗重复此程序。

9.6.4　2012 款起神行者 2 天窗初始化

在天窗部分打开时，如果蓄电池断接或电源中断，则需要进行校准。

蓄电池重新连接或电源供电恢复后，可按下列步骤来校准天窗。

① 打开点火开关。

② 在天窗关闭的情况下，点按开关前部。天窗将打开到倾斜位置。

③ 按住天窗开关前部，并保持 20s。

④ 20s 后，天窗将开始移动。一直按下开关前部，直至完全打开/关闭循环完成。

⑤ 天窗停止运动后，释放开关。天窗现在可按常规方法操作。

9.6.5　2014 款起神行者 2 油液规格与容量

（1）油液规格

零　　件	车　　型	规　　格
发动机机油	汽油发动机车辆 2.0L	SAE 0W/30 符合福特 913-B 规格
	柴油发动机车辆 2.2L(配备 DPF)	SAE 5W/30 符合福特 934-B 规格
	柴油发动机车辆 2.2L(未配备 DPF)	SAE 5W/30 符合福特 913-B 或 913-C 规格
主变速箱机油	手动变速器	Castrol BOT 350M3
	自动变速器(柴油机)	Nippon AW-1 ATF
	自动变速器(汽油机)	ATF JWS 3309

续表

零　件	车　型	规　格
动力分配装置	所有车辆	Castrol BOT 118+
Haldex 耦合器	所有车辆	STAT OIL SL01-301
后差速器机油	所有车辆	Castrol EPX
助力转向液	所有车辆	Pentosin CHF202
制动液	所有车辆	壳牌 DOT4 ESL。如无法获得，可使用符合 ISO 4925 class 6 和 Land Rover LRES22BF03 要求的低黏度 DOT4 制动液
挡风玻璃清洗器	所有车辆	带防冻保护功能的挡风玻璃清洗液
冷却液	所有车辆	用 Texaco XLC 防冻液和水各 50%混合

(2) 油液容量

项　目	车　型	容　量
油箱	柴油机	68L(15gal)
	汽油机	70L(15.5gal)
发动机机油加注与过滤器更换	柴油机	5.9L(10pt)
	汽油机	5.6L(9.9pt)
手动变速箱	所有车辆	2L(3.5pt)
自动变速箱	所有车辆	7L(12.3pt)
动力分配装置	所有车辆	0.75L(1.3pt)
Haldex 耦合器	所有车辆	0.65L(1.1pt)
后差速器	所有车辆	0.7L(1.2pt)
挡风玻璃洗涤器储液罐	带前照灯清洗	5.8L(10.2pt)
	无前照灯清洗	3.1L(5.5pt)
冷却系统(再加注)	柴油发动机(手动)	5.4L(9.5pt)
	柴油发动机(手动，带辅助加热器)	5.6L(9.9pt)
	柴油发动机(自动)	5.7L(10pt)
	柴油发动机(自动，带辅助加热器)	5.9L(10.4pt)
	汽油发动机	4.4L(7.7pt)
	汽油发动机(带辅助加热器)	4.6L(8.1pt)

9.7 路虎卫士

9.7.1 2012 款起卫士油液规格与容量

(1) 油液规格

项　目	规　格
发动机机油	SAE 5W/30
手动变速箱机油	Castrol BOT 130M 或同等产品
分动箱	Castrol Syntrax 75W/90 或 Texaco Multigear 75W/90R 或同等产品
前桥主销壳体	Texaco Molytex EP00 或同等产品
前差速器机油	Texaco GeartexEP 85W/90 或同等产品
后差速器机油	Texaco GeartexEP 85W/90 或同等产品
变速箱延长轴至分动箱	Weicon Anti Seize Standard Grade 或同等产品
轮毂	Castrol Optimal Olista Long Time 2 润滑脂或同等产品
离合器液	Shell Donax YB、Shell DOT4 ESL 或符合 FMVSS 116 DOT4 规格的合成油液
助力转向液	Texaco Cold Climate 33270 或同等产品
制动液	Shell Donax YB、Shell DOT4 ESL 或符合 FMVSS 116 DOT4 规格的合成油液
挡风玻璃清洗器	带防冻保护功能的挡风玻璃清洗液
冷却液	只采用 50%的水和 Texaco XLC 或 Havoline XLC 或同等产品的混合液

（2）油液容量

项目	容量
发动机机油再加注与过滤器更换	7L(12.3pt)
发动机机油油尺上 MIN(最低)至 MAX(最高)	2L(3.5pt)
手动变速箱(加注)	2.4L(4.2pt)
分动箱	2.3L(4.1pt)
后差速器	1.7L(3pt)
前桥主销壳体	0.4L(0.7pt)
清洗器储液罐	5L(8.8pt)
冷却系统	11.5L(20.2pt)

9.7.2 2012款起卫士仪表部件

卫士仪表部件如图 9-6 所示。

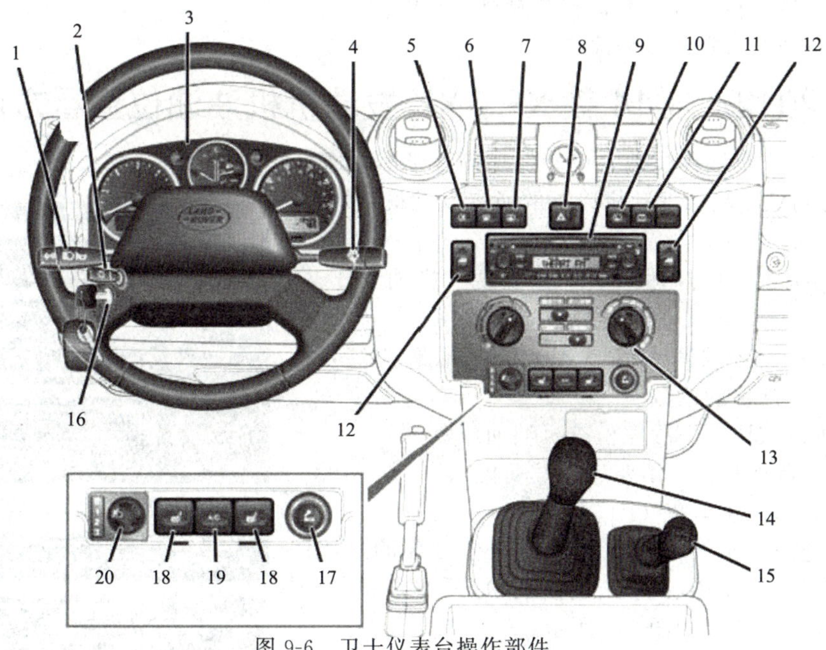

图 9-6　卫士仪表台操作部件

1—方向指示灯、远光灯和喇叭；2—侧灯和前照灯；3—仪表组；4—清洗器和刮水器；5—后雾灯；6—加热型前挡风玻璃；7—加热型后挡风玻璃；8—危险报警灯；9—音频系统；10—后挡风玻璃刮水器；11—后挡风玻璃清洗器；12—电动车窗；13—加热器/空调控制钮；14—换挡杆；15—分动箱操纵杆；16—启动机开关；17—点烟器；18—加热型座椅；19—空调开关；20—前照灯水平调整

9.8 捷豹 XF

9.8.1 2012～2014款 XF 电动车窗与天窗重置设定

（1）天窗复位

如果在天窗部分开启时断开了蓄电池或者供电中断，将需要对其复位。一旦恢复供电后，请按以下程序复位天窗。

① 打开点火开关。

② 按下天窗开关的前端，使天窗处于倾斜位置，然后释放开关。

③ 按下天窗开关前端，并按住 30s。

④ 30s 之后天窗将开始移动。保持按下开关前端，直到天窗完全打开，然后释放。

⑤ 一旦打开/关闭循环完成并且天窗停止了移动，立即释放开关。天窗现在可按常规方法操作。

(2) 车窗复位

如果蓄电池断开、电量耗尽或供电中断，将需要对车窗复位。一旦恢复供电后，请按以下程序复位车窗。

① 完全关闭车窗。

② 释放开关，然后推起开关至关闭位置并保持 2s。

③ 完全打开车窗。

④ 释放开关，然后按下开关至开启位置，保持 2s。

⑤ 拉起然后释放开关，运行单触操作功能。

⑥ 对每一车窗重复该程序。

9.8.2 2012~2014 款 XF、XK 发动机机油油位查看方法

注意：检查机油油位前，应确保车辆处于水平地面。

适用于除 V6 汽油发动机以外的所有发动机，操作前确保：

• 发动机机油已经达到了工作温度（机油处于热态）。

• 发动机已经关闭 10min，因为机油油位稳定后系统才能给出准确的读数。

然后可以按照以下程序检查机油油位。

① 打开点火开关（不要启动发动机）。

② 确保选择驻车挡（P）。

③ 反复按行车按钮（在照明控制杆端部的 TRIP 按钮），直至在信息中心显示油壶图标以及当前机油油位状况和加注建议，如图 9-7 所示。

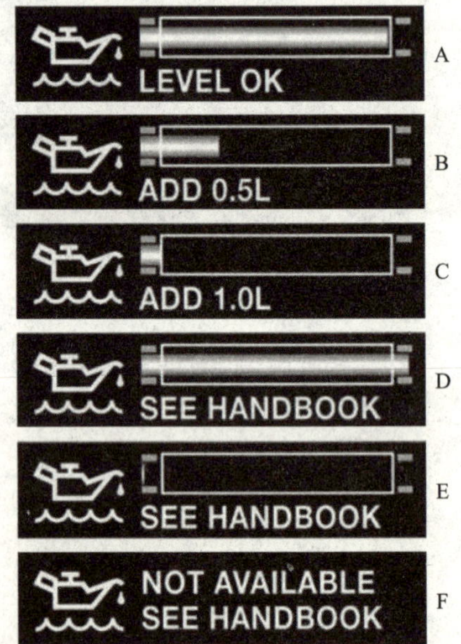

图 9-7 发动机机油油位显示状态

A. 机油油位处于建议水平。无需加注机油。

B. 添加 0.5L（0.9pt）机油。

C. 添加 1L（1.8pt）机油。

D. 机油油位高于安全操作的最大值。请勿驾驶车辆。

E. 机油油位低于安全操作的最低值。添加 1.5L（2.6pt）机油，然后重新检查油位。

F. 正在稳定机油油位，无法确定机油油位。

请等待 10min，然后重新检查机油油位显示屏。

9.9 捷豹 XJ

9.9.1 2012~2014 款 XJ 电动车窗与天窗重置设定

(1) 天窗复位

如果在天窗部分开启时断开了蓄电池或者供电中断，需要将其复位。

一旦恢复供电后，请按以下程序复位天窗。

① 打开点火开关。

② 完全关闭天窗。

③ 按下天窗开关前端，并按住 45s。

④ 45s 之后天窗将会开始移动。保持按下开关前端，直到天窗和顶篷遮阳帘完全打开，然后关闭。

⑤ 一旦打开/关闭循环完成并且天窗停止了移动，立即释放开关。天窗现在可按常规方法操作。

（2）车窗复位

如果蓄电池断开、电量耗尽或供电中断，将需要对车窗复位。一旦恢复供电后，请按以下程序复位车窗。

① 完全关闭车窗。

② 释放开关，然后推起开关至关闭位置并保持 2s。

③ 完全打开车窗。

④ 释放开关，然后按下开关至开启位置，保持 2s。

⑤ 拉起然后释放开关，运行单触操作功能。

⑥ 对每一车窗重复该程序。

9.9.2 2012～2014 款 XJ 发动机机油油位查看方法

检查机油油位前，确保车辆处于水平地面。适用于除 V6 汽油发动机以外的所有发动机，检查前请确保：

• 发动机机油已经达到工作温度（机油是热的）。

• 发动机已经关闭 10min，因为机油油位稳定后系统才能给出准确的读数。

然后可以按照以下程序检查机油油位。

① 打开点火开关（不要启动发动机）。

② 选择安全驻车（P）。

③ 使用仪表面板菜单控制摇杆（如图 9-8 所示的 TRIP 按钮）选择维修菜单。

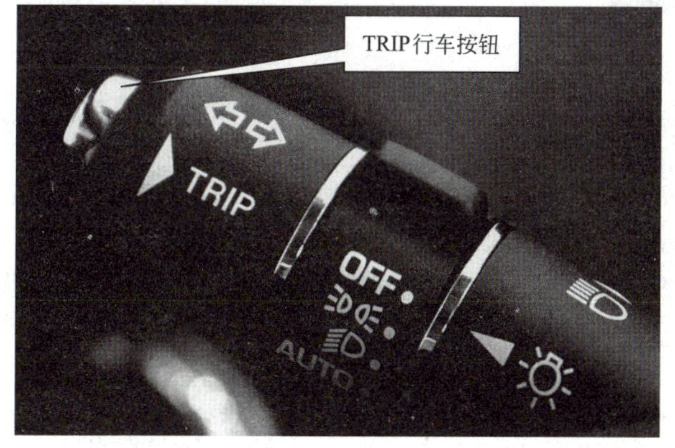

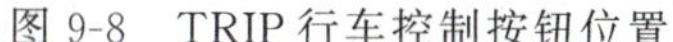
图 9-8 TRIP 行车控制按钮位置

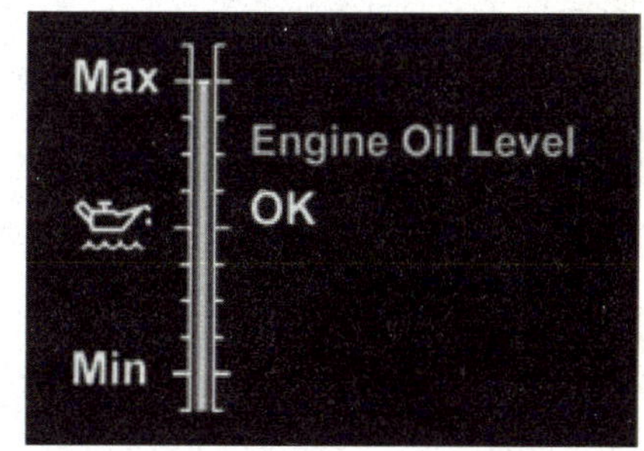

图 9-9 XJ 机油油位显示标志

在维修菜单中选择油位显示，如图 9-9 所示。当前机油油位状态和加注建议显示在仪表板中，请按照要求加注机油。

机油油位的标度显示在油位计中。油位计右侧的信息向用户说明可能需要采取的任何措施。

如果油位在所需的工作范围之内，将显示发动机机油油位正常。不要向发动机中添加机油。

如果机油油位低于要求的工作范围，则会显示一条告知机油加注量的信息（例如，添加0.5L)。按照建议的机油量添加机油。

如果显示发动机机油油位溢出，应立即向专业人员寻求帮助。不要驾驶车辆，否则可能导致发动机严重受损。

如果显示发动机机油油位不足，应添加1.5L（2.6pt）机油，然后重新检查油位。

如果显示发动机机油油位不可用，则机油油位正在稳定中。关闭点火开关，等待10min，然后重新检查机油油位显示。

如果显示发动机机油油位监测系统故障警报消息，应向专业人员寻求帮助。

9.10 捷豹 XK

9.10.1 2012~2014款XK活动顶篷手动重置设定

要手动给活动顶篷重置，先确保发动机没有运转并且点火关闭。

① 从后座椅中央部分后面的存放位置取出艾伦内六角扳手，具体做法是，抓住该部分两侧（如图9-10所示)，然后用力猛拉。

图9-10　打开后座椅中央

② 从行李厢内，取出通气格栅，以取得进入活动顶篷操作泵的通道，如图 9-11 所示。

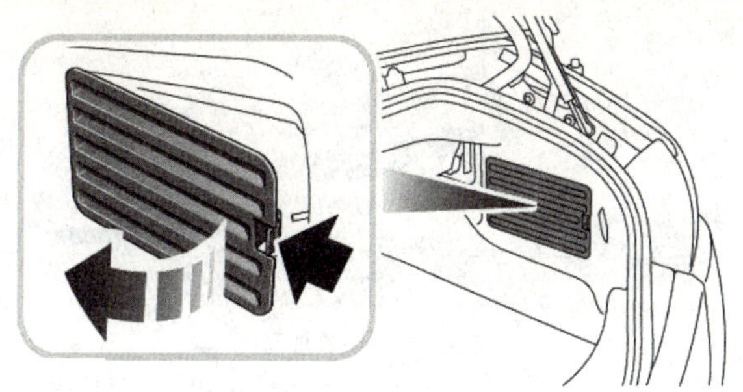

图 9-11　取出通气格栅

③ 如图 9-12 所示，将艾伦内六角扳手插入泵内并逆时针转动（约转动一周）。

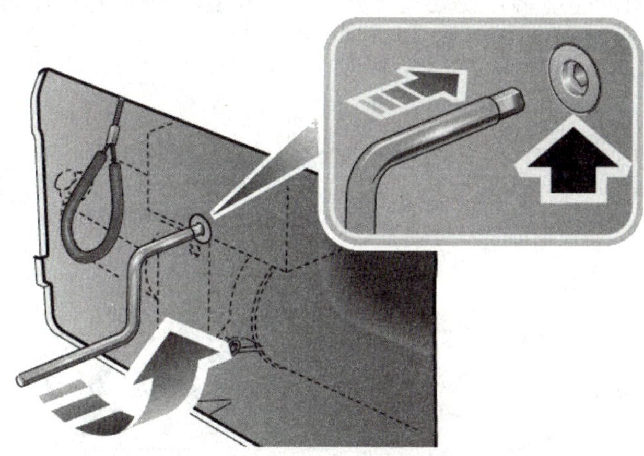

图 9-12　插入泵内转动

④ 活动顶篷和后座椅区域盖板可于位置 1、2 或 3 中任一处停下，如图 9-13 所示。

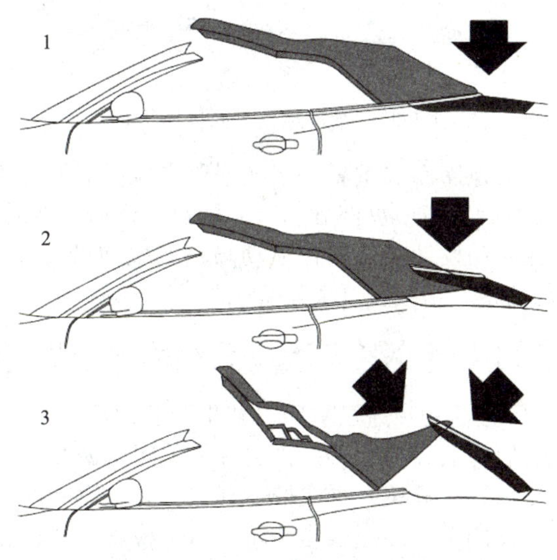

图 9-13　操作顶篷处于三种状态

⑤ 如果动作在位置 1 处停下，通过提起活动顶篷前端并向后（A）拉，释放活动顶篷盖

和张紧弓（活动顶篷尾端）中的张力。向上（B）向前提起张紧弓，释放后座椅区域盖板，如图 9-14 所示。

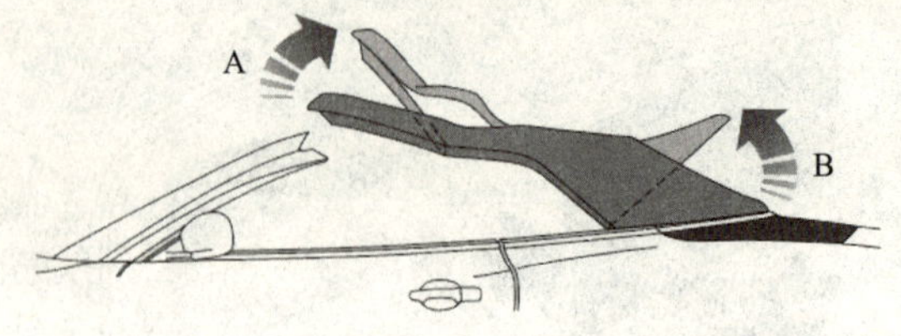

图 9-14 操作张紧弓

⑥ 完全提起后座椅区域盖板并支撑好（C），如图 9-15 所示。向后向下（D）拉活动顶篷，使之完全处于存放位置。将后座椅区域盖板放回闭合位置（E）。

⑦ 如果动作在位置 2 或 3 处停下，请提起后座椅区域盖板至完全直立位置并支撑好（C），向后向下拉活动顶篷前端，使之完全处于存放位置（D）。将后座椅区域盖板放回闭合位置（E）。以上状态位置如图 9-15 所示。

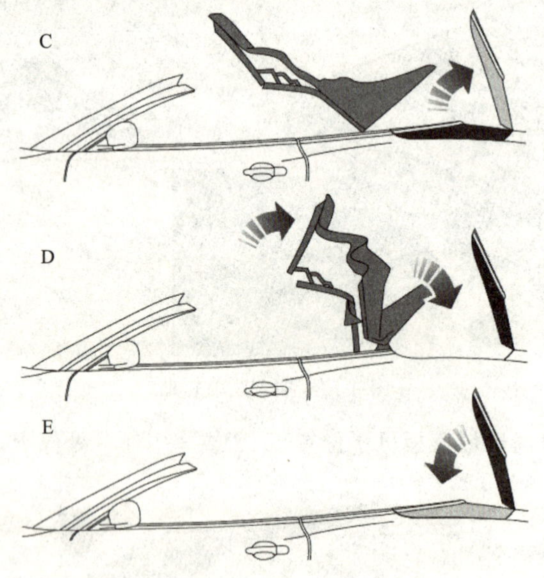

图 9-15 活动顶篷不同操作状态

⑧ 所有位置：一旦活动顶篷完成重置，请顺时针转动艾伦内六角扳手约一周，然后将其放回存放位置，重新装回后座椅中央部分、行李厢通气格栅，然后关闭行李厢盖。

⑨ 打开点火开关，并启动发动机。按住活动顶篷开关前端，直到活动顶篷关合并完全锁好。如果需要打开活动顶篷，请按住开关尾部。

9.10.2 2012～2014 款 XK 车窗防夹保护重置设定

确保相应的车门已关闭且活动顶篷已关闭（如果配备的话）。

① 完全关闭车窗，然后释放开关。再次拉起开关关闭车窗并拉住 2s。

② 完全打开车窗，然后释放开关。再次按下开关打开车窗并保持 2s。

③ 通过打开车窗然后使用单次触碰操作关闭车窗来检查并确认操作。

④ 对其他未重置的电动车窗重复此程序。

第10章 Chapter 10

宾利汽车

10.1 雅　　致

宾利雅致保养灯归零方法

① 如果此车辆装备了免维护型仪表板，则必须使用合适的诊断设备；

a. 宾利专用诊断仪。

b. 大众5054。

② 如果装备了定期保养型仪表板，则可用手动方法重新设定。

a. 压下里程表右下侧三键中中间的保养灯归零按键。

b. 点火开关ON。

c. “SERVICE”或“SERVICEIN ××××MI”将出现在液晶显示器上。

d. 释放归零按键。

e. 压下右下侧三键中右边的保养灯设置按键，重新设置显示，并且“SERVICE IN 10000MI”字符将出现在液晶显示器上。

f. 点火开关OFF。

10.2 飞　　驰

10.2.1　2014款起飞驰电动车窗初始化

如果蓄电池已断开连接或电量耗尽，则在重新连接时或在充电后，必须初始化车窗以便一触式功能和自动防夹功能可以正常工作。

如果车窗在重新连接蓄电池时完全或几乎完全打开，车窗会看似卡住，直到初始化成功完成。

(1) 前窗初始化

每个前窗必须单独且先于后窗进行初始化，具体步骤如下。

① 在驾驶员车门关闭且车窗打开（不需要完全打开）的情况下将车窗完全关闭，在车窗完成关闭的动作之后仍然保持开关的提起状态，持续时间约1s。

② 在车窗仍然处于完全关闭状态的情况下，再次提起开关并保持这种提起状态约1s。

③ 重复步骤②两次，以确保初始化操作已执行。

对前排乘客车窗重复以上步骤。操作前应确保车门关闭。

(2) 后窗初始化

确保前窗已初始化，然后再单独初始化每个后窗，具体步骤如下。

① 确保车门和前窗关闭，要初始化的后窗则需打开（不需要完全打开）。

② 使用驾驶员车门控制面板上的开关或单独的后窗开关关闭后窗，在车窗完成关闭的动作之后仍然保持开关的提起状态，持续时间约 1s。

③ 在车窗仍然处于完全关闭状态的情况下，再次提起开关并保持这种提起状态约 1s。

④ 重复步骤③两次，以确保初始化操作已执行。

对另一后窗重复以上步骤。

10.2.2 2014 款起飞驰初始化前座椅记忆

汽车蓄电池断开连接之后再重新连接时，或者蓄电池长时间处于较低的荷电状态时，存储的座椅设置可能会删除。

汽车蓄电池重新连接或再充电时，座椅必须初始化。否则，它将不能存储或调用设置。

初始化记忆系统的步骤如下。

① 打开驾驶员车门，打开点火开关，但不要启动发动机。

② 调节驾驶员座椅，使它的位置一直向前移动，然后继续操作，按住座椅控制装置 2s。

③ 重复此步骤，但这次是将座椅位置一直向后移动。

④ 在所有单个的座椅调节控制装置/位置（高度、倾斜、靠背和座垫）上重复上述步骤，调节至两个移动方向的极限。请记住，在达到调节极限时，要按住按钮 2s。

⑤ 操作前排乘客座椅时，重复上述几个步骤。

⑥ 然后，驾驶员必须初始化转向柱调节控制，操作步骤如下：将转向柱移至其最高和最低设置，然后完全向前和向后移动，在达到每个调节极限时按住控制装置 2s。

说明：成功进行初始化后，记忆设置将需要重新编程。

10.2.3 2014 款起飞驰初始化后座椅记忆

汽车蓄电池重新连接或再充电时，座椅必须初始化。否则，它将不能存储或调用设置。

初始化记忆系统的步骤如下。

• 打开驾驶员车门，打开点火开关，但不要启动发动机。

• 调节后座，使它的位置一直向前，然后继续操作，按住座椅控制装置 2s。现在调节座椅使其向后，然后再次按住座椅控制装置 2s。

• 在所有单个的座椅调节控制装置（高度、倾斜、靠背和座垫）上重复上述步骤，并在每个控制装置的完整调节范围内进行操作。记住，在达到调节的两个终极时，要按住每个按钮 2s。

对剩余的座椅重复执行上述几步。

成功进行初始化后，记忆设置将需要重新编程。

10.2.4 2014 款起飞驰对发射器进行编程

首次对发射器进行编程之前，必须清除出厂默认代码。要清除出厂默认代码，请按如下步骤进行操作。

① 打开点火开关，但不要启动发动机。

② 按住按钮 1 和 3（图 10-1），直到按钮中的灯开始闪烁（大约 20s）。

③ 释放两个按钮。

④ 现在可以对发射器进行新的编程。

新的编程：

使用遥控装置设置汽车发射器时（例如用于车库门开启器），请始终将遥控装置指向汽车发射器。此发射器虽然看不到，但它实际上就在驾驶员仪表板后面的上翻转式饰板的底面。

要对汽车发射器进行编程，请按如下步骤进行操作。

① 将遥控装置放在离汽车发射器约5cm（2in）处。

② 同时按住遥控装置上的按钮和所需的汽车发射器按钮（1、2或3），见图10-1，直到汽车发射器按钮上的灯开始由慢到快地闪烁。快速闪烁表明编程成功。

③ 释放两个按钮。

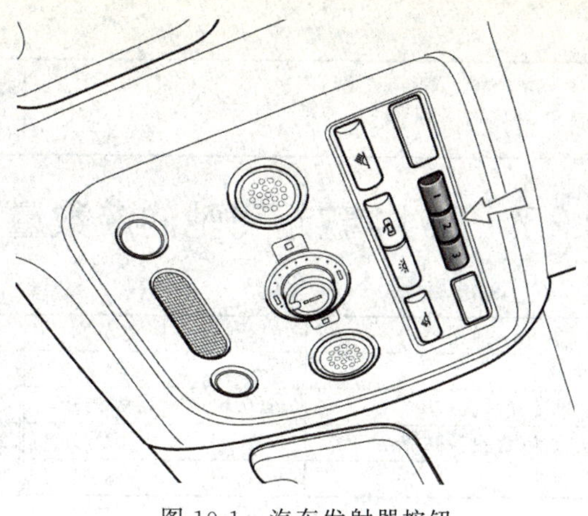

图10-1 汽车发射器按钮

重复此步骤，设置其他设备上剩下的汽车发射器按钮，或遥控装置上其他按钮。

注意：

• 有时可能无法对设备进行编程。

• 设备的原始发射器仍然可以正常使用。如果在为设备进行发射器编程时遇到困难，请咨询授权的宾利经销商。

对汽车记忆按钮进行重新编程：

要对汽车记忆按钮重新编程，请按如下步骤进行操作。

① 根据需要按下按钮1、2或3。

② 将遥控装置放在离汽车发射器（位于前仪表板中，模拟时钟的上方）约5cm（2in）处。

③ 同时按住遥控装置上的按钮和所需的汽车发射器按钮（1、2或3），直到汽车发射器按钮上的灯开始由慢到快地闪烁。这需要大约20s。

10.2.5 2014款起飞驰制动片检测

制动踏板自由移动范围	3.0mm	
制动蹄片(更换部件最小厚度)	铁质	前:2.8mm
		后:2.5mm
	陶瓷	前:2.0mm
		后:2.5mm
制动盘磨损(更换部件最小厚度)	铁质	前:34mm
		后:20mm
	陶瓷	最小厚度有所不同,会刻在每个制动盘上

10.2.6 2014款起飞驰车轮信息

标准车轮尺寸	9.5J×19-ET 41
可选车轮尺寸	9.5J×19-ET 41 9.5J×20-ET 41 9.5J×21-ET 41
标准轮胎尺寸	275/45 ZR19(108Y)EL“B”
可选轮胎尺寸	275/45 ZR19(108Y)EL“B” 275/40 ZR20(106Y)EL“B” 275/35 ZR21(103Y)EL“BL”

续表

选装的冬季轮胎尺寸	275/40R20 M+S(106W)EL 275/35R 20M+S(102W)EL 275/35R 21M+S(103W)EL

10.2.7 2014款起飞驰油液数量与规格

（1）油液数量

描述	公制	英制	描述	公制	英制
油箱(标称)	90.0L	19.8gal	中央差速器油	2.6L	4.57Pt
发动机冷却系统	20.0L	35.1Pt	挡风玻璃清洗器储液箱	6.5L	11.4Pt
发动机油(含更换滤清器)	12.5L	22.0Pt	制动系统	0.87L	1.53Pt
变速箱油	10.6L	18.7Pt	助力转向系统	1.8L	3.2Pt

（2）油液规格

成分/系统	产　品
发动机润滑系统	仅可使用机油。New Life 0W/40
发动机冷却液	使用水和G12++或G13防冻液按50：50的比例组成的混合液。这可提供低至-30℃(-22℉)的防冻保护
变速箱润滑系统	Shell L12108
主减速器润滑系统(保养加注)	Castrol SAF-AG4
助力转向	Pentosin CHF 11S
制动系统	BASF Hydraulan 404 DOT 4
空调制冷剂	R134A
空调压缩机油	PAG油-ND8

10.3 慕　尚

10.3.1 2013款起慕尚仪表台部件

慕尚仪表台部件如图10-2、图10-3所示。

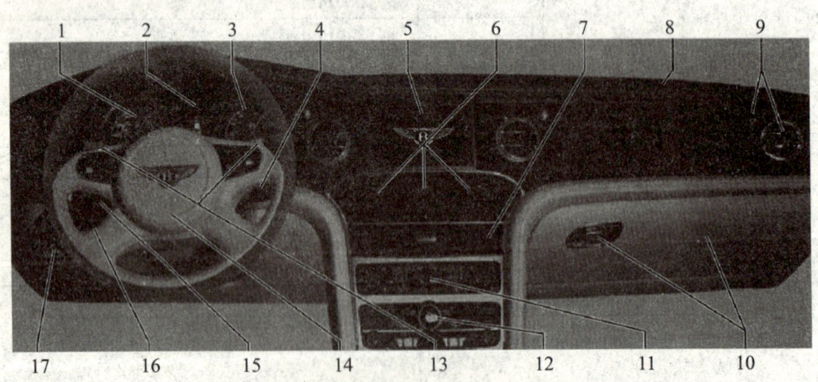

图10-2　左侧驾驶型车辆仪表台部件

1—里程表；2—驾驶员信息面板；3—转速表；4—前窗刮水器/清洗器操纵杆；5—信息娱乐显示屏幕；6—时钟、发动机冷却液温度表和油箱表；7—高级音乐接口抽屉；8—乘客座气囊位置；9—出气口与控制装置；10—手套箱、释放按钮和锁；11—温度控制开关面板；12—信息娱乐控制面板，主菜单控制装置；13—换挡拨片控制装置；14—驾驶员座气囊位置；15—转向信号灯和大灯操纵杆；16—巡航控制/ACC控制杆；17—主照明开关

图 10-3 中央控制台下部详细信息

1—自动驻车开关；2—电子驻车制动；3—变速杆；4—遥控钥匙存放区域；5—ESC 控制开关；6—危险警示灯开关；7—停车辅助系统（PDC）开关；8—“Engine Start/Stop”（发动机启动/停止）按钮；9—电动后窗遮阳卷帘开关；10—存储区域；11—驾驶动态控制

10.3.2 2013 款起慕尚前后窗初始化

蓄电池断开连接后初始化车窗：

在蓄电池已断开连接、重新连接时、电量耗尽或者再充电的情况下，需要初始化车窗以便一触式功能和自动防夹功能可以正常工作。

如果车窗在蓄电池重新连接时完全或几乎完全打开，车窗会看似卡住，直到车窗初始化成功完成。

前窗和后窗初始化：

必须单独初始化每个车窗，具体步骤如下。

① 在车窗打开（不需要完全打开）的情况下将其完全关闭，在车窗完成关闭的动作之后仍然保持开关的提起状态，持续时间约 1s。

② 在车窗仍然处于完全关闭状态的情况下，再次提起开关并保持这种提起状态约 1s。

③ 重复步骤②两次，以确保初始化操作已执行。

对所有车门重复以上步骤。

初始化后，车窗的所有快捷功能应正常工作，如果不能正常工作，请与授权的宾利经销商联系。

注意：后座侧卷帘在初始化完成之前将无法操作。

10.3.3 2013 款起慕尚初始化前后座椅

（1）初始化前座

汽车蓄电池断开连接之后再重新连接时，或者蓄电池长时间处于较低的荷电状态时，存储的座椅设置可能会删除。

汽车蓄电池重新连接或再充电时，座椅必须初始化。否则，它将不能存储或调用设置。

初始化记忆系统的步骤如下。

① 打开驾驶员车门，打开点火开关，但不要启动发动机。

② 调节驾驶员座椅，使它的位置一直向前移动，然后继续操作，按住座椅控制装置2s。

重复此步骤，但这次是将座椅位置一直向后移动。

③ 从头枕开始。

④ 在所有单个的座椅调节控制装置/位置（高度、倾斜、靠背和座垫）上重复上述步骤，调节至两个移动方向的极限。请记住，在达到调节极限时，要按住按钮2s。

⑤ 操作剩下的座椅时，重复上述三个步骤。

然后，驾驶员必须初始化转向柱调节控制，操作步骤如下。

将转向柱移至其最高和最低设置，然后完全向前和向后移动，在达到每个调节极限时按住控制装置2s。

成功进行初始化后，记忆设置将需要重新编程。

（2）初始化后座椅

汽车蓄电池断开连接之后再重新连接时，或者蓄电池长时间处于较低的荷电状态时，存储的座椅设置可能会删除。

汽车蓄电池重新连接或再充电时，座椅必须初始化。否则，它将不能存储或调用设置。

初始化记忆系统的步骤如下。

① 打开驾驶员车门，打开点火开关，但不要启动发动机。

② 调节后座，使它的位置向前移动，然后继续操作，按住座椅控制2s。现在调节座椅使其向后移动，然后再次按住座椅控制2s。

③ 在所有单个的座椅调节控制装置（高度、倾斜、靠背和座垫）上重复上述步骤，通过其全范围的调节操作每个控制装置。记住，在达到调节的两个终极时，要按住每个按钮2s。

④ 操作剩下的座椅时，重复上述三个步骤。

成功进行初始化后，记忆设置将需要重新编程。

10.3.4 2013款起慕尚重置(初始化)遮阳篷

在遮阳篷无法操作的意外情况下，按住遮阳篷操作开关的前部10～15s。这将启动自动重置循环（需要按住该开关，直到重置循环完成为止）。

遮阳篷将先关闭，然后百叶窗关闭。之后是一个完整的系统循环。百叶窗将完全缩回，遮阳篷将完全开启和关闭，百叶窗将完全关闭。

10.3.5 2013款起慕尚油液容量与规格

（1）油液容量

描述	公制	英制	描述	公制	英制
油箱(标称)	96.0L	21.1gal	干式中央差速器油	1.3L	2.2pt
发动机冷却系统	20.0L	35.2pt	挡风玻璃清洗器储液箱	9.5L	16.7pt
发动机油(含更换滤清器)	9.4L	16.5pt	助力转向系统	1.8L	3.2pt
变速箱油	9.3L	16.4pt	制动系统		
中央差速器油	1.2L	2.1pt	铁质制动器	855mL	1.5pt

（2）油液规格

成分/系统	产　品
发动机润滑系统	New Life OW/40润滑油，可在温度低至－20℃(－4℉)以及连续高速行驶时提供保护。如果无法获得推荐的润滑油，请咨询授权的宾利经销商

续表

成分/系统	产　品
发动机冷却液	使用水和G12++防冻液比例为50∶50的混合液。这可提供低至−30℃(−22℉)的防冻保护
变速箱润滑系统	Shell ATF L12108
主减速器润滑系统(保养加注)	Castrol SAF-AG4
助力转向	Pentozine CHF 11S
制动系统	DOT 4
空调制冷剂	R134A
空调压缩机油	PAG 油-ND8

10.4　欧陆 GT

10.4.1　2014 款起欧陆 GT 模拟时钟设置

（1）设置时间

仪表板中间的模拟时钟由信息娱乐系统控制。要调节时钟，请按如下所述进行操作。

① 打开点火开关后，按多功能方向盘上的 MENU（菜单）按钮，直到驾驶员信息面板上显示 Settings（设置）菜单。

② 转动滚花旋轮突出显示 Time（时间）菜单，并按下选择。

③ 转动滚花旋轮突出显示 Set（设置），并按下选择。

④ 转动滚花旋轮选择目标小时数，并按下确认。重复选择目标分钟数，并按下滚花旋轮确认。

（2）设置日期

① 按多功能方向盘上的 MENU（菜单）按钮，直到驾驶员信息面板上显示 Settings（设置）菜单。

② 转动滚花旋轮突出显示 Date（日期）菜单，并按下选择。

③ 转动滚花旋轮突出显示 Set（设置），并按下选择。

④ 转动滚花旋轮选择目标日期，并按下确认。重复选择目标月份和年份，并按下滚花旋轮确认。

10.4.2　2014 款起欧陆 GT 车窗初始化设置

如果蓄电池已断开连接或电量耗尽，则在重新连接时或在充电后，必须初始化车窗以便一触式功能和自动防夹功能可以正常工作。

如果车窗在重新连接蓄电池时完全或几乎完全打开，车窗会看似卡住，直到初始化成功完成。

（1）前窗初始化

每个前窗必须单独且先于后窗进行初始化，具体步骤如下。

① 在驾驶员车门关闭且车窗打开（不需要完全打开）的情况下将车窗完全关闭，在车窗完成关闭的动作之后仍然保持开关的提起状态，持续时间约 1s。

② 在车窗仍然处于完全关闭状态的情况下，再次提起开关并保持这种提起状态约 1s。

③ 重复步骤②两次，以确保初始化操作已执行。对前排乘客车窗重复以上步骤。操作前应确保车门关闭。

（2）后窗初始化

确保前窗已初始化，然后再单独初始化每个后窗，具体步骤如下。

① 确保车门和前窗关闭，要初始化的后窗则需打开（不需要完全打开）。

② 使用驾驶员车门控制面板上的开关或单独的后窗开关关闭后窗，在车窗完成关闭的动作之后仍然保持开关的提起状态，持续时间约 1s。

③ 在车窗仍然处于完全关闭状态的情况下，再次提起开关并保持这种提起状态约 1s。

④ 重复步骤③两次，以确保初始化操作已执行。

对另一后窗重复以上步骤。

初始化后，车窗的所有快捷功能应能正常工作。如果情况并非如此，请咨询授权的宾利经销商。

10.4.3 2014 款起欧陆 GT 前后座椅初始化

汽车蓄电池断开连接之后再重新连接时，或者蓄电池长时间处于较低的荷电状态时，存储的座椅设置可能会删除。

汽车蓄电池重新连接或再充电时，座椅必须初始化。否则，它将不能存储或调用设置。

初始化记忆系统的步骤如下。

① 打开驾驶员车门，打开点火开关，但不要启动发动机。

② 调节驾驶员座椅，使它的位置一直向前移动，然后继续操作，按住座椅控制装置 2s。

③ 重复此步骤，但这次是将座椅位置一直向后移动。

④ 在所有单个的座椅调节控制装置/位置（高度、倾斜、靠背和座垫）上重复上述步骤，调节至两个移动方向的极限。请记住，在达到调节极限时，要按住按钮 2s。

⑤ 操作前排乘客座椅时，重复上述几个步骤。

⑥ 然后，驾驶员必须初始化转向柱调节控制，操作步骤如下：将转向柱移至其最高和最低设置，然后完全向前和向后移动，在达到每个调节极限时按住控制装置 2s。

注意：成功进行初始化后，记忆设置将需要重新编程。

10.4.4 2014 款起欧陆 GT 发射器编程

首次对发射器进行编程之前，必须清除出厂默认代码。要清除出厂默认代码，请按如下所述进行操作。

① 打开点火开关，但不要启动发动机。

② 按住按钮 1 和 3（参见图 10-1），直到按钮中的灯开始闪烁（大约 20s）。

③ 释放两个按钮。

④ 现在可以对发射器进行新的编程。

新的编程：

使用遥控装置设置汽车发射器时（例如用于车库门开启器），请始终将遥控装置指向汽车发射器。此发射器虽然看不到，但它实际上就在驾驶员仪表板后面的上翻转式饰板的底面。

要对汽车发射器进行编程，请按如下所述进行操作。

① 将遥控装置放在离汽车发射器约 5cm（2in）处。

② 同时按住遥控装置上的按钮和所需的汽车发射器按钮（1、2 或 3），直到汽车发射器按钮上的灯开始由慢到快地闪烁。快速闪烁表明编程成功。

③ 释放两个按钮。

重复此步骤，设置其他设备上剩下的汽车发射器按钮，或遥控装置上其他按钮。

注意：

• 有时可能无法对设备进行编程。

• 设备的原始发射器仍然可以正常使用。如果在为设备进行发射器编程时遇到困难，请咨询授权的宾利经销商。

对汽车记忆按钮进行重新编程：

要对汽车记忆按钮重新编程，请按如下所述进行操作。

① 根据需要按下按钮 1、2 或 3。

② 将遥控装置放在离汽车发射器（位于前仪表板中，模拟时钟的上方）约 5cm (2in) 处。

③ 同时按住遥控装置上的按钮和所需的汽车发射器按钮（1、2 或 3），直到汽车发射器按钮上的灯开始由慢到快地闪烁。这需要大约 20s。

设备操作：

根据规格的不同，设备的操作可能会有所差异。

一些设备只按一下相关的汽车发射器按钮就可以操作。而其他设备可能要取决于设备操作期间按下的按钮。

发射器范围取决于设备中天线的尺寸和位置，但通常在汽车前部 3～4m。

按下 1、2 或 3 按钮，启用所需的遥控功能。

滚动代码编程：

某些系统制造商将会使用其设备上的启用开关。

必须先打开此开关，然后设备才会响应编程。可能需要参阅制造商说明才能找到此开关。

按下开关以启用设备（通常通过警示灯的亮起状态进行信号指示）。

在 30s 内用力按下并松开所选收发器按钮两次（在某些设备上，可能需要第三次用力按下并松开此按钮）。

10.4.5 2014 款起欧陆 GT 车轮定位数据

系统	项目			Continental GT & GT V8	Continental GT Speed
前悬架	前束	标称设置	每轮	10′±2′	10′±2′
	S 点	标称设置	每轮	5′±2′	5′±2′
	外倾角	标称设置	每轮	−1°5′±25′	−1°5′±25′
		公差(从右到左)	总数	20′	20′
	后倾角	标称设置	每轮	+3°42′±30	+3°54′±30
		公差(从右到左)	总数	30′	30′
后悬架	前束	标称设置	每轮	10′±2′	15′+5′
	外倾角	标称设置	每轮	−1°35′±5′	−1°25′+10′
		公差(从右到左)	总数	10′	10′
车身高度	车轮轮心到车轮拱罩/mm	前		404	394
		后		403	393
		公差		±3	±3

10.4.6 2014 款起欧陆 GT 制动检测数据

制动踏板自由移动范围	3.0mm	
制动蹄片(更换部件最小厚度)	铁质	前:2.8mm
		后:2.5mm
	陶瓷	前:2.0mm
		后:2.5mm
制动盘磨损(更换部件最小厚度)	铁质	前:34mm
		后:20mm
	陶瓷	最小厚度有所不同,会刻在每个制动盘上

10.4.7 2014款起欧陆GT油液容量与规格

（1）油液容量

描述	公制	英制	描述	公制	英制
油箱(标称)	90.0L	19.8gal	采用W12发动机的车辆	10.6L	18.7pt
发动机冷却系统			采用V8发动机的车辆	10.4L	18.3pt
采用W12发动机的车辆	20.0L	35.1pt	中央差速器油		
采用V8发动机的车辆	18.5L	32.5pt	采用W12发动机的车辆	2.6L	4.57pt
发动机油(含更换滤清器)			采用V8发动机的车辆	2.6L	4.57pt
采用W12发动机的车辆	12.5L	22.0pt	挡风玻璃清洗器储液箱	6.5L	11.4pt
采用V8发动机的车辆	8.0L	14.78pt	制动系统	0.87L	1.53pt
变速箱油			助力转向系统	1.8L	3.2pt

（2）油液规格

系统	采用W12发动机的车辆	采用V8发动机的车辆
成分/系统	产品	
发动机润滑系统	仅可使用NewLife OW/40机油	仅可使用5W/30～VW504.00/VW507.00
发动机冷却液	使用水和G12＋＋或G13防冻液按50∶50的比例组成的混合液。这可提供低至－30℃(－22℉)的防冻保护	
变速箱润滑系统	Shell ATF M1375.4G	Shell L12108
主减速器润滑系统(保养加注)	Castrol SAF-AG4	
助力转向	Pentosin CHF 11S	
制动系统	BAS FHydraulan 404 DOT 4	
空调制冷剂	R134A	
空调压缩机油	PAG油-ND8	

第11章 Chapter 11

兰博基尼汽车

11.1 Aventador LP700-4

11.1.1 2013款起LP700-4仪表台部件

LP700-4仪表台部件如图11-1、图11-2所示。

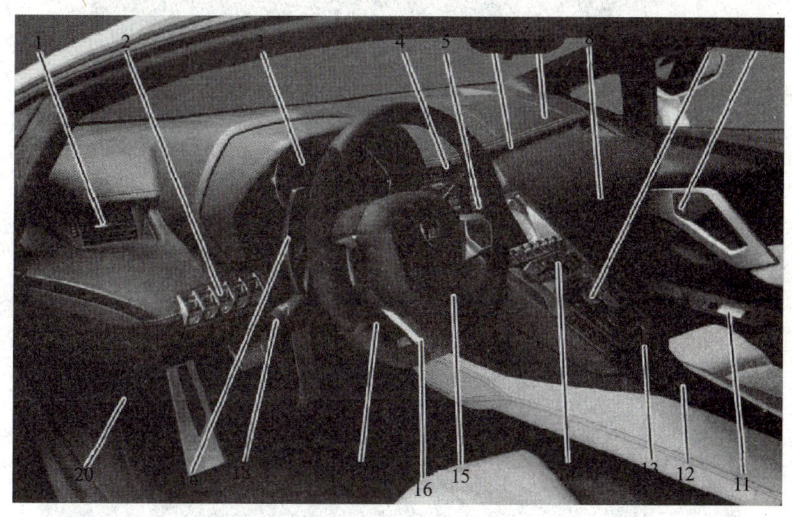

图11-1 LP700-4仪表台部件

1—可调式出风口；2—5按钮键盘：外部灯光操控；3—组合仪表；4—右侧操控杆（+），用以换入高挡；5—操控杆和开关（用于风挡玻璃刮水和清洗装置、车载计算机）；6—警告灯PASSENGER AIR BAG OFF；7—副驾驶员侧前部安全气囊；8—副驾驶员侧可锁式物品箱；9—START ENGINE STOP按钮；10—中央门锁开关；11—车门把手；12—机电驻车制动器的操纵杆；13—中控台；14—空调系统的操控；15—点火开关；16—多功能方向盘（带有电喇叭、驾驶员安全气囊、音响功能、电话和语言对话系统的操控按键）；17—方向盘位置调节操控杆；18—转向信号灯和远光灯操控杆开关；19—左侧操控杆（－），用以换入低挡；20—行李舱盖开锁操控杆

11.1.2 2013款起LP700-4组合仪表警告灯信息

LP700-4组合仪表指示灯如图11-3所示。

11.1.3 2013款起LP700-4时钟设置

组合仪表打开时，如果导航系统关闭，左侧显示器上将显示带有日期的时钟。可通过LIS操控单元设置时间、日期以及这些信息显示的方式。

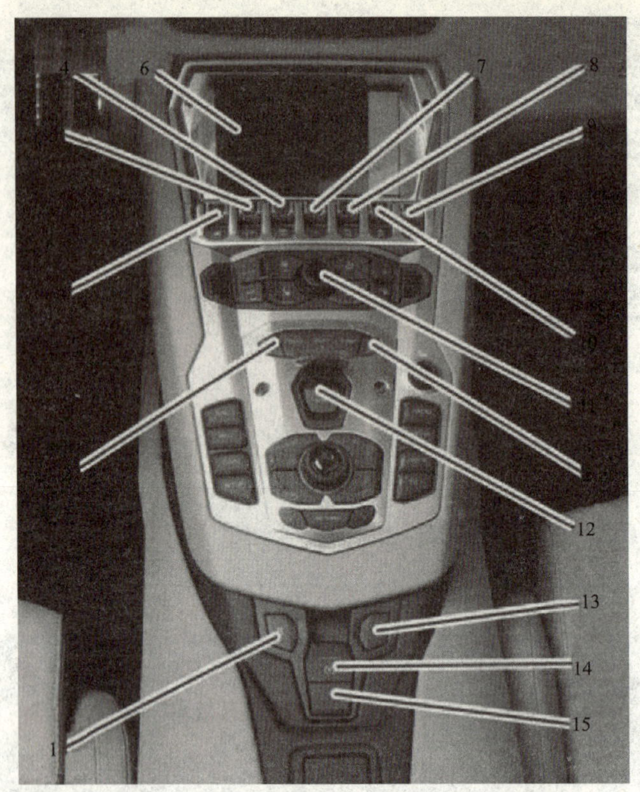

图 11-2　LP700-4 中控台部件

1—倒车挡挂入按钮；2—SPORT、CORSA、STRADA 运行模式选择按钮；3—左侧电动车窗；
4—ESC OFF 操控；5—前桥升降系统（Lifting System）；6—Lamborghini Infotainment System（LIS）显示器；
7—危险警告灯；8—驻车辅助系统按钮；9—右侧电动车窗；10—START & STOP 系统关闭按钮；
11—空调系统；12—START ENGINE STOP 按钮；13—MANUALE 换挡模式按钮；
14—机电驻车制动器的操纵杆；15—后扰流板手动运动按钮

图 11-3　LP700-4 组合仪表指示灯

1—转向信号灯（左侧）、（MIL）故障警告灯 OBD（CHECK ENGINE）、ABS 防抱死制动装置、安全气囊系统；
2—转向信号灯（右侧）、远光灯、未系安全带警告；3—机电驻车制动器；4—制动系统；5—燃油油位过低；
6—发动机油压力-故障；7—发动机油温度-故障、刹车片磨损警告灯；8—冷却系统故障、P EPB-机电驻车制动器故障；9，15，16，18—未使用；10—轮胎充气压力下降 TPMS；11—交流发电机/充电系统、蓄电池电量状态；12—ESC（电子稳定系统打开）、NOESC（电子稳定控制系统在 CORSA 模式下关闭）；
13—ESC SPORT-电子稳定系统以 SPORT 或 CORSA 模式打开、ESC OFF（电子稳定控制系统未启动）；
14—Lifting System 前桥升降系统失灵、Lifting System 前桥升降系统启动；17—车外低温度显示；
19—助力转向系统异常警告、EPC、亮度与下雨传感器、灯泡失灵警告、清洗液液位过低；
20—近光灯、DRLON；21—限速警告 1 与 2、关闭限速警告 1 与 2、e-gear 系统失灵、发动机进气系统、扰流板失灵警告、扰流板处于低位、扰流板处于高位、扰流板向下运动、扰流板向上运动、后扰流板手动运动、4WD 系统故障；22—START & STOP 系统打开的情况下发动机停止、START & STOP 系统打开的情况下发动机未停止、START & STOP 系统手动关闭、后雾灯；23—e-gear 换挡杆位于空挡的警告

(1) 调出时间和日期的设置菜单

① 按压按钮 CAR。

② 按压按钮 SETUP。

③ 按下与时间/日期相对应的按钮。

④ 在 LIS 系统显示器上显示时间和日期的设置菜单。

(2) 时间设置

① 旋转并按下旋钮 10（图 11-5）以选择“小时”。

② 小时的提示将在 LIS 系统显示器上显示出来。

③ 顺时针或逆时针旋转并按下旋钮设置小时。

④ 分钟的提示将在 LIS 系统显示器上显示出来。

⑤ 顺时针或逆时针旋转并按下旋钮设置分钟。

(3) 日期设置

① 旋转并按下旋钮以选择“日期”。

② 日的提示将在 LIS 系统显示器上显示出来。

③ 顺时针或逆时针旋转并按下旋钮设置日。

④ 月的提示将在 LIS 系统显示器上显示出来。

⑤ 顺时针或逆时针旋转并按下旋钮设置月。

⑥ 年的提示将在 LIS 系统显示器上显示出来。

⑦ 顺时针或逆时针旋转并按下旋钮设置年。

(4) 时间显示格式设置

① 旋转并按下旋钮以设置时间的显示格式。

② 旋转并按下旋钮以选择“24h/a. mp. m”。

③ 旋转并按下旋钮以选择 24h 或 a. m/p. m。

(5) 日期显示方式（日期格式）设置

① 旋转并按下旋钮以设置日期的显示格式。

② 旋转并按下旋钮以选择“日期格式”。

③ 如果需要显示为日期在前月在后，旋转并按下旋钮选择“DD. MM”，或“DD/MM”。

如果需要显示为月在前日期在后，选择“MM/DD”。

11.1.4 2013 款起 LP700-4 电动车窗初始化

重新连接蓄电池后，需要重启车窗完全关闭的自动功能。

• 拉动开关 1 或 2（见图 11-4）完全关闭车窗。

• 松开开关并再次将其拉起至少 1s。

11.1.5 2013 款起 LP700-4 后视镜自动翻回设置

驾驶员通过 LIS 系统可根据自己的需要设置后视镜的自动翻回。

这一功能启动后，使用遥控钥匙给车辆上锁的同时，后视镜也将自动翻回。

后视镜自动翻回的设置如下。

① 按压按钮 CAR，见图 11-5。

② 旋转并按下旋钮 10 以选择“中央门锁”。

③ 旋转并按下旋钮以选择“后视镜翻回”。

④ 如果需要打开功能，选择“ON”；如果需要关闭功能，选择“OFF”。

图 11-4 电动车窗操控

1—左侧车窗开关；2—右侧车窗开关

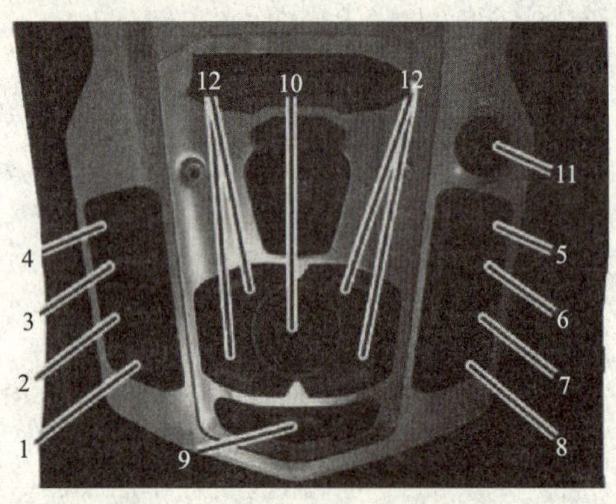

图 11-5 中控台 LIS 键盘

1—SETUP 按钮；2—CAR 按钮；3—INFO 按钮；4—NAV 按钮；5—RADIO 按钮；6—MEDIA 按钮；7—NAME 按钮；8—TEL 按钮；9—RETURN 按钮；10—Lamborghini Infotainment System（LIS）操控单元选择旋钮；11—ON/OFF 和 Lamborghini Infotainment System（LIS）音量调节按钮；12—LIS 屏幕上功能选择按钮

11.1.6 2013 款起 LP700-4 车轮信息

项目	前部	后部
Tubeless 不对称型子午线轮胎：轮胎 PIRELLIP ZERO 规格	255/35 ZR 19 96Y	335/30 ZR 20 104Y
正常使用冷态轮胎充气压力	2.3bar	2.3bar
以高于 240km/h 的车速持续使用	2.7bar	2.7bar
铝合金轮辋	9inJ×19inHZ ET 32.2	12inJ×20inHZ ET 56.7
轮胎 PIRELLI P ZERO 规格	255/30 R 20 92Y	335/25 R 21 107Y
正常使用冷态轮胎充气压力	2.3bar	2.3bar
以高于 240km/h 的车速持续使用	2.7bar	2.7bar
铝合金轮辋	9inJ×20inH2 ET 32.2	13inJ×21inH2 ET 66.7
冬季轮胎 PIRELLI WINTER 270 Serie Ⅱ SOTTOZERO 规格	255/35 R 19 96W M+S	335/30 R 20 104W M+S
正常使用冷态轮胎充气压力	2.4bar	2.4bar
铝合金轮辋	9inJ×19inHZ ET 32.2	12inJ×20inHZ ET 56.7

11.1.7 2013 款起 LP700-4 油液信息

项　　目	规格	容量
燃油箱	—	约 90L，储备量约为 20L
风挡玻璃清洗器和大灯清洗器储液罐	—	约 6.5L
发动机机油：以普通方式驾驶	VW 504 00（建议：Castrol SLX LongLife Ⅲ SAE 5W/30）	13L
以运动方式驾驶	VW 504 00（建议：Castrol SLX LongLife Ⅲ SAE 5W/30）	13L
寒冷国家（－30℃/－20℃）	VW 504 00（建议：Castrol SLX LongLife Ⅲ SAE 5W/30）	13L
发动机机油的更换量（同时更换滤清器）	—	13L
变速箱油	Burmah 70W/75	首次加油 3L、换油 2.6L
后桥差速器油	Agip rotra A-R 75W/90	首次加油 2L、换油 RDA1.3L
前桥差速器油	Agip rotra A-R 75W/90	首次加油 0.83L、换油 0.8L
Haldex	Statoil LSC Transmission fluid 301	首次加油 0.82L、换油至液位
制动液	BASF HYDRAULAN 404 PA-KELO BRAKE FLUID 404	0.75L
发动机冷却液	BASF G13TL-VW-774G	25L
空调制冷剂	R134A ECOLOGICAL	0.64kg
动力转向液	PENTOSIN N052 146 01	1.7L
空调器润滑液	Denso ND-OIL8	0.15L
Lifting System	TUTELA CS SPEED	0.3L
e-gear 系统循环液	PENTOSIN CHF 202	首次加油 0.8L，未规定更换，仅需加注

11.1.8 2013 款起 LP700-4 车轮定位

项　　目	前　　轮	后　　轮
车辆高度（自地面）	（121±2）mm	（123±2）mm
倾角	6°/+6°30′	—
车轮总内倾角	10′	20′
车轮外倾角	－1°	－1°30′
建议充气压力	2.4bar	2.4bar

注：总内倾角指两侧车轮内倾时形成的角度值。单侧内倾角原则上为总数值的一半。

11.2 Gallardo LP 570-4

11.2.1 2013 款起 LP570-4 仪表台部件

LP570-4 仪表台相关部件见图 11-6～图 11-10。

图 11-6 LP570-4 仪表台部件

1—行李舱盖开锁；2—调节方向盘位置的操控杆；3—点火开关；4—车门把手；5—中央门锁开关
6—方向盘，带有：喇叭、驾驶员安全气囊；7—转向信号灯和远光灯控制杆开关；
8—e-gear 系统的 DOWN（－）换挡杆；9—可调式出风口；10—固定式出风口；
11—e-gear 系统的 UP（＋）换挡杆；12—组合仪表板；13—操控杆和开关，
用于：风挡玻璃刮水和清洗装置、车载计算机；14—中控台；
15—副驾驶员安全气囊；16—副驾驶员侧可锁式物品箱；17—手制动器

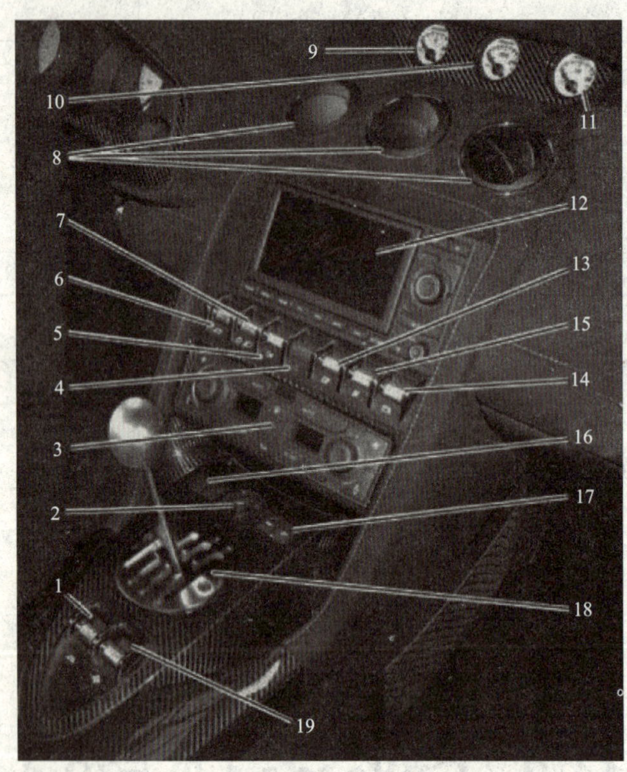

图 11-7 带手动变速器的 LP570-4 中控台部件

1—打开/关闭软顶系统；2—调节车外后视镜；3—空调系统；4—危险警告灯；5—车灯开关；
6—左侧电动车窗；7—后雾灯；8—可调式出风口；9—发动机油压表；10—机油温度表；
11—蓄电池电压表；12—Lamborghini 多媒体系统；13—ESC 操控；14—右侧电动车窗；
15—开启燃油箱盖；16—解除日光灯按钮 DRL OFF（欧洲市场车型未配备）；
17—前桥升降系统（Lifting System）；18—换挡杆；19—电动后车窗

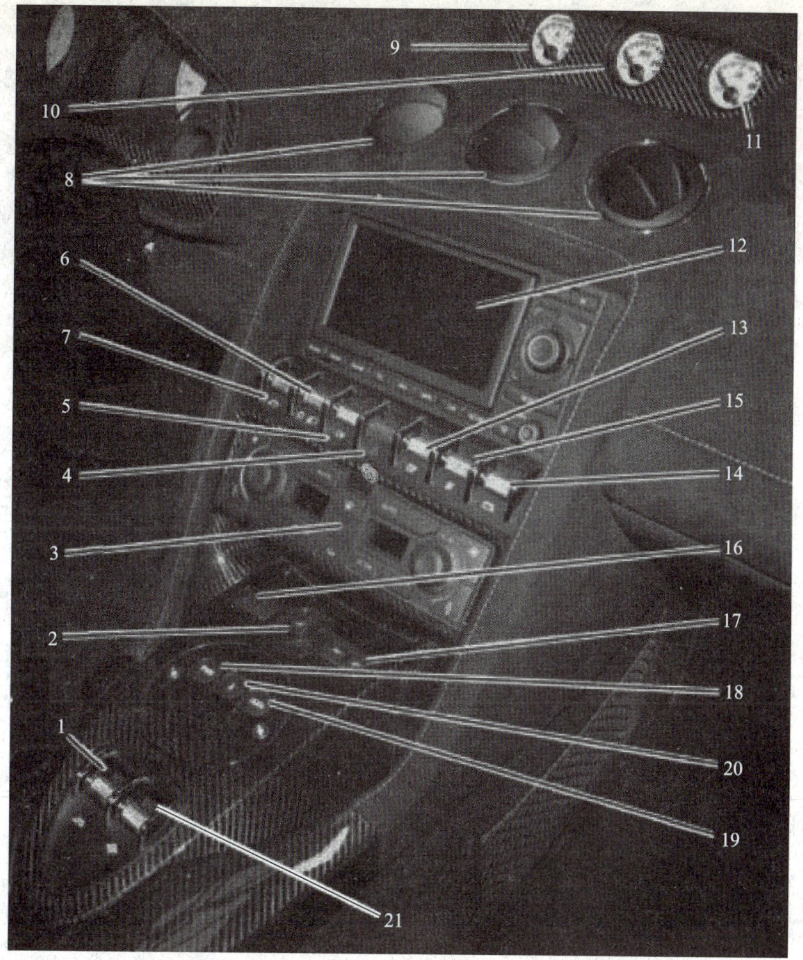

图 11-8 带有 e-gear 系统的 LP570-4 中控台部件

1—打开/关闭软顶系统；2—调节车外后视镜；3—空调系统；4—危险警告灯；5—车灯开关；6—左侧电动车窗；7—后雾灯；8—可调式出风口；9—发动机油压表；10—机油温度表；11—蓄电池电压表；12—Lamborghini 多媒体系统；13—ESC 操控；14—右侧电动车窗；15—开启燃油箱盖；16—解除日光灯按钮（DRL OFF）（欧洲市场车型未配备）；17—前桥升降系统（Lifting System）；18—SPORT 模式按钮；19—CORSA 模式按钮；20—AUTOMATIC 模式按钮；21—电动后车窗

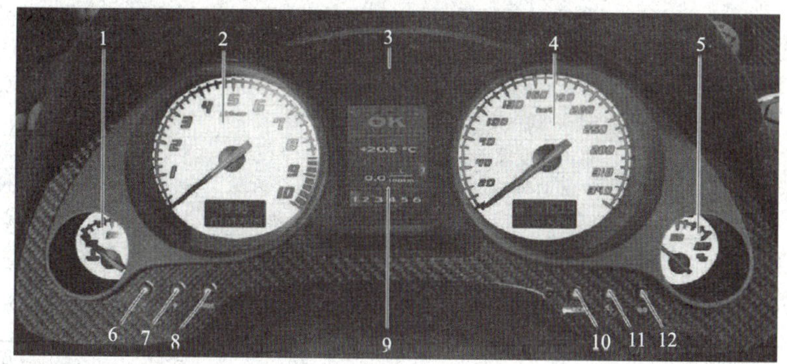

图 11-9 LP570-4 仪表盘部件

1—冷却液温度表；2—转速表-数字时钟和日期显示器；3—组合仪表的警告灯；4—车速表及里程表；5—燃油表；6,7—调节按钮，用于：数字时钟和日期显示器、仪表照明；8—MODE 按钮；9—驾驶员信息系统显示器；10—CHECK 按钮；11—限速警告等级设置按钮；12—短途行驶里程表复位按钮

图 11-10 LP570-4 仪表盘信号指示灯

1—左侧转向信号灯；2—（MI）故障警告灯；3—安全气囊系统和翻车保护系统；4—软顶系统的电动操作；5—刹车片磨损警告灯；6—ESC OFF-电子稳定控制系统未启动；7—ABS-防抱死制动装置；8—未系安全带警告；9—Lifting System-前桥升降系统警告灯；10—右侧转向信号灯；11—制动系统故障/手制动器拉紧；12—TPMS 警告灯；13—近光灯；14—驾驶员信息系统；15—远光灯；16—交流发电机/充电系统；17—ESC-电子稳定系统

11.2.2 2013 款起 LP570-4 电动车窗复位

暂时断开蓄电池接线后，必须将车窗的自动打开和关闭功能复位。

具体操作过程如下。

- 向上拉起开关将车窗完全关闭，直至车窗停止移动。
- 松开开关，然后再次按下 1s。

此后即可启用其自动功能。

11.2.3 2013 款起 LP570-4 制动器检测数据

系统	项目	数据	
		前部制动器	后部制动器
钢质部件	制动盘直径	365mm	356mm
	制动盘厚度	34mm	32mm
	制动钳	8 个活塞	4 个活塞
	最小厚度为	31.8mm	29.8mm
碳素部件	制动盘直径	380mm	356mm
	制动盘厚度	38mm	32mm
	制动钳	6 个活塞	4 个活塞
	制动盘磨损	每个制动盘的最小厚度不同,在制动盘上刻有标记	

11.2.4 2013 款起 LP570-4 轮胎信息

项目	前部	后部
Tubeless 不对称型子午线轮胎		
轮胎 PIRELLI P ZERO 规格	235/35 ZR 19 91Y	295/30 ZR 19 100Y
正常使用冷态轮胎充气压力	2.4bar	2.2bar
以高于 260km/h 的车速持续使用	3bar	3bar

续表

项目	前部	后部
铝合金轮辋	8.5in×19in	11in×19in
冬季轮胎 PIRELLI WINTER 240 SOTTOZERO 规格	235/35 R19 87V M+S	295/30 R19 100V M+S
正常使用时冷态轮胎充气压力	2.4bar	2.2bar
铝合金轮辋	8.5in×19in	11in×19in
轮胎 PIRELLIP ZERO CORSA 规格	235/35 ZR 19 91Y	295/30 ZR 19 100Y
正常使用冷态轮胎充气压力	2.4bar	2.2bar
以高于 260km/h 的车速持续使用	3bar	3bar
铝合金轮辋	8.5in×19in	11in×19in

11.2.5 2013 款起 LP570-4 燃油规格与容量

种类	规格	容量
燃油箱	—	约 80L
风挡玻璃清洗器和大灯清洗器储液罐	—	约 5.5L
发动机机油		
以普通方式驾驶	VW 504 00(建议:Castrol SLX LongLife Ⅲ SAE 5W/30)	8.3L
以运动方式驾驶	VW 504 00(建议:Castrol SLX LongLife Ⅲ SAE 5W/30)	8.3L
寒冷国家(−30℃/−20℃)	VW 504 00(建议:Castrol SLXLongLifeⅢ SAE 5W/30)	8.3L
发动机机油的更换量(同时更换滤清器)	—	8.3L
变速箱和后桥差速器低黏度油	Burmah 70W/75	首次加油 4.75L、换油 4L
前桥差速器油	Burmah SAF-AG4	首次加油 1.5L、换油 1.4L
制动器/离合器液	BASF HYDRAULAN 404 PAKELO BRAKE FLUID 404	0.75L
发动机冷却液	BASF G12++TL-VW-774G	21L
空调制冷剂	R134A ECOLOGICAL	0.55kg
动力转向液	PENTOSIN N052 146 01	1.7L
Lifting System	AGIP ATF Ⅱ D	0.3L
e-gear 系统循环液	PENTOSIN N052 146 01	加满为止

11.2.6 2013 款起 LP570-4 四轮定位

项目	前轮	后轮
车辆高度(自地面)/mm	130±5	140±5
倾角	6°15′±0°15′	—
车轮总内倾角	0°20′±0°04′	0°20′±0°04′
车轮外倾角	−1°00′±0°05′	−1°25′±0°05′
建议充气压力/bar	2.4±0.1	2.2±0.1

注：总内倾角指两侧车轮内倾时形成的角度值。单侧内倾角原则上为总数值的一半。

美洲车系

第1章 Chapter 1 别克汽车

1.1 君威

1.1.1 别克新君威保养灯归零

打开钥匙，快踩油门 3 次。

1.1.2 君威电动车窗初始化及自学习

如果车窗无法自动关闭（例如，在断开车辆蓄电池后）。警告信息会显示在驾驶员信息中心上。

按如下步骤启用车窗电子装置。

① 关上车门。

② 接通点火开关。

③ 完全关闭车窗，并再多拉起开关 2s。

1.1.3 君威电动天窗初始化及自学习

如果天窗不能关闭或位置异常（比如断开蓄电池以后），请按照如下方式重新初始化天窗。

① 如果天窗是关闭状态，保持轻按（第一挡）开关10s以上，直至天窗玻璃自动位于翘起位置。

② 如果天窗是打开状态，保持轻按（第一挡）开关直至天窗完全关闭，然后短时间释放开关然后再次轻按（第一挡）开关10s以上，直至天窗玻璃自动位于翘起位置。

如果天窗初始化以后不能正确关闭，则：

① 按下开关让天窗完全打开。

② 释放开关，然后轻按（第一挡）开关10s以上，直至天窗自动运行并停止于关闭位置。

1.2 君　越

1.2.1 2006款起君越保养灯归零

(1) 无信息中心配置的机油保养灯归零设定

按本程序重新设定通用汽车机油寿命监视系统：

① 打开点火开关，但不启动发动机。

② 在5s内完全踩下并松开加速踏板三次。

如果“立即更换机油”指示灯闪烁两次，则系统已经重新设定。如果“立即更换机油”指示灯启亮并保持5s，试再次重新设定系统。

(2) 带信息中心的机油保养灯归零设定

将点火开关置于“ON”位置，按下信息中心按钮中最右侧的Gage按钮，直到在仪表信息中心出现“机油寿命：--%，按动箭头键复位”的提示信息。根据信息中心的提示，按下带箭头的确认键不放，直到机油寿命显示为100%，复位完成。操作按钮位置如图1-1所示。

图1-1　君越驾驶员信息中心操作面板

1.2.2 2006款起君越轮胎气压复位方法

① 打开点火开关。

② 按动信息中心按钮中最右的Gage按钮，见图1-2，直至信息中心出现轮胎监测系统复位信息。

③ 按下信息中心按钮带箭头的确认键不松手，直至机油寿命显示100%，完毕。

图 1-2 君越中控台信息中心按钮

1.2.3 2006 款起君越更换车身控制单元后消除“禁止启动”方法

① 打开点火开关，仪表中央的驾驶人信息中心会显示“禁止启动”信息。

② 等待 10min 后，将点火钥匙旋转至断开位置，等待 5～7s。

③ 将步骤①和步骤②重复执行 2 次。

④ 上述操作完成后，接通点火开关，仪表中央的驾驶人信息中心的“禁止启动”信息会消失。

⑤ 用诊断设备消除发动机控制单元和车身控制单元内存储的故障代码。

1.2.4 2006 款起君越电子罗盘校准

(1) 罗盘校准

罗盘可以自校准。但是在一定条件下，尤其当汽车行驶了很长距离后，罗盘就要进行人工校准。如果罗盘表头空白或驾驶员信息中心（DIC）显示 CAL（校准）时，罗盘必须重新校准。按下菜单键找到 COMPASS ZONE（罗盘区）选项。按下设置/复位按钮扫描罗盘适用的区域。按下菜单键进到 COMPASS CALIBRATION（罗盘校准）选项。要校准罗盘，按下设置/复位键直到驾驶员信息中心显示 CALIBRATION BEGUN DRIVE UNTIL DONE（校准开始运行直到完成）。在无磁性区域内，以小于 5mile/h（1mile＝1.609km）的速度驾驶车辆绕两圈。当驾驶员信息中心显示 CALIBRATION FINISHED（校准完成）信息时，校准也就完成了。

(2) 罗盘磁性偏差调整

罗盘偏差就是磁场北极和地理北极之间的偏差。在国内的某些地区，这种偏差足以导致罗盘读数错误。如果出现这种情况，必须设置罗盘偏差。查看偏差区域地图，确定正确的区域。区域编码为 1～15。当驾驶员信息中心处于 COMPASS ZONE（罗盘区域）选项时，驾驶员信息中心将显示当前罗盘区域。按下设置/复位按钮在罗盘适用的区域内滚动。按下设置/复位按钮几秒钟，选中显示的罗盘区域。罗盘/温度模式不能复位。在点火开关处于 OFF（关）状态时，该模式可以保持。

1.3 英　朗

1.3.1 2010 款起英朗保养灯归零方法

由于别克英朗轿车全盘套用欧宝 Astra（雅特）轿车，它们的行车控制单元、复位键都一样，所以欧宝雅特轿车的保养灯手工复位方法一样适用于英朗轿车。

① 压下并保持归零按键（见图 1-3），同时踩下制动踏板。

图 1-3　英朗归零按钮

② 将点火开关置于 ON 位，不要启动车辆。

③ 字符“INSP”将闪现或显示屏闪烁。

④ 继续保持压下归零按键，直到“…”出现在显示屏上。

⑤ 释放归零按键，松开制动踏板。

⑥ 将点火开关转回 OFF 状态，归零工作结束。

还有一种原始的归零方式，拔掉蓄电池线，保持断电状态达 5min 以上，即可将行车控制单元大多临时数据归零，含保养灯归零在内。

1.3.2　2010 款起英朗电动车窗与天窗初始化

（1）初始化电动车窗

如果车窗无法自动关闭（例如，在断开车辆蓄电池后），驾驶员信息中心内会显示警告信息或警告代码。按如下步骤启用车窗电子装置。

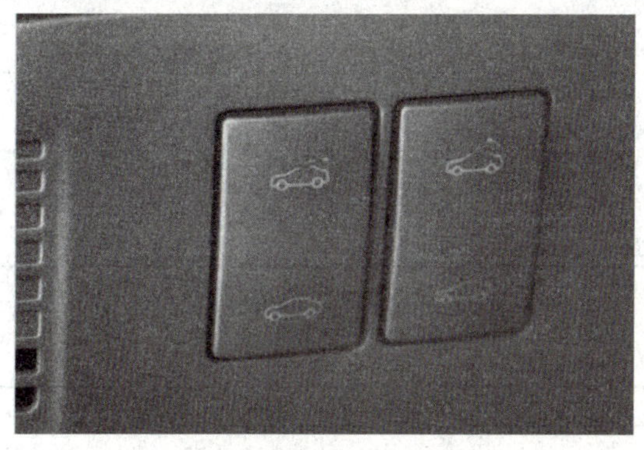

图 1-4　英朗天窗开关按钮

① 关上车门。

② 接通点火开关。

③ 完全关闭车窗，并再多拉起开关 2s。

④ 每一车窗均重复以上步骤。

（2）天窗初始化及自学习

如果天窗无法正常关闭，请按如下步骤启用天窗电子装置。

① 按住天窗关闭按钮（如图 1-4 所示），天窗玻璃移动至关闭位置。

② 松开按钮。

③ 再按住关闭按钮保持 10s，天窗会自动打开并停在升起位置，然后松开按钮 1s。

④ 再次按住关闭按钮，5s 后天窗将自动下降、滑动打开、滑动关闭，并且停止。

⑤ 天窗停止运动后，松开按钮，初始化及自学习过程结束。

1.4　凯　　越

1.4.1　2014 款起凯越仪表信息

凯越仪表部件信息见图 1-5。

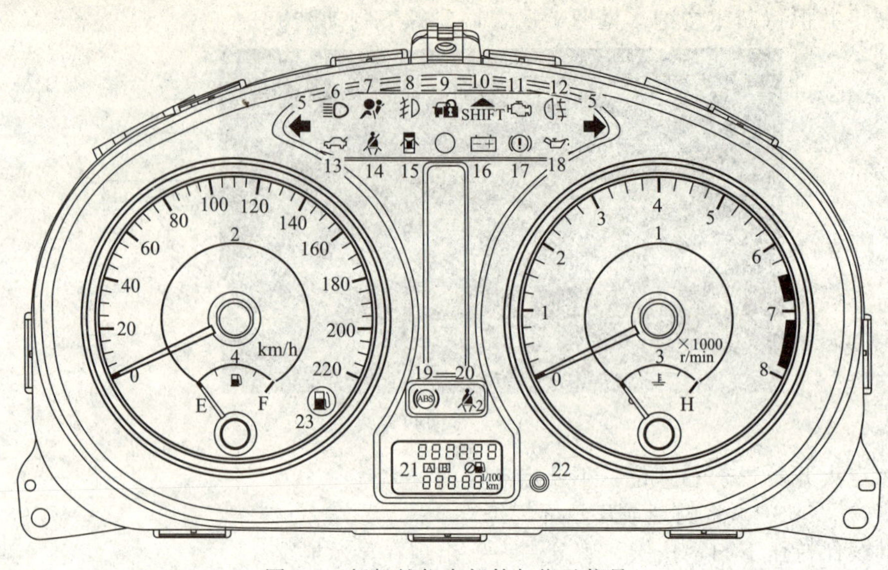

图 1-5　新凯越仪表部件与指示信号

1—转速表；2—车速表；3—冷却液温度表；4—燃油表；5—转向信号指示灯；
6—远光灯指示灯；7—安全气囊警告灯；8—前雾灯指示灯（如装备）；
9—防盗指示灯；10—加挡指示灯；11—故障指示灯；12—后雾灯指示灯；
13—行李箱盖警告灯；14—驾驶员安全带指示灯；15—开门警告灯；
16—充电系统警告灯；17—制动系统警告灯；18—机油压力指示灯；
19—ABS（防抱死制动系统）警告灯；20—前排乘客安全带提示灯（如装备）；
21—里程/油耗表；22—里程/油耗表模式选择键；23—低燃油量警告灯

1.4.2　2014 款起凯越车轮定位数据

项　目	参　数	
前轮	外倾角	－0.33°±0.75°
	主销后倾角	4°±0.75°
	前束角(左＋右)	0°±0.08°
后轮	外倾角	左：－0.9°±0.6°；右：－1.1°±0.6°
	外倾角左右允差	0°±0.75°
	前束角(左＋右)	0.13°±0.04°

1.4.3　2014 款起凯越油液规格

名称	牌号	容量/L	
		MT	AT
发动机机油	5W/30	4	4
发动机冷却液(混合液)	9985809	6.5	6.5
手动变速器油	75W/90	1.8	—
自动变速器油	DEXRON-VI	—	8.14

1.5　昂　科　拉

1.5.1　2013 款起昂科拉初始化电动车窗

如果车窗无法自动关闭（如断开车辆蓄电池后），则按照以下步骤激活车窗电子装置。

① 关闭车门。
② 接通点火开关。
③ 完全关闭车窗，并再多拉起开关 2s。
④ 各车窗重复这些步骤。

1.5.2 2013 款起昂科拉保险丝信息

MINI 保险丝：

编号	电　路
1	天窗
2	车外后视镜开关
3	未使用
4	未使用
5	制动电子控制模块阀
6	未使用
7	未使用
8	变速器控制模块 B+
9	未使用
10	前照灯水平调节左侧/右侧
11	后窗刮水器
12	后窗除雾器
13	未使用
14	车外后视镜加热
15	未使用
16	加热型座椅模块(备用)
17	变速器控制模块
18	发动机控制模块
19	燃油泵
20	未使用
21	风扇继电器
22	未使用
23	点火线圈/喷油器线圈
24	清洗器泵
25	未使用
26	炭罐吹洗电磁阀/水压电磁阀/涡轮排气泄压电磁阀/涡轮旁通电磁阀/氧传感器
27	未使用
28	未使用
29	发动机控制模块点火 1/点火 2
30	空气流量传感器
31	左侧远光灯
32	右侧远光灯
33	发动机控制模块 B+
34	喇叭
35	空调离合器
36	前雾灯

J-CASE 保险丝：

编号	电路	编号	电路
1	制动电子控制模块泵	7	未使用
2	挡风玻璃刮水器	8	低速/中速冷却风扇
3	线性额定功率模块	9	高速冷却风扇
4	仪表板电气中心	10	电子真空泵
5	未使用	11	启动机电磁线圈
6	未使用		

仪表板保险丝如图 1-6 所示：

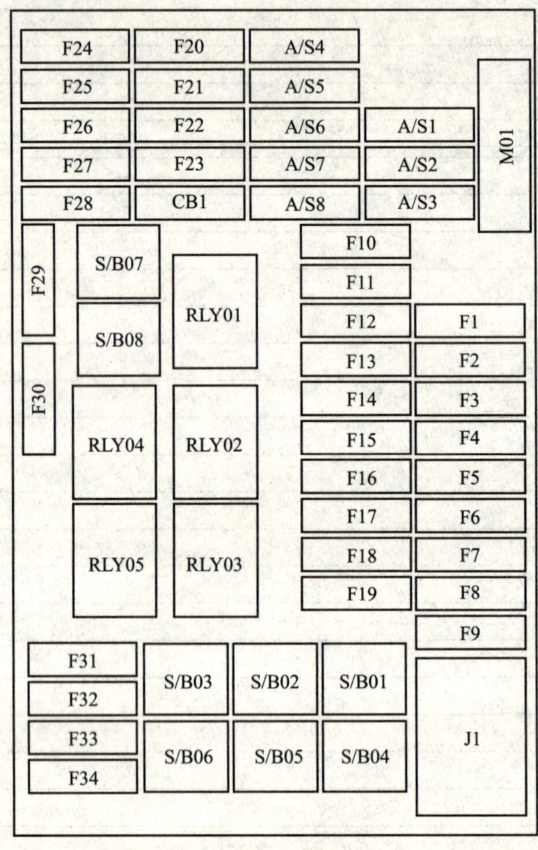

图 1-6 仪表板保险丝盒

MINI 保险丝：

编号	电 路	编号	电 路
F1	车身控制模块 1	F11	数据链路连接器
F2	车身控制模块 2	F12	暖风、通风与空调系统集成电路面板
F3	车身控制模块 3	F13	举升门继电器
F4	车身控制模块 4	F14	倒车辅助系统模块
F5	车身控制模块 5	F15	车内后视镜
F6	车身控制模块 6	F16	未使用
F7	车身控制模块 7	F17	驾驶员侧电动车窗开关
F8	车身控制模块 8	F18	雨量传感器
F9	点火开关	F19	车身控制模块
F10	传感与诊断模块	F20	时钟弹簧线圈

续表

编号	电　路	编号	电　路
F21	驻车挡、倒车挡、空挡、前进挡和低速挡	F28	前照灯开关
F22	点烟器/直流电源插座	F29	未使用
F23	未使用	F30	未使用
F24	未使用	F31	仪表板
F25	未使用	F32	音响
F26	传感与诊断模块	F33	面板
F27	仪表板	F34	安吉

S/B 保险丝：

编号	电　路	编号	电　路
01	未使用	05	仪表板电气中心
02	未使用	06	未使用
03	前电动车窗电动机	07	前排电动车窗开关
04	后电动车窗电动机	08	后排电动车窗开关

行李厢保险丝如图 1-7 所示。

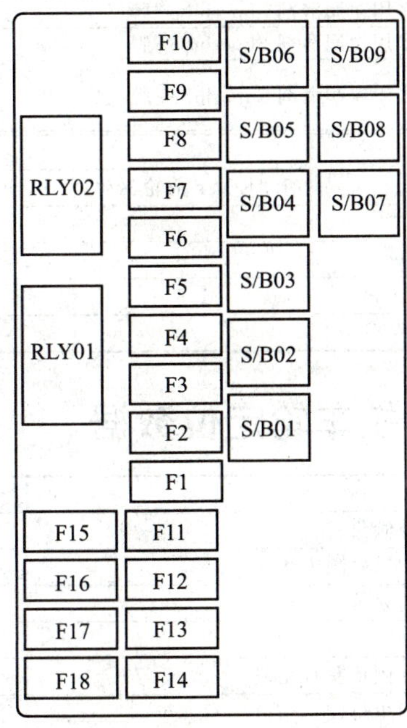

图 1-7　行李厢保险丝盒

MINI 保险丝：

编号	电　路	编号	电　路
F1	驾驶员电动腰撑开关(备用)	F10	—
F2	副驾驶电动腰撑开关(备用)	F11	—
F3	—	F12	—
F4	—	F13	—
F5	全轮驱动模块	F14	
F6	—	F15	—
F7	—	F16	—
F8	—	F17	后视摄像头
F9	—	F18	—

S/B 保险丝：

编号	电　路	编号	电　路
01	驾驶员电动座椅开关(备用)	06	—
02	副驾驶电动座椅开关(备用)	07	—
03	—	08	—
04	—	09	—
05	运行和运行/启动供电电源		

1.5.3 2013 款起昂科拉油液规格

发动机机油	符合 dexos™规格的专用发动机机油。可通过 Dexos™认证标志识别符合此规格的机油。寻找并使用显示有 dexos™认证标志且黏度等级正确的发动机机油
燃油清洁添加剂	GM 零件号：88861011
发动机冷却液	DEX-COOL
液压制动系统	DOT4(＋)
挡风玻璃清洗溶剂	上海通用汽车挡风玻璃清洗剂
自动变速器油液	DEXRON®-VI
手动变速器油液	BOT303 mod
钥匙锁芯油	多用途润滑剂 Superlube®牌
发动机罩及车门铰链	多用途润滑剂 Superlube®牌
后折叠式座椅、加油口活门铰链和举升门铰链	多用途润滑剂 Superlube®牌

名称	牌号	容量/L		
		1.4L MT 前轮驱动	1.4L AT 前轮驱动	1.4L AT 全轮驱动
发动机机油	5W/30	4		
发动机冷却液(混合液)	9985809	6.5		
手动变速器油	BOT303 mod	1.9	—	—
自动变速器油	DEXRON-VI	—	8.14	8.14

1.5.4 2013 款起昂科拉车轮定位数据

项目		参数
前轮	外倾角	−0.6°±0.75°
	主销后倾角	4.5°±0.75°
	前束角(左＋右)	0.16°±0.2°
后轮	外倾角	−1°±0.75°
	外倾角左右允差	0°±0.75°
	前束角(左＋右)	0.2°±0.4°
	推进角	0°±0.30°

1.6 昂　科　雷

2008 款起昂科雷天窗/遮阳板电动机初始化设定

(1) 天窗电动机/执行器初始化（现有电动机）

① 点火 ON，按压开窗开关至通风开关位置。直到天窗到达通风软停止位置后释放开关，按压并保持天窗开关大约 10s，天窗到达通风开启的硬停止位置，然后又回到软停止位置后，释放开关。

② 在 3s 内再次按下并保持天窗通风开关，天窗会向冲洗位置移动。

③ 继续保持按压开关直到天窗移至全开，再返回到全关位置，最终停在关闭位置，释

放开关初始化程序完成。

④ 确认天窗的运行状况。

(2) 天窗电动机/执行器初始化（新电动机）

① 按压天窗开关至通风位置，直到天窗到达通风的硬停止位置，然后回到软停止位置后释放开关。

② 在 3s 内再次按下并保持天窗通风开关，天窗会向冲洗位置移动。

③ 继续保持按压开关直到天窗移至全开，再返回到全关位置，最终停在关闭位置，释放开关初始化程序完成。

④ 确认天窗的运行状况。

(3) 遮阳板电动机/执行器初始化（现有遮阳板）

① 点火 ON，按压遮阳板开关至开启位置，等遮阳板到达全开软停止位置，释放开关。按压并保持遮阳板开启开关大约 10s，直到遮阳板向后移动到全开位置的硬停止位置，缓冲一下，又移动到软停止位置，释放按钮。

② 在 3s 内，再次按压并保持遮阳板开启开关，遮阳板会向关闭位置移动。

③ 继续按压开关直到遮阳板到关闭位置，停止后，释放按钮，初始化程序完成。

④ 确认遮阳板的运行状况。

(4) 遮阳板电动机/执行器初始化（新遮阳板）

① 点火 ON，按压并保持遮阳板开启开关大约 10s，直到遮阳板向后移动到全开位置的硬停止位置，缓冲一下，又移动到软停止位置，释放按钮。

② 在 3s 内，再次按压并保持遮阳板开启开关，遮阳板会向关闭位置移动。

③ 继续按压开关直到遮阳板到关闭位置，停止后，释放按钮，初始化程序完成。

④ 确认遮阳板的运行状况。

1.7 林荫大道

1.7.1 2007 款起林荫大道保养灯归零

① 关闭点火开关。

② 按住“TRIP”按钮，如图 1-8 所示。

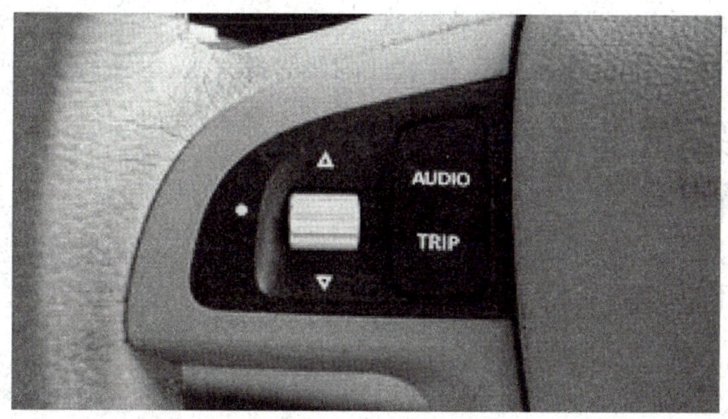

图 1-8 林荫大道方向盘左侧功能键

③ 打开点火开关。

④ 松开“TRIP”按钮。

⑤ 提示“保养复位”时，按住“ENTER”开关 3～5s。

⑥ 有响声之后确认完成。

⑦ 关闭点火开关。

1.7.2　2012 款起林荫大道车轮定位数据

项目		数据
前轮	外倾角	$-0.20°\pm0.50°$
	主销后倾角	$6°\pm1.25°$
	前束角(左+右)	$0.08°\pm0.08°$
后轮	外倾角	$-0.25°\pm0.45°$
	前束角(左+右)	名义值$=0.05°$,$>-0.05°$

1.8　GL8

1.8.1　世纪／君威／GL8 保养灯归零

别克世纪/君威/GL8 轿车动力系统控制模块利用发动机控制系统中各传感器的输入，计算并确定机油寿命。通过 CLASS-2 串行数据总线向仪表组件发送计算值。当 PCM 确定机油寿命快到时，通过启亮“CHANGE OIL SOON（立即更换机油）”指示灯，通知驾驶员更换机油。

“CHANGE OIL SOON（立即更换机油）”指示灯归零方法如下。

① 将点火开置于“ON”位置，保持发动机熄火。

② 在 5s 内，踩下并松开加速踏板 3 次。

③ 观察“立即更换机油”指示灯闪亮两次，说明系统已经重设定。如果指示灯启亮并保持 5s，则系统未重设定，需要对系统进行两次重设定。

④ 如果用专用仪器 TECH-II，可以重新设定不同程度的机油寿命（如设定机油寿命为 80%）。

君威轿车安装有机油寿命监视系统，当仪表板中“CHANGE OIL SOON”灯亮时，表明应更换机油和机油滤清器。更换发动机机油和机油滤清器后，应对机油寿命监视系统执行复位操作。

机油寿命监视系统复位操作方法如下。

① 将点火开关转至“ON”位置，但不启动发动机。

② 在 5s 内完成踩下并松开加速踏板 3 次。

③ 如果“CHANGE OIL SOON”指示灯闪烁 2 次，表示系统已经完成复位操作。

1.8.2　2010 款 GL8 保养灯归零

① 首先上车打开点火开关。

② 在打开点火开关 5s 内，踏踩油门踏板 3 次。

③ 再关闭点火开关，等 5s 后再打开点火开关，此时检查仪表机油“扳手”灯（指的是发动机保养灯）是否熄灭。

④ 如果没熄灭，是操作的时间没把握好，请重新操作“打开点火开关 5s 内，踏踩油门踏板 3 次”。

⑤ 此时启动发动机保养灯应熄灭，保养灯归零完成。

1.8.3　2003 款前 GL8 更换车身控制单元学习程序

更换新车身电脑或遥控器、点火开关的学习程序如下。

① 拔出钥匙。

② 关上车门，按住“UNLOCK”键不动。

③ 插入、拔出点火钥匙两次。

④ 再插入点火钥匙不动，同时按下“LOCK”、“UNLOCK”键 7s，门铃响两声，学习完成。

1.8.4 2006 款 GL8 手动修改自动门锁操作模式

① 关闭仪表板（IP）变光器开关在，将点火开关置于“LOCK”（闭锁）位置。拆卸车身控制模块“编程（PRGRM）”熔断器。将点火开关拨至“ACC”位置。听到 3 次警报声后，车身控制模块进入定制模式。

② 按下任一门锁开关上的 LOCK 键。

1.9 GL8 豪华

1.9.1 2011 款起 GL8 豪华商务型电动车窗设定

如果车窗无法自动关闭（例如，在断开车辆蓄电池后），驾驶员信息中心内会显示警告信息。

按如下步骤启用车窗电子装置。

① 关上车门。

② 接通点火开关。

③ 完全关闭车窗，并再多拉起开关 2s。

④ 每一车窗均重复以上步骤。

1.9.2 2011 款起 GL8 豪华商务型电动天窗初始化设定

在天窗关闭状态下，按住开关前部达 10s，可初始化天窗。

第2章 雪佛兰汽车

Chapter 2

2.1 迈 锐 宝

2.1.1 2012款起迈锐宝电动车窗初始化

如果车辆的电池被重新充电、断开连接或者未正常工作，将需要对驾驶员侧电动车窗重新编程以使用快速上升功能。重编程之前更换或对车辆电池重新充电。

驾驶员侧车窗初始化设定：

① 点火开关位于ACC/ACCESSORY（附件）或者ON/RUN（打开/运行）或者在RAP（保持型附件电源）位置时，关闭所有车门。

② 按住电动车窗开关直到车窗完全打开。

③ 拉起电动车窗开关直到车窗完全关闭。

④ 车窗完全关闭后继续向上提住开关约2s。

现在车窗已经完成编程。

2.1.2 2012款起迈锐宝轮胎气压监测系统传感器匹配设定

每个轮胎气压监测系统传感器均有唯一的识别代码。车辆轮胎换位或更换一个或多个轮胎气压监测系统传感器后，需要将识别代码匹配到新轮胎/车轮位置。同样，用备胎更换带有轮胎气压监测系统传感器的轮胎后，应进行轮胎气压监测系统传感器匹配程序。在下一个点火循环中，故障指示灯应熄灭，驾驶员信息中心不再显示信息（如装备）。使用轮胎气压监测系统重新读入工具按照以下顺序将传感器匹配到轮胎/车轮位置：驾驶员侧前轮胎、乘客侧前轮胎、乘客侧后轮胎和驾驶员侧后轮胎。

匹配到第1个轮胎/车轮位置有2min时间，匹配到所有4个轮胎/车轮位置总共有5min时间。若时间太长，应停止匹配程序，并重新开始。

轮胎气压监测系统传感器匹配程序如下。

① 设置驻车制动器。

② 在发动机关闭的情况下，将点火开关置于ON/RUN（打开/运行）位置。

③ 使用“MENU（菜单）”按钮选择驾驶员信息中心（DIC）的车辆信息菜单。

④ 使用指轮滚动至“胎压”菜单显示屏。

⑤ 按下并按住“SET/CLR（设置/清除）”按钮开始传感器匹配程序，将显示要求确认程序的信息。

⑥ 若有要求，再次按下“SET/CLR（设置/清除）”确认选择。喇叭鸣响2次表示接收器处于重新读入模式，驾驶员信息中心显示屏将显示“轮胎学习”或“轮胎学习启用”

信息。

⑦ 从驾驶员侧前轮胎开始。

⑧ 将重新读入工具紧靠胎壁、置于气门杆附近。然后按下按钮启动轮胎气压监测系统传感器。喇叭鸣响表示传感器识别代码与该轮胎和车轮位置相匹配。

⑨ 接着对乘客侧前轮胎进行操作，重复步骤⑧中的程序。

⑩ 接着对乘客侧后轮胎进行操作，重复步骤⑧中的程序。

⑪ 接着对驾驶员侧后轮胎进行操作，重复步骤⑧中的程序。喇叭鸣响 2 次表示传感器识别代码与驾驶员侧后轮胎位置相匹配，并且轮胎气压监测系统传感器匹配程序停用。驾驶员信息中心显示屏不再显示“轮胎学习”或“轮胎学习启用”信息。

⑫ 将点火开关置于 LOCK/OFF（锁定/关闭）位置。

⑬ 按照胎压标签上的说明，将所有的四个轮胎设定到推荐的压力水平。

2.2 科 鲁 兹

2.2.1 2009 款起科鲁兹保养灯归零方法

① 驾驶员信息中心显示“OIL LIFE RESET”（重设机油寿命）。

② 按下“ENTER”（输入）按键。

③ 显示“ACKNOWLEDGED”（确认）3s。

④ 系统复位完成。

⑤ 关闭点火开关，然后重新启动发动机检测复位情况。

2.2.2 2009 款起科鲁兹天窗保护模式复位

因受非正常外力因素的影响，为了不引起进一步的损害，科鲁兹车辆的天窗（如配置）可能进入保护模式。即天窗关闭过程中天窗玻璃移动遇到挡风条支架回弹，并且即使持续按手动关闭按钮后，天窗玻璃也无法关闭到与车顶平齐的位置。

在进行复位操作以前，必须检查确认天窗没有机械上的损坏。可以通过完全滑开天窗检查左右天窗导轨中是否有机械断裂的异物，以及翘起天窗看导轨中是否有机械断裂的异物，如图 2-1 所示。如没有，即可进行天窗复位操作。

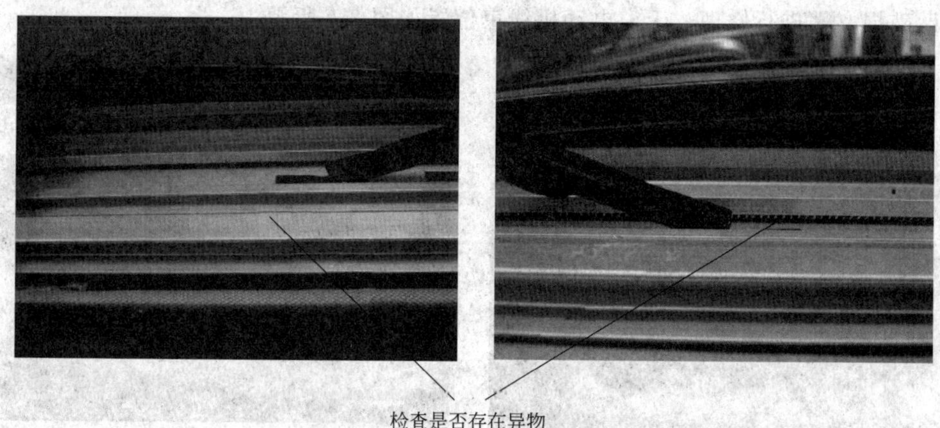

图 2-1 检查天窗导轨有无异物

此项复位操作仅适用于进入保护模式的天窗。复位操作步骤如下。

① 将车辆钥匙转动至 ON 挡位。

② 按下并保持按住如图 2-2 所示的关闭按钮的浅一挡（该按钮根据不同的按压力度具有深、浅两个挡位），直到天窗停止运动，松开按钮。

③ 再次按下并保持按住关闭按钮的浅一挡，10s 后天窗翘起，继而稍下落，松开按钮。

④ 1s 后再次按下关闭按钮的浅一挡，保持按住，天窗将下落→滑动打开→滑动关闭，停止在关闭位置，松开按钮。

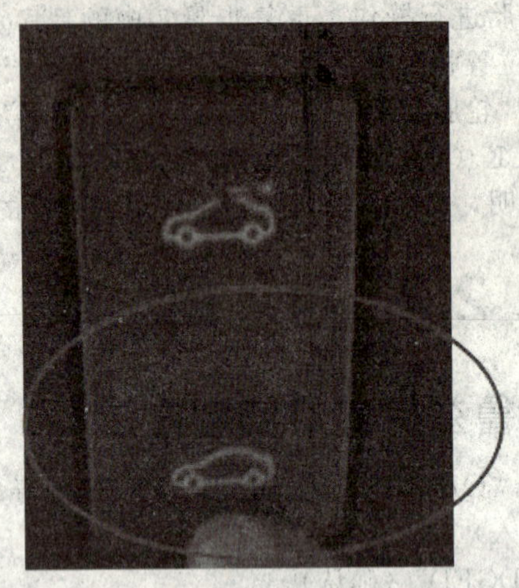

图 2-2　天窗关闭按钮

⑤ 检查天窗能否正常操作，检查自动打开/关闭功能、自动翘起/下落功能是否正常，天窗关闭是否到位。

2.3 景　　程

2008～2011 款景程天窗初始化：

个别车辆天窗可能会出现无法正常关闭或没有响应的现象。

解决方法如下。

① 拆下内饰顶灯。检查天窗电动机线束（位于图 2-3 右上角处）是否有破损的情况。若线束已破损，需进行修理。天窗电动机线束位置如图 2-4 所示。

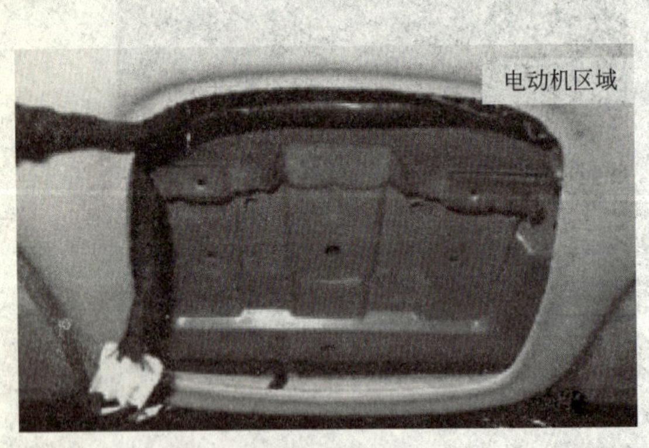

图 2-3　天窗电动机线束位置

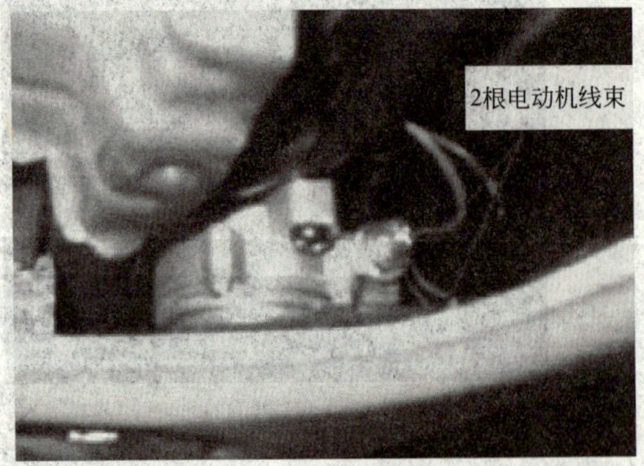

图 2-4　天窗电动机线束

② 将天窗通电，持续按住天窗关闭按钮超过 5s，直到天窗运动并回到翘起位置，松开

关闭按钮，按钮位置如图 2-5 所示。

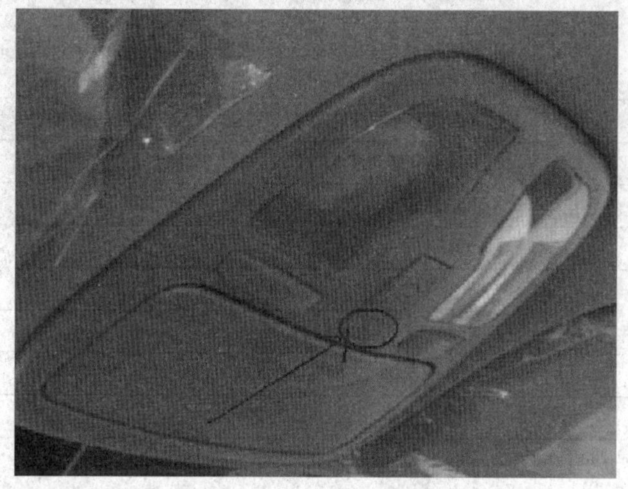

图 2-5　天窗关闭按钮位置

③ 再次持续按住天窗关闭按钮超过 5s，此时天窗玻璃会轻微动作一下，表明天窗已重新学习。

④ 然后检查天窗功能是否正常。如果经过步骤②和步骤③后，天窗仍没有响应，即按住关闭按钮天窗不进行任何动作，请进行步骤⑤。

⑤ 断开天窗电源，即断开整车和天窗控制模块的连接插头（位于图 2-6 左下角处），并等待大约 30s 后重新连接。操作位置如图 2-7 所示。

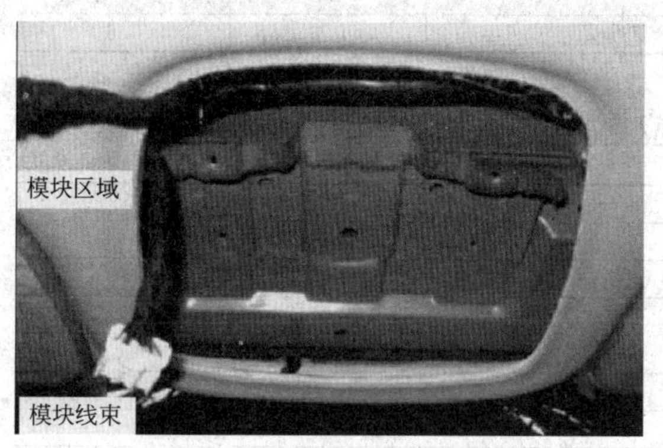

图 2-6　天窗控制模块接口

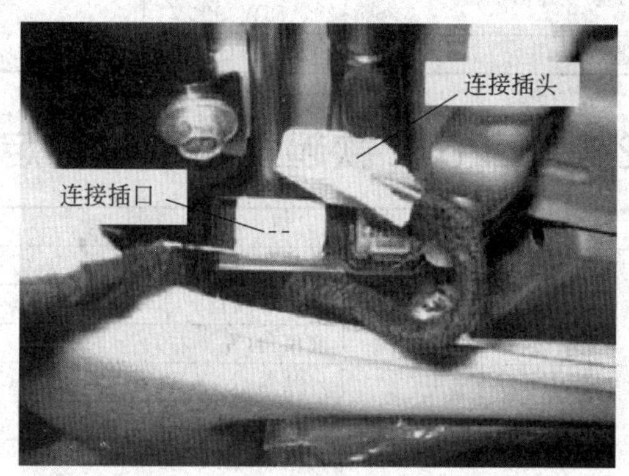

图 2-7　控制模块连接插头

⑥ 然后再次检查天窗功能是否正常。如果按照步骤②～步骤⑤操作后仍无法修复天窗，进行步骤⑦。

⑦ 更换天窗模块总成。

2.4　爱　唯　欧

2.4.1　2012 款起爱唯欧油液规格与容量

（1）油液规格

项目	规格
发动机机油	符合 dexos™规格的专用发动机机油。可通过 dexos™认证标志识别符合此规格的机油。寻找并使用显示有 dexos™认证标志且黏度等级正确的发动机机油。或者符合通用汽车 GM6094M 标准并经美国石油学会(API)的认证，黏度等级为 SAE 5W/30 的发动机机油
发动机冷却液	按 1∶1 比例混合好了的上海通用汽车 DEX®-COOL 牌长寿命发动机冷却液
液压制动系统	DOT4(＋)制动液
挡风玻璃清洗溶剂	上海通用汽车挡风玻璃清洗剂
自动变速器油液	DEXRON®-Ⅵ
手动变速器油液	75W/85(EM-8054-03)
	75w/90(EDS-M-8049)
钥匙锁芯油	多用途润滑剂 Superlube®牌
发动机罩及车门铰链	多用途润滑剂 Superlube®牌
后折叠式座椅、加油口活门铰链和举升门铰链	多用途润滑剂 Superlube®牌

(2) 油液容量

名称	牌号	容量/L			
		1.4MT	1.4AT	1.6MT	1.6AT
发动机机油	5W/30	4	4	5.1	5.1
发动机冷却液(混合液)	9985809	6	6	5.8	5.8
自动变速器油	DEXRON-Ⅵ	—	7.95	—	7.95
手动变速器油	75W/85	2.1	—	—	—
	75W/90	—	—	1.8	—
制动液	DOT4(＋)	0.6	0.6	0.6	0.6

2.4.2 2012 款起爱唯欧车轮定位数据

项目		参数
前轮	外倾角	−0.8°±0.5°
	主销后倾角	4.3°±0.5°
	前束角(左＋右)	0.1°±0.15°
后轮	外倾角	−1.0°±0.35°
	外倾角左右允差	0°±0.5°
	前束角(左＋右)	0.38°±0.4°
	推进角	0°±0.3°

2.5 赛 欧

赛欧玻璃自动升降设定方法：

① 两个玻璃按住上行键，到顶部。

② 保持 3s。

③ 按住下行键，至底部。

④ 保持 3s。

⑤ 检查有无自动功能，如无则重复前面的步骤。

2.6 科 帕 奇

2.6.1 2013款起科帕奇油液规格

名称	牌号	容量/L
发动机机油	5W/30	5.5
发动机冷却液(混合液)	9985809	7.48
自动变速器油	DEXRON-Ⅵ	8.25
制动液	DOT4	0.344

2.6.2 2013款起科帕奇车轮定位数据

项目		参数
前轮	外倾角	−0.6°±0.75°
	主销后倾角	2.6°±0.75°
	前束角(左+右)	0.2°±0.2°
后轮	外倾角	−0.35°±0.75°
	前束角(左+右)	0.1°±0.2°
	推进角	0°±0.2°

2.7 创 酷

2.7.1 2015款创酷初始化电动车窗

如果车窗无法自动关闭（如断开车辆蓄电池后），则按照以下步骤激活车窗电子装置。

① 关闭车门。

② 接通点火开关。

③ 完全关闭车窗，并再多拉起开关 2s。

④ 各车窗重复这些步骤。

2.7.2 2015款创酷车轮定位数据

项目		参数/(°)		
		1.4L MT 前轮驱动	1.4L AT 前轮驱动	1.4L AT 全轮驱动
前轮	外倾角	−0.6±0.75	−0.6±0.75	−0.6±0.75
	主销后倾角	4.5±0.75	4.5±0.75	4.5±0.75
	前束角(左+右)	0.16±0.2	0.16±0.2	0
后轮	外倾角	−1±0.75	−1±0.75	−1±0.75
	外倾角左右允差	0±0.75	0±0.75	0±0.75
	前束角(左+右)	0.2±0.4	0.2±0.4	0.2±0.4
	推进角	0±0.30	0±0.30	0±0.30

2.7.3 2015 款创酷油液规格

名称	牌号	容量/L		
		1.4L MT 前轮驱动	1.4L AT 前轮驱动	1.4L AT 全轮驱动
发动机机油	5W/30	4.7	4.7	4.7
发动机冷却液	9985809	6.5	6.5	6.5
手动变速器油	BOT303 mod	1.9	—	—
自动变速器油	DEXRON-Ⅵ	—	8.14	8.14

2.8 科 迈 罗

2.8.1 2012 款起科迈罗发动机机油寿命系统

发动机机油寿命系统根据车辆的使用情况计算发动机的机油寿命，并在需要更换发动机机油和滤清器时显示“CHANGE ENGINE OIL SOON（尽快更换发动机机油）”信息。机油寿命系统只有在更换机油之后才可以重置为 100%。

按照以下步骤重设机油寿命系统。

① 在发动机关闭时，将点火开关转至 ON/RUN（打开/运行）位置。

② 在 5s 内，完全踩下并释放油门踏板 3 次。

2.8.2 2012 款起科迈罗编程电动车窗

如果车辆上的蓄电池已经被重新充电、断开或不起作用，则需要对每个前排电动车窗进行重新编程，以使快速上升功能起作用。重新编程之前，请更换蓄电池或给蓄电池充电。

要对每个前排车窗进行编程，则按以下步骤进行操作。

① 在点火开关置于 ON/RUN（打开/运行）或 ACC/ACCESSORY（附件）位置，或在保持型附件电源（RAP）开启时，关闭所有车门。

② 按住电动车窗开关直到车窗完全打开。

③ 拉起电动车窗开关直到车窗完全关闭。

④ 车窗完全关闭后继续向上提住开关约 2s。

此时，车窗编程完成。对其他车窗重复以上步骤。

2.8.3 2012 款起科迈罗轮胎气压监测系统传感器匹配程序

每一个轮胎气压监测系统传感器都有一个唯一的识别码。在进行车辆轮胎换位或更换一个或多个轮胎气压监测系统传感器后，需要将识别码与新的轮胎/车轮位置进行匹配。并且，在用备胎替代带有轮胎气压监测系统传感器的行驶轮胎后需要进行轮胎气压监测系统传感器匹配过程。故障指示灯和驾驶员信息中心（DIC）（如装备）消息应在下一个点火循环熄灭。

利用轮胎气压监测系统重新读入工具，按如下顺序将传感器与轮胎/车轮位置一一匹配：驾驶员侧前轮胎、乘客侧前轮胎、乘客侧后轮胎和驾驶员侧后轮胎。请联系上汽通用汽车销售有限公司雪佛兰特约售后服务中心进行维修，购买重新读入工具。

匹配第一个轮胎/车轮位置需要 2min，匹配完成所有 4 个轮胎/车轮的位置需要 5min。如果需要花费更长的时间，匹配过程停止并必须重启。

轮胎气压监测系统传感器匹配程序：

① 施加驻车制动。

② 在发动机关闭时，将点火开关转至 ON/RUN（打开/运转）位置。

③ 用“MENU”（菜单）按钮在驾驶员信息中心（DIC）上选择“Vehicle Information（车辆信息）”菜单。

④ 使用拇指轮滚动至“Tire Pressure（胎压）”菜单项。

⑤ 按住“SET/CLR”（设定/清除）按钮，开始传感器匹配程序。可能会显示请求确认“设定/清除”过程的消息。

⑥ 必要时，再次按下“SET/CLR”（设定/清除）按钮，以确认选择。喇叭响两次，表明接收器处于重新读入模式，然后驾驶员信息中心（DIC）显示屏显示“TIRE LEARNING ACTIVE（轮胎读入启用）”消息。

⑦ 从驾驶员侧前胎开始。

⑧ 将重新读入工具对准气门杆附近的胎壁。然后，按下按钮激活轮胎气压监测系统传感器。喇叭响一声，表明传感器识别码已经与该轮胎和车轮的位置匹配完成。

⑨ 转到乘客侧前胎，并重复步骤⑧中的程序。

⑩ 转到乘客侧后胎，并重复步骤⑧中的程序。

⑪ 转到驾驶员侧后胎，并重复步骤⑧中的程序。喇叭鸣响两次，指示传感器识别码已经被匹配至驾驶员侧后胎，并且轮胎气压监测系统匹配程序不再处于激活状态。

驾驶员信息中心（DIC）显示屏上的“TIRE LEARNING ACTIVE（轮胎读入启用）”消息熄灭。

⑫ 将点火开关转至 LOCK/OFF（锁止/关闭）位置。

⑬ 按照轮胎负载信息标签上的指示，将所有 4 个轮胎设置到推荐的气压水平。

2.8.4 2012 款起科迈罗油液规格与容量

（1）油液规格

用途	油液/润滑剂
发动机机油	仅使用达到 dexos1 规格、具有合适的 SAE 黏度级别的发动机机油或同等产品。推荐使用 ACDelco dexos1 合成机油
发动机冷却液	50：50 比例的清洁饮用水混合物，仅使用 DEX-COOL 冷却液
燃油添加剂	通用燃油系统处理添加剂(通用汽车零件号 88861011)
液压制动系统	DOT 3 液压制动液(通用汽车零件号 88862806)
挡风玻璃洗涤器	满足地区防冻要求的汽车挡风玻璃洗涤液
液压动力转向系统	通用动力转向液(通用汽车零件号 89020661)
驻车制动器拉线导管	底盘润滑剂(通用汽车零件号 12377985)，或满足 NLGI 2、LB 或 GC-LB 类要求的润滑剂
自动变速器	DEXRON®-Ⅵ自动变速器油
后桥	后差速器油 75W/90(GM 零件号 89021677)
钥匙锁芯	多用途润滑剂，Superlube(通用汽车零件号 12346241)
发动机舱盖锁闩总成、辅助锁闩、枢轴、弹簧固定销和掣子	Lubriplate 润滑剂气溶胶(通用汽车零件号 89021668)，或满足 NLGI 2、LB 或 GC-LB 类要求的润滑剂
发动机舱盖、车门和折叠式座椅铰链	多用途润滑剂，Superlube(通用汽车零件号 12346241)
防水条调节	防水条润滑剂(通用汽车零件号 3634770)或介电硅油脂(通用汽车零件号 12345579)

（2）油液容量

应用	容量	
	公制	英制
空调系统制冷剂	关于空调系统制冷剂的类型和加注量，请参见位于发动机舱盖下的制冷剂标签	
发动机冷却系统	10.2L	10.8qt
发动机机油(带滤清器)	5.7L	6.0qt
燃油箱	71.0L	18.8gal
后桥油	0.9L	1.0qt
变速器油(拆卸油盘并更换滤清器的情况下)	6.3L	6.7L

2.8.5 2012款起科迈罗车轮信息与定位数据

(1) 车轮信息

车胎	原配胎尺寸	冷态充气压力
前	245/45ZR20103Y	250kPa
后	275/40ZR20106Y	250kPa
备胎	T155/70R18112M	420kPa
车轮螺母转矩	150N·m	

(2) 定位数据

项目	检测对象	数据/(°)
前轮	外倾角	−0.2±0.75
	主销后倾角	5.9±0.75
	前束角(左+右)	0.2±0.2
后轮	外倾角	−0.4±0.75
	前束角(左+右)	0.2±0.2
	推进角	0±0.15

2.9 沃 蓝 达

2.9.1 2012款起沃蓝达对电动车窗进行编程

当12V的蓄电池被断开或放电时，需要对电动车窗进行编程。

对车窗进行编程步骤如下。

① 在车辆启动或当保持型附件电源（RAP）开启的条件下，关闭所有车门。

② 拉起电动车窗开关直到车窗完全关闭。车窗关闭后持续拉住电动车窗开关2s。

③ 每个车窗重复以上步骤。

2.9.2 2012款起沃蓝达仪表板部件

沃蓝达仪表板部件及信息显示如图2-8、图2-9所示。

2.9.3 2012款起沃蓝达复位发动机机油寿命系统

每次更换发动机机油后将系统复位，以使系统计算出何时需要再次更换发动机机油。复位系统步骤如下。

① 在驾驶员信息中心菜单上使用“SELECT（选择）”旋钮来选择“OIL LIFE（机油寿命）”。

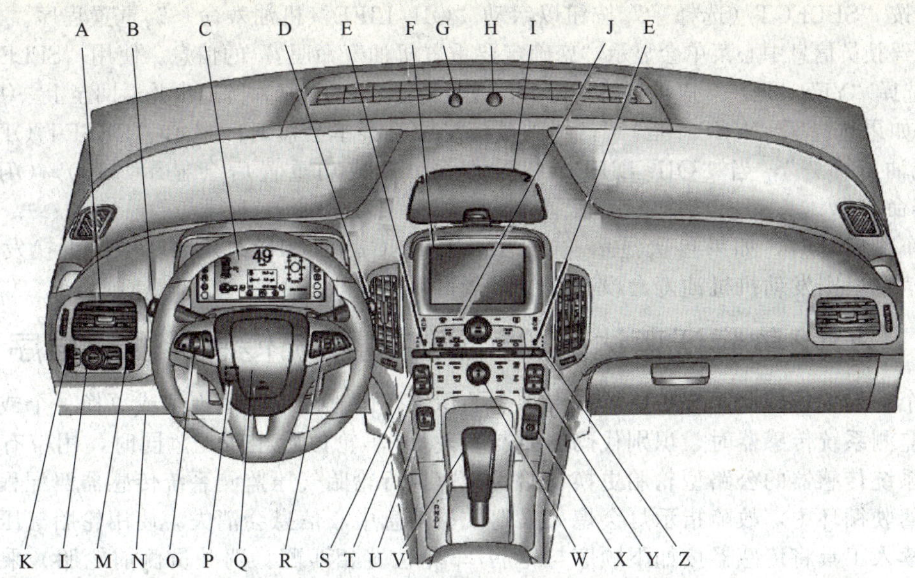

图 2-8　沃蓝达仪表台部件

A—通风口；B—转向和变道操纵杆、车外灯控制装置、行人友好提醒；C—行车信息显示屏（多媒体数字高清）、驾驶员信息中心（DIC）显示屏；D—挡风玻璃刮水器/洗涤器；E—加热型前排座椅（如装备）；F—中央信息触控屏（多媒体数字高清）；G—充电状态指示灯；H—光照传感器；I—仪表板储物区；J—自动空调控制系统；K—前照灯高度控制装置；L—驾驶员信息中心（DIC）控制装置；M—仪表板照明控制；N—数据链路连接器（DLC）（不在视野范围内）；O—巡航控制；P—方向盘调节装置；Q—喇叭；R—方向盘控制装置（如装备）；S—能量叶按钮；T—驾驶模式选择按钮；U—电源按钮；V—换挡杆；W—信息娱乐、导航系统；X—电子驻车制动按钮；Y—电动门锁；Z—危险警告闪光灯

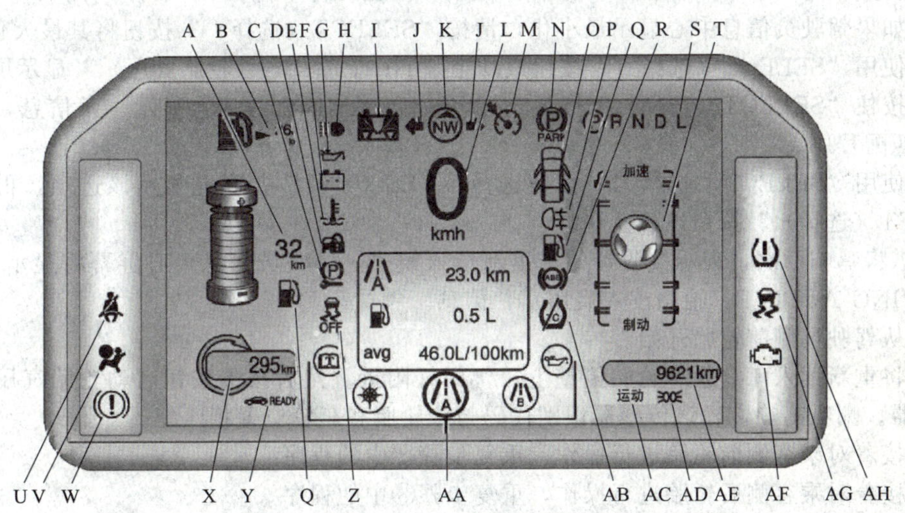

图 2-9　电动模式下增强配置的完整行车信息显示屏

A—纯电续航里程；B—增程续航里程；C—维修电子驻车制动指示灯；D—安全指示灯；E—发动机冷却液温度警告灯；F—充电系统指示灯（12V 蓄电池）；G—发动机机油压力指示灯；H—远光灯开启指示灯；I—第二排乘客安全带提示灯；J—转向和变道信号；K—指南针；L—车速表；M—巡航控制指示灯；N　电子驻车制动器指示灯；O—车门、发动机舱盖或举升门未关指示灯；P—后雾灯指示灯；Q—燃油油位过低警告灯；R—防抱死制动系统（ABS）警告灯；S—电力驱动单元位置；T—燃油经济性仪表；U—驾驶员安全带提示灯；V—安全气囊就绪指示灯；W—制动系统警告灯；X—车辆总续航里程；Y—车辆准备就绪指示灯；Z—StabiliTrak® OFF（StabiliTrak®关闭）指示灯；AA—驾驶员信息中心（DIC）；AB—牵引力关闭指示灯；AC—驾驶模式指示灯；AD—车灯开启提示灯；AE—里程表；AF—故障指示灯；AG—牵引力控制系统（TCS）/StabiliTrak®系统指示灯；AH—轮胎气压报警提示

② 按“SELECT（选择）”按钮以启动“OIL LIFE（机油寿命）”重置程序。

③ 驾驶员信息中心菜单会显示“您确定要重置机油寿命吗?”的信息。使用“SELECT（选择）”选择“YES（是）”以重置机油寿命，或者选择“NO（否）”退出并返回至上一级菜单。

④ 如果选择了“YES（是）”，驾驶员信息中心菜单会短时间显示“RESET OIL LIFE（重置机油寿命）”，当“OIL LIFE（机油寿命）”成功重置后会显示“100％OIL LIFE（机油寿命）”。

当车辆启动时，如果再次显示“CHANGE ENGINE OIL SOON（尽快更换发动机机油）”信息，则发动机机油寿命没有复位。请重复上述步骤。

2.9.4 2012款起沃蓝达轮胎气压监测系统传感器匹配程序

每个轮胎气压监测系统传感器均有唯一的识别代码。车辆轮胎换位或更换一个或多个轮胎气压监测系统传感器时，识别代码需要与新轮胎/车轮位置相匹配。同时，用带有轮胎气压监测系统传感器的公路型轮胎更换备胎后，应执行轮胎气压监测系统传感器匹配程序。在下一个驾驶循环中，故障指示灯会熄灭且驾驶员信息中心信息会消失。使用轮胎气压监测系统重新读入工具将传感器按如下顺序与轮胎/车轮位置相匹配：驾驶员侧前轮胎、乘客侧前轮胎、乘客侧后轮胎和驾驶员侧后轮胎。请到上海通用汽车有限公司雪佛兰特约售后服务中心进行维修或购买重新读入工具。

匹配第一个轮胎/车轮位置耗时2min，匹配所有4个轮胎/车轮位置总共耗时5min。若耗时太长，应停止匹配程序，并重新启动。

遵照以下轮胎气压监测系统传感器匹配程序。

① 拉紧驻车制动器。

② 将点火开关置于ON/RUN（打开/关闭）位置并将车辆挂P（驻车）挡。

③ 如果驾驶员信息中心显示最小化，请按“SELECT（选择）”按钮将其最大化。

④ 使用“SELECT（选择）”按钮滚动至“Tire Pressure（轮胎气压）”显示屏。

⑤ 按住“SELECT（选择）”按钮5s以开始传感器匹配程序。显示一条信息，确认是否开始匹配程序。

⑥ 使用“SELECT（选择）”按钮选择“YES（是）”并高亮显示该选项，再次按下“SELECT（选择）”按钮以确认选择。

喇叭将鸣响两次，表示接收器处于重新读入模式，驾驶员信息中心屏幕将显示“TIRE LEARNING ACTIVE（轮胎读入启用）”信息。

⑦ 从驾驶员侧前轮胎开始。

⑧ 将重新读入工具紧靠轮胎侧壁上，气门杆附近。然后按下按钮启动轮胎气压监测系统传感器。喇叭鸣响，确认传感器识别代码与该轮胎和车轮位置相匹配。

⑨ 接着对乘客侧前轮胎进行操作，重复步骤⑧中的程序。

⑩ 接着对乘客侧后轮胎进行操作，重复步骤⑧中的程序。

⑪ 接着对驾驶员侧后轮胎进行操作，重复步骤⑧中的程序。喇叭鸣响2次表示传感器识别代码与驾驶员侧后轮胎位置相匹配，并且轮胎气压监测系统传感器匹配程序停用。驾驶员信息中心显示屏上的“TIRELEARNINGACTIVE（轮胎读入启用）”信息消失。

⑫ 将车辆熄火。

⑬ 按照轮胎和负载信息标签上的说明，将所有的四个轮胎设定到推荐的压力水平。

2.9.5 2012款起沃蓝达油液规格与容量

（1）油液规格

用途	油液/润滑剂
发动机机油	仅使用经 dexos1 规格认可的发动机机油或者同等物，且 SAE 黏度等级正确的发动机机油。推荐使用 ACDelco dexos1 合成混合机油
发动机冷却系统	预混合型 DEX-COOL
高压蓄电池冷却系统	预混合型 DEX-COOL
电力电子装置冷却系统	预混合型 DEX-COOL
液压制动器系统	DOT 3 液压制动器油液
挡风玻璃洗涤器	Optikleen®洗涤液
驻车制动器拉线导管	底盘润滑剂或满足 NLGI 2 的 LB 或 GC-LB 类别要求的润滑剂
电力驱动单元	DEXRON®-VI 自动变速器油
钥匙锁芯	多用途润滑剂 Superlube
发动机舱盖和举升门铰链	多用途润滑剂 Superlube
密封条调节	密封条润滑剂或绝缘硅基润滑脂

(2) 油液容量

应用	容量	
	公制	英制
空调系统制冷剂 R134a	有关空调系统制冷剂加注量的信息，请参见位于发动机舱盖下的制冷剂标签	
发动机冷却系统	7.3L	7.7qt
高压蓄电池冷却系统	6.2L	6.6qt
电力电子冷却系统	2.8L	3.0qt
发动机机油(带滤清器)	3.5L	3.7qt
燃油箱	35.2L	9.3gal
电力驱动单元	8.45L	8.93qt
车轮螺母转矩	140N·m	100lbf·ft

注：所有容量均为近似值。加注时，请务必加注至本手册推荐的近似液位。

第3章 Chapter 3

凯迪拉克汽车

3.1 ATS

3.1.1 2014款起ATS发动机机油寿命系统

发动机机油寿命系统根据车辆的使用情况计算发动机的机油寿命，并在需要更换发动机机油和滤清器时显示“尽快更换发动机机油”信息。机油寿命系统只有在更换机油之后才可以重置为100％。

重设机油寿命系统：

① 使用方向盘右侧的驾驶员信息中心控制器，在驾驶员信息中心上显示“剩余机油寿命”。当剩余机油寿命低时，显示屏上会显示“尽快更换发动机机油”信息。

② 按住驾驶员信息中心控制器上的“SEL（选择）”保持数秒，清除“尽快更换发动机机油”信息并将机油寿命重设至100％。

除非更换了机油，否则小心不要意外重设机油寿命显示。只有到下一次更换机油时，才可以准确地重设。

机油寿命系统也可以按照如下步骤进行重设。

① 发动机关闭时，打开点火开关。

② 在5s内，完全踩下并释放油门踏板三次。

如果“尽快更换发动机机油”信息没有出现，则系统已重设。

3.1.2 2014款起ATS编程电动车窗

如果车辆蓄电池重新充过电、断开或不工作，则可能需要重新编程前电动车窗的快速升起功能以使其工作。

重新编程之前，请更换车辆的蓄电池或重新充电。

编程步骤如下。

① 将点火开关置于“ON/RUN（点火/运行）”或“ACC/ACCESSORY（附件）”模式，或在保持型附件电源启用时，关闭所有车门。

② 按下电动车窗开关直到车窗完全打开。

③ 拉起电动车窗开关直到车窗完全关闭。

④ 车窗完全关闭后继续向上提住开关约2s。

此时，车窗编程完成。对其他车窗重复以上步骤。

3.1.3 2014款起ATSTPMS传感器匹配过程

每一个TPMS传感器都有一个唯一的识别码。在进行车辆轮胎换位或更换一个或多个

TPMS 传感器后，需要将识别码与新的轮胎和车轮位置进行匹配。用带有 TPMS 传感器的道路轮胎更换备胎后也需要进行 TPMS 传感器匹配过程。下一个点火循环时，故障指示灯应熄灭，驾驶员信息中心信息应消失。利用 TPMS 重新读入工具，按如下顺序将传感器与轮胎/车轮位置一一匹配：驾驶员侧前轮胎、乘客侧前轮胎、乘客侧后轮胎和驾驶员侧后轮胎。请联系上汽通用汽车销售有限公司凯迪拉克特约售后服务中心进行维修，购买重新读入工具。

匹配第一个轮胎/车轮位置需要 2min，匹配完成所有四个轮胎/车轮的位置需要 5min。如果匹配用了更长的时间，则匹配过程停止，且必须重新开始。

TPMS 传感器匹配过程如下。

① 设置驻车制动。

② 将车辆电源模式置于“ON/RUN/START（点火/运行/启动）”模式。

③ 确认“胎压”信息显示选项已打开。通过“设置”菜单可以打开和关闭驾驶员信息中心上的信息显示屏。

④ 使用方向盘右侧的驾驶员信息中心五维控制键滚动浏览至驾驶员信息中心信息页面下的胎压显示屏。

⑤ 按住位于驾驶员信息中心（DIC）五维控制键中间的 SEL 按钮。喇叭响两次，表明接收器处于重新读入模式，然后驾驶员信息中心（DIC）显示屏显示“轮胎读入启用”信息。

⑥ 开始驾驶员侧前轮胎的匹配。

⑦ 将重新读入工具对准气门杆附近的胎壁。然后，按下按钮激活 TPMS 传感器。喇叭响一声，表明传感器识别码已经与该轮胎和车轮的位置匹配完成。

⑧ 继续匹配乘客侧前轮胎，并重复第⑦步的操作。

⑨ 继续匹配乘客侧后轮胎，并重复第⑦步的操作。

⑩ 继续匹配驾驶员侧后轮胎，并重复第⑦步的操作。喇叭响两次表明传感器识别码已经与驾驶员侧后轮胎完成匹配，并退出 TPMS 传感器匹配过程。驾驶员信息中心（DIC）显示屏上的“轮胎读入启用”信息消失。

⑪ 按下“STOP（停止）”，关闭点火开关。

⑫ 将所有四个胎压设定为轮胎负载信息标签上的推荐气压值。

3.1.4 2014 款起 ATS 油液规格与容量

（1）油液规格

用途	油液/润滑剂
发动机机油	仅使用达到 dexos1®规格的发动机机油，具有合适的 SAE 黏度级别。推荐使用 AC-Delco dexos1 合成机油
发动机冷却液	50：50 比例的清洁饮用水混合液，仅使用 DEX-COOL 冷却液
液压制动系统	DOT 3 液压制动液(通用汽车零件号 19299818)
挡风玻璃洗涤器	满足地区防冻要求的汽车挡风玻璃洗涤液
自动变速器	DEXRON®-Ⅵ自动变速器油
后桥(非限滑差速器)	Gear DEXRON MTF 75W/90(通用汽车零件号 88863089)
后桥(限滑差速器)	DEXRON LS Gear 75W/90(通用汽车零件号 88862624)
底盘润滑	底盘润滑剂(通用汽车零件号 12377985)，或满足 NLGI 2、LB 或 GC-LB 类要求的润滑剂
钥匙锁芯	多用途润滑剂，Superlube(通用汽车零件号 12346241)
发动机舱盖锁闩总成、辅助闩锁、枢轴、弹簧固定销和释放棘爪	Lubriplate 润滑剂气溶胶(通用汽车零件号 89021668)，或满足 NLGI 2、LB 或 GC-LB 类要求的润滑剂

续表

用途	油液/润滑剂
发动机舱盖和车门铰链	多用途润滑剂，Superlube(通用汽车零件号 12346241)
防水条调节	防水条润滑剂(通用汽车零件号 3634770)或介电硅油脂(通用汽车零件号 12345579)

（2）油液容量

应用	容量	
	公制	英制
空调系统制冷剂	关于空调系统制冷剂的类型和加注量，请参见发动机舱盖下的制冷剂标签。更多信息请咨询上汽通用汽车销售有限公司凯迪拉克特约售后服务中心	
冷却系统－发动机	7.6L	8.0qt
发动机机油(带滤清器)	4.7L	5.0qt
燃油箱	62.5L	16.5gal

注：所有容量均为近似值。加注时，务必加注至本手册推荐的近似液位。加注后再次确认油液位。

3.1.5 2014 款起 ATS 车轮信息与定位数据

（1）车轮信息

原配胎尺寸	冷态充气压力
255/35RF18	240kPa
225/40RF18	220kPa
P225/45R17	220kPa(前轮)、240kPa(后轮)
车轮螺母转矩	140N·m

（2）定位数据

项目		数据/(°)
前轮	外倾角	－0.2±0.8(旗舰车型)；－0.5±0.8(其他)
	主销后倾角	6.1±0.8(旗舰车型)；6.3±0.8(其他)
	前束角(左＋右)	0.2±0.2
后轮	外倾角	－0.9±0.8
	前束角(左＋右)	0.3±0.2
	推进角	0±0.2

3.2 CTS

3.2.1 2008 款起 CTS 保养灯归零

（1）带基本音响系统车型保养灯归零方法

① 打开点火开关，按下驾驶员信息中心（DIC）显示器右侧的 CLR 按钮，如图 3-1 所示，确认更换发动机机油信息，这将从显示器上清除信息并复位。

② 按动驾驶员信息中心（DIC）显示器右侧 INFO 按钮上的上/下箭头，进入 DIC 菜单。

③ 在 100％ENGINEOILLIFE（100％发动机机油寿命）菜单项点亮显示后，按住 CLR 按钮，百分比将变为 100％，机油寿命指示器即被归零。如果百分比没有变为 100％，则重复以上步骤。

④ 关闭点火开关。

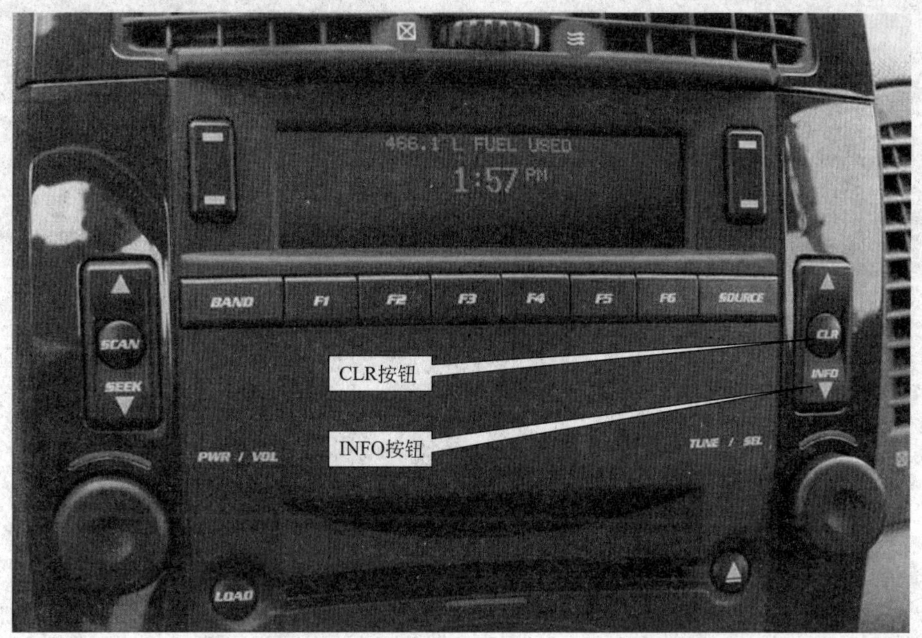

图 3-1　凯迪拉克 CTS 基本型音响系统按钮

⑤ 如果启动车辆时更换发动机机油信息再次出现，则发动机机油寿命系统未被归零，重复归零程序。

(2) 带导航系统车型保养灯归零方法

① 打开点火开关，按下显示器右上角 OK 提示符旁的多功能按钮，确认更换发动机机油信息，这将从显示器上清除信息并复位。

② 按一次 PWR/VOL 按钮，接通系统。PWR/VOL 按钮位于驾驶员信息中心（DIC）显示器的左下方。

③ 按显示器左侧的 INFO 按钮，进入 VEHICLEINFO RMATION（车辆信息）菜单。

④ 转动显示器右下方的 TUNE/SEL 旋钮，直到 ENGINE OIL LIFE（发动机机油寿命）点亮显示，按一下旋钮选定。

⑤ 当显示 100%ENGINE OIL LIFE（100%发动机机油寿命）时，按下显示器右上角 RESET 提示符旁边的多功能按钮，百分比将变为 100%，机油寿命指示器即被归零。如果百分比没有变为 100%，则重复以上步骤。

⑥ 关闭点火开关。

⑦ 如果启动车辆时更换发动机机油信息再次出现，则发动机机油寿命系统未被归零，重复归零程序。以上步骤中提到的按钮位置如图 3-2 所示。

3.2.2　2008 款起 CTS 电动车窗初始化设定

如果车窗电源断开，则需要对每个电动车窗的快关功能重新编程。

在电源恢复后对车窗重新编程操作步骤如下。

① 点火必须接通或处于附件模式，或“保持附件电源”功能打开。

② 关闭所有车门。

③ 按住车窗开关直到完全打开车窗。

④ 向上拉车窗开关，将车窗完全关闭，并继续按住开关约 3s。对于其他前车窗，重复上述步骤。

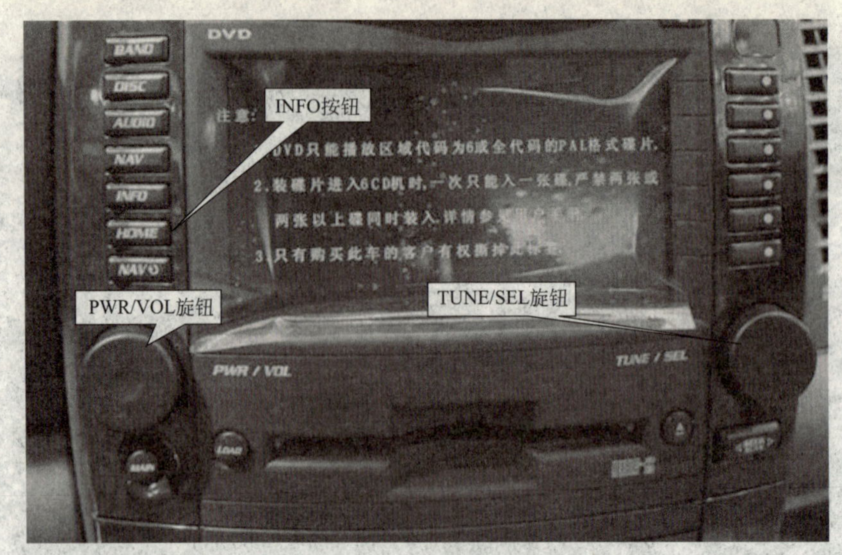

图 3-2　凯迪拉克 CTS 中控台音响操控中心

3.3　SRX

3.3.1　2014 款起 SRX 发动机机油寿命系统

发动机机油寿命系统根据车辆的使用情况计算发动机的机油寿命，并在需要更换发动机机油和滤清器时显示“尽快更换发动机机油”信息。机油寿命系统只有在更换机油之后才可以重置为 100%。

按照以下步骤重设机油寿命系统。

① 使用方向盘右侧的驾驶员信息中心控制器，在驾驶员信息中心上显示“机油寿命”。当剩余机油寿命低时，显示屏上会显示“尽快更换发动机机油”信息。

② 按住驾驶员信息中心控制器上的“SEL（选择）”保持数秒，清除“尽快更换发动机机油”信息并将机油寿命重设至 100%。

除非更换了机油，否则小心不要意外重设机油寿命显示。只有到下一次更换机油时，才可以准确地重设。

机油寿命系统也可以按照如下步骤进行重设。

① 发动机关闭时，打开点火开关。

② 在 5s 内，完全踩下并释放油门踏板三次。

如果“尽快更换发动机机油”信息没有出现，则系统已重设。

3.3.2　2014 款起 SRX 设置电动举升门 3/4 模式

改变举升门的停止位置步骤如下。

① 将举升门开关转至“MAX（最高）”或“3/4”模式位置，并电动开启举升门。

② 通过按下任一举升门开关，使举升门停止在所需的高度。如果需要，手动调节举升门位置。

③ 按住举升门上靠近锁闩的按钮，直到转向信号灯闪烁且蜂鸣声响起，指示新设置已被记录。

当选择了“3/4”模式并电动开启时，举升门将停止在新设置的位置。

如果在设置中间停止位置时未收到声光反馈信号，则是试图将高度设置为低于3/4开启高度最小值（约1.52m或5ft）的高度。举升门不可设置为低于该最小值的高度，否则不会记录新设置位置。

3.3.3 2014款起SRX编程电动车窗

如果车辆蓄电池已经断开或放电，则可能需要对电动车窗进行编程。

在电源恢复后，如果车窗不能快速上升且驾驶员信息中心显示一条信息，则：

① 关闭所有车门。

② 将点火开关置于“ACC/ACCESSORY（附件）”或“ON/RUN/START（点火/运行/启动）”模式。

③ 从任一开启位置关闭车窗，并在车窗完全关闭后继续短暂地拉起开关。

3.3.4 2014款起SRX油液规格与容量

（1）油液规格

用途	油液/润滑剂
发动机机油	仅使用达到dexos1规格的发动机机油，具有合适的SAE黏度级别。推荐使用ACDelco dexos1合成机油
发动机冷却液	50：50比例的清洁饮用水混合液，仅使用DEX-COOL冷却液
燃油添加剂	燃油系统处理添加剂(零件号88861013)
液压制动系统	DOT3液压制动液(通用汽车零件号19299818)
挡风玻璃洗涤器	满足地区防冻要求的汽车挡风玻璃洗涤液
液压动力转向系统	DEXRON®-Ⅵ自动变速器油
自动变速器	DEXRON®-Ⅵ自动变速器油
底盘润滑	底盘润滑剂(通用汽车零件号12377985)，或满足NLGI2、LB或GC-LB类要求的润滑剂
钥匙锁芯	多用途润滑剂，Superlube(通用汽车零件号12346241)
发动机舱盖锁闩总成、辅助闩锁、枢轴、弹簧固定销和分离掣子	Lubriplate润滑剂气溶胶(通用汽车零件号89021668)，或满足NLGI2、LB或GC-LB类要求的润滑剂
发动机舱盖、车门和折叠式座椅铰链	多用途润滑剂，Superlube(通用汽车零件号12346241)
电动举升门执行器球头节	多用途润滑剂(通用汽车零件号89021668)
防水条调节	防水条润滑剂(通用汽车零件号3634770)或介电硅油脂(通用汽车零件号12345579)

（2）油液容量

应用	容量	
	公制	英制
空调系统制冷剂	关于空调系统制冷剂的类型和加注量，请参见发动机舱盖下的制冷剂标签。更多信息请咨询上汽通用汽车销售有限公司凯迪拉克特约售后服务中心	
发动机冷却系统		
3.0L V6发动机	11.7L	12.3qt
3.6L V6发动机	12.8L	13.5qt
发动机机油(带滤清器)	5.7L	6.0qt
燃油箱	79.5L	21.0gal

注：所有容量均为近似值。加注时，务必加注至本手册推荐的近似液位。加注后再次确认油液位。

3.3.5 2014款起SRX车轮信息与定位数据

（1）车轮信息

轮胎规格	轮胎充气压力
235/65R18	240kPa
235/55R20	240kPa
T135/70R18(备胎)	420kPa
车轮螺母转矩	190N·m

（2）定位数据

项目		参数/(°)
前轮	外倾角	−0.6±0.8
	主销后倾角	4.5±0.8
	前束角(左+右)	0.2±0.2
后轮	外倾角	−1.0±0.8
	前束角(左+右)	0.2±0.2
	推进角	0±0.3

3.4 XTS

3.4.1 2013款起XTS编程电动车窗

如果车辆蓄电池再次充电、断开或不工作，则需重新编程前电动车窗的快速升起功能以使其工作。重新编程之前，请更换蓄电池或给蓄电池充电。

编程步骤如下。

① 将点火开关置于“ON/RUN（点火/运行）”或“ACC/ACCESSORY（附件）”位置，或在保持型附件电源启用时，关闭所有车门。

② 按住电动车窗开关直到车窗完全打开。

③ 拉起电动车窗开关直到车窗完全关闭。

④ 车窗完全关闭后继续向上提住开关约2s。

此时，车窗编程完成。对其他车窗重复以上步骤。

3.4.2 2013款起XTS重置发动机机油寿命系统

每次更换发动机机油时重置系统，这样系统可计算下次更换发动机机油的时间。重置机油寿命系统的方法如下。

① 使用方向盘右侧的驾驶员信息中心控制器，在驾驶员信息中心上显示“REMAINING OIL LIFE（剩余机油寿命）”。当剩余机油寿命低时，显示屏上会显示“CHANGE ENGINE OIL SOON（请速更换机油）”信息。

② 按下驾驶员信息中心控制器上的“SEL（选择）”，保持数秒，将机油寿命重设至100%。

除非更换了机油，否则小心不要意外重设机油寿命显示。只有到下一次更换机油时，才可以准确地重设。

3.4.3 2013款起XTS油液规格与容量

（1）油液规格

用途	油液/润滑剂
发动机机油	符合 dexos™规格的专用发动机机油。可通过 dexos™认证标志识别符合此规格的机油。寻找并使用显示有 dexos™认证标志且黏度等级正确的发动机机油。或者符合通用汽车 GM6094M 标准并经美国石油学会(API)的认证，黏度等级为 SAE 5W/30 的发动机机油
发动机冷却液	按 1∶1 比例混合好了的上海通用汽车 DEX-COOL 长寿命发动机冷却液
液压制动系统	DOT 4 液压制动液
挡风玻璃洗涤器	满足地区防冻要求的汽车挡风玻璃洗涤液
自动变速器	DEXRON®-Ⅵ自动变速器油
底盘润滑	底盘润滑剂，或满足 NLGI 2、LB 或 GC-LB 类要求的润滑剂
钥匙锁芯	多用途润滑剂，Superlube
发动机舱盖锁闩总成、副锁闩、枢轴、弹簧锚定器以及释放棘爪	Lubriplate 润滑剂喷雾或满足 NLGI 2 的 LB 或 GC-LB 类别要求的润滑剂
发动机舱盖和车门铰链	多用途润滑剂，Superlube
门窗密封条调节剂	密封条润滑油或绝缘硅基润滑脂

（2）油液容量

名称	牌号	容量/L	
		2.0T	3.6L
发动机机油	5W/30	6	6.4
发动机冷却液(混合液)	9985809	7.1	7.1
自动变速器油	DEXRON-Ⅵ	9	9

3.4.4 2013 款起 XTS 车轮定位

项目		数据
前轮	外倾角	−0.35°±0.75°
	主销后倾角	6.0°±0.75°
	前束角(左+右)	0.2°±0.2°
后轮	外倾角	−0.9°±0.75°
	前束角(左+右)	0.1°±0.2°
	推进角	0°±0.3°

3.5 凯雷德

3.5.1 凯雷德座椅记忆功能复位方法

如果在座椅或可调踏板移动到它们存储的记忆位置时碰到障碍物，座椅和踏板将停止工作。则需对记忆功能进行复位。

按照以下步骤对记忆功能进行复位。

① 移除障碍物。

② 按住不响应的功能控制键 2s。

例如，如果可调踏板没有移动到设置的记忆位置，按住可调踏板开关 2s。

③ 按下相应的驾驶员记忆按钮（如图 3-3 所示的 1 或 2）。

如果没有回忆到记忆位置，则车辆需要维修。

3.5.2 2007 款凯雷德保养灯归零

（1）用 DIC 按钮

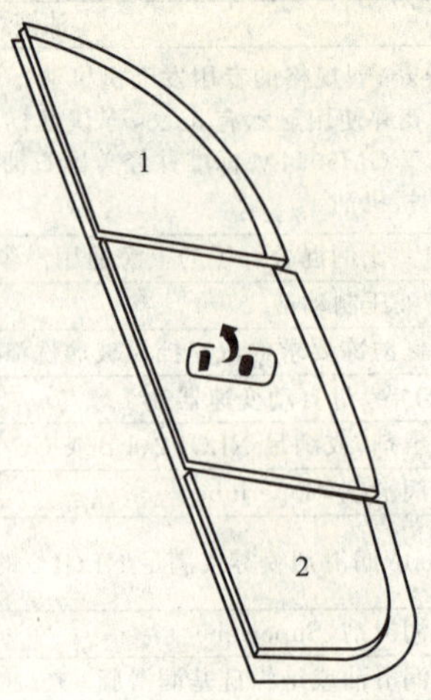

图 3-3 驾驶员座椅操作按钮

① 在驾驶员信息中心（DIC）显示“OIL LIFE REMAINING（机油剩余寿命）”。

② 按住方向盘上的 SET/RESET 按钮（如图 3-4 所示）5s 以上，重新设置机油寿命监视器到 100%。

图 3-4 凯迪拉克凯雷德方向盘操作键

（2）不用 DIC 按钮

① 变速器换挡杆置于驻车位置。

② 按下行程里程表复位杆，DIC 上会显示“OIL LIFE REMAINING（剩余机油寿命）”。

③ 按住行程里程表复位杆 5s 以上，重新设置机油寿命监视器到 100%。

④ 如果启动车辆时“CHANGE ENGINE OIL SOON（尽快更换机油）”信息再次出现，表明机油寿命监视系统还未被重置，需要重复本程序。

第4章 克莱斯勒汽车

Chapter 04

4.1 300C

4.1.1 2012款起300C(LX)记忆座椅模块（MSM）编程

编程流程如下。

① 按下和松开存储器开关1或2，以记忆存储位置1或2。

② 调节座椅，倾斜调节器和可调踏板位置，预先设置广播电台，预先设置HVAC温度，并设置后视镜至期望的位置。

③ 瞬时按下和松开记忆开关。

④ 在5s内，瞬时按下和松开存储器开关1或2。

⑤ 为了连接遥控无钥匙进入系统（RKE）发射器：在10s内，按下和松开遥控无钥匙进入系统（RKE）发射器上的“LOCK”（锁止）按钮。

编程第二个司机位置，用记忆按钮2重复以上编程，第二把遥控钥匙的关联也同以上步骤。

换挡杆不在P挡位置或座椅通过手动或记忆重唤在调节中，模块会退出重唤，如果踏板在调节，记忆重唤也会退出。

按压记忆按钮1或2可以重唤编程的记忆位置，如果用遥控器，只需要按压一次“解锁”按钮就可以。变速器在P挡或座椅安全带没有解开都可以重唤座椅记忆，重唤的工作由MSM监测。

4.1.2 2012款起300C全景天窗初始化方法

（1）双天窗初始化

① 转动点火开关到ON位置。

② 按下并按住VENT（通风）天窗开关按钮，直至天窗玻璃滑动到完全通风位置。

③ 在完成天窗电动机和模块初始化前，要确保遮阳板比天窗玻璃打开得大。

④ 按压天窗开关的VENT按钮然后松开，滑动玻璃应运行到全通风位置。

⑤ 按压天窗开关上的关闭按钮，然后释放，天窗滑动玻璃应运行通过全关位置。

⑥ 按压OPEN按钮，滑动玻璃将运行到全开的位置。

⑦ 按压CLOSE按钮，滑动玻璃将运行到全关的位置。

⑧ 重复步骤④～步骤⑦至少5个完整滑动玻璃循环（通风－关闭－打开－关闭）。

（2）双遮阳板初始化

① 转动点火开关到ON位置。

② 按压并按住 CLOSE 按钮，直至遮阳板移动到全关的位置。

③ 在完成遮阳板电动机和模块的初始化前，确保天窗玻璃在全关的位置。

④ 按压 OPEN 按钮然后释放，遮阳板会运行到中间打开位置，开启位置迟于玻璃返回打开的位置。

⑤ 按压 OPEN 按钮然后释放，遮阳板将运行到全开的位置。

⑥ 按压 CLOSE 按钮然后释放，遮阳板将运行到全关的位置。

⑦ 重复步骤④～步骤⑥至少 5 个完全遮阳板循环（MID－OPEN，FULL－OPEN，CLOSE）。

4.1.3 2012 款起 300C 全景天窗优先位置标定方法

（1）天窗玻璃优先位置标定

天窗玻璃到达全通风位置时电动机停止，电子控制模块学习这个位置（硬停止）。电动机从全开到全闭位置转动的圈数可以帮助判断玻璃的位置，以下的流程可以完成先期标定和保证电子模块正常工作，学习全通风电动机停止位置。

① 确保电气系统电压大于或等于 12.5V。

② 确保点火开关在 ON 位置。

③ 确保电动遮阳板打开的位置位于天窗玻璃打开位置的后面。

④ 按下并按住 VENT 按钮，直至滑动天窗玻璃在全通风位置或直至玻璃向全通风位置运行停止。

⑤ 打开司机侧的车门。

⑥ 将点火开关转到 OFF 位置。

⑦ 在 2s 内转动点火开关到 ON 位置。

⑧ 在 2s 内，按下并按住 VENT 按钮约 10s，在接近 10s，电动机将试图驱动天窗玻璃向全通风位置，一旦发现电动机停转，电子控制模板会将停止的位置作为新位置记忆下来。

⑨ 验证天窗玻璃电动机的工作，循环玻璃从全开—全闭—全通风—全关闭。

（2）双天窗遮阳板优先位置标定

遮阳板到达全闭位置时电动机会停转，电子控制模块学习这个位置（硬停止），根据从半开到全开位置电动机转动的圈数，同时根据计算的电动机圈数判断遮阳板的位置，以下的流程可以完成先期标定和保证电子模块正常工作，学习全关电动机停止位置。

① 确保电气系统电压大于或等于 12.5V。

② 确保点火钥匙在 ON 位置。

③ 确保遮阳板在全闭位置。

④ 按下并按住 CLOSE 按钮直至遮阳板在全开位置，或直至遮阳板向全开位置电动机不再驱动。

⑤ 打开司机侧的车门。

⑥ 将点火开关转到 OFF 位置。

⑦ 在 2s 内，将点火开关转回 ON 位置。

⑧ 在 2s 内，按下并按住 CLOSE 按钮约 10s，在接近 10s，电动机将试图驱动遮阳板到全开位置，一旦监测到电动机停转，电子控制模板会将停止的位置作为新位置记忆下来。

⑨ 验证遮阳板的工作，操作遮阳板半开—全开—然后全关。

4.1.4 2012 款起 300C 全景天窗探测障碍物的更新

在每次完全关闭障碍物探测功能，更新天窗玻璃和遮阳板关闭期间，温度和电压都在规定范围。

确保这些参数都在范围内，循环活动天窗玻璃和遮阳板将会更新电子控制模块软件的障碍物探测的设定。

打开或关闭天窗需要中止驱动电流，这可能造成天窗在开启或关闭中途停止，为了诊断这种状况，请执行以下程序。

- 确保电子系统电压大于或等于 12.5V。
- 确保车辆在室温 20～25℃。
- 确保钥匙在点火开关，并转动到 ON 位置。
- 确保天窗玻璃及遮阳板滑动自如，没有阻碍。

(1) 滑动玻璃

① 确保电动遮阳板在全开的位置。

② 按下 VENT 按钮，以便天窗玻璃到达通风位置。

③ 按下 CLOSE 按钮，以便天窗玻璃到达全关位置。

④ 按下 OPEN 按钮，以便天窗玻璃到达全开位置。

⑤ 按下 CLOSE 按钮，以便活动玻璃到达全关位置。

⑥ 重复步骤②～步骤⑤至少 5 个完整的天窗玻璃循环（VENT—CLOSE—OPEN—CLOSE）。

(2) 遮阳板

① 确保遮阳板在全关位置。

② 按下 OPEN 按钮，以便遮阳板到达中间开启位置。

③ 按下 OPEN 按钮，以便遮阳板到达全开位置。

④ 按下 CLOSE 按钮，以便遮阳板到达全关位置。

⑤ 重复步骤②～步骤④至少 5 次完整的遮阳板循环（MID—OPEN，FULL—OPEN，CLOSE）。

4.1.5 2012 款起 300C 防夹控制

控制条件：

确保电子系统电压大于或等于 12.5V。

确保车辆在室温 20～25℃。

确保钥匙在点火开关，并转动到 ON 位置。

确保天窗玻璃及遮阳板滑动自如，没有阻碍。

玻璃防夹学习步骤如下。

① 确保电动遮阳板在全开的位置。

② 按下 VENT 按钮，以便天窗玻璃到达全通风位置。

③ 按下 CLOSE 按钮，以便天窗玻璃到达全关位置。

④ 按下 OPEN 按钮，以便天窗玻璃到达全开位置。

⑤ 按下 CLOSE 按钮，以便活动玻璃到达全关位置。

⑥ 重复步骤②～步骤⑤至少 5 次完整的天窗玻璃循环（VENT—CLOSE—OPEN—CLOSE）。

4.1.6 300C 电子节气门初始化

节气门断电或更换之后，需要进行节气门体初始化。

① 断开蓄电池负极 2min。

② 重新连接之后，将点火开关打到ON位。

③ 保持10s以上，动力控制单元进行自适应。

4.1.7 300C安全带提醒系统(BeltAlert)的设置

① 关好所有车门，点火开关置于“ON”和“START”以外的任何位置，系好安全带。

② 将点火开关置于“ON”的位置，但不要启动发动机。等到安全带提醒灯熄灭，然后进行下一步。附注：在点火开关转到“ON”的位置后60s内必须完成下述步骤。

③ 在点火开关转到“ON”的位置后60s内，在10s内，解下再系上座椅安全带至少3次，最后安全带要系好。

说明：当解下座椅安全带时，会看到安全带提醒灯点亮。当再系上座椅安全带时，安全带提醒灯熄灭。安全带缩紧是必要的。

④ 将点火开关转到“LOCK”的位置，会听到一声鸣响，这表示已成功地完成设置。

重复上述步骤，可再激活安全带提醒系统（BeltAlert）。

说明：当解除安全带提醒系统（BeltAlert），只要驾驶员未系安全带，安全带提醒灯将一直点亮。

4.1.8 300C手动指南针校准

本车装备的罗盘具有自动校正功能，无须手动设定。新车上的罗盘可能会出现尚未设定的状况，显示屏会出现CAL字样。在没有大型金属或金属性物体的区域中，行驶一个以上360°圆圈，直到CAL字样从EVIC的显示中消失。这时罗盘就可正常工作了。

手动罗盘校准：

如果罗盘出现异常现象且CAL字样没有出现，则必须手动使罗盘进入校正模式。

若要进入校准模式：

① 打开点火开关。

② 按住罗盘按钮约2s。

③ 按SCROLL按钮，直到EVIC中显示“Calibrate Compass”。

④ 按下并放开FUNCTION SELECT按钮开始校准程序。EVIC中会出现CAL字样。

⑤ 在没有大型金属性物体区域中，行驶一个以上360°圆圈，直到CAL字样消失。这时罗盘就可正常工作了。

4.2 大　捷　龙

4.2.1 2013款起大捷龙电动车窗重新启动自动上升功能

在恢复车载电源之后执行以下步骤。

① 上拉车窗开关来完全关闭车窗并在车窗关闭后再将开关向上拉2s。

② 稳固地按下车窗开关到第二定位槽来完全打开车窗并在车窗完全打开后继续按住下降开关2s。

4.2.2 2013款起大捷龙编程座椅记忆功能

注意：要创建新的存储器配置文件，则执行以下操作。

（1）配备无钥匙进入/启动功能的车辆

① 在不踩下制动踏板的情况下，推压“发动机启动/停止”按钮并且将点火开关循环至“ON/RUN（打开/运行）”位置（不要启动发动机）。

② 按照所希望的偏好来调整所有的存储器配置文件设置［座椅、后视镜、可调踏板（如果配备）和预设广播电台］。

③ 按下并释放记忆开关上的S（设置）按钮。

④ 在5s内，按下并释放记忆按钮1或2。电子车辆信息中心（EVIC）将显示已设置的记忆位置。

(2) 未配备无钥匙进入/启动功能的车辆

① 插入遥控钥匙组件，将点火开关转至“ON/RUN（打开/运行）”位置。

② 按照所希望的偏好来调整所有的存储器配置文件设置［座椅、后视镜、可调踏板（如果配备）、动力翻转和伸缩转向柱（如果配备），以及预设广播电台］。

③ 按下并释放记忆开关上的S（设置）按钮。

④ 在5s内，按下并释放记忆按钮1或2。电子车辆信息中心（EVIC）将显示已设置的记忆位置。

注意：

• 设置存储器配置文件时，车辆无需处于PARK（驻车挡）位置，但是要调用存储器配置文件，车辆则必须处于PARK（驻车挡）位置。

• 可通过电子车辆信息中心（EVIC）启用带遥控器连接至存储器功能的调用存储器，有关详细信息，请参见“仪表板使用说明”内的“电子车辆信息中心（EVIC）/客户可编程功能”。

4.2.3 2013款起大捷龙保养归零

该车辆装备有发动机机油更换指示系统。在一声短促的蜂鸣声提醒下一个换油间隔后，Oil Change Required（要求更换机油）信息将在电子车辆信息中心（EVIC）显示屏上闪烁大约10s。发动机机油更换指示系统是建立在周期循环上的，这意味着发动机机油更换间隔根据个人驾驶方式而不同。

除非重置，否则每当将点火开关转至“ON/RUN（打开/运行）”位置或在配备Keyless Enter-N-Go™（无钥匙进入/启动）的情况下将点火开关循环至“ON/RUN（打开/运行）”位置，都将显示此消息。为了暂时关闭这个信息，按下并释放“菜单”按钮。要重置更换机油指示系统（完成定期保养后），请参见下列步骤。

(1) 配备KeylessEnter-N-Go™（无钥匙进入/启动）的车辆

① 在不踩下制动踏板的情况下，推压ENGINE START/STOP（发动机启动/停止）按钮并且将点火开关循环至“ON/RUN（打开/运行）”位置（切勿启动发动机）。

② 10s内，缓慢将油门踏板踩到底三次。

③ 在不踩下制动踏板的情况下，推一下ENGINE START/STOP（发动机启动/停止）按钮以使得点火开关返回至“OFF/LOCK（关闭/锁止）”位置。

(2) 未配备Keyless Enter-N-Go™（无钥匙进入/启动）的车辆

① 将点火开关转至“ON/RUN（打开/运行）”位置（但是切勿启动发动机）。

② 10s内，缓慢将油门踏板踩到底三次。

③ 将点火开关转至“OFF/LOCK（关闭/锁止）”位置。

注意：当启动发动机时，如果指示信息亮起，则表明未将更换机油指示系统复位。必要时重复这些步骤。

4.2.4 2013款起大捷龙油液规格

部　件	油液、润滑剂和原厂部件
发动机冷却液	建议使用 MOPAR®防冻液/冷却液 10 年/150000mile 配方 OAT(有机添加技术)
发动机机油(非 ACEA 类型)	使用 API 认证的 SAE 5W-20 发动机机油，符合克莱斯勒材料标准 MS-6395 的要求。正确的 SAE 等级，请参见发动机机油加注口盖。如果没有 SAE 5W-20 发动机机油，可使用菲亚特 9.55535-CR1 认可的 SAE5W-30 发动机机油
发动机机油(ACEA 目录)	在使用 ACEA 欧洲机油类别作为保养加注机油的国家，使用符合 ACEA C3 以及菲亚特 9.5535 认可的发动机机油。如果没有 SAE 5W-20 发动机机油，可使用菲亚特 9.55535 认可的 SAE 5W-30 发动机机油
发动机机油滤清器	建议使用 MOPAR®发动机机油滤清器
火花塞-3.6L 发动机	建议使用 MOPAR®火花塞[间隙为 1.1mm(0.043in)]
燃油选择	93 号
自动变速箱	建议使用 MOPAR® ATF＋4®自动变速箱油液
制动总泵	建议使用 MOPAR® DOT3 和 SAEJ1703。如果没有 DOT3 制动液 DOT4 是可接受的
动力转向液储液罐	建议使用 MOPAR®动力转向液＋4、MOPAR® ATF＋4®自动变速箱油液

第5章 Chapter 05

吉普汽车

5.1 大切诺基

5.1.1 2000~2003款大切诺基保养灯归零

① 打开点火开关，操作顶置控制台，如图5-1所示。

② 持续按SETUP设置按钮，直到显示保养间隔。

③ 按住RESET复位按钮达3s，使显示复位。

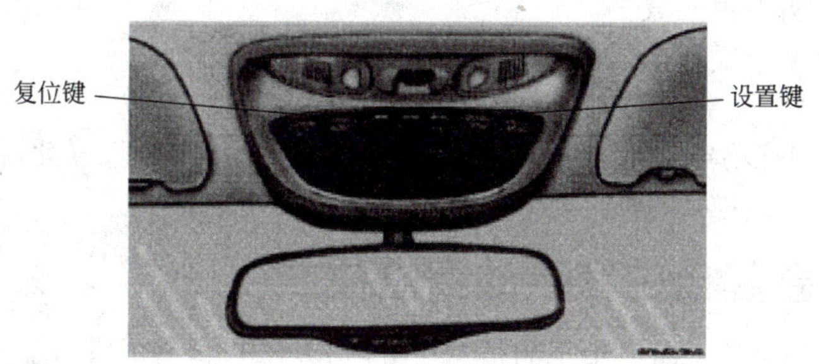

图5-1 顶置控制台设置

5.1.2 大切诺基、指南者天窗控制单元复位与学习设定

方法和道奇车系一样，相关内容请参考6.2.1小节。

5.2 自由客

5.2.1 2014款起自由客自动车门锁编程

按照如下步骤启用或禁用自动车门锁功能。

• 对于配备电子车辆信息中心（EVIC）的车辆，详细信息参见“仪表板说明”中的“电子车辆信息中心（EVIC）-如果配备/个性化设置（客户可编程功能）”。

• 对于未配备电了车辆信息中心（EVIC）的车辆，请执行以下步骤。

① 关闭所有车门并将钥匙插入点火开关。

② 在15s内，在“LOCK（锁止）”与“ON/RUN（打开/运行）”间循环拨动点火开关，然后返回到“LOCK（锁止）”位置四次，最后停在“LOCK（锁止）”位置（请勿启动发动机）。

③ 在 30s 内，按下电动车门锁开关，以锁止车门。

④ 单蜂鸣声表明编程完成。

⑤ 如要使该功能恢复以前的设置，需重复上述步骤。

注意：

• 如果没有听到蜂鸣声，则表明系统未进入编程模式，需要重复此过程。

• 根据车辆所在地法律法规使用自动车门锁功能。

5.2.2 2014 款起自由客下车自动解锁车门编程

按照如下步骤启用或禁用下车自动解锁车门功能。

• 对于配备电子车辆信息中心（EVIC）的车辆，详细信息参见“仪表板说明”中的“电子车辆信息中心（EVIC）-如果配备/个性化设置（客户可编程功能）”。

• 对于未配备电子车辆信息中心（EVIC）的车辆，请执行以下步骤。

① 关闭所有车门并将钥匙插入点火开关。

② 在 15s 内，在“LOCK（锁止）”与“ON/RUN（打开/运行）”间循环拨动点火开关，然后返回到“LOCK（锁止）”位置五次，最后停在“ON/RUN（打开/运行）”位置（请勿启动发动机）。

③ 在 30s 内，按下电动车门“UNLOCK（解锁）”开关，以解锁车门。

④ 单蜂鸣声表明编程完成。

⑤ 如要使该功能恢复以前的设置，需重复上述步骤。

注意：

• 如果没有听到蜂鸣声，则表明系统未进入编程模式，需要重复此过程。

• 根据车辆所在地法律法规使用下车自动解锁车门功能。

5.2.3 2014 款起自由客手动罗盘校准

如果罗盘出现不稳定，而电子车辆信息中心（EVIC）显示屏没有显示“CAL”指示灯，必须按照如下手动操作使罗盘进入校准模式。

① 启动发动机。为了进入电子车辆信息中心（EVIC）编程菜单将换挡杆置于“PARK（驻车挡）”。

② 按下 MENU（菜单）按钮直到个性化设置（客户可编程功能）菜单在电子车辆信息中心（EVIC）内显示。

③ 按下 DOWN（向下）按钮直至电子车辆信息中心（EVIC）上显示“校准罗盘”。

④ 按下并释放“选择”按钮开始校准。“CAL”指示灯将在电子车辆信息中心（EVIC）内显示。

⑤ 完成一次或多次 360°转动（在远离大型金属或金属物体的区域）直至“CAL（调校）”指示灯熄灭。此刻罗盘将恢复正常作用。

5.2.4 2014 款起自由客油液规格

部　件	油液、润滑剂和原厂部件
发动机冷却液	使用 MOPAR® 防冻液/冷却液 10 年/240000km 配方 OAT(有机添加技术)
发动机机油-非 ACEA 类别	使用 API 认证的 SAE 5W-20 发动机机油，例如满足克莱斯勒材料标准 MS-6395 要求的 MOPAR®、Pennzoil、Shell Helix 或等效产品。正确的 SAE 等级，请参见发动机机油加注口盖。如果没有 SAE 5W-20 发动机机油可用，则可使用克莱斯勒 MS-6395 或菲亚特 9.55535-CR1 认可的 SAE 5W-30 发动机机油

续表

部　件	油液、润滑剂和原厂部件
发动机机油-ACEA 类别	对于使用 ACEA 欧洲机油类别作为维修加注机油的国家/地区，使用满足 ACEAC3 要求并经过克莱斯勒 MS-6395 或菲亚特 9.55525-CR1 认可的发动机机油。如果没有 SAE 5W-20 发动机机油可用，则可使用克莱斯勒 MS-6395 或菲亚特 9.55535-CR1 认可的 SAE 5W-30 发动机机油
发动机机油滤清器	MOPAR® 发动机机油滤清器
火花塞-2.0L 和 2.4L 发动机	MOPAR® 火花塞[间隙 0.043in(1.1mm)]
火花塞-2.0L 发动机(仅限 E22 燃油)	MOPAR® 火花塞[间隙 0.031in(0.8mm)]
燃油选择	辛烷值为 93 的燃油
自动变速器(CVT)-如果配备	MOPAR® CVTF+4® 无级变速器油液或等效产品。如未使用正确油液会影响变速器的功能或性能
自动变速器(6 速)-如果配备	SK Energy ATF SP-4 变速器油液
手动变速箱-如果配备	满足克莱斯勒材料标准 MS-9602 要求的 MOPAR® 手动变速器润滑剂
后驱动总成(RDA)	MOPAR® 齿轮和车桥润滑剂 SAE 80W-90 API GL5
动力传输装置(PTU)	MOPAR® 齿轮和车桥润滑剂 SAE 80W-90 API GL5
制动总泵	MOPAR® DOT 3 和 SAE J1703。如果没有 DOT3 制动液，DOT4 也可接受
动力转向液储液罐	MOPAR® 动力转向液+4 或 MOPAR® ATF+4® 自动变速箱油液

5.3 指　南　者

5.3.1 2014 款起指南者自动车门锁编程

对于未配备电子车辆信息中心（EVIC）的车辆，请执行以下步骤。

① 关闭所有车门并将钥匙插入点火开关。

② 在 15s 内，在“LOCK（锁止）”与“ON/RUN（打开/运行）”间循环拨动点火开关，然后返回到“LOCK（锁止）”位置四次，最后停在“LOCK（锁止）”位置（请勿启动发动机）。

③ 在 30s 内，按下电动车门锁开关，以锁止车门。

④ 单蜂鸣声表明编程完成。

⑤ 如要使该功能恢复以前的设置，需重复上述步骤。

注意：

- 如果没有听到蜂鸣声，则表明系统未进入编程模式，需要重复此过程。
- 根据车辆所在地法律法规使用自动车门锁功能。

5.3.2 2014 款起指南者下车自动解锁车门编程

对于未配备电子车辆信息中心（EVIC）的车辆，请执行以下步骤。

① 关闭所有车门并将钥匙插入点火开关。

② 在 15s 内，在“LOCK（锁止）”与“ON/RUN（打开/运行）”间循环拨动点火开关，然后返回到“LOCK（锁止）”位置五次，最后停在“ON/RUN（打开/运行）”位置（请勿启动发动机）。

③ 在 30s 内，按下电动车门“UNLOCK（解锁）”开关，以解锁车门。

④ 单蜂鸣声表明编程完成。

⑤ 如要使该功能恢复以前的设置，需重复上述步骤。

注意：
• 如果没有听到蜂鸣声，则表明系统未进入编程模式，需要重复此过程。
• 根据车辆所在地法律法规使用下车自动解锁车门功能。

5.3.3 2014 款起指南者保养归零

该车辆装备有发动机机油更换指示系统。在响起一声蜂鸣声来提醒下一个预定换油间隔后，“Oil Change Required（要求更换机油）”信息将在电子车辆信息中心（EVIC）显示屏上闪烁大约 5s。发动机更换机油指示系统是建立在周期循环上的，这意味着发动机机油更换间隔根据个人驾驶方式而不同。

除非复位，否则，每当将点火开关转到“ON/RUN（打开/运行）”位置，将会一直显示此信息。要暂时关闭这个信息，按下并释放组合仪表上的计程表按钮。要重置更换机油指示系统（完成定期保养后），请参见下列步骤。

① 将点火开关转至“ON（打开）”位置。不要启动发动机。

② 10s 内，缓慢将油门踏板踩到底三次。

③ 将点火开关转至“OFF/LOCK（关闭/锁止）”位置。

注意：当启动车辆时，如果指示信息亮起，则更换机油指示系统并未复位。必要时，重复上述步骤。

5.3.4 2014 款起指南者手动罗盘校准

如果罗盘出现不稳定，而电子车辆信息中心（EVIC）显示屏没有显示“CAL”指示灯，必须按照如下手动操作使罗盘进入校准模式：

① 启动发动机。为了进入电子车辆信息中心（EVIC）编程菜单将换挡杆置于“PARK（驻车挡）”。

② 按下 MENU（菜单）按钮直到个性化设置（客户可编程功能）菜单在电子车辆信息中心（EVIC）内显示。

③ 按下 DOWN（向下）按钮直至电子车辆信息中心（EVIC）上显示“校准罗盘”。

④ 按下并释放“选择”按钮开始校准。“CAL”指示灯将在电子车辆信息中心（EVIC）内显示。

⑤ 完成一次或多次 360°转动（在远离大型金属或金属物体的区域）直至“CAL（调校）”指示灯熄灭。此刻罗盘将恢复正常作用。

5.3.5 2014 款起指南者禁用/启用上坡起步辅助系统（HSA）

如果想要启用或禁用上坡起步辅助系统（HSA），可以使用电子车辆信息中心（EVIC）的客户可编程功能。对于未配备电子车辆信息中心（EVIC）的车辆，请执行以下步骤。

注意：必须在 90s 内完成步骤①～⑧。

① 方向盘对正中央位置（前轮竖直向前）。

② 将变速箱换至“NEUTRAL（空挡）”。

③ 施加驻车制动器。

④ 启动发动机。

⑤ 松开离合器踏板。

⑥ 向左转动方向盘半圈。

⑦ 在 20s 内按下“电子车身稳定系统关闭”开关（位于空调下方的下部开关组）四次。“电子车身稳定系统（ESC）关闭指示灯”应开启和关闭两次。

⑧ 将方向盘转回到中心位置，然后向右再转半圈。

⑨ 将点火开关旋至“OFF（关闭）”位置，然后返回“ON（打开）”位置。如果按正确顺序完成，“电子车身稳定系统（ESC）关闭指示灯”将闪烁几次以确认禁用上坡起步辅助系统（HSA）。

⑩ 如要使该功能恢复以前的设置，需重复上述步骤。

5.3.6 2014款起指南者油液规格

部　件	油液、润滑剂和原厂部件
发动机冷却液	建议使用MOPAR®防冻液/冷却液10年/240000km配方OAT(有机添加技术)
发动机机油-非ACEA类别	建议使用API认证的SAE 5W-20发动机机油，例如满足克莱斯勒材料标准MS-6395要求的MOPAR®、Pennzoil、Shell Helix或等效产品。正确的SAE等级，请参见发动机机油加注口盖。如果没有SAE 5W-20发动机机油可用，则可使用克莱斯勒MS-6395或菲亚特9.55535-CR1认可的SAE 5W-30发动机机油
发动机机油-ACEA类别	对于使用ACEA欧洲机油类别作为维修加注机油的国家/地区，建议使用满足ACEAC3要求并经过克莱斯勒MS-6395或菲亚特9.55525-CR1认可的发动机机油。如果没有SAE 5W-20发动机机油可用，则可使用克莱斯勒MS-6395或菲亚特9.55535-CR1认可的SAE 5W-30发动机机油
发动机机油滤清器	建议使用MOPAR®发动机机油滤清器
火花塞-2.0L和2.4L发动机	建议使用MOPAR®火花塞[间隙0.043in(1.1mm)]
火花塞-2.0L发动机(仅限E22燃油)	建议使用MOPAR®火花塞[间隙0.031in(0.8mm)]
燃油选择	建议使用辛烷值为93的燃油
自动变速器(CVT)-如果配备	建议使用MOPAR® CVTF+4®无级变速器油液或等效产品。如未使用正确油液会影响变速器的功能或性能
自动变速器(6速)-如果配备	建议使用SK Energy ATF SP-4　变速器油液
手动变速箱-如果配备	建议使用满足克莱斯勒材料标准MS-9602要求的MOPAR®手动变速器润滑剂
后驱动总成(RDA)	建议使用MOPAR®齿轮和车桥润滑剂SAE 80W-90 API GL5
动力传输装置(PTU)	建议使用MOPAR®齿轮和车桥润滑剂SAE 80W-90 API GL5
制动总泵	建议使用MOPAR® DOT 3和SAE J1703。如果没有DOT 3制动液，DO T4也可接受
动力转向液储液罐	建议使用MOPAR®动力转向液+4或MOPAR® ATF+4®自动变速箱油液

5.4 牧　马　人

5.4.1 2013款起牧马人手动罗盘校准

如果罗盘出现不稳定，而电子车辆信息中心（EVIC）显示屏没有显示“CAL（校准）”指示灯，必须按照如下手动操作使罗盘进入校准模式。

① 启动发动机。为了进入电子车辆信息中心（EVIC）编程菜单将换挡杆置于“PARK（驻车挡）”。

② 按下MENU（菜单）按钮，直到电子车辆信息中心（EVIC）内显示个性化设置（客户可编程功能）为止。

③ 按下“向下”按钮直至电子车辆信息中心（EVIC）上显示“Calibrate Compass（校准罗盘）”。

④ 按下并释放“SELECT（选择）”按钮开始校准。“CAL（校准）”指示灯将在电子

车辆信息中心（EVIC）内显示。

⑤ 完成360°绕弯一次或多次以校准罗盘（在无大型金属或金属物体的区域），直到显示在电子车辆信息中心（EVIC）中的“CAL”信息消失。此刻罗盘将正常工作。

5.4.2 2013款起牧马人油液规格与容量

（1）油液容量

项 目	容量/L
燃油(近似值)-两门车型	70
燃油(近似值)-四门车型	85
发动机机油含滤清器	
3.6L发动机	5.6
冷却系统①	
3.6L发动机(MOPAR®防冻液/发动机冷却液10年/150000mile配方或同等产品)	9.9

① 包括装满至MAX液位的冷却液回收瓶。

（2）油液规格

部 件	油液、润滑剂和原厂部件
发动机冷却液	建议使用MOPAR®防冻液/冷却液10年/150000mile配方OAT(有机添加技术)或同等产品
发动机机油-非ACEA类别	使用美国石油学会(API)认证的SAE 5W-20发动机机油，符合克莱斯勒材料标准MS-6395的要求。正确的SAE等级，请参见发动机机油加油口盖。当无法使用SAE 5W-20发动机机油时，可以使用经菲亚特9.55535-CR1法令批准的SAE 5W-30发动机机油
发动机机油-ACEA类别	在使用ACEA欧洲机油类别作为保养加注机油的国家，使用符合ACEA C3并经过菲亚特9.5535法令批准的发动机机油。当无法使用SAE 5W-20发动机机油时，可以使用经菲亚特9.55535法令批准的SAE 5W-30发动机机油
火花塞	建议使用MOPAR®火花塞
发动机机油滤清器	建议使用MOPAR®发动机机油滤清器
燃油选择	93号汽油
自动变速箱	建议使用MOPAR® ATF+4®自动变速箱油液
分动箱	建议使用MOPAR® ATF+4®自动变速箱油液
车桥差速器(前)	建议使用MOPAR®齿轮和车桥润滑剂(SAE80W-90)(APIGL-5)
车桥差速器(后)	226RBI(型号44)—MOPAR®齿轮和车桥润滑剂(SAE80W-90)(APIGL-5)。挂车牵引，建议使用MOPAR®齿轮和车桥合成润滑剂(SAE 75W-140)。装备有Trac-Lok型号需要添加剂
制动总泵	建议使用MOPAR® DOT 3和SAE J1703。如果没有DOT 3制动液，DOT 4也可接受
动力转向液储液罐	建议使用MOPAR®动力转向液+4，或MOPAR® ATF+4®自动变速箱油液

第6章 Chapter 06

道奇汽车

6.1 酷　　博

6.1.1 2008款起酷博车轮定位数据

前轮定位	理想范围	可接受范围
外倾角(轮胎定位)	−0.80°	−1.20°～−0.40°
横向外倾角(最大左右差)	0.00°	−0.50°～0.50°
后倾角①-左	3.00°	2.00°～4.00°
后倾角①-右	2.70°	1.70°～3.70°
横向主销后倾角(最大左右差)	0.30°	−1.30°～0.30°
束角-单个	0.10°	0.00°～0.20°
轮胎缘距-全部②	0.20°	0.00°～0.40°
后轮定位	**理想范围**	**可接受范围**
外倾角(轮胎定位)	−0.70°	−1.10°～−0.30°
横向外倾角(最大左右差)	0.00°	−0.50°～0.50°
束角-单个	0.10°	0.00°～0.20°
轮胎缘距-全部②	0.20°	0.00°～0.40°
止推角	0.00°	−0.10°～0.10°

① 只作为参考。不可调角。

② 总轮胎缘距是左侧和右侧车轮轮胎缘距设定值的总和。总前束应在同车桥的车轮上平均分配，以确保方向盘在束角设定后位于中心位置。正前束（＋）是前束；负前束（－）为后束。

6.1.2 2008款起酷博制动盘检测数据

制动盘	制动盘厚度	制动盘最小厚度	制动盘厚度变化	制动盘跳动①
前制动盘-15in②	25.90～26.10mm (1.020～1.028in)	24.40mm(0.961in)	0.005mm(0.0002in)	0.05mm(0.002in)
前制动盘-16in③	25.90～26.10mm (1.020～1.028in)	24.40mm(0.961in)	0.005mm(0.0002in)	0.05mm(0.002in)
后制动盘-14in④	9.80～10.20mm (0.386～0.402in)	8.40mm(0.331in)	0.015mm(0.0006in)	0.06mm(0.0024in)
后制动盘-16in③	9.80～10.20mm (0.386～0.402in)	8.40mm(0.331in)	0.015mm(0.0006in)	0.04mm(0.0016in)

① TIR总指示器读数（在车上测量）。

② 因其设计安装在15in或以上的车轮内。实际制动盘直径是276mm（10.8in）。

③ 因其设计安装在16in或以上的车轮内。实际前制动盘直径为294mm（11.5in）。实际后制动盘直径为302mm（11.8in）。

④ 因其设计安装在14in或以上的车轮内。实际制动盘直径为262mm（10.3in）。

6.1.3 2008款起酷博天窗电动机学习程序

（1）更换驱动电动机

① 按下并保持天窗开关打开直到天窗玻璃完全打开，自动倒转方向，并刚好在完全打开的位置前方停止。

② 松开天窗开关。

③ 松开天窗开关5s内，再次按下并保持天窗开关打开直到天窗玻璃关闭，进入通风位置，然后最终在关闭位置停止。

④ 松开天窗开关。天窗可以正常操作。

（2）原装驱动电动机

① 按下并按住天窗开关直到天窗玻璃打开并停止。

② 松开天窗开关。

③ 按下并按住天窗开关，再次打开至少10s。10s后按下打开开关，天窗玻璃自动移动并停在新的位置。

④ 松开天窗开关。

⑤ 松开天窗开关5s内，再次按下并按住打开开关，直到天窗玻璃关闭，在通风位置，然后最终停在关闭位置。

⑥ 松开天窗开关。天窗能够正常操作。

6.2 酷　　威

6.2.1 2009款起酷威、酷博天窗控制单元复位与学习设定

（1）更换驱动电动机后的设定

① 按住天窗打开开关直到天窗玻璃完全打开，玻璃将会自动反向，并刚好在完全打开位置前方停止。

② 松开天窗开关。

③ 松开天窗开关5s内，再次按住天窗打开开关直到天窗玻璃关闭，天窗进入通风位置，之后最终停止在关闭位置。

④ 松开天窗开关。此时天窗工作正常。

（2）原装驱动电动机的设定

① 按住天窗打开开关直到天窗玻璃打开并停止。

② 松开天窗开关。

③ 再次按住天窗打开开关至少保持10s。按下打开开关10s后，天窗玻璃将会自动移动并且停在新位置。

④ 松开天窗开关。

⑤ 松开天窗开关5s内，再次按住开关直到天窗玻璃关闭，天窗进入通风位置，之后最终停止在关闭位置。

⑥ 松开天窗开关。此时天窗工作正常。

6.2.2 2009款起酷威机油更换指示器重新设置方法

该车辆装备有发动机机油更换指示器系统。在单声警示音响起以指示下次预定机油更换间隔后，“要求机油更换”信息将在EVIC显示屏上闪烁大约5s。发动机机油更换显示器以

占空比为基准，这意味着发动机更换间隔根据个人驾驶风格可能有所变动。

除非重新设置，否则每次将点火开关置于ON位置时该信息将继续显示。若要临时关闭信息，按下并松开菜单按钮。

执行下列程序以重新设置机油更换指示器系统（执行保养计划后）。

① 将点火开关置于“ON”位置（请勿启动发动机）。

② 10s内慢慢完全踩下加速踏板三次。

③ 将点火开关置于“LOCK”位置。

注意：启动车辆时如果指示器信息亮起，则表示机油更换指示器系统没能重新设置。如有必要重复上述步骤。

第7章 Chapter 07

福特汽车

7.1 蒙迪欧-致胜

7.1.1 福特蒙迪欧保养灯归零

方法一：

① 点火开关打开。

② 压下仪表板速度表左下方按钮 4s 即可。

方法二：

① 打开杂物箱，找出一个扳手形按键。

② 打开点火开关。

③ 压下重新设定键（即扳手形按键）4s 即可。

7.1.2 蒙迪欧致胜电动车窗设定

蓄电池断电后，车窗玻璃需要重新设置，否则只能电动升降，不能自动升级一键到底，必须对每一车窗重新设定记忆。

① 抬起开关直至车窗完全关闭，然后再保持至少 1s。

② 松开开关，再次抬起 2～3 次，每次 1s 以上。

③ 开启车窗，再尝试自动关闭车窗。

④ 如果车窗不能自动关闭，请重复上述步骤进行设定。

如果天窗不再能够正常关闭，请执行下列再学习程序。

① 尽可能抬高车窗后端，然后放开开关。

② 再次按住该开关约 2s，直至天窗移。

③ 放开开关并立即再次按住，天窗将会关闭、完全打开，然后再关闭。

注意：天窗还未第二次到达关闭位置之前，不要松开开关。如果没有连续按住开关，天窗的再学习功能会中断，必须重新进行完整程序。

7.1.3 蒙迪欧电动天窗设定

① 完全打开天窗。

② 用“前进键”完全关闭天窗，然后松开按钮。

③ 按住“前进键”直到天窗翘起，然后松开按钮。

④ 持续按住“前进键”20s，天窗尾部振动一下，然后松开按钮。

⑤ 按住“后退键”不放，待天窗开启又关闭后，完成设定。

7.1.4 2013款起蒙迪欧致胜电动天窗再学习

注意：防夹功能在这个过程中不起作用。请确保天窗关闭的路线上没有阻碍。

如果天窗不能正常关闭，请执行再学习程序。

① 尽可能抬高天窗后端，然后放开开关。

② 再次按住该开关约21s，直到天窗开始移动。

③ 放开开关并立即再次按住。天窗将会关闭、完全打开，然后再关闭。

天窗还未第二次到达关闭位置之前，请不要松开开关。

如果没有连续按住开关，天窗的再学习功能会中断。必须重新进行所有步骤以完成程序。

7.2 嘉 年 华

7.2.1 新嘉年华电动车窗与天窗初始化

（1）车窗初始化

防夹功能在重设车窗记忆后才可被恢复。每次断开蓄电池后，必须对车窗重设记忆。

① 保持开关抬起，直至车窗完全关闭。继续保持开关抬起状态至少1s。

② 释放开关，再次抬起开关，重复两到三次，每次至少保持1s。

③ 打开车窗，尝试自动关闭车窗。

④ 如果车窗不能自动关闭，请重复上述步骤进行设定。

（2）天窗初始化

① 打开点火开关。

② 天窗在完全关闭的状态下，持续按住倾斜开关（TILT）或滑动开关（SLIDE）的前侧至少保持5s。

③ 天窗再学习功能设定完成。

7.2.2 2013款起嘉年华ST电动车窗防夹功能初始化

在重设车窗记忆后，防夹返回功能才会恢复。

每次断开电源后，必须对每一车窗重设防夹返回记忆。

① 拉起开关直至车窗完全关闭。

② 释放开关。

③ 再次拉起开关数秒。

④ 按住开关直到车窗完全打开。

⑤ 释放开关。

⑥ 拉起开关直至车窗完全关闭。

⑦ 打开车窗并尝试自动关闭。

⑧ 如果车窗不能自动关闭，请重复上述步骤进行设定。

7.2.3 2013款起嘉年华ST车轮定位数据

系统	项　　目	公　　差	设定值或最优值	最大左右偏差
前轮	后倾角	3.03°～5.03°	4.03°	1.00°
	外倾角	－2.43°～0.07°	－1.18°	1.25°
	总前束	0°～0.4°	0.20°前束±0.20°	—

续表

系统	项　目	公　差	设定值或最优值	最大左右偏差
后轮	外倾角	−1.89°～0.61°	−0.64°	—
	总前束	0.06°～0.56°	0.31°前束±0.25°	—

7.2.4 2013款起嘉年华ST保险丝信息

嘉年华ST保险丝信息如图7-1、图7-2所示。

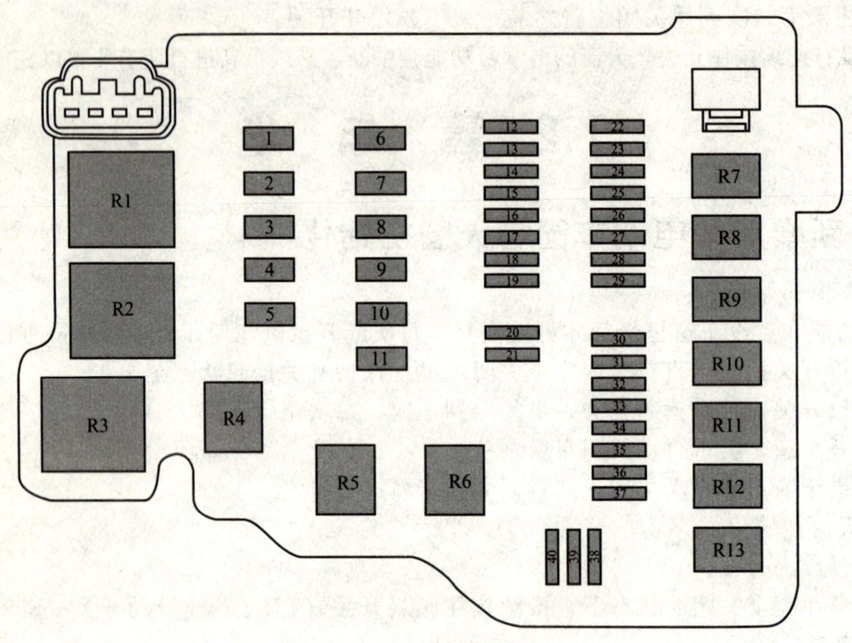

图7-1　发动机舱保险丝盒

保险丝	额定电流	保护电路
1	40A	ABS模块
	30A	ABS、ESP模块
2	60A	冷却系统高速风扇
3	40A	冷却系统风扇
	30A	冷却系统低速风扇
4	30A	暖风鼓风机
5	60A	乘客舱保险丝盒供电(蓄电池)
6	30A	车身控制模块(BCM)
7	60A	乘客舱保险丝盒供电(点火开关)
8	50A	自动变速箱
9	60A	加热挡风玻璃
10	—	未使用
11	30A	启动机继电器
12	10A	左侧远光灯继电器
13	10A	右侧远光灯继电器
14	10A	水泵
15	10A	点火线圈

续表

保险丝	额定电流	保护电路
16	15A	动力控制模块(PCM),高速和低速冷却风扇系统
17	15A	加热氧传感器(汽油发动机)
	20A	供电模块(柴油发动机)
18	—	未使用
19	7.5A	空调压缩机
20	—	未使用
21	7.5A	冷却系统风扇(1.6L Duratorq-TDCI)
22	—	未使用
23	15A	前雾灯
24	15A	转向灯
25	15A	左侧外部灯光
26	15A	右侧外部灯光
27	7.5A	动力控制模块(PCM)
28	20A	ABS、ESP 模块
29	10A	空调离合器
30	—	未使用
31	—	未使用
32	20A	喇叭、蓄电池节电器、无钥匙进入车辆模块
33	20A	加热后车窗
34	20A	燃油泵继电器、柴油燃料加热器
35	15A	一级警报系统
36	7.5A	自动变速箱控制器
37	25A	左侧前车门模块
38	25A	右侧前车门模块
39	25A	左侧后车门模块
40	25A	右侧后车门模块

继电器	电路开关
R1	冷却系统风扇
R2	加热挡风玻璃
R3	动力控制模块(PCM)
R4	远光灯
R5	未使用
R6	未使用
R7	发动机冷却风扇
R8	启动机
R9	空调离合器
R11	燃油泵、柴油燃料加热器
R10	前雾灯
R12	倒车灯
R13	暖风鼓风机

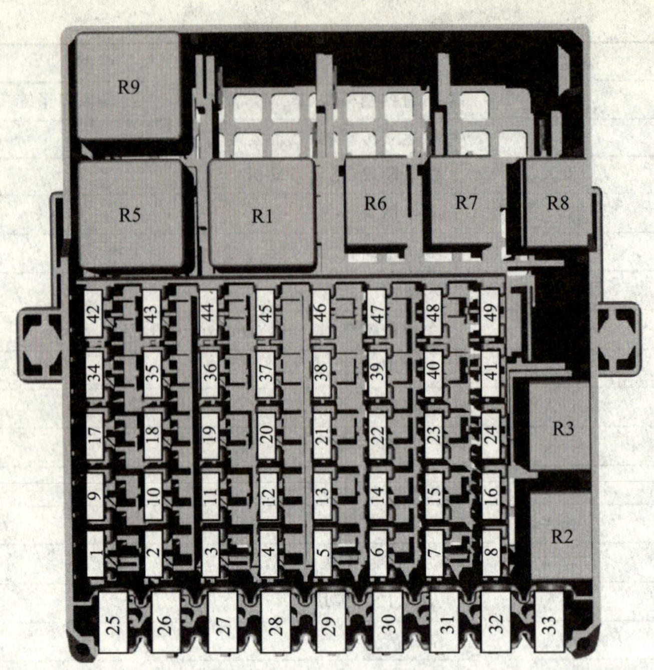

图 7-2 乘客舱保险丝盒

保险丝	额定电流	保护电路
1	7.5A	点火开关、自动雨刮、加热挡风玻璃、顶灯、车内后视镜
2	10A	停车灯
3	7.5A	倒车灯
4	7.5A	前照灯水平调节
5	20A	挡风玻璃雨刮器
6	15A	后窗玻璃雨刮
7	15A	清洗器泵
8	—	未使用
9	15A	乘客加热座椅
10	15A	驾驶员加热座椅
11	—	未使用
12	10A	安全气囊模块
13	10A	点火开关、电子助力转向、组合仪表、智能防盗系统、ABS 系统
14	7.5A	动力控制模块、变速箱换挡杆、燃油泵
15	7.5A	音响系统、组合仪表
16	—	未使用
17	—	未使用
18	—	未使用
19	15A	数据传输接口(DLC)
20	20A	拖车模块
21	15A	音响系统
22	7.5A	组合仪表
23	7.5A	多功能显示、时钟、内部监控、加热器通风、空调面板
24	10A	SYNC,蓝牙

续表

保险丝	额定电流	保护电路
25	—	未使用
26	30A	左侧加热式挡风玻璃
27	30A	右侧加热式挡风玻璃
28	30A	优质电源(配备启动停车功能的车辆)
29	20A	后电源插座
30	20A	点烟器、前部辅助电源插座
31	—	未使用
32	—	未使用
33	—	未使用
34	20A	无钥匙进入系统
35	20A	无钥匙进入系统
36	15A	点火开关
37	—	未使用
38	—	未使用
39	—	未使用
40	—	未使用
41	—	未使用
42	7.5A	后视摄像头
43	10A	低速行车安全系统
44	7.5A	乘客座安全气囊停用指示器
45	—	未使用
46	—	未使用
47	—	未使用
48	—	未使用
49	—	未使用
继电器		电路开关
R1		点火开关
R2		点烟器、前部辅助电源插座
R3		未使用
R4		低速行车安全系统
R5		未使用
R6		无钥匙进入(附件)
R7		无钥匙进入(点火)
R8		后部辅助电源插座
R9		未使用

7.3 福 克 斯

7.3.1 2012款福克斯保养归零

机械钥匙在ON挡不启动，免钥匙按启动键3s不踩刹车，也不启动。然后刹车油门一起踩 3s 进入保养归零界面。继续踩刹车油门 25s 自动消除。

7.3.2 2012 款起新福克斯电动车窗与天窗初始化设定

（1）电动车窗

在重设记忆后，防夹功能才会恢复。每次断开电源后，必须对每一车窗重设记忆。注意配备天窗的车辆上，进行以下步骤前必须完全关闭天窗和车门。

① 抬起开关直至车窗完全关闭。

② 松开开关。

③ 再次抬起开关数秒。

④ 推动开关直至车窗完全打开。

⑤ 松开开关。

⑥ 抬起开关直至车窗完全关闭。

⑦ 打开车窗，尝试自动关闭车窗。

⑧ 如果车窗不能自动关闭，请重复上述步骤进行设定。

（2）电动天窗

防夹功能在该过程中不起作用。确保在天窗关闭线路上没有阻碍物。如果天窗不能正确关闭，执行下列再学习程序。

① 最大限度掀起天窗后端，然后放开开关。

② 再次按下该开关并保持 30s，直到看到天窗移动。

③ 放开开关并立即再次按住，天窗将关闭，然后完全打开，最后再关闭。

注意：

① 在天窗第二次关闭前，严禁放开开关。

② 如果没有持续按下开关，再学习功能将中断。此时需要重新进行整个程序。

7.3.3 2012 款起福克斯安全带提示器解除程序

提示器解除步骤如下。

① 点火开关转至“Ⅱ”位置（不启动发动机）。

② 安全警告指示灯将在 10s 内熄灭。

③ 扣上然后解开安全带 9 次，在安全带被解开时结束。注意：步骤③必须在 60s 之内完成，否则程序必须重新执行。

④ 安全带警告指示灯闪烁 3 次以确认安全带提示器状态的解除。

⑤ 要重新启动安全带提示器时，请重复执行步骤①～步骤③。

⑥ 在确认之后，即已完成解除。

解除程序条件如下。

① 将车处于驻车状态。

② 将变速器推入驻车挡——配备自动变速器的；如果是手动变速器的车辆就推入空挡。

③ 将点火开关转到“0”位置。

④ 从车辆内部关闭所有车门。

⑤ 解开驾驶员侧安全带。

7.3.4 福克斯四门遥控玻璃的手动设定

① 按一次遥控器上的“开锁键（Unlock）”，然后再迅速按住“开锁键”，直至四门玻

璃和电动天窗开始打开时，放开“开锁键”即可。

② 按一次遥控器上的“锁止键（Lock）”，然后再迅速按住“锁止键”，直至四门玻璃和电动天窗开始关闭时，放开“锁止键”即可。

7.3.5 福克斯四门电动玻璃升降方式的手动设定

编程方法：按住玻璃升降开关直至玻璃完全关闭，在完全关闭位置后再继续按住开关至少 1s，放开开关后，迅速（2s 内）再按住开关，并保持 1s 以上。

目前 C307 车型的车门玻璃升降方式有两种：

• 按一次玻璃升降开关后松开，玻璃会自动开到最大开度或完全关闭。

• 一直按住玻璃升降开关，然后玻璃才能开到最大开度或完全关闭。

7.3.6 福克斯四门遥控开启方式的手动设定

编程方法：关闭点火钥匙，同时按下“开锁键”和“锁止键”并保持 4s 以上，等待转向灯闪烁一次后，放开两个键即完成此次编程。两种开门方式的变换都通过此一种方式进行。

目前 C307 车型的车门遥控开启的方式有两种：

• 按一次遥控器上的“开锁键”只能打开左前车门，3s 内再按一次“开锁键”才能打开其余的三个车门。

• 按一次遥控器上的“开锁键”即可一次同时打开四个车门。

7.3.7 福克斯电动天窗的编程方法

当车辆的蓄电池断开后，或者在更换了新的天窗后，必须为电动天窗重新编程。否则天窗不具备防夹功能。

编程方法：

按下天窗“关闭开关”，将天窗安全关闭。松开后继续按下天窗“关闭开关”直至天窗玻璃后端达到最大翘起位置，短暂松开此开关，然后在迅速按下（2s 内）此开关并保持住，直至天窗电动机发出“咯咯”两声提示，然后迅速松开开关，再在 2s 内按下“关闭开关”，此时天窗玻璃会自动运行到完全开启位置，然后再运行至完全关闭位置，松开“关闭开关”，即完成编程操作。

7.4 S-MAX

7.4.1 2013 款起 S-MAX 重设电动车窗的记忆

注意：在重新设定车窗记忆前，防夹功能无效。卸下电池后，必须对每一车窗重新单独设定记忆。

① 抬起开关直至车窗完全关闭。抬起开关 1s 以上。

② 松开开关，再次抬起两次或三次，每次 1s 以上。

③ 开启车窗，尝试自动关闭车窗。

④ 如果车窗不能自动关闭，重新设定及重复上述步骤。

7.4.2 2013 款起 S-MAX 保险丝信息

S-MAX 保险丝信息如图 7-3～图 7-5 所示。

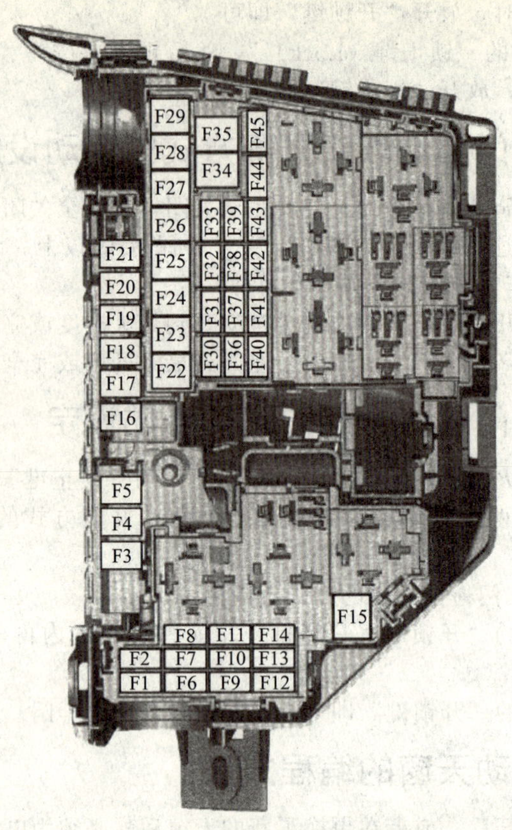

图 7-3　发动机舱保险丝盒

保险丝	额定电流	颜色	保护回路
F1	10A	红色	变速器控制模块
F2	—	—	未使用
F3	60A	—	未使用
F4	—	—	未使用
F5	60A	蓝色	发动机冷却风扇
F6	10A	红色	HEGO 传感器
F7	5A	棕色	继电器线圈
F8	10A	红色	发动机控制模块
F9	—	—	未使用
F10	10A	红色	发动机控制模块
F11	10A	红色	阀门,MAF 控制(发动机管理)
F12	10A	红色	线圈
F13	15A	蓝色	空调系统继电器
F14	—	—	未使用
F15	40A	橙色	启动机继电器
F16	—	—	未使用
F17	60A	蓝色	中央保险丝盒提供 A
F18	60A	蓝色	中央保险丝盒提供 B
F19	60A	蓝色	后保险丝盒提供 C
F20	60A	蓝色	后保险丝盒提供 D
F21	—	—	未使用
F22	30A	绿色	雨刷模块

续表

保险丝	额定电流	颜色	保护回路
F23	30A	绿色	后车窗加热
F24	30A	绿色	前照灯洗涤器
F25	30A	绿色	ABS 阀
F26	40A	橙色	ABS 泵
F27	—	—	未使用
F28	40A	橙色	暖风电动机
F29	—	—	未使用
F30	—	—	未使用
F31	15A	蓝色	喇叭
F32	—	—	未使用
F33	5A	棕色	照明开关模块
F34	—	—	未使用
F35	—	—	未使用
F36	5A	棕色	ABS
F37	—	—	未使用
F38	—	—	未使用
F39	15A	蓝色	自适应式前照灯系统(AFS)
F40	—	—	未使用
F41	20A	黄色	仪表板电源供给
F42	10A	红色	发动机控制模块/变速器控制模块
F43	5A	棕色	前照灯水平控制,自适应式前照灯系统(AFS)
F44	—	—	未使用
F45	15A	蓝色	后车窗洗涤器

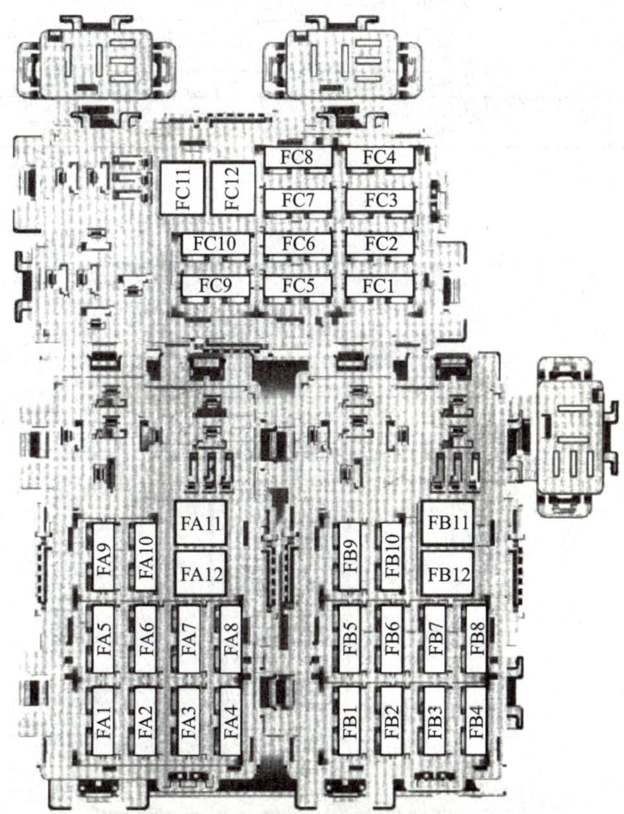

图 7-4 后部保险丝盒

保险丝	额定电流	颜色	保护回路
FA1	25A	透明	左前车门模块(车窗升降,中央锁,折叠车镜,加热式车镜)
FA2	25A	透明	右前车门模块(车窗升降,中央锁,折叠车镜,加热式车镜)
FA3	25A	透明	左后车门模块(车窗升降)
FA4	25A	透明	右后车门模块(车窗升降)
FA5	—	—	未使用
FA6	15A	蓝色	辅助电源插座
FA7	—	—	未使用
FA8	—	—	未使用
FA9	—	—	未使用
FA10	30A	绿色	电动驾驶员座椅
FA11	—	—	未使用
FA12	—	—	未使用
FB1	5A	棕色	倒车辅助模块
FB2	—	—	未使用
FB3	15A	蓝色	加热式驾驶员座椅
FB4	15A	蓝色	加热式前乘员座椅
FB5	—	—	未使用
FB6	—	—	未使用
FB7	—	—	未使用
FB8	—	—	未使用
FB9	—	—	未使用
FB10	10A	红色	防盗警报喇叭
FB11	—	—	未使用
FB12	—	—	未使用
FC1	—	—	未使用
FC2	—	—	未使用
FC3	—	—	未使用
FC4	—	—	未使用
FC5	—	—	未使用
FC6	—	—	未使用
FC7	—	—	未使用
FC8	—	—	未使用
FC9	—	—	未使用
FC10	—	—	未使用
FC11	—	—	未使用
FC12	—	—	未使用

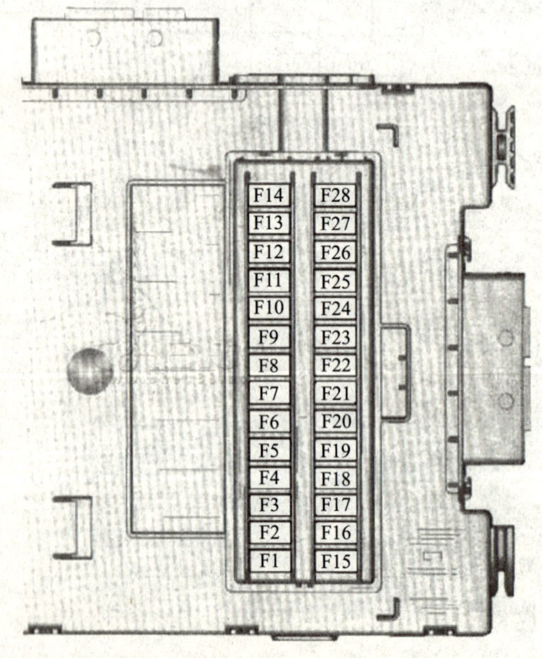

图 7-5 中央保险丝盒

保险丝	额定电流	颜色	保护回路
F1	—	—	未使用
F2	10A	红色	SRS(安全气囊)供电
F3	5A	棕色	偏速传感器/ABS
F4	7.5A	褐色	电气设备保险丝
F5	15A	蓝色	后雨刷
F6	15A	蓝色	音响系统(包括蓝牙模块)
F7	7.5A	褐色	方向盘模块
F8	5A	棕色	仪表
F9	15A	蓝色	远光灯
F10	—	—	未使用
F11	10A	褐色	倒车灯
F12	—	—	未使用
F13	15A	蓝色	前雾灯
F14	15A	蓝色	前挡风玻璃洗涤器
F15	—	—	未使用
F16	—	—	未使用
F17	7.5A	褐色	车内灯
F18	5A	棕色	发动机防盗锁定系统
F19	15A	蓝色	点烟器
F20	—	—	未使用
F21	—	—	未使用
F22	20A	黄色	燃油泵
F23	—	—	未使用
F24	5A	棕色	点火开关
F25	10A	红色	油箱盖解锁
F26	—	—	未使用
F27	5A	棕色	空调控制单元
F28	5A	棕色	刹车灯开关

7.4.3 2013 款起 S-MAX 油液规格

项　　目	推荐液体	规　　格
发动机机油	福特或 MOTORCRAFT 规格 ESAE 5W-30 发动机机油	WSS-M2C913-B
动力转向液	福特或 MOTORCRAFT 动力转向液	WSS-M2C204-A2
防冻液	MOTORCRAFT 超级加防冻液	WSS-M97B44-D
制动液	福特或 MOTORCRAFT 超级 DOT4 制动液	ESD-M6C57-A

发动机机油倘若符合 WSS-M2C913-B 要求标准，可选择使用 SAE5W-30 的机油。警告：温度低于－20℃时操作车辆，不得使用 SAE 10W-40 的机油。

加满机油：如不能找到符合 WSS-M2C913-B 要求的机油，必须使用 SAE 5W-30 机油（优先考虑）、SAE5W-40 或符合 ACEAA1/B1（优先考虑）及 ACEAA3/B3 标准之一的 SAE 10W-40 机油。但是，使用这些发动机油可导致发动机长时间抖动，降低发动机操控性，降低燃油经济性，增加喷射值。

项　　目	容量/L
动力转向液	最大标记处(MAX)
挡风玻璃、后车窗洗涤器系统	4.0
发动机润滑系统-包括机油滤清器	4.3
发动机润滑系统-不包括机油滤清器	3.9
发动机冷却系统	在发动机高怠速运行 5min 之后，确保液面位于最大值(MAX)与最小值(MIN)之间
燃油箱	70

7.4.4 2013 款起 S-MAX 前轮定位

项　　目	数　据
车轮外倾角	−0.58°±1.25°
前束角	0.2°±0.14°
主销内倾角	13.62°
主销后倾角	2.94°±1.00°

7.5 翼　虎

7.5.1 2013 款起翼虎重设防夹功能

在重设防夹功能后，该功能才会恢复。

每次断开电源后，必须对每一车窗重设防夹功能。

① 抬起开关直至车窗完全关闭。

② 释放开关。

③ 再次抬起开关数秒。

④ 按下开关并保持住直到车窗完全打开。

⑤ 释放开关。

⑥ 抬起开关直至车窗完全关闭。

⑦ 打开车窗并尝试自动关闭。

⑧ 如果车窗不能自动关闭，请重复上述步骤进行设定。

7.5.2 2013 款起翼虎后备厢门编程

后备厢门编程如下。

(1) 停止位置

① 开启后备厢门。

② 在后备厢门达到要求高度时，按一下后备厢门按钮将其停止。

③ 按下并按住后备厢门按钮至少 3s，会听到提示音。

(2) 新停止位置

① 开启后备厢门。

② 将后备厢门移动到新要求的位置。

③ 按下并按住后备厢门按钮至少 3s，会听到提示音。

7.5.3 2013 款起翼虎遥控钥匙编程

每辆车最多可编程 8 只遥控器。包含原车提供的 2 只。编程过程中遥控器必须放在车内。系紧前排安全带并关闭所有车门，以确保在编程过程中不会响起产生干扰的提示音。

(1) 为新遥控器编程

① 将点火开关从位置 0 转到Ⅱ，6s 内重复 4 次此操作。

② 将点火开关转到位置 0，听到一声提示音，表明此时可以对遥控器进行编程。

③ 10s 内按下新遥控器上任意按钮。会听到一声确认声。

④ 10s 内重复步骤③，为每个新遥控器编程。在按下遥控器上按钮的过程中，严禁将钥匙从点火开关拔出。

⑤ 要中止钥匙编程，将点火开关转回开启位置（Ⅱ位置）或10s内不再为其他遥控器编程。只有刚才完成编程的遥控器才能开启和锁闭车辆。

(2) 开锁功能重新编程

注意：按下遥控器上的开锁按钮，可以为所有车门开锁或只为驾驶侧车门和后备厢开锁。再次按下开锁按钮，所有车门开锁。

关闭点火开关，同时按住开锁和上锁按钮4s以上。转向灯会闪烁两次以确认修改完成。

要还原到之前的开锁模式，重复上述步骤。

7.5.4 2013款起翼虎制动片检测数据

描　述	参　数
制动踏板自由行程范围/mm	18～32
制动摩擦片/mm	≥1.5
制动盘上下单边磨损/mm	≤1

7.5.5 2013款起翼虎车轮动平衡与定位数据

对车轮总成进行动平衡优化时，粘贴平衡块总重不超过150g，挂钩平衡块总重不超过110g，残余动不平衡小于5g。

项　目		数　据	
		前驱	四驱
前轮定位	车轮外倾	−0.74°±1.25°	−0.66°±1.25°
	主销后倾	5.00°±1.00°	4.95°±1.00°
	前束总和	0.20°±0.20°	0.20°±0.20°
后轮定位	车轮外倾	−1.35°±1.25°	−1.34°±1.25°
	前束总和	0.38°±0.20°	0.38°±0.20°

7.5.6 2013款起翼虎保险丝信息

翼虎保险丝信息如图7-6～图7-8所示。

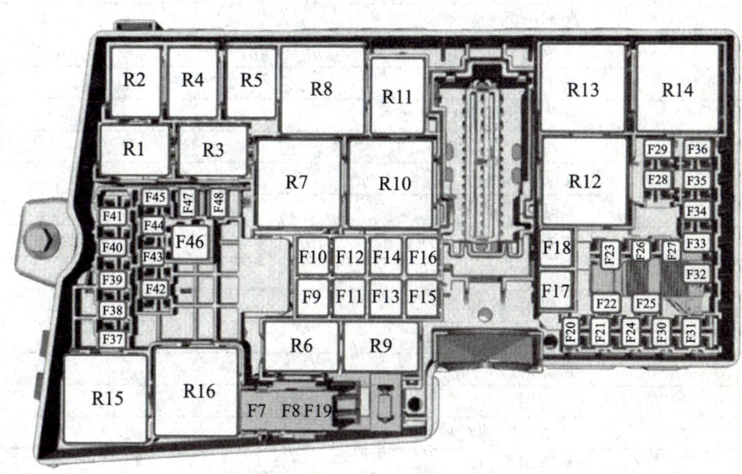

图7-6　发动机舱保险丝盒

保险丝	电　流	电　路　保　护
F1	—	未使用
F2	—	未使用

续表

保险丝	电流	电路保护
F3	—	未使用
F4	—	未使用
F5	—	未使用
F6	—	未使用
F7	40A②	防抱死制动系统,电子稳定程序泵
F8	30A②	电子稳定程序阀
F9	20A②	大灯清洗
F10	40A②	暖风鼓风机
F11	30A②	车身模块供电
F12	30A②	动力模块继电器保险丝
F13	30A②	启动继电器
F14	40A②	前窗除霜(右)
F15	20A②	前点烟器
F16	40A②	前窗除霜
F17	20A②	后部电源插座
F18	20A②	中部电源插座
F19	5A①	防抱死制动系统,电子稳定程序供电
F20	15A①	喇叭
F21	5A①	刹车灯开关
F22	15A①	蓄电池监控系统
F23	5A①	继电器线圈
F24	5A①	照明开关模块
F25	—	未使用
F26	5A①	继电器供电
F27	15A①	空调离合器
F28	—	未使用
F29	25A①	后窗除霜
F30	—	未使用
F31	—	未使用
F32	15A①	汽车电源
F33	10A①	汽车电源
F34	10A①	汽车电源
F35	15A①	汽车电源
F36	5A①	进气格电动关闭系统
F37	—	未使用
F38	5A①	发动机控制模块
F39	5A①	大灯水平调节
F40	5A①	电子动力辅助转向供电
F41	20A①	车身控制模块供电
F42	15A①	后窗雨刷
F43	15A①	随动转向灯供电
F44	5A①	前视雷达
F45	—	未使用
F46	50A②	雨刮器电动机模块
F47	—	未使用
F48	—	未使用
R1	—	未使用
R2	微型继电器	喇叭
R3	—	未使用
R4	—	未使用

续表

保险丝	电　流	电路保护
R5	—	未使用
R6	—	未使用
R7	功率继电器	前窗除霜
R8	—	未使用
R9	微型继电器(5T)	大灯清洗
R10	小型继电器	启动继电器
R11	微型继电器	空调离合器
R12	功率继电器	冷却风扇
R13	小型继电器	暖风机
R14	小型继电器	发动机控制继电器
R15	功率继电器	后窗除霜
R16	功率继电器	点火

① 微型保险丝。

② 管状保险丝。

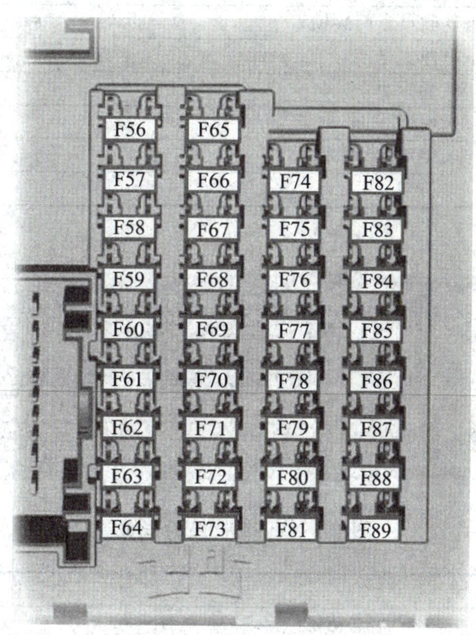

图 7-7　乘客舱保险丝盒

保险丝	电　流	电路保护
F56	20A	燃油泵
F57	—	未使用
F58	—	未使用
F59	5A	被动防盗系统
F60	10A	内饰灯
F61	20A	点烟器
F62	5A	自动防眩目内后视镜
F63	10A	前视雷达
F64	—	未使用
F65	10A	尾门开继电器
F66	20A	驾驶员车门解锁
F67	7.5A	SYNC,多功能显示器,全球定位系统模块
F68	15A	电子转向柱锁

续表

保险丝	电　流	电路保护
F69	5A	仪表
F70	20A	中控锁
F71	10A	空调控制器
F72	7.5A	方向盘模块
F73	5A	数据传输接口(OBD Ⅱ)
F74	15A	大灯远光
F75	15A	前雾灯
F76	10A	倒车灯
F77	20A	挡风玻璃喷洗器
F78	5A	点火开关,启动按钮
F79	15A	收音机,导航显示屏,危险警示灯开关,门锁开关
F80	20A	天窗
F81	5A	无线电频率接收器
F82	20A	挡风玻璃清洗继电器
F83	20A	中控锁
F84	20A	驾驶员车门解锁
F85	7.5A	电源供电
F86	10A	气囊模块
F87	—	未使用
F88	—	未使用
F89	—	未使用

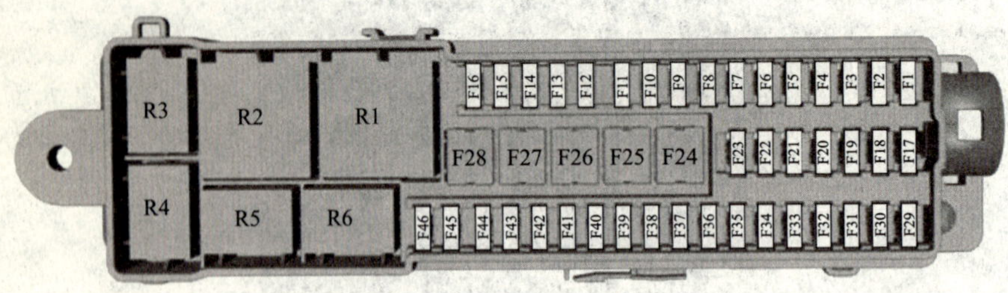

图 7-8　行李舱保险丝盒

保险丝	电　流	电路保护
F1	5A	电动尾门模块
F2	10A	无钥匙汽车模块
F3	5A	无钥匙车门把手
F4	25A	车门控制单元左前
F5	25A	车门控制单元右前
F6	25A	车门控制单元左后
F7	25A	车门控制单元右后
F8	—	未使用
F9	25A	驾驶员座椅电动机
F10	—	未使用
F11	5A	后点火线圈供电
F12	—	未使用
F13	—	未使用
F14	—	未使用
F15	—	未使用
F16	—	未使用
F17	—	未使用

续表

保险丝	电　流	电路保护
F18	—	未使用
F19	—	未使用
F20	—	未使用
F21	—	未使用
F22	—	未使用
F23	—	未使用
F24	—	未使用
F25	25A	电动尾门模块
F26	—	未使用
F27	20A	后电源插座
F28	—	未使用
F29	5A	盲点检测系统,后视摄像头
F30	5A	泊车辅助模块
F31	—	未使用
F32	—	未使用
F33	—	未使用
F34	20A	驾驶员座椅加热
F35	20A	前乘客座椅加热
F36	—	未使用
F37	—	未使用
F38	—	未使用
F39	—	未使用
F40	—	未使用
F41	—	未使用
F42	—	未使用
F43	—	未使用
F44	—	未使用
F45	—	未使用
F46	—	未使用
R1	功率继电器	电源供电
R2	—	未使用
R3	—	未使用
R4	—	未使用
R5	—	未使用
R6	—	未使用

7.6 翼　　博

7.6.1 2014款起翼博重设电动车窗的记忆

在重设记忆后，防夹功能才会恢复。断开电源，一键上升功能就会失效。

发生上述情况，必须为配备防夹功能的车窗重设防夹记忆。保持开关抬起，直至车窗完全关闭，继续保持开关抬起状态超过1s，松开开关，再次抬起超过1s，使用一键上升功能检查车窗记忆是否生效。

7.6.2 2014款起翼博遥控器编程

每台车最多可编程8只遥控器（包含原车提供的2只）。编程过程中遥控器必须放在车内。系紧前排安全带并关闭所有车门，以确保在编程过程中不会响起产生干扰的提示音。

(1) 为新遥控器编程

① 6s 内将点火钥匙从 0 位置转到Ⅱ位置 4 次。

② 将点火开关转到 0 位置。听到一声提示音，表明此时可以对遥控器进行编程。

③ 10s 内按下新遥控器上任意按钮。会听到一声确认声。

④ 10s 内重复步骤③，为每个新遥控器编程。在按下遥控器上按钮的过程中，严禁将钥匙从点火开关拔出。

⑤ 要中止钥匙编程，将点火开关转回开启位置（Ⅱ位置）或 10s 内不再为其他遥控器编程。只有刚才完成编程的遥控器才能开启和锁闭车辆。

(2) 开锁功能重新编程

注意：按下遥控器上的开锁按钮，可以为所有车门开锁或只为驾驶侧车门开锁。再次按下开锁按钮，所有车门开锁。

关闭点火开关，同时按住开锁和上锁按钮 4s 以上。转向灯会闪烁两次以确认修改完成。

要还原到之前的开锁模式，重复上述步骤。

7.6.3 2014 款起翼博车轮定位数据

项目		数据
车型		CAF7150N4、CAF7150B4、CAF7100N4
前轮定位	车轮外倾角	−0.77°±0.50°
	主销内倾角	14.02°
	主销后倾角	5.36°±0.60°
	前束角	0.16°±0.20°
后轮定位	车轮外倾角	−1.40°±0.50°
	前束角	0.16°±0.25°
轮胎动平衡参数	对车轮总成进行动平衡优化时，粘贴平衡块总重	不超过 105g
	挂钩平衡块总重	不超过 85g
	残余动不平衡量	小于 5g

7.6.4 2014 款起翼博油液规格与容量

(1) 容量

变量	项目	容量
1.5L CAF479Q0 发动机	发动机机油-带滤清器	4.05L
	发动机机油-不带滤清器	3.75L
	"MIN"到"MAX"刻度线之间的机油量	0.8L
1.0L GTDIQ3 发动机	发动机机油-带滤清器	4.10L
	发动机机油-不带滤清器	4.00L
	"MIN"到"MAX"刻度线之间的机油量	1.0L
手动变速器离合器	离合器油	到最大刻度线(MAX)
手动变速器 自动变速器 空调 空调(1.0LGTDIQ3) 空调(1.5LCAF479Q0)	手动变速器油 自动变速器油 空调系统润滑油 空调系统制冷剂 空调系统制冷剂	2.1L
所有车型	制动液	在最大刻度线与最小刻度线之间
1.5L CAF479Q0 发动机 1.0L GTDIQ3 发动机	发动机冷却液	在最大刻度线与最小刻度线之间
所有车型	挡风玻璃清洗剂	2.5L
所有车型	燃油箱容量	52L

（2）规格

项　目	福特件号/规格	黏度等级	推　荐　油
1.5 LCAF479Q0 发动机机油	WSS-M2C929-A	SAE 5W-30	福特机油
1.0L GTDIQ3 发动机机油	WSS-M2C948-A	SAE 5W-20	福特机油
手动变速器油	WSD-M2C200-C	SAE7 5W-85	Motorcraft 或福特合成
自动变速器油	WSD-M2C200-D2	SAE7 5W	Motorcraft 或福特合成、自动变速器油
空调系统润滑油	WSH-M1C231-B	AE J639	Motorcraft 或福特空调系统润滑油
空调系统制冷剂		R134a	Motorcraft 或福特空调系统制冷剂
制动液	WSS-M6C65-A2 或 ISO 4925 Class 6	—	Motorcraft 或福特 DOT 4LV 高性能制动液
发动机冷却液	WSS-M97B44-D2	—	Motorcraft 或福特 Super Plus 防冻液
挡风玻璃和后窗洗涤液	挡风玻璃洗涤液	—	Motorcraft 或福特挡风玻璃清洗剂

发动机机油源自福特机油设计，它们能提供好的燃油经济性，同时保持发动机耐久性。加注机油（1.5L CAF479Q0）：如找不到符合 WSS-M2C929-A 规定的标准的发动机机油，必须使用符合 ACEA A5/B5 规定标准的 SAE 5W-30 机油。

加注机油（1.0L GTDIQ3）：如找不到符合 WSS-M2C948-A 规定的标准的发动机机油，必须使用符合 ACEA A5/B5 规定标准的 SAE 5W-20 机油。

如果不使用同一规格的补足油会导致发动机启动时间增加，性能降低，燃油经济性下降和排放增加等现象。

7.6.5 2014 款起翼博保险丝信息

翼博保险丝信息如图 7-9～图 7-13 所示。

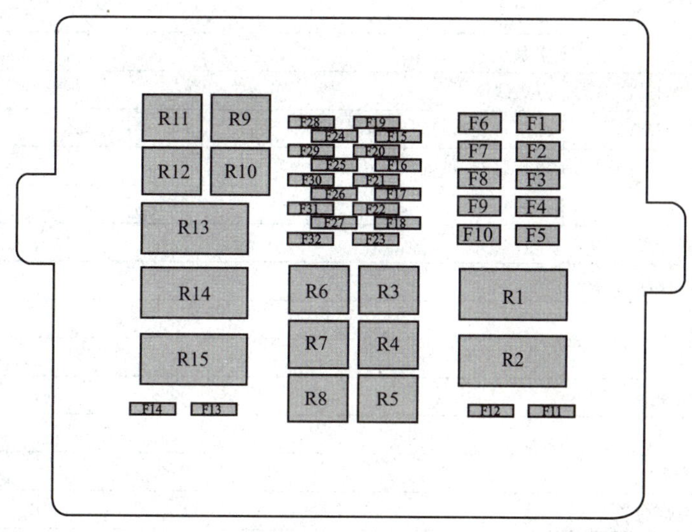

图 7-9　发动机舱保险丝盒（1.0L GTDIQ3）

保险丝	电　流	电　路　保　护
F1	60A	接线盒
F2	40A	ABS 或 ESC 模块
F3	60A	接线盒电源
F4	40A	暖风鼓风机
F5	60A	乘客舱保险丝盒供电(蓄电池)
F6	30A	车身控制模块(上锁)
F7	60A	乘客舱保险丝盒供电(点火开关Ⅱ挡)

续表

保险丝	电流	电路保护
F8	30A	启动电动机
F9	60A	高速冷却风扇
F10	40A	低速冷却风扇
F11	—	未使用
F12	—	未使用
F13	—	未使用
F14	—	未使用
F15	15A	外部灯光照明(右侧)
F16	15A	外部灯光照明(左侧)
F17	15A	远光灯
F18	20A	车身控制模块(倒车报警器)
F19	—	未使用
F20	7.5A	发动机控制模块继电器线圈
F21	20A	油泵/油泵继电器
F22	15A	转向灯
F23	15A	喇叭
F24	20A	后挡风玻璃加热
F25	7.5A	空调离合器
F26	20A	ABS、ESC
F27	15A	雾灯
F28	10A	水泵
F29	15A	点火线圈
F30	15A	油泵可变凸轮正时滤清器阀
F31	15A	氧传感器/进气流量传感器
F32	—	未使用

继电器	电路开关
R1	高速冷却风扇
R2	未使用
R3	雾灯
R4	未使用
R5	倒车灯
R6	远光灯
R7	空调离合器
R8	喇叭
R9	低速冷却风扇
R10	启动电动机
R11	油泵
R12	暖风鼓风机
R13	发动机控制模块
R14	PTC 加热器 1
R15	PTC 加热器 2

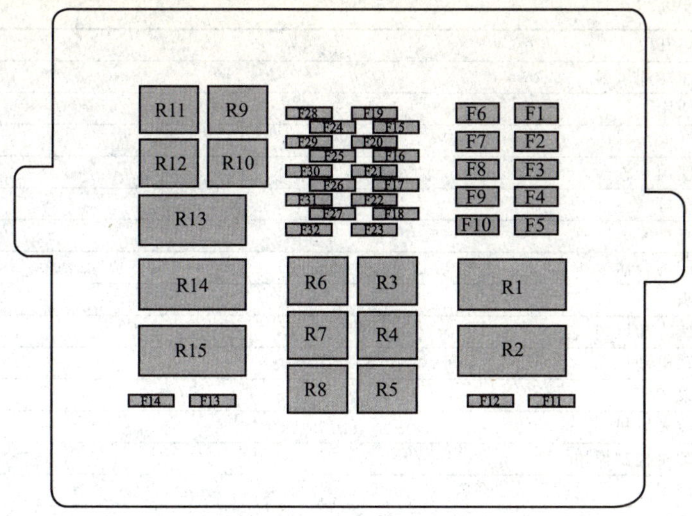

图 7-10　发动机舱保险丝盒（1.5L CAF479Q0）

保险丝	电　流	电路保护
F1	60A	接线盒电源
F2	40A	ABS 或 ESC 模块
F3	60A	接线盒电源
F4	40A	暖风鼓风机
F5	60A	乘客舱保险丝盒供电(蓄电池)
F6	30A	车身控制模块(上锁)
F7	60A	乘客舱保险丝盒供电(点火开关Ⅱ挡)
F8	30A	启动电动机
F9	60A	高速冷却风扇
F10	30A	自动变速器控制模块
F11	—	未使用
F12	—	未使用
F13	30A	低速冷却风扇
F14	—	未使用
F15	15A	外部灯光照明(右侧)
F16	15A	外部灯光照明(左侧)
F17	15A	远光灯
F18	20A	车身控制模块
F19	—	未使用
F20	7.5A	发动机控制模块电器线圈、变速器控制模块
F21	20A	油泵/喷油器
F22	15A	转向灯
F23	20A	喇叭
F24	20A	后挡风玻璃加热
F25	7.5A	空调离合器
F26	20A	ABS、ESC
F27	15A	雾灯
F28	—	未使用
F29	15A	点火线圈
F30	15A	滤清器阀
F31	15A	氧传感器/进气流量传感器
F32	—	未使用

续表

继电器	电路开关
R1	高速冷却风扇
R2	未使用
R3	雾灯
R4	未使用
R5	倒车灯
R6	远光灯
R7	空调离合器
R8	喇叭
R9	低速冷却风扇
R10	启动电动机
R11	油泵
R12	暖风鼓风机
R13	发动机控制模块
R14	未使用
R15	未使用

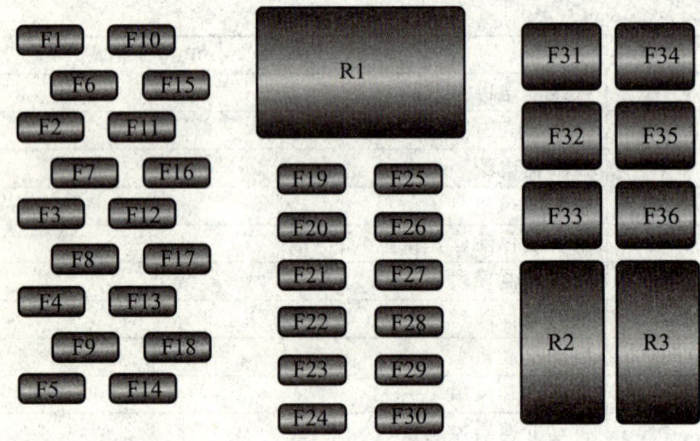

图 7-11　乘客舱保险丝盒

保险丝	电　流	电路保护
F1	7.5A	空调离合器
F2	10A	刹车灯
F3	7.5A	倒车灯
F4	7.5A	前照灯开关
F5	20A	车身控制模块(挡风玻璃雨刮)
F6	15A	车身控制模块(后挡风玻璃雨刮)
F7	15A	洗涤器泵开关
F8	10A	电动车窗开关
F9	—	未使用
F10	15A	点火开关或免钥匙系统开关，I挡继电器
F11	3A	组合仪表(电源)
F12	15A	诊断接口电源
F13	7.5A	自动空调控制模块，集成控制面板，多功能显示，遥控接收器(配备免钥匙系统的车辆)
F14	15A	收音机，SYNC
F15	3A	电动外后视镜，电动车窗开关(车辆配备一键式功能，但未配备智能电动车窗)
F16	20A	免钥匙模块
F17	20A	免钥匙模块
F18	20A	电动天窗

续表

保险丝	电　　流	电路保护
F19	7.5A	组合仪表(Ⅰ档)
F20	—	未使用
F21	—	未使用
F22	—	未使用
F23	—	未使用
F24	—	未使用
F25	7.5A	手动空调控制模块,加热风机继电器,前雾灯继电器
F26	3A	乘客安全保护系统控制模块
F27	10A	车身控制模块(Ⅱ挡),被动防盗系统(配备免钥匙系统的车辆),ABS,点火开关(车辆未配备免钥匙系统),组合仪表(Ⅱ挡),电子助力转向(Ⅱ挡)
F28	7.5A	自动变速器模块(Ⅱ挡),PCM(Ⅱ挡),油泵继电器线圈
F29	—	未使用
F30	—	未使用
F31	20A	前电源输出口/点烟器
F32	—	未使用
F33	—	未使用
F34	30A	驾驶侧和乘客侧电动车窗开关
F35	30A	后电动车窗开关
F36	—	未使用
继电器	电路开关	
R1	点火开关继电器	
R2	免钥匙系统Ⅱ挡	
R3	免钥匙系统Ⅰ挡	

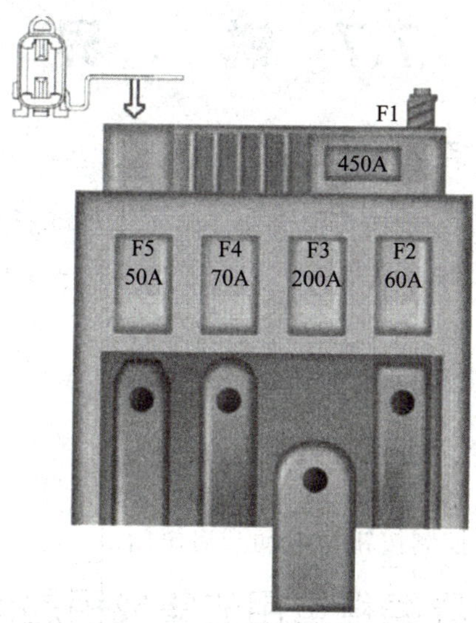

图 7-12　蓄电池保险丝盒（1.0L GTDIQ3）

保险丝	电　　流	电路保护
F1	450A	启动电动机
F2	60A	电子助力转向
F3	200A	发动机舱接线盒保险丝
F4	70A	PTC 加热器 2
F5	50A	PTC 加热器 1

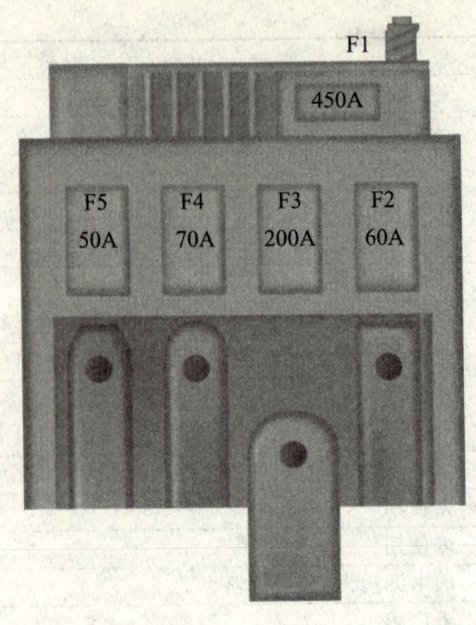

图 7-13　蓄电池保险丝盒（1.5L CAF479Q0）

保　险　丝	电　流	电　路　保　护
F1	450A	启动电动机
F2	60A	电子助力转向
F3	200A	发动机舱接线盒保险丝
F4	70A	未使用
F5	50A	未使用

7.7　锐　　界

7.7.1　2013 款起锐界重置电动尾门

如果发生下列情况，则电动尾门可能无法正常工作且可能需要重新设置。

• 蓄电池电压低或电量已耗尽。

• 蓄电池已断开。

• 尾门被手动关闭且未关紧（未锁止）。

重置电动尾门：

① 断开蓄电池达 20s，然后重新连接蓄电池。

② 手动关闭并完全锁止尾门。

③ 使用遥控器或仪表板控制按钮，电动开启尾门。

7.7.2　2013 款起锐界编程备用的集成钥匙遥控器(IKT)钥匙

注意：最多可为车辆编程 8 个编码钥匙。这 8 个编码钥匙中只有 4 个是带遥控进入功能的集成钥匙遥控器（IKTs）。

可为车辆编程自己的集成钥匙遥控器或标准 SecuriLock® 编码钥匙。该程序将为车辆编程发动机防盗钥匙密码和遥控器的遥控进入部分。

仅可使用集成钥匙遥控器（IKTs）或标准 SecuriLock® 钥匙。

必须有两个之前已编程的编码钥匙和可使用的新的未编程的钥匙。如果没有两个之前已编程的编码钥匙，请联系授权经销商，获取备用钥匙。

开始前请阅读并了解整个程序。

① 将第一个之前已编程的编码钥匙插入到点火开关上。

② 将点火开关从关闭旋至开启。保持点火开关开启至少 3s，但不要超过 10s。

③ 关闭点火开关，从点火开关上拔下第一个编码钥匙。

④ 关闭点火开关 3s 后（但不要超过 10s），将第二个之前已编程的编码钥匙插入点火开关上。

⑤ 将点火开关从关闭旋至开启。保持点火开关开启至少 3s，但不要超过 10s。

⑥ 关闭点火开关，从点火开关上拔下第二个之前已编程的编码钥匙。

⑦ 关闭点火开关 3s 后（但不要超过 20s），拔下之前已编程的编码钥匙，将新的未编程的钥匙插入到点火开关上。

⑧ 将点火开关从关闭旋至开启。保持点火开关开启至少 6s。

⑨ 从点火开关上拔下新编程的编码钥匙。

如果此钥匙已被成功编程，则它将启动车辆发动机并操作遥控进入系统（如果新钥匙为集成钥匙遥控器）。

如果此钥匙未被成功编程，则等待 20s，重复步骤①～步骤⑧。如果仍未成功编程，请将车辆运送至授权经销商处，获取新的已编程钥匙。

等待 20s，然后重复步骤①～步骤⑧，以编程额外的钥匙。

7.7.3 2013 款起锐界编程备用智能进入钥匙(如果配备)

注意：最多可为车辆编程 4 个智能进入钥匙。如果打算使用新的进入钥匙来替换之前已编程的进入钥匙，或者如果已经具有 4 个用于该车辆的已编程进入钥匙，则必须将车辆连同所有进入钥匙运送至授权经销商处。

必须有两个之前已编程的智能进入钥匙在车内和可使用的新的未编程的智能进入钥匙。如果没有两个之前已编程的编码钥匙，请联系授权经销商，获取备用的已编程钥匙。

开始此程序之前，确保车辆关闭。开始之前确保所有车门关闭且在整个过程中始终保持关闭状态。在启动程序的 30s 之内执行所有步骤。

如果任一步骤未按照顺序执行，则应停止，并在再次启动之前等待至少 1min。

开始前请阅读并了解整个程序。

① 将新的未编程智能进入钥匙在按钮朝下的情况下放在中央控制台内侧的槽中。

② 按下驾驶员或副驾驶电动车门解锁控制按钮 3 次。

③ 踩下并释放制动踏板 1 次。

④ 按下驾驶员或副驾驶电动车门锁止控制按钮 3 次。

⑤ 踩下并释放制动踏板 1 次。“START/STOP”（启动/停止）按钮上的指示灯应开始快速闪烁，指示已经进入编程模式且已经探测到有两个已编程智能进入钥匙位于车内。

⑥ 在 1min 内按下启动/停止（START/STOP）按钮。信息显示器上将显示一条信息，指示新的智能进入钥匙已成功编程。

⑦ 将智能进入钥匙从中控台储物槽中取出，然后按下新的已编程智能进入钥匙上的解锁按钮，退出编程模式。

⑧ 确认遥控进入功能可正常工作（按下锁止然后解锁，确保以解锁结束）且车辆可通过新的智能进入钥匙启动。

7.7.4 2013 款起锐界保险丝信息

标准熔断器额定电流值及颜色如下。

熔断器额定电流	小电流熔断器	标准熔断器	大电流熔断器	管式大电流熔断器	熔丝盒
2A	灰色	灰色	—	—	—
3A	紫色	紫色	—	—	—
4A	粉红色	粉红色	—	—	—
5A	棕褐色	棕褐色	—	—	—
7.5A	棕色	棕色	—	—	—
10A	红色	红色	—	—	—
15A	蓝色	蓝色	—	—	—
20A	黄色	黄色	黄色	蓝色	蓝色
25A	自然色	自然色	—	自然色	自然色
30A	绿色	绿色	绿色	粉红色	粉红色
40A	—	—	橙色	绿色	绿色
50A	—	—	红色	红色	红色
60A	—	—	蓝色	黄色	黄色
70A	—	—	棕褐色	—	棕色
80A	—	—	自然色	黑色	黑色

发动机舱保险丝盒信息如下。

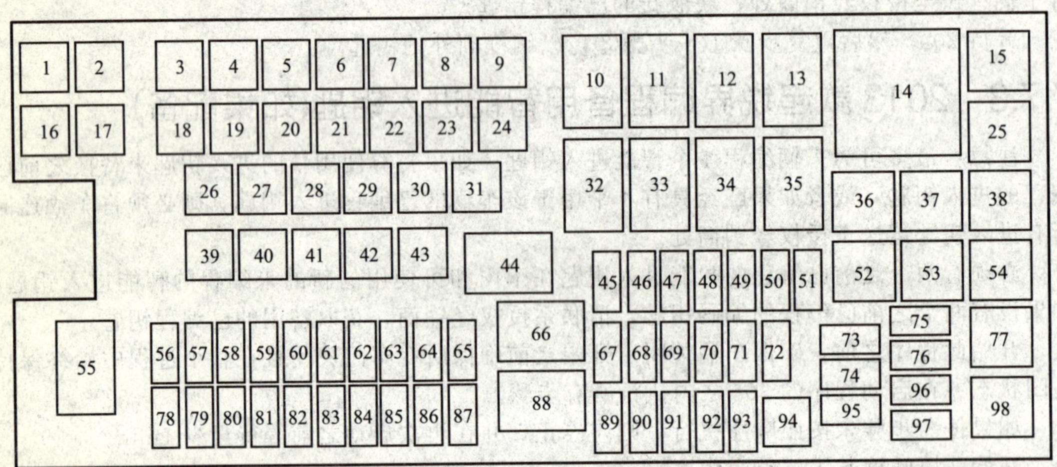

编号	额定电流值	保护部件
1	—	未用
2	—	未用
3	—	未用
4	30A[②]	雨刮
5	40A[②]	防抱死制动系统(ABS)泵
6	—	未用
7	30A[②]	电动尾门
8	20A[②]	天窗
9	20A[②]	电源插座 2#(控制台后面)
10	—	未用
11	—	后窗除霜器/加热式后视镜继电器
12	—	未用
13	—	启动机继电器
14	—	未用
15	—	燃油泵继电器
16	—	未用
17	—	未用

续表

编号	额定电流值	保护部件
18	40A②	鼓风机电机
19	30A②	启动机
20	20A②	电源插座 1#(控制台舱)
21	20A②	货箱电源插座
22	—	未用
23	30A②	驾驶员座椅模块
24	—	未用
25	—	未用
26	40A②	后窗除霜器
27	20A②	前电源插座/点烟器
28	30A②	空调插座
29	—	未用
30	—	未用
31	—	未用
32	—	未用
33	—	未用
34	—	鼓风机电动机继电器
35	—	未用
36	—	后排座椅继电器
37	—	右拖车牵引制动/转向灯继电器
38	—	未用
39	40A②	冷却风扇[装备拖车牵引(TT)的车辆]
	60A②	冷却风扇[装备拖车牵引(TT)的车辆]
40	40A②	冷却风扇[仅装备拖车牵引(TT)的车辆]
41	—	未用
42	30A②	乘客座椅
43	25A②	防抱死制动系统(ABS)阀,后清洗器继电器
44	—	—
45	5A①	雨水感应器
46	—	未用
47	—	未用
48	—	未用
49	—	未用
50	15A①	加热式后视镜
51	—	未用
52	—	制动灯继电器
53	—	左拖车牵引制动/转向灯继电器
54	—	未用
55	—	雨刮继电器
56	15A①	未用
57	20A①	左氙气前照灯
58	10A①	交流发电机传感器
59	10A①	制动器施加/释放开关
60	15A①	制动灯
61	10A①	后排座椅释放
62	10A①	空调离合器
63	15A①	左拖车牵引制动/转向灯继电器
64	20A①	后雨刮电动机
65	15A①	燃油泵

续表

编　号	额定电流值	保 护 部 件
66	—	动力控制模块(PCM)继电器
67	20A①	车辆电源(VPWR)2#
68	15A①	车辆电源(VPWR)4#
69	15A①	车辆电源(VPWR)1#(3.5L/3.7L 发动机)
	20A①	车辆电源(VPWR)1#(2.0L 发动机)
70	10A①	未用
71	—	未用
72	—	未用
73	—	未用
74	—	未用
75	—	未用
76	—	未用
77	—	拖车牵引驻车灯继电器
78	20A①	右氙气前照灯
79	5A①	自适应巡航控制
80	—	未用
81	—	未用
82	15A①	后清洗器
83	—	未用
84	20A①	拖车牵引驻车灯
85	—	未用
86	7.5A①	(3.5L/3.7L 发动机)动力控制模块(PCM)继电器,动力控制模块(PCM)保持激活
87	5A①	运行/启动继电器
88	—	运行/启动继电器
89	—	未用
	5A①	未用
90	10A①	PCM,变速器控制模块(TCM)(2.0L 发动机)
91	10A①	未用
	5A①	未用
92	10A①	ABS 模块
93	5A①	鼓风机电动机/后除霜器继电器
94	30A②	乘客舱熔断器板运行/启动
95	—	未用
96	—	未用
97	—	未用
98	—	空调离合器继电器

① 小电流继电器。

② 管式熔断器。

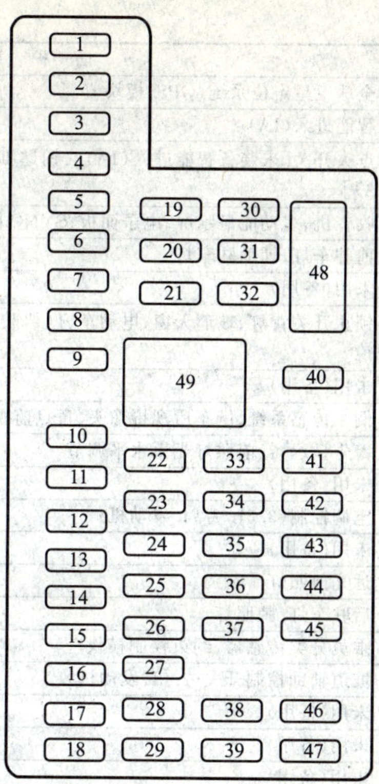

图 7-14　乘客舱熔断器板

乘客舱熔断器如图 7-14 所示。

编　号	熔断器额定电流	防　护　部　件
1	30A	驾驶员侧防夹车窗
2	15A	未用(备用)
3	30A	未用(备用)
4	10A	通行灯继电器
5	20A	未用(备用)
6	5A	射频模块
7	7.5A	电动后视镜开关、记忆座椅开关、驾驶员座椅模块
8	10A	未用(备用)
9	10A	电动尾门
10	10A	运行/附件继电器
11	10A	组合仪表、警告显示器
12	15A	内部照明灯、地面照明灯、背光照明灯
13	15A	右转向信号灯
14	15A	左转向信号灯
15	15A	倒车灯、制动灯、高位制动灯
16	10A	近光前照灯(右)
17	10A	近光前照灯(左)
18	10A	键盘照明灯、制动换挡联锁器、启动按钮发光二极管(LED)、被动防盗系统、动力控制模块唤醒、第二排电源启用
19	20A	放大器(索尼)
20	20A	锁止/解锁继电器-进入(IA)的车辆(未装备智能进入)
21	10A	未用(备用)
22	20A	喇叭继电器
23	15A	方向盘控制、智能进入(IA)、前照灯开关
24	15A	车载诊断
25	15A	尾门释放

续表

编号	熔断器额定电流	防护部件
26	5A	全球卫星定位系统(GPS)模块
27	20A	智能进入(IA)
28	15A	点火开关[未装备智能进入(IA)]、钥匙抑制电磁线圈、按钮启动[装备智能进入(IA)]
29	20A	收音机、多动能显示屏、电子面板、SYNC模块
30	15A	前驻车灯、辅助驻车灯
31	5A	未用(备用)
32	15A	锁止开关背灯、玻璃天窗、电动车窗(驾驶员侧前部)、指南针/自动防眩目车内后视镜
33	10A	未用(备用)
34	10A	倒车传感系统、倒车后视摄像头、盲点监视器
35	5A	警告显示器、前照灯光束水平调节
36	10A	未用(备用)
37	10A	空调控制(3.5L/3.7L发动机)
38	10A	未用(备用)
39	15A	远光前照灯
40	10A	后驻车灯、牌照灯
41	7.5A	乘员分类传感器、约束控制模块
42	5A	坡道辅助控制开关(2.0L发动机)
43	10A	未用(备用)
44	10A	未用(备用)
45	5A	未用(备用)
46	10A	空调
47	15A	LED信号后视镜
48	30A断路器	电动车窗
49	—	延时附件继电器

7.7.5 2013款起锐界油液规格

项目	容量	福特产品名称或等效产品	福特产品名称/福特规格
制动液	位于储液罐内最小(MIN)与最大(MAX)刻线之间	福宝(Motorcraft®)高性能DOT3机动车制动液	PM-1-C WSS-M6C62-A或 WISS-M6C65-A1
车门密封条	—	硅脂喷剂润滑油	XL-6/ESR-M13P4-A
车门闩、发动机舱闩、辅助发动机舱闩、车门铰链、车门搓板、座椅滑轨和加燃油口铰链	—	多用途润滑脂(锂基润滑脂)	XG-4或XL-5或等效产品/ESB-M1C93-B
锁芯	—	福宝(Motorcraft®)锁具渗透润滑剂	XL-1/无
发动机机油①②	3.5L 发动机 6.0qt(5.7L)	福宝(Motorcraft®)SAE 5W-20高级半合成机油(美国),福宝(Motorcraft®)SAE 5W-20全合成机油(美国)	XO-5W20-QSP(美国) XO-5W20-QFS(美国) 带API认证标志的 WSS-M2C945-A
	2.0L EcoBoost™发动机5.7qt(5.4L)	福宝(Motorcraft®)SAE 5W-30高级半合成机油(美国),福宝(Motorcraft®)SAE 5W-30全合成机油(美国)	XO-5W30-QSP(美国) XO-5W30-QFS(美国) 带API认证标志的 WSS-M2C946-A

续表

项目	容量	福特产品名称或等效产品	福特产品名称/福特规格
发动机冷却液③	3.5L 发动机 11.7qt(11.1L)④⑤	福宝(Motorcraft®)橙色防冻液/预先稀释的发动机冷却液	VC-3DIL-B(美国) WSS-M97B44-D2
	2.0L EcoBoost™发动机 8.9qt(8.4L)④		
动力转向液	位于储液罐内最小(MIN)与最大(MAX)刻线之间	福宝(Motorcraft®) MERCON®LV ATF	XT-10-QLV/ MERCON®L
自动变速箱油液⑥⑦	11.0qt(10.4L)(6F50)	福宝(Motorcraft®)MERCON®LV ATF	XT-10-QLV/ MERCON®LV
	9.0qt(8.5L)(6F35)		
后差速器(全轮驱动)油液	1.15L	福宝(Motorcraft®) SAE80W-90 优质后桥润滑油	XY-80W90-QL/ WSP-M2C197-A
动力传输装置(PTU)油液(全驱 AWD)⑧	0.35L	福宝(Motorcraft®)SAE 75W-140 后桥合成润滑油	XY-75W140-QL/ WSL-M2C192-A
挡风玻璃清洗液	按照要求添加	福宝(Motorcraft®)高级挡风玻璃清洗浓缩液(美国)	WSB-M8B16-A2
燃油箱(前轮驱动)	18.3gal/69.3L	—	—
燃油箱(全轮驱动)	19.2gal(72.7L)	—	—

① 不强制使用合成或半合成的发动机油。机油只需满足福特规格 WSS-M2C945-A、SAE 5W-20（3.5L 发动机）或 WSS-M2C946-A、SAE5W-30（2.0L EcoBoost™发动机）的要求并标记有 API 认证标志。

② 发动机使用福特机油，它可在维持发动机使用寿命的同时改善燃油经济性。使用规定之外的机油会导致发动机发动时间增加、发动机性能下降、燃油经济性降低和排放水平升高。

③ 添加车辆上原厂配备的冷却液。

④ 仅显示大约的容量。一些车型可能有变化。

⑤ 装备拖车牵引套件的车辆所需的发动机冷却液为 11.3L。

⑥ 仅显示大约的变速箱油液容量。根据冷却器尺寸的不同以前是否装备箱内冷却器，一些车型也随之变化。变速箱油液量和液位应当根据量油尺正常工作范围内的指示来设定。

⑦ 使用非推荐油液的其他油液也可能造成变速箱损坏。

⑧ 咨询授权经销商了解液位检查或添加。

7.7.6 2013 款锐界车轮定位数据

项目		左侧	右侧	总计
前轮				
主销后倾角	3.5L	4.3°±0.75°	4.5°±0.75°	−0.20°±0.75°②
	2.0L	4.4°±0.75°	4.6°±0.75°	−0.20°±0.75°②
车轮外倾角	3.5L	−0.05°±−0.75°	−0.55°±0.75°	0.5°±0.75°①
	2.0L	−0.15°±−0.75°	−0.65°±0.75°	0.5°±0.75°①
前束		—	—	0.10°±0.20°
后轮				
车轮外倾角		−0.45°±0.75°	−0.45°±0.75°	0°±0.75°
前束值		0.05°±0.20°	0.05°±0.20°	0.10°±0.20°
推力角		—	—	0°±0.50°

① 外倾角总计＝左侧外倾角－右侧外倾角。

② 后倾角总计＝左侧后倾角－右侧后倾角。

7.8 探　险　者

7.8.1　2013款起探险者重置电动尾门

如果发生下列情况，则电动尾门可能无法正常工作且可能需要重新设置。

• 蓄电池电压低或电量已耗尽。

• 蓄电池已断开。

• 尾门被手动关闭且未关紧（未锁止）。

重置电动尾门：

① 断开蓄电池达20s，然后重新连接蓄电池。

② 手动关闭并完全锁止尾门。

③ 使用遥控器或仪表板控制按钮，电动开启尾门。

7.8.2　2013款起探险者编程备用的集成钥匙遥控器(IKT)钥匙

注意：最多可为车辆编程8个编码钥匙。这8个编码钥匙中只有4个是带遥控进入功能的集成钥匙遥控器（IKTs）。

可为车辆编程自己的集成钥匙遥控器或标准SecuriLock®编码钥匙。该程序将为车辆编程发动机防盗钥匙密码和遥控器的遥控进入部分。

仅可使用集成钥匙遥控器（IKTs）或标准SecuriLock®钥匙。必须有2个之前已编程的编码钥匙和可使用的新的未编程的钥匙。如果没有2个之前已编程的编码钥匙，请联系授权经销商，获取备用钥匙。

开始前请阅读并了解整个程序。

① 将第一个之前已编程的编码钥匙插入到点火开关上。

② 将点火开关从关闭旋至开启。保持点火开关开启至少3s，但不要超过10s。

③ 关闭点火开关，从点火开关上拔下第一个编码钥匙。

④ 关闭点火开关3s后（但不要超过10s），将第二个之前已编程的编码钥匙插入点火开关上。

⑤ 将点火开关从关闭旋至开启。保持点火开关开启至少3s，但不要超过10s。

⑥ 关闭点火开关，从点火开关上拔下第二个之前已编程的编码钥匙。

⑦ 关闭点火开关3s后（但不要超过20s），拔下之前已编程的编码钥匙，将新的未编程的钥匙插入到点火开关上。

⑧ 将点火开关从关闭旋至开启。保持点火开关开启至少6s。

⑨ 从点火开关上拔下新编程的编码钥匙。

如果此钥匙已被成功编程，则它将启动车辆发动机并操作遥控进入系统（如果新钥匙为集成钥匙遥控器）。

如果此钥匙未被成功编程，则等待20s，重复步骤①～步骤⑧。如果仍未成功编程，请将车辆运送至授权经销商处，获取新的已编程钥匙。

等待20s，然后重复步骤①～步骤⑧，以编程额外的钥匙。

7.8.3　2013款起探险者编程备用智能进入钥匙(如果配备)

注意：最多可为车辆编程4个智能进入钥匙。如果打算使用新的进入钥匙来替换之前已编程的进入钥匙，或者如果已经具有4个用于该车辆的已编程进入钥匙，则必须将车辆连同所有进入钥匙运送至授权经销商处。

必须有两个之前已编程的智能进入钥匙在车内和可使用的新的未编程的智能进入钥匙。如果没有2个之前已编程的编码钥匙，请联系授权经销商，获取备用的已编程钥匙。

开始此程序之前，确保车辆关闭。开始之前确保所有车门关闭且在整个过程中始终保持关闭状态。在启动程序的30s之内执行所有步骤。

如果任一步骤未按照顺序执行，则应停止，并在再次启动之前等待至少1min。

开始前请阅读并了解整个程序。

① 将新的未编程智能进入钥匙在按钮朝下的情况下放在中央控制台内侧的槽中。

② 按下驾驶员或副驾驶电动车门解锁控制按钮3次。

③ 踩下并释放制动踏板1次。

④ 按下驾驶员或副驾驶电动车门锁止控制按钮3次。

⑤ 踩下并释放制动踏板1次。“START/STOP”（启动/停止）按钮上的指示灯应开始快速闪烁，指示已经进入编程模式且已经探测到有两个已编程智能进入钥匙位于车内。

⑥ 在1min内按下启动/停止（START/STOP）按钮。信息显示器上将显示一条信息，指示新的智能进入钥匙已成功编程。

⑦ 将智能进入钥匙从中控台储物槽中取出，然后按下新的已编程智能进入钥匙上的解锁按钮，退出编程模式。

⑧ 确认遥控进入功能可正常工作（按下锁止然后解锁，确保以解锁结束）且车辆可通过新的智能进入钥匙启动。

7.8.4 2013款起探险者保险丝信息

标准熔断器额定电流值及颜色如下。

熔断器额定电流	小电流熔断器	标准熔断器	大电流熔断器	管式大电流熔断器	熔丝盒
2A	灰色	灰色	—	—	—
3A	紫色	紫色	—	—	—
4A	粉红色	粉红色	—	—	—
5A	棕褐色	棕褐色	—	—	—
7.5A	棕色	棕色	—	—	—
10A	红色	红色	—	—	—
15A	蓝色	蓝色	—	—	—
20A	黄色	黄色	黄色	蓝色	蓝色
25A	自然色	自然色	—	自然色	自然色
30A	绿色	绿色	绿色	粉红色	粉红色
40A	—	—	橙色	绿色	绿色
50A	—	—	红色	红色	红色
60A	—	—	蓝色	黄色	黄色
70A	—	—	棕褐色	—	棕色
80A	—	—	自然色	黑色	黑色

发动机舱保险丝信息如图7-15所示。

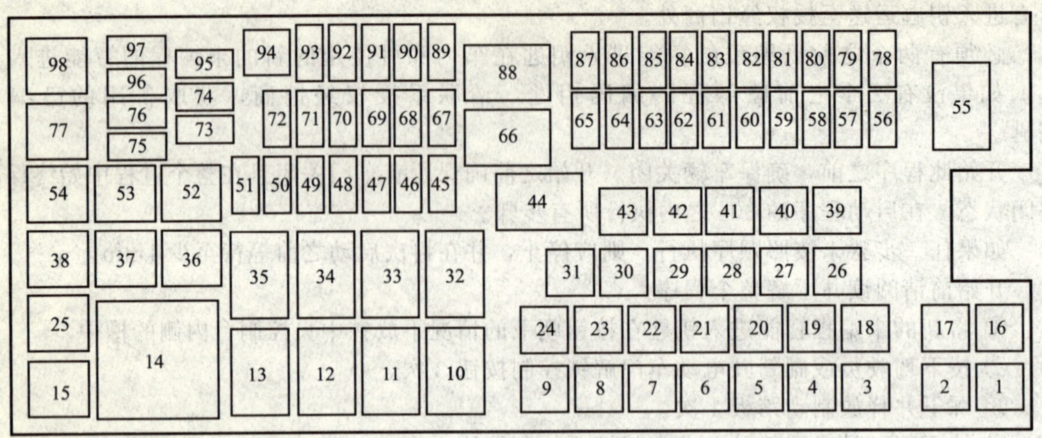

图 7-15　发动机舱保险丝盒

编　号	熔断器额定电流	防　护　部　件
1	—	未用
2	—	未用
3	30A②	挂车制动器控制模块
4	30A②	雨刮器，前清洗器
5	50A②	防抱死制动系统(ABS)泵
6	—	未用
7	30A②	电动尾门
8	20A②	天窗
9	20A②	电源插座 2#(控制台后面)
10	—	第三排后排座椅解锁继电器
11	—	后窗除霜器继电器
12	—	拖车牵引蓄电池充电继电器
13	—	启动机继电器
14	—	发动机冷却风扇 2# 高速继电器
15	—	燃油泵继电器
16	—	未用
17	40A②	110V 交流电源插座
18	40A②	前鼓风机电动机
19	30A②	启动机
20	20A②	电源插座 1#/点烟器
21	20A②	电源插座 3#(货箱)
22	30A②	第三排座椅模块
23	30A②	驾驶员侧电动座椅记忆模块
24	30A②	拖车牵引(TT)蓄电池充电
25	—	未用
26	40A②	后窗除霜器，加热式后视镜
27	20A②	电源插座(控制台)
28	30A②	空调插座
29	40A②	发动机冷却风扇 1# 高速电动风扇，发动机冷却风扇 1# 和 2# 低速主保险丝
30	40A②	发动机冷却风扇 2# 高速保险丝
31	25A②	发动机冷却风扇 1# 和 2# 低速次级保险丝
32	—	辅助鼓风机继电器
33	—	发动机冷却风扇 1# 和 2# 低速继电器 2#
34	—	鼓风机电动机继电器
35	—	发动机冷却风扇 1# 高速继电器，发动机冷却风扇 1# 和 2# 低速继电器 1#

续表

编　号	熔断器额定电流	防　护　部　件
36	—	未用
37	—	右拖车牵引制动/转向灯继电器
38	—	拖车牵引倒车继电器
39	40A②	辅助鼓风机
40	—	未用
41	—	未用
42	30A②	乘客座椅
43	—	
44	40A②	防抱死制动系统(ABS)阀,后清洗器继电器
45	5A①	雨水感应器
46	—	未用
47	—	未用
48	—	未用
49	—	未用
50	15A①	加热式后视镜
51	—	未用
52	—	未用
53	—	左拖车牵引制动/转向灯继电器
54	—	未用
55	—	雨刮继电器
56	15A①	变速箱控制模块
57	20A①	左氙气前照灯
58	10A①	交流发电机传感器
59	10A①	制动器施加/释放(BOO)开关
60	10A①	拖车牵引倒车灯
61	20A①	第二排座椅释放
62	10A①	空调离合器
63	15A①	拖车牵引制动/转向灯
64	15A①	后雨刮器
65	30A①	燃油泵
66	—	动力控制模块(PCM)继电器
67	20A①	车辆电源(VPWR)2#(排放相关的动力传动系组件)
68	20A①	VPWR4#(点火线圈)
69	20A①	VPWR1#(动力控制模块)
70	10A①	VPWR3#(线圈),全轮驱动模块,A/C可变压缩机控制
71	—	未用
72	—	未用
73	—	未用
74	—	未用
75	—	未用
76	—	未用
77	—	拖车牵引驻车灯继电器
78	20A①	右氙气前照灯
79	5A①	自适应巡航控制(ACC)
80	—	未用
81	—	未用
82	15A①	后清洗器
83	—	未用
84	20A①	拖车牵引驻车灯
85	—	未用

续表

编　号	熔断器额定电流	防　护　部　件
86	7.5A①	PCM保持电源，PCM继电器，炭罐电磁阀
87	5A①	运行/启动继电器线圈
88	—	运行/启动继电器
89	5A①	前鼓风机继电器线圈，电动转向助力模块(EPAS)
90	10A①	PCM，TCM，ECM(2.0L发动机)
91	10A①	ACC
92	10A①	ABS模块，EVAC
93	5A①	后鼓风机，后除雾器，拖车牵引蓄电池充电继电器
94	30A②	乘客舱熔断器板运行/启动
95	—	未用
96	—	未用
97	—	未用
98	—	未用

① 小电流熔断器。

② 管式熔断器。

乘客舱熔断器如图7-16所示。

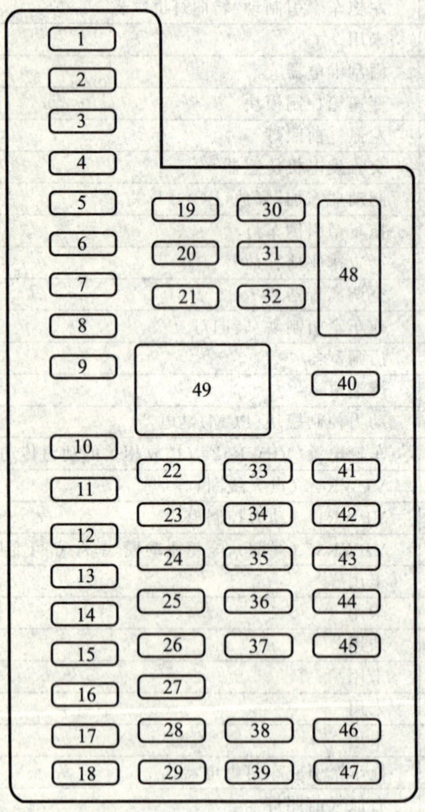

图7-16　乘客舱熔断器板

编　号	额定电流值	防　护　部　件
1	30A	驾驶员侧前车窗一键上升/下降
2	15A	未用(备用)
3	30A	乘客侧前车窗一键上升/下降
4	10A	内部灯(顶置控制台，第二排，货舱)，手套箱灯，第二排和第三排座椅释放，遮阳板灯

续表

编号	额定电流值	防护部件
5	20A	放大器
6	5A	未用(备用)
7	7.5A	记忆座椅模块逻辑供电
8	10A	未用(备用)
9	10A	收音机显示屏,电动尾门逻辑,电子面板,SYNC 模块
10	10A	运行/附件继电器(雨刮器,后清洗器),雨水感应器
11	10A	组合仪表、抬头显示
12	15A	内部迎宾灯(顶置控制台,第二排,货舱)、地面照明灯、控制台舱 LED 灯、背光照明灯
13	15A	右转向灯,右拖车牵引(TT)转向/制动灯
14	15A	左转向灯,左拖车牵引(TT)转向/制动灯
15	15A	倒车灯、制动灯、高位制动灯
16	10A	近光前照灯(右)
17	10A	近光前照灯(左)
18	10A	键盘照明灯、制动换挡联锁器(BSI)、启动按钮运行指示灯、被动防盗系统(PATS)、动力控制模块(PCM)唤醒、第二排电源启用
19	20A	记忆座椅电源
20	20A	车锁
21	10A	智能进入(IA),键盘
22	20A	喇叭继电器
23	15A	方向盘控制模块,智能进入(IA),前照灯开关
24	15A	数据链接插件,方向盘控制模块
25	15A	尾门释放
26	5A	射频模块
27	20A	智能进入(IA)模块
28	15A	点火开关,按钮启动开关
29	20A	收音机,全球卫星定位系统(GPS)模块
30	15A	前驻车灯
31	5A	拖车牵引制动控制器
32	15A	110V 交流电源插座、电动折叠后视镜、电动后视镜、一键升/降前车窗、门锁照明、记忆开关照明
33	10A	乘员分类传感器
34	10A	盲点监视器、倒车后视摄像头、倒车传感系统、车道偏离报警模块
35	5A	抬头显示器,温度控制湿度传感器,地形管理系统,陡坡缓降控制开关,前照灯开关 IGN 感应
36	10A	加热式方向盘
37	10A	约束控制模块
38	10A	自动防眩目车内后视镜,天窗
39	15A	远光前照灯风板
40	10A	后驻车灯、牌照灯、拖车牵引驻车灯
41	7.5A	超速取消,拖/挂
42	5A	未用(备用)
43	10A	未用(备用)
44	10A	未用(备用)
45	5A	未用(备用)
46	10A	温度控制模块
47	15A	雾灯、左右转向灯后视镜供电
48	30A 断路器	后电动车窗、乘客侧电动车窗、一键式下降(仅驾驶员侧)、驾驶员车窗开关
49	—	车身控制模块、延时附件继电器

7.8.5 2013款起探险者油液规格

项目	容量	福特产品名称或等效产品	福特产品名称/福特规格
制动液①	位于储液罐内最小(MIN)与最大(MAX)刻线之间	福宝(Motorcraft®) DOT 4 LV 高性能机动车制动液	PM-20/WSS-M6C65-A2 和 ISO 4925 等级 6
车身铰链、车门锁闩、车门搓板和转子、座椅滑轨、燃油加油口铰链和弹簧、发动机舱闩、辅助发动机舱闩	—	多用途润滑脂(锂基润滑脂)	XG-4 或 XL-5 或等效产品/ESB-M1C93-B
车门密封条	—	硅脂喷剂润滑油	XL-6/ESR-M13P4-A
锁芯	—	福宝(Motorcraft®) 锁具渗透润滑剂	XL-1/无
3.5L V6 发动机机油②③	5.7L	福宝(Motorcraft®) SAE 5W-20 高级半合成机油(美国),福宝(Motorcraft®) SAE 5W-20 全合成机油(美国)	XO-5W20-QSP(美国) XO-5W20-QFS(美国) WSS-M2C945-A
3.5L V6 发动机冷却液④	11.5L	福宝(Motorcraft®) 橙色防冻液/预先稀释的发动机冷却液	VC-3DIL-B(美国) WSS-M97B44-D2
6F50 自动变速箱油液⑤⑥	10.3L	福宝(Motorcraft®) MERCON® LV ATF	XT-10-QLV/MERCON® LV
6F55 自动变速箱油液⑤⑥	11.0L		
后桥油液	1.15L	福宝(Motorcraft®) SAE 80W-90 高级后桥润滑油	XT-80W90-QL/ WSP-M2C197-A
挡风玻璃清洗液	按照要求添加	福宝(Motorcraft®) 高级挡风玻璃清洗浓缩液(美国)	ZC-32-A(美国) WSB-M8B16-A2
燃油箱	70.4L	—	—

① 仅使用福宝(Motorcraft®) DOT4 LV 高级制动液或等效的满足 WSS-M6C65-A2 和 ISO 4925 等级 6 的制动液。使用推荐油液以外的其他油液可能会造成制动系统损坏。

② 不强制使用合成或半合成的发动机油。机油只需满足福特规格 WSS-M2C946-A、SAE5W-30 或 WSS-M2C945-A、SAE 5W-20 的要求并标记有 API 认证标志。

③ 发动机使用福特机油,它可在维持发动机使用寿命的同时改善燃油经济性。使用规定之外的机油会导致发动机发动时间增加、发动机性能下降、燃油经济性降低和排放水平升高。

④ 添加车辆上原厂配备的冷却液。

⑤ 仅显示大约的变速箱油液容量。根据冷却器尺寸的不同以前是否装备箱内冷却器,一些车型也随之变化。

⑥ 在需要使用 MERCON® LV 的自动变速箱中使用两种油液可能会造成变速箱损坏。使用推荐油液以外的其他油液也可能造成变速箱损坏。

7.8.6 2013款起探险者车轮定位

项　目	左　侧	右　侧	总计/拆分
前轮			
车轮外倾角-全轮驱动(AWD 车辆)	−0.4°±0.75°	−0.6°±0.75°	0.2°±0.75°①
主销后倾角-全轮驱动(AWD 车辆)	3.3°±0.75°	3.5°±0.75°	−0.2°±0.75°②

续表

项　　目	左　　侧	右　　侧	总计/拆分
前束值(正值是前束,负值是后束)	—	—	0.2°±0.2°
后轮			
车轮外倾角-全轮驱动(AWD车辆)	−0.7°±0.75°	−0.7°±0.75°	—
前束值(正值是前束,负值是后束),所有车辆	0.12°±0.2°	0.12°±0.2°	0.24°±0.2°
推力角	—	—	0.3°

① 外倾角总计/拆分=左侧外倾角−右侧外倾角。

② 后倾角总计/拆分=左侧后倾角−右侧后倾角。

注：加装可能会影响正常主销后倾角/车轮外倾角值。